高 等 学 校 教 材

电 机 学

主 编 张 宁

副主编 杨秀丽 石敏惠

编 者（以姓氏笔画为序）

石敏惠 陈松柏 张 宁

杨秀丽 程良鸿

高等教育出版社·北京

内容简介

　　本书主要包括电动机基础知识、变压器、异步电机、同步电机和直流电机的结构类型、工作原理、运行和工作特性等基本理论,控制电机的原理及应用,以及电动机类型的选择。

　　本书既可作为普通高等农业院校农业工程学科专业基础课教材,也可供非电专业学生和有关技术人员参考。

图书在版编目(CIP)数据

　　电机学/张宁主编. --北京:高等教育出版社,2021.8

　　ISBN 978-7-04-056043-5

　　Ⅰ.①电… Ⅱ.①张… Ⅲ.①电机学-教材 Ⅳ.①TM3

　　中国版本图书馆 CIP 数据核字(2021)第 069072 号

Dianji Xue

| 策划编辑　韩　颖 | 责任编辑　王　楠 | 封面设计　于文燕 | 版式设计　杨　树 |
| 插图绘制　黄云燕 | 责任校对　马鑫蕊 | 责任印制　赵义民 | |

出版发行　高等教育出版社	网　　址　http://www.hep.edu.cn
社　　址　北京市西城区德外大街4号	http://www.hep.com.cn
邮政编码　100120	网上订购　http://www.hepmall.com.cn
印　　刷　北京盛通印刷股份有限公司	http://www.hepmall.com
开　　本　787mm×1092mm　1/16	http://www.hepmall.cn
印　　张　21	
字　　数　460千字	版　　次　2021年8月第1版
购书热线　010-58581118	印　　次　2021年8月第1次印刷
咨询电话　400-810-0598	定　　价　41.40元

本书如有缺页、倒页、脱页等质量问题,请到所购图书销售部门联系调换

版权所有　侵权必究

物 料 号　56043-00

前　言

在推进农业现代化过程中,农业电气及自动控制技术与信息技术、耕作技术、灌溉技术和能源技术等相互交融、相互渗透,向着电气化、信息化、智能化的方向发展。 为此,继续巩固和加强农业电气化及自动化学科建设,对促进农业增长方式转变,优化农业农村经济结构,集约使用农业资源,实现精准农业、智慧农业和绿色农业具有深远意义。

"电机学"课程是农业电气化与自动化专业的基础课。 编者在总结长期教学经验和分析各类教材的基础上,根据高等农业院校农业电气化及自动化专业本科知识体系和结构,编写了本书。 本书的特点是:在内容方面,严格依据教学大纲要求,突出体现理论性和实用性;在论述方法方面,坚持教学理论的完整性和逻辑性,重点对传统电机的基本结构和原理、新型电机的设计理念以及控制方法进行系统的论述;在应用方面,本书吸收了近年来电机在现代农业领域应用的成果。 本书还包含主要物理量符号及含义、本章要点、内容讲解、小结、习题及参考答案等模块。 部分章节标题上加"＊",表示这些内容可结合学习者的需求自由选择。

本书适用于农业电气化、农业智能装备工程、农业机械化工程及自动化、农业水利工程、农业建筑环境与能源工程等专业的基础课,可以作为普通高等农业院校农业工程学科专业基础课的教材,也可以作为农业电气教师、非电专业学生和从事相关工作人员的参考用书。

本书主要从电、磁、机械三个方面入手,分析电机内部的电磁过程,包括电机基础知识、变压器、异步电机、同步电机和直流电机的结构类型、工作原理、运行和工作特性等基本理论,以及控制电机的原理和性能、电动机类型的选择等。

通过本书的学习,学习者可以掌握几种典型电机的结构、原理和特性,并学会电机的实验方法,提高操作技能。 在实际工作中,学习者能够合理选择和使用电机,排除电机简单故障。 本书也为学生后续学习其他专业课打下基础。

本书第 1 章由石敏惠编写,第 2 章由陈松柏编写,第 3 章由程良鸿编写,第 4 章由杨秀丽编写,绪论和第 5、6、7 章由张宁编写,全书由张宁统稿。 本书承沈阳工程学院徐晓峰教授主审并提出了宝贵意见。 此次编写也得到了西北农林科技大学、华南农业大学、沈阳农业大学、四川农业大学的大力支持,在此表示衷心的感谢!

由于编者学识有限,书中难免存在失误和疏漏之处,敬请广大读者不吝批评指正。 编者邮箱: znaw@nwsuaf.edu.cn。

编者

2021 年 1 月

主要物理量符号及含义

A 面积；散热系数

a 交流绕组并联支路数

$a_=$ 直流绕组并联支路对数

B 磁通密度

B_{av} 平均磁通密度

B_a 电枢反应磁场磁密

B_{ad} 直轴电枢磁场磁密

B_{aq} 交轴电枢磁场磁密

B_{f1} 励磁磁场基波密度

B_m 最大磁通密度

B_δ 气隙磁通密度

B_ν ν 次谐波磁密

b 宽度；弧长

b_k 换向片宽度

C 常数；电容

C_e 电动势常数

C_T 转矩常数

D 直径

D_1 定子内径

D_a 电枢外径

d 轴 直轴

E 感应电动势（交流表示有效值）

E_a 电枢反应电动势

E_{ad} 直轴电枢反应电动势

E_{aq} 交轴电枢反应电动势

E_φ 相电动势

E_m 感应电动势的幅值；最大电动势

E_{c1} 导体有效边基波电动势

E_{t1} 匝基波电动势

E_{y1} 短距基波电动势（线圈基波电动势）

E_{q1} q 个线圈基波电动势

E_0 空载电动势、励磁电动势

E_1、E_2 一、二次电动势

$E_{1\sigma}$、$E_{2\sigma}$ 一、二次漏电动势

e 电动势瞬时值

e_{0A}、e_{0B}、e_{0C} 三相对称的交变空载电动势瞬时值

e_L 自感电动势

e_M 互感电动势

F 磁动势

F_a 电枢磁动势

F_{ad} 直轴电枢反应磁动势

F_{aq} 交轴电枢反应磁动势

F_δ 气隙磁动势

F_1、F_2 一、二次磁动势

F_m 交流励磁磁动势

F_0 空载磁动势

F_{f1} 励磁磁动势基波波幅

F_{y1} 短距基波磁动势

F_{q1} q 个线圈基波磁动势

$F_{q\nu}$ q 个线圈谐波磁动势

$F_{\varphi1}$ 单相绕组基波磁动势

$F_{\varphi\nu}$ 单相绕组 ν 次谐波磁

F_+ 正向旋转磁动势；

F_- 反向旋转磁动势；直流磁动势

f 频率；力；磁动势的瞬时值

f_N 额定频率

f_1、f_2 感应电机的定、转子频率

f_ν　ν 次谐波频率

H　磁场强度

h　高度

I　电流（交流表示有效值）；直流电机的线电流；同步发电机电枢电流

I_1、I_2　一、二次电流

I_a　直流电机的电枢电流

I_f　直流励磁电流

I_k　短路电流

I_N　额定电流

I_{cr}　临界电流

I_{st}　起动电流

I_L　负载电流

I_m　交流励磁电流

I_0　空载电流；零序电流

I_{f0}　励磁空载电流

I_μ　磁化电流

I_d　同步电机电枢电流的直轴分量（直轴电流）

I_q　同步电机电枢电流的交轴分量（交轴电流）

I_+　正序电流

I_-　负序电流；直流磁动势的电流

i　电流瞬时值

K　换向片数

k　变压器的电压比；系数

k_i　电流比

k_{y1}　电动势或磁动势基波的线圈短距系数

k_{q1}　电动势或磁动势基波的线圈分布系数

k_{w1}　电动势或磁动势基波的绕组系数

$k_{y\nu}$　电动势或磁动势谐波的线圈短距系数

$k_{q\nu}$　电动势或磁动势谐波的线圈分布系数

$k_{w\nu}$　电动势或磁动势谐波的绕组系数

k_c　短路比

k_m　过载能力倍数

k_{mi}　过载电流倍数

k_{st}　起动能力倍数

k_{sti}　起动电流倍数

L　自感；电感

$L_{1\sigma}$、$L_{2\sigma}$　一、二次漏电感

l　长度；导体有效长度

M　互感

m　相数；物体的质量

m_1、m_2　感应电机的定、转子相数

N　电枢导体数（每相串联匝数）；匝数

N_1、N_2　变压器一、二次绕组匝数

N_y　元件匝数

n　转速，转子转速

n_1　同步转速，定子基波旋转磁场的转速

n_2　转子基波旋转磁场相对转子的转速

n_ν　ν 次谐波旋转磁场的转速

n_0　空载转速

Δn　转速差

P　有功功率

P_N　额定功率（额定容量）

P_e　电磁功率

P_m　机械功率

P_{max}　最大功率

P_1、P_2　输入、输出功率

p_0　空载功率（空载损耗）

p　损耗；磁极对数

p_{Cu}　铜损耗

p_{Fe}　铁心损耗

p_h　磁滞损耗

p_k　短路损耗

p_w　涡流损耗

p_{mec}　机械损耗

p_{ad}　杂散损耗（附加损耗）

Q　无功功率；发热量

q　每极每相槽数

q 轴　交轴

R　电阻

R_m　励磁电阻,磁阻

R_1、R_2　一、二次绕组电阻

R_a　电枢电阻

R_f　励磁绕组电阻

R_k　短路电阻

R_{st}　起动电阻

R_L　负载电阻

S　视在功率;元件数

S_N　额定视在功率(变压器容量)

s　转差率

s_N　额定转差率

s_m　临界转差率

T　转矩;时间常数

T_N　额定转矩

T_e　电磁转矩

T_m　机械转矩

T_{st}　起动转矩

T_1　原动机转矩;输入转矩;时间常数

T_2　输出转矩

T_L　负载转矩

T_0　空载转矩

T_{max}　最大转矩

t　时间

T_a　定子绕组的时间常数

T'_d　直轴瞬态的时间常数

T''_d　直轴超瞬态的时间常数

U　电压

U_N　额定电压

U_f　励磁电压

U_φ　相电压

U_l　线电压

U_+　正序电压

U_-　负序电压

U_0　零序电压

U_k　短路电压

u　电压瞬时值;虚槽数

u_k　短路电压(阻抗电压)

Δu　电压调整率

$2\Delta u_b$　每对电刷电压降

v　线速度

ν　谐波次数

W　功;能(储能)

W_m　磁能密度的体积分

w_m　体能密度

X　电抗

X_a　电枢反应电抗

X_1、X_2　一、二次电抗

$X_{1\sigma}$、$X_{2\sigma}$　一、二次漏电抗

X_m　励磁电抗

X_k　短路电抗

X_t　同步电抗

X_d　直轴同步电抗

X_q　交轴同步电抗

X_{ad}　直轴电枢反应电抗

X_{aq}　交轴电枢反应电抗

X'_d　直轴瞬变电抗

X''_d　直轴超瞬变电抗

X'_q　交轴瞬变电抗

X''_q　交轴超瞬变电抗

X_+　正序电抗

X_-　负序电抗

X_0　零序电抗

y　绕组合成节距

y_1　第一节距

y_2　第二节距

y_k　换向节距

Z　电枢槽数;阻抗

Z_1、Z_2　一、二次漏阻抗

Z_k　短路阻抗

Z_L　负载阻抗

Z_+　正序阻抗

Z_-　负序阻抗

Z_0　零序阻抗

α　角度;电角度;系数

β　角度;系数

δ　气隙长度

η　效率

η_N　额定效率

η_{max}　最大效率

θ　角度;温度

Λ_m　磁导;Λ电导

λ　单位面积磁导

μ　磁导率

μ_0　空气磁导率

μ_{Fe}　铁心磁导率

τ　极距

Φ　磁通;每极磁通;变压器主磁通

Φ_0　空载时的每极主磁通

Φ_a　电枢反应磁通

Φ_σ　漏磁通

Φ_m　交变磁通的幅值;磁通最大值

Φ_{ad}　直轴电枢反应磁通

Φ_{aq}　交轴电枢反应磁通

φ　相角;单相;功率因数角;速度的平滑系数

φ_0　空载功率因数角

φ_k　短路功率因数角

Ψ　磁链

ψ　相位角

Ω　机械角速度

Ω_1　同步机械角速度

Ω　角频率;电角速度

右上角标"*"表示标幺值

右上角标"'"表示折算值

目 录

绪　论

0.1　电机在国民经济中的作用

电机是实现能量转换和信号传递的电磁机械装置,在现代社会中起着极为重要的作用。电机包括变压器和旋转电机两类,旋转电机又分为发电机和电动机。电机是电能生产、传输和分配的主要设备。在发电厂,发电机由汽轮机、水轮机、柴油机或其他动力机械带动,这些原动机将燃料燃烧的热能、水的位能、原子核裂变的原子能等转换为机械能输入到发电机,由发电机将机械能转换为电能,发电机发出的电能再经过输电网的升压变压器远距离输送到各用电区域,又通过不同电压等级配电网的降压变压器将电压降低,供给城乡各工矿企业、家庭等使用。

电动机既可以作为将电能转换为机械能的电力机械,又可以作为控制系统中的执行、检测、放大和解算元件。在工农业生产和国民经济的各个领域,作为电力机械的电动机已广泛应用于生产机械行业的工作设备,交通运输业的电力机车、电车,冶金行业的锅炉、轧钢机,各类企业的通风、起吊、传送设备,农业中的电力排灌、农副加工设备。控制电机和微电机的精度高、响应快,被用于医疗器械、家用电器,自动化加工流程控制,计算机、自动记录仪表,人造卫星发射和飞行控制,雷达和火炮自动定位等场合。例如,一个现代企业需要几百台以至几万台不同的电动机;高级汽车拥有五十多台电机,豪华轿车的电机甚至多达近百台,这些电机均用于控制燃料、显示有关装置状态和改善乘车感觉;家用电器和一些高档消费品,也均用到四十多台电机。目前电动机的容量有高达上万千瓦的大功率,也有小至几瓦的小功率,其容量已占总发电容量的 70%。

随着社会的发展和科学技术的进步,特别是近年来大功率电力电子技术、微电子技术、变频技术、超导技术、磁流体发电技术、压电技术以及计算机技术的迅猛发展,人们还研制出多种交流电动机系统和变频供电一体化电机,以提供性能优良、效率高的调速性能,为新型电机技术研究与发展开辟了更广阔的前景。

0.2　电机的基本特点和主要类型

电机种类很多,其工作原理都是以电磁感应定律为基础,利用导磁和导电材料构成磁路和电路,相互进行电磁感应,产生电磁功率和电磁转矩,以达到能量转换的目的。

电机的分类方法很多,按照电机在能量转换和信号传递中起的作用不同,电机可以分为发电机、电动机、变压器(或变流器、变频器、移相器)、控制电机。发电机是将机械功率转换为电功率。电动机是将电功率转换为机械功率。变压器、变流器、变频器、移相器都将电能转换为另一种形式。其中变压器用于改变交流电的电压;变流器用于改变交流电流的形式,如将交流变为直流;变频器用于改变交流电的频率;移相器用于改变交流电的相位。控制电机在自动控制系统中起检测、放大、执行和校正作用,作为控制系统的控制元件。

按照电机的结构特点及电源性质分类,电机主要分为静止电机和旋转电机。静止电机指变压器;根据电源性质不同,旋转电机分为直流电机和交流电机。直流电机是通过直流电源运行的电机;交流电机是通过交流电源运行的电机。交流电机根据电机转速与同步转速的关系,又分为同步电机和异步电机。同步电机运行中转速恒为同步转速,是交流电机的一种,电力系统中的发电机主要形式是同步电机。异步电机运行中的转速不等于同步转速,也是交流电机的一种,异步电机主要用作电动机使用。

随着新型电机的产生,电机的种类更加繁多,性能各有不同,也将出现新的分类方式。

0.3　国内外电机发展概况

电机的发明可以追溯到二百多年前,它的发展主要经历了直流电机的产生与形成、交流电机的产生与形成以及电机理论、设计、制造工艺的发展和完善三个阶段。

19 世纪 20 年代至 80 年代,是直流电机的产生与形成时期,是电机发展的初期。在这个发展阶段,法拉第发现了磁场内载流导体受力现象和电磁感应定律;霍普金森兄弟确立了磁路欧姆定律;阿尔诺特建立了直流电枢绕组理论;楞次证明了电机的可逆原理;皮克西制作了一台旋转磁极式直流发电机;在励磁方面,永磁变成励磁,蓄电池他励变成自励;台勃莱兹把米斯巴哈水电站发出的 2 kW 直流电输送到慕尼黑;格拉姆提出环形电枢绕组代替凸极 T 形电枢绕组;海夫纳-阿尔泰涅夫发明鼓形电枢绕组;爱迪生采用了叠片铁心以及相继出现的换向极、补偿绕组和碳粉做的电刷,大大提高了直流电机的工作效率。

19 世纪 80 年代末,电机的发展进入了交流电机的产生与形成阶段。在该阶段出现了单相交流发电机,齐波诺斯基等提出了变压器的芯式和壳式结构;亚勃罗契诃夫用交流和开磁路式串联变压器给"电烛"供电;阿拉果发明了原始多相感应电动机;多勃罗伏斯基制作了三相感应电动机;柏依莱用电获得旋转磁场;台勃莱兹提出了交变磁场的旋转磁场;弗拉里斯用交流电产生旋转磁场,并和特斯拉同时发明了两相感应电动机;有人从劳芬到法兰克福建立了三相电力系统,使交流发电站、高速汽轮机迅速发展;开耐莱和斯坦麦茨用相量和复数分析交流电;海兰特提出了双旋转磁场理论;波梯建立了交轴磁场理论;勃朗台提出了双反应理论。

20 世纪电机发展进入了一个新时期,即电机理论、设计、制造工艺的发展和完善的阶段。随着电机重量日渐减轻,电机容量和冷却方式逐渐提高,福提斯古提出了对称分量法;道赫梯和聂克尔建立了同步机稳态和暂态分析理论;学者们又提出了同步电抗、漏抗和瞬态电抗;派克提出了同步机的派克方程;克朗提出了原形电机的概念及双笼和深槽电机理论;柯伐熙提出了空间矢量法;卡佐夫斯基提出了频率法、计算机解决动态问题和电磁转矩的机理;怀特和伍德逊建立了机电能量新理论;勃拉舒克和海斯提出了交流电机矢量变换控制;一种场路结合的有限元-状态空间耦合时步法也得到了应用;后来出现的永磁无刷和开关磁阻电机,促使自控电机大为发展。

2001 年,通用电气阿尔斯通公司给法国一座核电站设计、开发并制造的汽轮发电机组,其单机容量达到 1 580 MW,创下了新的世界纪录;此公司与法国电力公司合作制造的阿拉贝拉核电汽轮机及其 1 710 MV·A 的发电机是世界同类产品中功率最大的,是核电领域最先进技术的代表。日本三菱公司为核聚变能量设计了世界上最大的、单机容量为 51.3 MW的直流发电机。1991 年日本东芝公司研制出了长为 5 mm、外径为 3 mm 的世界上最小的电磁式电动机,用于在人体内检查消化道、血液状况,或检查工厂中细管道的状况,或在人体器官内释放药物。1991 年由意大利、西班牙及美国合作研制的世界上最小的由一个分子组成的纳米级电动机,直径仅为 5 nm,该电机可用来研制纳米机器和"化学计算机",能在细胞内部运送药物,并能应用到其他类似领域中。

在 1949 年以前,我国只有几个大城市有技术比较落后、规模比较小的电机厂,由于生产能力低下,产品形式混乱,质量差,成套发电设备和材料都依赖于进口。全国发电装机容量不足 2 000 MW,年发电量约 4×10^9 kW·h。发电机单机容量不超过 200 kW,电动机单机容量不超过 180 kW,变压器容量不超过 2 MV·A。

在 1949 年以后,我国电机工业经历了仿制阶段、自行设计阶段、研究和创新阶段,电机制造业得到了快速发展。在电机人近 60 年的努力下,我国有了自己的电机工业体系、统一的国标和产品系列,相继建立了电机研究实验基地,培养了大批电机设计和研发人才。在大型交直流电机方面,我国已经成功研制出单机为 50 MW 的直流电动机,750 MW 的直流发电机。我国还研制出了大型水氢冷、双水内冷和全氢冷汽轮发电机。近年来,更大容量的电机层出不穷。2009 年在上海电气临港重型装备基地,中国机械工业集团公司的中机国际工程设计研究院完成了 1 800 MW 级汽轮发电机的试运行。2013 年,中国东方电气集团东方电机有限公司制造完成了台山核电站 1 号 1 750 MW 核能发电机,台山核电站是我国首座、世界第三座采用 EPR 三代核电技术建设的大型商用核电站。2017 年建设的白鹤滩水电站的水轮发电机组单机容量为 1 000 MW。同年,特变电工沈变公司为中广核台山核电合营有限公司提供了 DFP-700000/500 单相核电变压器,该变压器铁心为单相四柱型式,高、低压绕组采用两柱并联结构。

我国电动机的总装机容量在 4.5 GW 左右，为发电机装机容量的 2.5~3.5 倍，其中 3 GW 为高效节能和专用电机。近年来，技术人员开发和研制了上百个系列、上千个品种和几千个规格的中、小型和微型电机。由于新材料、新技术的不断发展，这些电机具有精度高、响应快、质量轻、体积小、性能良好、运行可靠、效率高的特点。与电力电子技术、计算机技术以及现代控制理论相结合，小型自动化控制系统将会步入一个新的发展领域。

从全球电机市场来看，占主导地位的电机产品制造商仍然是通用电气、西门子、ABB 集团、东芝三菱等，他们仍然掌握着世界上最先进的电机设计制造技术。美国等发达国家从事传统电机生产的企业呈现逐渐减少的趋势，转而从国外进口电机，其他发展中国家（例如印度、南非、巴西、俄罗斯等）对电机的需求量增长迅速，其基础设施建设以及相关制造业的快速发展形成了对电机产品的大量需求。

0.4 本课程的性质和任务

电机学主要从电、磁、机械三个方面入手，分析电机内部的电磁过程，介绍变压器、异步电机、同步电机和直流电机的类型、结构、工作原理、工作运行特性和工况。学习电机学的目的是让学生掌握电能生产、传输、分配和利用中有关电机能量转换和运行特性方面的基本理论和知识。其主要任务是使学生了解电气工程和动力工程中常用的电机类型和结构；掌握各种电机的工作原理和运行特性；了解电机铭牌的参数含义，能够对其性能进行分析、计算，并合理选择和使用各种电机。

该课程教学基本内容及要求如下：

（1）掌握磁路的基本定律和磁路计算的方法；了解常用铁磁材料的特性和交流磁路的特点。

（2）掌握和理解直流电机的工作原理、结构和运行原理；掌握感应电动势和电磁转矩的计算；了解直流电机的铭牌数据、绕组、励磁方式及磁场。

（3）熟悉变压器的工作原理及结构，单相变压器空载、负载运行方式；掌握变压器的基本方程式、等效电路及相量图，三相变压器的联结组；了解等效电路的参数测定，变压器的稳态运行，自耦变压器与互感器。

（4）熟悉交流旋转电机绕组的基本概念、旋转磁场和转速；掌握交流绕组的感应电动势和磁动势产生过程。

（5）熟悉三相异步电动机的工作原理及结构；理解三相异步电动机运行时的电磁过程；掌握三相异步电动机的等效电路及相量图、功率和转矩、转矩与转差率的关系；了解异步电动机参数的测定，了解单相异步电动机和直线异步电动机。

（6）掌握三相同步发电机工作原理及结构，熟悉对称负载时的电枢反应与能量传递、电枢反应电抗和同步电抗、电动势方程式和相量图；理解同步发电机的短路特性、零功率因数特性、电机的参数及短路比,三相同步电动机工作原理。

(7) 了解伺服电动机、测速发电机、自整角机、旋转变压器和力矩电动机等控制电机。

(8) 了解电动机的种类和形式,发热和冷却,电动机工作制的分类及选择;对电动机功率、额定电压与额定转速等进行选择。

电机学课程在教学过程中,必须进行必要的实验,其目的是培养学生掌握基本的电机技术实验与操作技能;培养学生掌握基本的电机学基础实验与操作技能;要求学生根据直流电机、变压器、异步电机和同步电机及其相应工作运行特性的实验目的、实验内容和实验设备拟定相应的实验方案;要求学生选择所需的电流、电压和功率等测量仪表,确定具体的实验步骤,测取所需运行特性、工作特性数据,然后进行分析研究,得出实验结论,完成实验报告。

电机学课程实验考核方式是根据实验目的和项目,测取所需工作运行特性数据,进行分析研究,得出实验结论,完成实验报告。实验课的考核采用平时实验操作记分、实验报告评阅和期末实验考核相结合的方式。

该课程实验教学基本内容如下:

(1) 单相变压器实验,测取单相变压器的空载特性、短路特性和负载运行特性。

(2) 三相变压器实验,测定三相变压器的变比和参数;测取三相变压器的运行特性。

(3) 三相变压器的联结组实验,测定三相变压器的极性,判别三相变压器的联结组。

(4) 直流发电机实验,测定直流发电机的各种运行特性,并根据所测得的运行特性评定该被测电机的有关性能;观察并励发电机的自励过程和自励条件。

(5) 直流并励电动机工作特性和机械特性,测取直流并励电动机工作特性和机械特性。

(6) 三相异步电动机的工作特性实验,用日光灯法测转差率,测取三相异步电动机的工作特性。

(7) 三相同步发电机的运行特性,用实验测量同步发电机在对称负载下的运行特性,由实验数据计算同步发电机在对称运行时的稳态参数。

(8) 三相同步发电机的并网实验,用准同步法和自同步法将同步发电机与大电网并网,进行并网运行时的三相同步发电机有功功率和无功功率的调节。

0.5　磁　　路

0.5.1　磁路的基本定律及计算方法

电机是通过电磁感应实现能量转换的机械,磁场作为电机实现机电能量转换的耦合介质,磁场的强弱程度和分布状况不仅与电机的参数和性能有关,还取决于电机的体积、重量。所以磁场的分析和计算,对于研究电机是十分重要的。磁在电机中是以"场"的形式存在的,在工程分析计算中,将磁场简化为磁路来处理,比较准确。

0.5.1.1 磁场的基本概念

(1) 磁感应强度与磁感线。磁场由电流通入导体产生。表征磁场强弱及方向的物理量是磁感应强度,又称磁通密度,它是一个矢量,用 B 表示,单位为 T,1 T = 1 Wb/m^2。磁场中各点的磁感应强度可以用磁感线的疏密程度来表示。磁感线又称为磁力线,它是人为设想出来、画出来的,并非磁场中真实存在的。

图 0-1 为直导线和螺旋线圈通入电流时的磁感线分布状况,由图可知,磁感线的回转方向和电流方向之间的关系遵守右手螺旋法则;磁感线总是闭合的,即无起点,也无终点;在磁场中,由于磁场中每一点的磁感应强度的方向都是确定的、唯一的,磁感线互不相交。

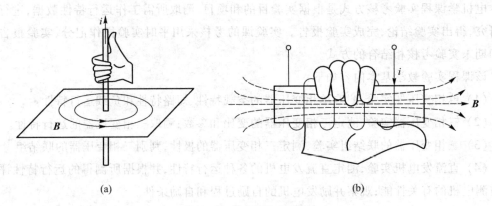

(a) (b)

图 0-1 磁感线分布状况

(a) 直导线通入电流时的磁感线分布 (b) 螺旋线圈通入电流时的磁感线分布

(2) 磁通量与磁通连续性定理。穿过某一截面 A 的磁感应强度 B 的通过量称为磁通量,简称磁通,用 Φ 表示,定义为

$$\Phi = \int_A B \mathrm{d}A \tag{0-1}$$

此式表明,磁感应强度 B 在某截面 A 上的面积分就是通过该截面的磁通。在均匀磁场中,如果 B 与截面 A 的法线重合,如图 0-2 所示,则

$$\Phi = BA \tag{0-2}$$

在国际单位制中,磁通的单位为 Wb。

由于磁感线是闭合的,对任意封闭曲面来说,进入该闭合曲面的磁感线一定等于穿出该闭合曲面的磁感线。如果规定磁感线从曲面穿出为正,穿入为负,则通过任意封闭曲面的磁通量总和必等于零,即

$$\Phi = \oint_A B \mathrm{d}A = 0 \tag{0-3}$$

这就是磁通的连续性定理。磁通的连续性是一个重要的概念。

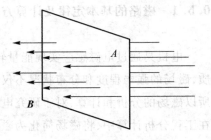

图 0-2 均匀磁场分布状况

（**3**）**磁场强度与磁导率**。在磁场计算中,磁场强度也是一个重要的物理量,它是矢量,用符号 H 表示,单位为 A/m。在各向同性介质中,它与磁感应强度 B 之间有下列关系:

$$B = \mu H \tag{0-4}$$

式中, μ 为磁导率,表征磁场中介质的磁导能力,单位为 H/m。

磁导率的大小随介质的性质而异。真空磁导率为 $\mu_0 = 4\pi \times 10^{-7}$ H/m。在电机中应用的介质,一般按其磁性能分为铁磁材料和非铁磁材料。前者如铁、钢、钴、镍等,它们的磁导率是真空磁导率的几百倍甚至上万倍,并且与磁场强弱有关,不是一个常数。后者如空气、铜、铝和绝缘材料等,它们的磁导率与真空磁导率相差无几,一律可以当作 μ_0 处理。

众所周知,导电体和非导电体的电导率之比,其数量级高达 10^{16}。因为一般电流是沿着导电体流通的,所以称非导电体为电绝缘体,电主要以电路形式出现。铁磁材料与非铁磁材料的磁导率之比,其数量级仅为 $10^3 \sim 10^4$。磁感线不是仅集中在铁磁材料中,而是分布在各个方向,有相当一部分磁感线经非铁磁材料闭合,所以磁是以场的形式存在的。

（**4**）**磁场储能**。磁场能够储存能量,这些能量是在磁场建立过程中由其他能源的能量转换而来的。电机就是借助磁场储能来实现机电能量转换的。

磁场中的体能密度 w_m 为

$$w_m = \frac{1}{2} BH \tag{0-5}$$

式中, B 和 H 分别为磁场中某处的磁感应强度和磁场强度。

磁场的总储能 W_m 是磁能密度的体积分,即

$$W_m = \int_V w_m \mathrm{d}V \tag{0-6}$$

对于磁导率为常数的线性介质,式(0-5)可写成

$$w_m = \frac{1}{2} BH = \frac{B^2}{2\mu} \tag{0-7}$$

旋转电机中的固定不动部分(定子)和旋转部分(转子)均由铁磁材料构成,在定、转子之间存在着空气隙,一般气隙中的磁感应强度约为 0.4~0.8 T,铁心中的磁感应强度约为 1.0~1.8 T。从结构上看,虽然气隙的体积远比定、转子磁性材料的体积小,由于铁磁材料的磁导率是空气磁导率的数千倍,由式(0-7)可知,旋转电机的磁场能量主要存储在空气隙中。实际上,电机的电气系统和机械系统正是通过气隙磁场联系起来,才实现了机电能量的转换,所以把气隙磁场称为耦合磁场。

0.5.1.2 磁路的基本定律

一般来说,磁场在空间的分布是很复杂的,不过,由于铁磁材料的磁导率很大,能使电机中绝大部分磁通集中在一定的路径中。因此,可以将"场"问题化简为所谓磁路"集中参数"的问题,像处理电流流过的电路一样,采用所谓磁路的方法来分析。

图 0-3 为两种电机中常用的磁路。在电机和变压器中,常把线圈套装在铁心上,当线圈

内通有电流时,线圈周围的空间(包括铁心内外)就会形成磁场。由于铁磁材料的磁导率比空气大得多,所以大部分磁通经铁心闭合,这部分磁通称为主磁通,用 Φ 表示。围绕载流线圈以及部分铁心和铁心周围,还存在少量分散的磁通,这部分磁通经由空气等非铁磁材料闭合,被称为漏磁通,用 Φ_σ 表示。如同把电流流过的路径称为电路一样,把磁通通过的路径称为磁路。

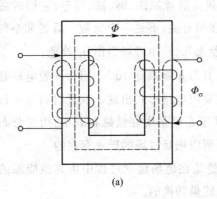 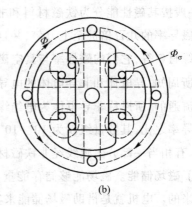

图 0-3　两种电机中常用的磁路

(a) 变压器磁路　(b) 发电机磁路

电机是转换能量形态的一种机械,其工作原理都是建立在电磁感应定律、全电流定律、磁路欧姆定律和电磁力定律等基础上的,所以掌握这些基本定律是深入研究电机基本理论的基础。下面介绍与磁路有关的基本定律和基本概念。

(1) 全电流定律(安培环路定律)。 在磁场中,磁场强度矢量沿任一闭合路径 l 积分,等于该闭合路径包围的电流的代数和,即

$$\oint_l \boldsymbol{H} \mathrm{d}l = \sum i \tag{0-8}$$

这就是安培环路定律,是电机和变压器磁路计算的基础。$\sum i$ 是磁路所包围的全电流,当电流的方向与闭合线上磁场强度的方向满足右手螺旋定则时,电流取正值;否则取负值。例如在图 0-4 中,空间有 3根载流导体,导体的电流分别为 i_1、i_2、i_3,这些载流导体被闭合路径 l 包围,$\sum i = i_1 + i_2 - i_3$。

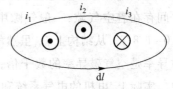

图 0-4　全电流定律

若沿着回线,磁场强度的大小 H 处处相等(均匀磁场),且闭合回线所包围的总电流是由通有电流 i 的 N 匝线圈所提供的,则式(0-8)可简写成

$$\oint_l \boldsymbol{H} \mathrm{d}l = Hl = Ni \tag{0-9}$$

(2) 磁路欧姆定律。 如图 0-5 所示的无分支铁心磁路,铁心的截面积为 A,磁路的平均长度为 l,材料的磁导率为 μ。铁心上绕有 N 匝线圈,通以电流 i。如果忽略漏磁通,且沿整个磁路的磁通量是相等的,则由式(0-2)、式(0-4)、式(0-9),得

$$\Phi = BA = (\mu H)A = \frac{Ni}{\dfrac{l}{\mu A}} = \frac{F}{R_\mathrm{m}} = \Lambda_\mathrm{m} F \tag{0-10}$$

式中，F 为作用在铁心磁路上的安匝数，称为磁路的磁动势，单位为 A，$F = Ni = Hl = R_\mathrm{m}\Phi$；$R_\mathrm{m}$ 为磁路的磁阻，单位为 A/Wb，$R_\mathrm{m} = \dfrac{l}{\mu A}$；$\Lambda_\mathrm{m}$ 为磁导，是磁阻 R_m 的倒数，即 $\Lambda_\mathrm{m} = \dfrac{1}{R_\mathrm{m}}$。

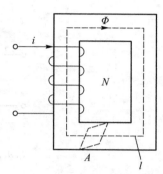

图 0-5　无分支铁心磁路

　　式(0-10)表明，磁路中通过的磁通量等于作用在磁路上的磁动势除以磁路的磁阻。此关系与电路中的欧姆定律在形式上十分相似，因此，式(0-10)又称为磁路欧姆定律。

　　磁路与电路有许多相似之处，现将这二者做个对比。磁路中的磁动势 F 类似于电路中的电动势 E，磁通 Φ 类似于电流 i，磁阻 R_m 和磁导 Λ_m 分别类别于电阻 R 和电导 Λ，其至磁压降 ΦR_m 也类似于电压降 iR。

　　必须指出，虽然磁路与电路有许多相似之处，但却有一个本质的差别，即磁通并不像电流那样代表某种质点的运动；恒定磁通通过的磁阻，并不像恒定电流通过电阻时那样具有能量形式的转换。也就是说，电路中有电流通过时，就有功率损耗；而在直流磁路中，维持一定的磁通量时，铁心中无功率损耗，所以磁阻的计算比电阻困难得多。一般导电材料的电导率是一个已知常数，知道导体的长度和截面积就可求出电阻。但是，铁磁材料的磁导率 μ 不是常数，而是随磁感应强度 B 的变化而变化的，故磁阻 R_m 也不是常数，仅通过磁路欧姆定律以及几何尺寸、材料的品种不能直接算出磁阻。在磁场中，没有绝对的磁绝缘体，除了铁心中的磁通外，实际上，总有一部分漏磁通散布在周围空气中。在电路中，电流 i 可以认为全部在导线中流通，导线外没有电流。计算线性电路可以采用叠加原理，由于铁心饱和时存在非线性，所以不能用叠加原理计算铁心磁路。

　　(3) 磁路的基尔霍夫定律。 为了解决比较复杂的磁路计算，仅用磁路的欧姆定律是不够的，还需应用磁路的基尔霍夫第一定律、第二定律。

　　a. 磁路的基尔霍夫第一定律。

　　由磁通的连续性定理可知，穿出(或穿入)任意一闭合面的总磁通量恒等于零(或者说，进入任意一闭合曲面的磁通恒等于穿出该闭合曲面的磁通量)，即 $\sum \Phi = 0$，比拟于电路中的基尔霍夫第一定律 $\sum i = 0$，该定律亦称为磁路的基尔霍夫第一定律。

　　以图 0-6 所示的有分支铁心磁路为例，若在第一个铁心柱的线圈 N 上加电流 i，建立磁动势 F，产生磁通，磁通的路径将如图中虚线所示。在 Φ_1、Φ_2 和 Φ_3 的汇合处作一个封闭面，若令进入闭合面的磁通为正，穿出闭合面的磁通为负，则

$$\sum \Phi = \Phi_1 - \Phi_2 - \Phi_3 = 0$$

　　b. 磁路的基尔霍夫第二定律。

　　在电机与变压器的磁路中，通常不是同截面、同材料构成的均匀磁路，而是由数段不同

截面、不同铁磁材料的铁心组成,有时还可能含有气隙。所以在磁路计算时,可以将磁路按材料及截面不同分成若干个磁路段,每一段为同一材料、相同截面积,且磁路内磁通密度处处相等,仍然以图0-6所示的有分支铁心磁路为例,磁路分为三段,各段的磁动势、磁路的平均长度、截面积、磁导率、磁通分别是:bade 段的 $F_1 = Ni$、l_1、A_1、μ_1、Φ_1;be 段的 $F_2 = 0$、l_2、A_2、μ_2、Φ_2;bcfe 段的 $F_3 = 0$、l_3、A_3、μ_3、Φ_3。

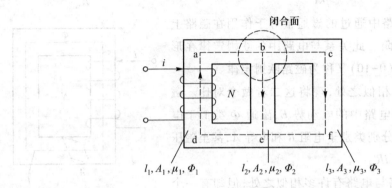

图 0-6　有分支铁心磁路

沿 l_1 和 l_2 组成的闭合磁路,根据安培环路定律有

$$\sum H_k l_k = H_1 l_1 + H_2 l_2 = \sum i = \sum F = Ni$$

由于 $H_1 = \dfrac{B_1}{\mu_1}$,$H_2 = \dfrac{B_2}{\mu_2}$,$B_1 = \dfrac{\Phi_1}{A_1}$,$B_2 = \dfrac{\Phi_2}{A_2}$,$R_{m1} = \dfrac{l_1}{\mu_1 A_1}$,$R_{m2} = \dfrac{l_2}{\mu_2 A_2}$,所以

$$F_1 + F_2 = Ni = H_1 l_1 + H_2 l_2 = \Phi_1 R_{m1} + \Phi_2 R_{m2} \qquad (0\text{-}11)$$

同理,对于沿 l_1 和 l_3 组成的闭合磁路,有

$$F_1 + F_3 = Ni = H_1 l_1 + H_3 l_3 = \Phi_1 R_{m1} + \Phi_3 R_{m3}$$

在磁路计算中,常把 $H_k l_k$ 称为某段磁路的磁压降或磁位降,$\sum H_k l_k$ 称为闭合磁路的总的磁压降。根据式(0-11)可得出:在磁路中,沿任何闭合磁路的磁动势的代数和等于磁压降的代数和,即

$$\sum F_k = \sum H_k l_k = \sum \Phi_k R_{mk} \qquad (0\text{-}12)$$

这就是磁路的基尔霍夫第二定律,是安培环路定律在磁路中的体现,与电路的基尔霍夫第二定律在形式上完全相同。

磁路的计算所依据的基本原理是安培环路定律,其计算有两种类型,一类是给定磁通量,计算所需励磁磁动势,简称磁路计算的第一类问题,属于第一类问题的有变压器、电机的磁路计算;第二类是给定励磁磁动势,求磁路内的磁通量,称为磁路计算的逆问题。

根据独立磁回路的多少以及是否要求考虑漏磁,磁路可分为无分支磁路(图0-5)和有分支磁路(图0-6)。无分支磁路仅包括一个磁回路,而且不考虑漏磁影响,所以沿整个磁回路的磁通是相等的。有分支磁路包括两个或两个以上的独立磁回路,需要根据两个磁路基尔霍夫定律联立列写方程组求解。若计及漏磁,该磁路就属于有分支磁路,即使实际上是一个磁回路。

无分支磁路第一类问题的计算步骤是:先将磁路按不同截面尺寸和不同材料性质分段, 计算各段磁路的有效截面积 A_k 和平均长度 l_k,每一段磁路应是均匀的。然后用已经给定的磁通 Φ,由 $B_k = \dfrac{\Phi}{A_k}$ 计算各段磁路的磁通密度 B_k,再根据磁通密度求出相应的磁场强度 H_k。对铁磁材料,磁场强度 H_k 可从磁化曲线上查出;对于空气隙的磁场强度 H_δ,可通过空气的磁导率 μ_0 直接计算,即 $H_\delta = \dfrac{B_\delta}{\mu_0}$。最后计算各段的磁位降 $H_k l_k$,求得产生给定磁通时所需的励磁磁动势 $F = Ni = \sum H_k l_k$。

例 0-1　图 0-7 所示的磁路由电工钢片叠压而成,已知铁心叠压因数 $k_{\text{Fe}} = 0.94$,各段铁心的截面积相同,均为 $A = 0.8 \times 10^{-3}\ \text{m}^2$,$l_1 = 0.08\ \text{m}$,$l_2 = 0.1\ \text{m}$,$l_3 = 0.037\ \text{m}$,$l_4 = 0.037\ \text{m}$,$l_5 = 0.1\ \text{m}$,气隙长度 $\delta = 0.006\ \text{m}$,铁心的磁导率与空气磁导率的关系为 $\mu_{\text{Fe}} = 1\,900\mu_0$,励磁绕组匝数 $N = 2\,000$,要在铁心中产生 $1 \times 10^{-3}\ \text{Wb}$ 的磁通,求需要多大的励磁电流。

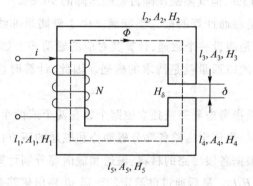

图 0-7　例 0-1 磁路图

解　铁心的面积为

$$A_k = k_{\text{Fe}}A = 0.94 \times 0.8 \times 10^{-3}\ \text{m}^2$$
$$= 0.752 \times 10^{-3}\ \text{m}^2$$

铁心的平均磁通密度为

$$B = \frac{\Phi}{A_k} = \frac{1 \times 10^{-3}}{0.752 \times 10^{-3}}\ \text{T}$$
$$= 1.33\ \text{T}$$

铁心部分的磁场强度为

$$H = \frac{B}{\mu_{\text{Fe}}} = \frac{1.33}{1\,900 \times 4\pi \times 10^{-7}}\ \text{A/m}$$
$$= 557\ \text{A/m}$$

铁心部分的磁压降为

$$\sum_{k=1}^{5} H_k l_k = H \sum_{k=1}^{5} l_k = 557(0.08 + 0.1 + 0.037 + 0.037 + 0.1) = 197\ \text{A}$$

不考虑边缘效应,则气隙中的磁通与铁心中的相等,故气隙中磁场强度为

$$H_\delta = \frac{B}{\mu_0} = \frac{\Phi}{\mu_0 A} = \frac{1\times10^{-3}}{4\pi\times10^{-7}\times0.8\times10^{-3}} \text{ A/m} = 9.947\times10^5 \text{ A/m}$$

气隙压降为

$$H_\delta\delta = 9.947\times10^5\times0.006 \text{ A} = 5\,968.2 \text{ A}$$

该磁路所需的总磁动势为

$$F = \sum_{k=1}^{5} H_k l_k + H_\delta\delta = (197+5\,968.2) \text{ A} = 6\,165.2 \text{ A}$$

励磁电流为

$$i = \frac{F}{N} = \frac{6\,165.2}{2\,000} \text{ A} = 3.083 \text{ A}$$

由此可见,虽然气隙长度很小,但气隙磁压降在总磁压降中占比很大。在本例中,气隙长度不到磁路总长度的15%,但气隙磁压降占总磁压降的96.8%。

已知磁动势求磁通是磁通计算的第二类问题。由于磁路是非线性关系,故解决第二类问题常采用试探法,也就是假设一个磁通,计算其对应的磁动势。如果算出的磁动势与给定的磁动势相等,则所假设的磁通量就是待求的磁通。因此,计算时往往需要试探多次,才能逐渐得出结果。

有分支磁路的计算是指考虑漏磁或独立磁路个数在两个或两个以上的磁路计算。有分支磁路计算第一类问题时,先假定磁路各部分磁动势和磁通的正方向,然后将磁路按照不同材料和截面进行分段。根据各段磁路的材料、磁通和截面等分别计算各段的磁感应强度 B_k、磁场强度 H_k 以及磁压降 $H_k l_k$。最后通过已给定的磁通 Φ 列出磁路基尔霍夫第一、第二定律的联立方程,求出磁动势 F。有分支磁路的第二类问题的计算和无分支磁路的计算一样,也采用试探法。具体方法见其他参考书。

0.5.1.3 电磁感应定律

设有一个匝数为 N 的线圈位于磁路中,当线圈本身发生移动、转动或磁场本身发生了变化等原因,使得与线圈交链的磁链发生变化时,线圈中将有感应电动势 e 产生,这种现象叫作电磁感应。其中,感应电动势的数值与线圈所交链的磁链的变化率成正比,如果感应电动势的正方向与磁通的正方向符合右手螺旋法则,如图 0-8 所示,则感应电动势为

$$e = -\frac{\mathrm{d}\Psi}{\mathrm{d}t} = -N\frac{\mathrm{d}\Phi}{\mathrm{d}t} \qquad (0-13)$$

式中,Ψ 为线圈所交链的磁链,$\Psi = N\Phi$。

此式表明,由电磁感应产生的电动势与线圈匝数和磁通的变化率成正比。式右边的负号表示线圈中的感应电动势倾向于阻止线圈内磁链的变化,即当磁通增加时,$\frac{\mathrm{d}\Phi}{\mathrm{d}t}$ 为正,e 为

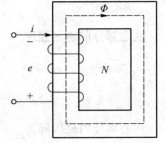

图 0-8　感应电动势与磁通的正方向

负, e 企图减少磁通; 当磁通减少时, $\dfrac{\mathrm{d}\Phi}{\mathrm{d}t}$ 为负, e 为正, e 企图增加磁通, 常称该规律为楞次定律。

必须指出, 在使用式(0-13)时, 各电磁量的正方向概念十分重要。如果磁通和电动势不仅大小变化, 而且方向也在变化时, 就需要选定一个方向作为参考方向(正方向)。

线圈中磁链的变化有以下两种不同的方式。第一种方式是线圈与磁场相对静止, 磁通由交流电流产生, 如变压器的情况。由于与线圈交链的磁通本身是随时间变化的, 这样产生的电动势称为变压器电动势。

设与线圈交链的磁通随时间呈正弦规律变化, 即

$$\Phi = \Phi_{\mathrm{m}} \sin \omega t \tag{0-14}$$

式中, ω 为磁通变化角, $\omega = 2\pi f$; Φ_{m} 为交变磁通的幅值。

感应电动势为

$$e = -N \frac{\mathrm{d}\Phi}{\mathrm{d}t} = -N\omega\Phi_{\mathrm{m}} \cos \omega t = E_{\mathrm{m}} \sin (\omega t - 90°) \tag{0-15}$$

式中, E_{m} 为感应电动势的幅值, $E_{\mathrm{m}} = N\omega\Phi_{\mathrm{m}}$。

式(0-15)表明, 当磁通随时间按呈正弦规律变化时, 线圈的感应电动势也随时间呈正弦规律变化, 但在相位上滞后磁通90°, 如图0-9所示。

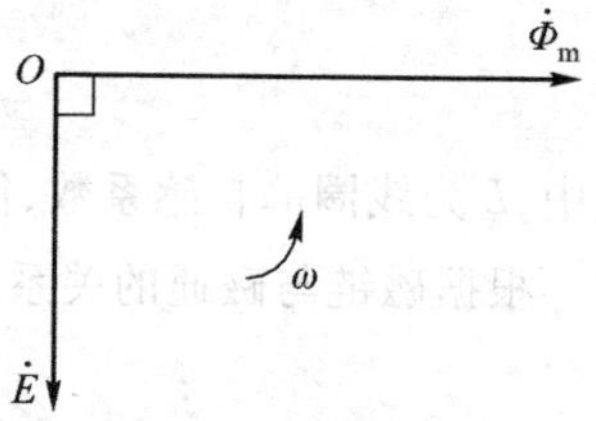

感应电动势的有效值为

$$E = \frac{E_{\mathrm{m}}}{\sqrt{2}} = \frac{\omega N \Phi_{\mathrm{m}}}{\sqrt{2}} = \frac{2\pi f N \Phi_{\mathrm{m}}}{\sqrt{2}} = 4.44 f N \Phi_{\mathrm{m}} \tag{0-16}$$

式中, f 为交变频率, 单位为 Hz。

写成相量形式为

$$\dot{E} = -\mathrm{j}4.44 f N \dot{\Phi}_{\mathrm{m}} \tag{0-17}$$

图 0-9　感应电动势与磁通的相位关系

第二种方式是磁场恒定, 本身不随时间变化, 但线圈和磁场有相对运动, 线圈与磁场间的相对运动引起与线圈交链的变化, 这样产生的电动势称为运动电动势。运动电动势是由导体切割磁感线所产生的, 当导体在磁场中运动而切割磁感线时, 如果导体在磁场中的部分、导体的运动方向和磁感线三者相互垂直, 则该导体中产生的感应电动势为

$$e = Blv \tag{0-18}$$

式中, B 为导体所在处的磁感应强度; l 为导体在磁场中的有效长度; v 为导体切割磁场的速度。

注意, 式(0-13)是电磁感应定律的普遍形式, 式(0-18)仅是计算感应电动势的一种特殊形式。当磁力线、导体和运动方向三者相互垂直时, 运动电动势的方向可用图0-10所示的右手定则确定: 伸开右手, 使拇指与其余四指垂直, 掌心迎着磁感线, 拇指指向导体运动方向, 则其余四指所指方向就是运动电动势的方向。

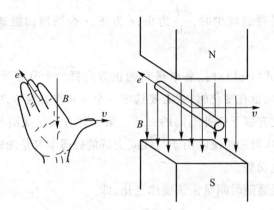

图 0-10　右手定则

0.5.1.4　线圈自感电动势及电路方程

在空心线圈中,当线圈中流过电流 i 时,将产生与线圈交链的自感磁链,该磁链与流过线圈的电流之间存在正比关系,可写成

$$\Psi_L = Li \tag{0-19}$$

或

$$L = \frac{\Psi_L}{i} \tag{0-20}$$

式中,L 为线圈的自感系数,简称自感,单位为 H。

根据磁链与磁通的关系以及磁路的欧姆定律,可得

$$L = \frac{\Psi_L}{i} = \frac{N\Phi_L}{i} = \frac{N\left(\dfrac{F}{R_m}\right)}{i} = \frac{N\left(\dfrac{Ni}{R_m}\right)}{i} = \frac{N^2}{R_m} = N^2\Lambda_m \tag{0-21}$$

可见,线圈的电感与线圈匝数的平方成正比,与磁场介质的磁阻成反比。对于线性介质,线圈的电感与线圈所加的电压、电流或频率无关。由于铁磁材料的磁导率是空气磁导率的几百倍到几千倍,磁导又与磁导率成正比,因此铁心线圈的电感比空心线圈的电感大得多。因为铁磁材料的磁导率不是常数,而是随磁饱和程度的增加而下降,所以铁心线圈的自感不是常数,当磁路饱和程度增加时,自感下降。

根据电磁感应定律,线圈磁链变化在线圈中感应的自感电动势为

$$e_L = -\frac{d\Psi_L}{dt} = -L\frac{di}{dt} \tag{0-22}$$

上式表明,自感电动势 e_L 与线圈自感 L、电流 i 的变化率成正比。而且电流的正方向与自感电动势的正方向相同,它们都与磁通的正方向符合右手螺旋法则。

由此可见,图 0-8 所示的线圈也可以用电路来描述,如线圈等效电阻为 R,根据电路的基尔霍夫第二定律,该电路的电压方程为

$$u = Ri - e = Ri + L\frac{di}{dt} \tag{0-23}$$

相量形式为

$$\dot{U} = (R + jX)\dot{I} \tag{0-24}$$

式中,X 为线圈的电抗,$X = 2\pi fL$。

0.5.1.5　电磁力定律

位于磁场中的载流导体在磁场中受到对它的作用力,由于这种力是磁场和电流相互作用所产生的,故称为电磁力。如果磁场与载流导体相互垂直,则作用在导体上的电磁力为

$$f = Bli \tag{0-25}$$

式中,B 为磁场的磁感应强度,单位为 T;i 为导体中的电流,单位为 A;l 为导体在磁场中的有效长度,单位为 m;f 为作用在导体上的电磁力,单位为 N。

当导体与磁力线相互垂直时,电磁力的方向可由左手定则判定,如图 0-11 所示。伸开左手,使拇指与其余四指垂直,掌心迎接着磁感线,四指指向电流方向,则大拇指所指方向就是电磁力的方向。

旋转电机里的线圈都处于磁场中,作用在转子载流导体上的导磁力使转子受到一个力矩,这个力矩被称为电磁转矩。电磁转矩在电机进行机电能量转换的过程中起着非常重要的作用。设某一匝载流线圈位于电机转子上,绕转子转轴 OO' 旋转,如图 0-12 所示。把载流线圈的有效导体受到的电磁力乘以导体半径 r,便得到线圈的电磁转矩,即

$$T_e = 2Blir \tag{0-26}$$

式中,T_e 为电磁转矩,单位为 N·m。

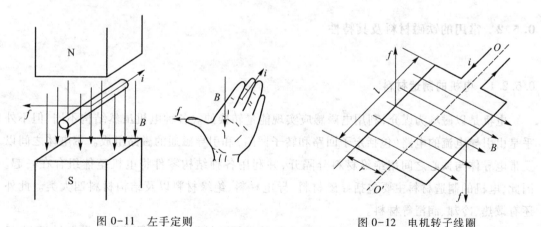

图 0-11　左手定则　　　　　　　　图 0-12　电机转子线圈

0.5.1.6　电机的可逆性

在图 0-12 中,若对于处在磁场中的一匝线圈通以图示方向的电流,由左手定则判断,在该线圈的两个对称的有效导体 l 中,将产生一对均距 OO' 轴线 r 远,且大小相等、方向相反的电磁力 f。受此对电磁力的作用,线圈中产生顺时针旋转方向的电磁转矩,使该线圈沿顺时针方向旋转。如果将电机的轴上带上机械负载,电机就可以带动机械负载一起旋转工作。

这说明电机把电能转化成了机械能,这就是电动机的基本工作原理。

若不在图 0-12 所示的该匝线圈通电,相反,通过外力使它在磁场中沿逆时针方向转动,根据电磁感应定律及右手定则判断,线圈有效导体 l 中将产生感应电动势、电流。如果线圈端部接适当的负载电阻构成闭合回路,则将有一个电流 i 顺着感应电动势方向流向负载,也就是电机向负载输出电功率。这就是发电机的基本原理。

由此可见,如果在电机轴上外施机械功率,电机线圈在磁场作用下产生感应电动势,电机可输出电功率;如果电源向电机电路输入电功率,则线圈在磁场作用下使电机旋转输出机械功率。也就是说,任何电机既可以作为发电机运行,也可以作为电动机运行,这一性质称为电机的可逆性。

必须指出,虽然一切电机都存在功率转换的可逆性,即只要导体切割磁感线,便会在导体中产生感应电动势;只要位于磁场中的导体中有电流通过,且导体与磁感线方向不平行,在导体上便会有电磁力作用,但在实际应用中各种电机是有所偏重的。例如,实用的交流发电机大多用作同步发电机,实用的交流电动机则以异步电机的形式居多。应特别注意,两种运行方式下电机的电磁力、电磁转矩和电动势性质不同。在发电机中也有电磁力或电磁转矩,该电磁力或电磁转矩是阻力或阻力矩性质的,被外施机械力所平衡克服,而发电机的电动势则是电源性质的,给外接负载供电;在电动机中也有感应电动势,该电动势是反电动势,被外施电源克服,而电动机的电磁力或电磁转矩则是驱动性质的,驱动外部机械负载。所以同一品种的电机,也将根据它在正常情况下用作发电机或电动机,而在设计和制造上有不同的要求。

0.5.2 常用的铁磁材料及其特性

0.5.2.1 电机的制造材料

电机是以磁场为媒介,利用电磁感应实现能量转换的。各种电机虽然结构不同,但不外乎是由引导电流的电路(包括定子回路和转子回路)和引导磁通的磁路组成。带电体之间以及带电导体与铁心之间用绝缘材料分隔开,并利用各种结构零件将电机整体组合在一起。因此,电机的制造材料主要包括导磁材料、导电材料、绝缘材料以及结构材料四大类。此外还有散热、冷却、润滑等材料。

为了减少电阻损耗,电路必须采用导电性能良好的材料。铜是最常用的导电材料,电机中的绕组一般都用铜线绕制而成。铝的重要性仅次于铜,笼型异步电动机的转子绕组常用铝浇铸而成。电刷也是应用于电机的一种导电材料,当有电流从旋转部件导出或导入时,需要有刷子和旋转部分接触,如直流电机的换向器接触电刷,以及同步电机、绕线型异步电机的集电环接触电刷等。

为了增加磁路的磁导率,使电机在一定的励磁磁动势下产生较强的气隙磁场,也为了降低损耗,电机铁心一般采用高导磁性能的材料制成。钢铁是良好的导磁材料。如果所导磁通是交变的,为了减少铁心中的涡流损耗,导磁材料应当选用薄片钢,薄片钢又称为电工钢片。电工钢片中含有少量的硅成分,约占 0.5%~4.8%,使它具有较高的电阻,同时又具有良好的导磁性能,因此,电工钢片又称为硅钢片。电工钢片分为热轧钢(DR)和冷轧钢。热轧钢中的低硅片,含硅 1%~2%,厚 0.5 mm,主要用来制作中小型电机;高硅片,含硅 3.5%~4.8%,厚 0.35 mm,用来制作大型交流电机和电力变压器。冷轧钢中的单取向冷轧钢(DW),含硅 0.5%~3%,用于大、中型电机和电力变压器的制作;无取向冷轧钢(DQ),含硅 2.5%~3.5%,用于大型电机的制作。

铸铁因导磁性能较差,应用较少,仅用于截面积较大,形成较复杂的结构部件。各种成分的铸钢的导磁性能较好,主要应用于磁路的其他部分。整块钢材仅能用以传导不随时间变化的磁通。

电工钢片的标准厚度为 0.23 mm、0.35 mm、0.5 mm、1 mm 等,钢片与钢片之间常涂有一层很薄的绝缘漆。一叠钢片的净长和包含片间绝缘的叠片毛长之比称为叠压因数,对于表面涂有绝缘漆,厚度为 0.5 mm 的硅钢片来说,叠压因数的数值为 0.93~0.95。

电机内进行机电能量转换的气隙磁场,可以由励磁电流产生,也可以由永磁体产生。随着稀土永磁材料的发展,近年来一些电机采用永磁体产生气隙磁场,实现电励磁电机难以实现的高性能。

绝缘材料在电机中的主要作用就是把不同电位的导体隔开(如相间绝缘、匝间绝缘),或把导电部分(如铜线)与不导电部分(如铁心)隔开。在热作用下,绝缘材料会渐渐老化,逐渐丧失其机械强度和绝缘性能。为了保证电机能在一定的年限内可靠运行,对绝缘材料都规定了允许工作温度,绝缘材料可分为 Y、A、E、B、F、H、C 七级。其中 Y 绝缘已经基本淘汰,各级绝缘的允许工作温度和主要材料见表 0-1。一般电机多用 E 级或 B 级绝缘,如国产 Y 系列异步电机为 B 级绝缘。一些有特殊耐热要求的电机,如起重及冶金用电动机,常采用 F 级或 H 级绝缘。电机的绝缘等级与电机的使用温度有关。在使用温度确定后,往往会使用至少同级或较高的绝缘材料,以提高电机的使用寿命。比如,常用的 B 级电机,其内部的绝缘材料往往是 F 级的,而铜线可能使用 H 级甚至更高级的,来提高其质量。一般为提高使用寿命,往往规定高级绝缘要求,按低一级来考核。比如,常见的 F 级绝缘的电机,做 B 级来考核,即其温升不能超过 120℃(留 10℃ 作为余量,以避免工艺不稳定造成个别电机温升超差)。

电机绝缘按电机的部位和用途不同分为:导线绝缘、槽绝缘、层间绝缘、相间绝缘、端板绝缘、包扎绝缘、引线绝缘、绝缘漆及浇铸绝缘等。在这些绝缘中,导线绝缘、槽绝缘、绕组绝缘(或绕组浇铸绝缘)在电机绝缘中占最重要的位置,常称为电机的主绝缘。为了降低电机自身的温度,电机上有些结构部件是专为散热而设置的。旋转电机的机轴上常装有风扇,借以增加空气的流通来降温。较大的电机有时需用附加冷却设备,例如鼓风机、循环水系统等。

表 0-1　各级绝缘的允许工作温度和主要材料

绝缘等级	允许工作温度	绝缘材料
Y	90℃	棉纱、天然丝、纸等
A	150℃	浸渍过的 Y 级绝缘材料,或经过油或树脂处理过的有机材料
E	120℃	环氧树脂、聚酯薄膜等有机合成树脂
B	130℃	有机黏合物制成云母、石棉、玻璃丝等无机物质
F	155℃	用耐热有机漆,如聚酯树脂为黏合剂
H	180℃	用耐热硅有机树脂、硅有机漆为黏合剂
C	>180℃	云母、玻璃、瓷、石英等

0.5.2.2　铁磁材料的重要特性

(1) 高导磁性。铁磁材料包括铁或铁和钴、镍、钨、铝等金属以及它们构成的合金。高导磁性是铁心材料的重要特性之一,如电机中使用的各种硅钢片的磁导率 μ 约为 μ_0 的 6 000~7 000 倍。当线圈的匝数和所通过的电流相同时,铁心线圈激发的磁通量比空心线圈激发的磁通量大得多,因而电机的体积可以做得比较小。工程上用铁磁材料来构成电机和变压器的主磁路,由于铁磁材料具有高导磁性,使磁路的磁阻大大减少,一方面将磁通约束在一定的范围内,另一方面可以通过较小的励磁电流产生比较强的磁场,从而提高了电磁装置的利用率和运行效率。

铁磁材料之所以具有优良的导磁性,是因为在其内部存在许多很小的一种特殊的物质结构——磁畴。它相当于一个个小磁铁。平常,磁畴的排列杂乱无章,其磁效应相互抵消,铁磁材料对外不显磁性。磁畴在外界磁场的作用下,将发生归顺性转向,沿外磁场方向排列,使得铁磁材料内部形成一个比原磁场大许多倍的附加磁场,叠加在外磁场上,使合成磁场大为增强,这个过程称为磁化。正是由于每个磁畴都被强烈强化了,所以铁磁材料的磁场比非铁磁材料在同一外磁场下所产生的磁场强得多,即铁磁材料的磁导率比非铁磁材料的磁导率大得多。

(2) 磁饱和特性。将未被磁化的铁磁材料放在磁场中,当磁场强度 H 增大时,材料中的磁感应强度 B 会发生相应的变化,典型的磁化曲线(也叫 B-H 曲线)如图 0-13 所示。在 B-H 曲线的 Oa 段(磁化起始段),外磁场强度较弱,B 随着磁场强度 H 的增加而缓慢增加;随着外磁场增强,材料内部大量磁畴开始转向,越来越多地趋向外磁场方向,因此在 ab 段,随着 H 的增加,B 迅速增加;在 bc 段,

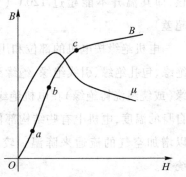

图 0-13　铁磁材料的磁化曲线

大部分磁畴已趋向外磁场方向,可转向的磁畴越来越少,B 的增加越来越缓慢,这种现象称为磁饱和;过 c 点之后,磁化曲线基本成为与非铁磁材料 $B=H\mu_0$ 特性相平行的直线。

与此对应,铁磁材料的磁导率 μ 也随 H 的变化而变化。开始磁化时,μ 较小,之后迅速增加,达到最大值。发生饱和时,μ 变小,磁阻增大,导磁性能变差。饱和程度越高,磁导率越小,磁阻越大。可见,不但不同的铁磁材料有不同的磁导率,同一材料当其磁感应强度不同时,其磁导率也不同。磁饱和造成磁路的非线性,使磁路计算的难度增加。

(3)磁滞现象。 将铁磁材料放在交变磁场中,铁磁中的磁畴将不断地翻转,以改变方向。由于磁畴之间的相互摩擦,使得它们取向排列的步调跟不上外磁场的变化步调,因此,B 的变化滞后于 H 的变化,这种现象称为磁滞。

如果使外磁场的磁场强度 H 在 H_m 和 $-H_m$ 之间反复变化,B-H 曲线就是图 0-14 所示的闭合曲线,称为磁滞回线。从磁滞回线可以看出,当 $H=0$ 时,B 并不为 0 而是等于 B_r,B_r 称为剩余磁通密度,简称剩磁。要使 B 从 B_r 降为 0,必须施加相应的反向外磁场,此反向磁场强度称为矫顽力,用 H_c 表示。剩磁 B_r 和矫顽力 H_c 是铁磁材料的两个重要参数。不同的铁磁材料有不同的磁滞回线。对同一个铁磁材料,磁滞回线顶点距离坐标原点越远,磁滞回线包围面积越大。

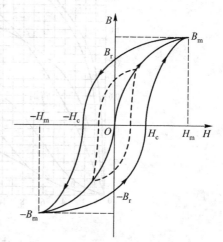

同一铁磁材料在不同的 H_m 值下,有不同的磁滞回线,把所有磁滞回线在第一象限内的顶点连接起来得到的曲线称为铁磁材料的基本磁化曲线或平均磁化曲线,这就是工程上常用材料的磁化曲线。一些电机中常用材料的磁化曲线如图 0-15 所示。

图 0-14　铁磁材料的磁滞回线

根据磁滞回线的形状可以将铁磁材料分为软磁材料、硬磁材料与矩磁材料。软磁材料的磁导率很高,B_r 和 H_c 很小,容易被磁化,去磁效果明显,在较低的外磁场作用下就能产生较高的磁通密度,一旦外磁场消失,其磁性亦基本消失。软磁材料适用于制作各种电机、电器的铁心。电机中应用的导磁体,如铸钢、铸铁、电工钢片等均为软磁材料。硬磁材料又称为永磁材料,其磁导率不太高,B_r 和 H_c 很大,一经磁化能保留很大剩磁,不容易去磁,也不容易磁化,当外磁场消失后,它们能保持相当稳定的磁性。适用于制作各种永久磁体。常用硬磁材料如铁氧体、钐钴、钕铁硼等永磁材料,它们可代替励磁线圈,为电机提供一个恒定磁场。矩磁材料磁导率极高、磁化过程中只有正、负两个饱和点,适用于制作各类存储器中记忆元件的磁芯。

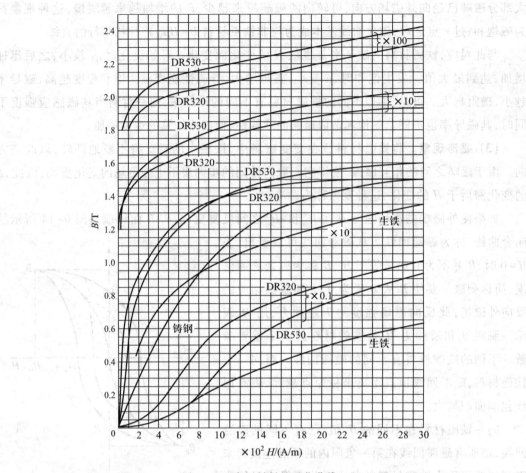

图 0-15　常用材料的磁化曲线

0.5.2.3　铁心损耗

铁心材料在交变磁场的作用下反复磁化时,由于内部磁畴不停地翻转、不停地摩擦引起能量损耗,造成铁心发热,这种能量损耗称为磁滞损耗,用 p_h 表示。实验表明,磁滞损耗与磁滞回线的面积成正比,与磁通的交变频率、铁心体积成正比。由于磁滞回线的面积与磁通密度的幅值 B_m 的 n 次方成正比,因此,磁滞损耗可用以下经验公式计算:

$$p_h = C_h f B_m^n V \qquad (0-27)$$

式中,C_h 为磁滞损耗系数,其大小取决于材料的性质;V 为铁心的体积。

不同铁磁材料的磁滞回线面积大小不同,故磁滞损耗的大小也不一样。同一个铁心,磁感应强度最大值越大,磁滞回线面积越大,磁滞损耗也越大。对一般的电工钢片,$n=1.6\sim2.3$。由于电工钢片的磁滞回线面积较小,故电机和变压器的铁心常用电工钢片叠成。

因铁心既是导磁体又是导电体,故当穿过铁心的磁通发生交变时,将在铁心中感应出电动势和电流,这些电流在铁心内部围绕磁通呈涡流状,即在铁心中引起涡流,如图 0-16 所示。涡流在铁心中产生的损耗称为涡流损耗,用 p_w 表示。显然,频率越高、磁通越大、感应电动势就越大,涡流损耗也越大;铁心的电阻率越大、涡流所流过的路径越长,涡流损耗就越小。导磁体采用电工钢片叠成铁心,就是为了增加涡流回路的电阻以减少涡流损耗。

涡流损耗经验公式为

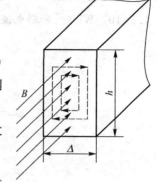

$$p_w = C_w \Delta^2 f^2 B_m^2 V \qquad (0\text{-}28)$$

式中,C_w 为涡流损耗系数,其大小取决于材料的电阻率;Δ 为钢片的厚度。

上式表明,涡流损耗与频率的平方、钢片厚度的平方、最大磁通密度的平方及铁心体积成正比。

铁心中的磁滞损耗和涡流损耗之和称为铁心损耗,用 p_{Fe} 表示。

图 0-16   涡流

$$p_{Fe} = p_h + p_w = (C_h f B_m^n + C_w \Delta^2 f^2 B_m^2) V \qquad (0\text{-}29)$$

对于一般的电工钢片,在正常的工作磁通密度范围内($1\ T < B_m < 1.8\ T$),铁心损耗可由下式计算:

$$p_{Fe} = p_h + p_w = C_{Fe} f^{1.3} B_m^2 m \qquad (0\text{-}30)$$

式中,C_{Fe} 为铁心损耗系数;m 为铁心的质量。

铁心一般采用软磁材料。为增大铁心的电阻率,可用很薄的硅钢片叠成铁心等方法来减小铁心损耗。

─────────────── 习 题 ───────────────

0-1   电机在国民经济中有哪些主要作用?

0-2   按功用分,电机可分为哪几类,各有何用途? 按电力机械的运行状况分,可分为哪几类,各有何用途?

0-3   磁路的结构和尺寸一定,磁路的磁阻是否一定?

0-4   磁路计算依据的基本原理是什么? 磁路计算有哪些步骤?

0-5   电机和变压器的磁路常采用什么材料? 这种材料有哪些主要特性?

0-6   比较磁路和电路的不同点。

0-7   什么是铁磁材料的基本磁化曲线? 基本磁化曲线与起始磁化曲线有什么区别?

0-8   铁磁材料是如何分类的,各有什么特点? 简述铁磁材料的磁化过程。

0-9   磁滞损耗和涡流损耗是什么原因引起的,其大小与哪些因素有关?

0-10   既然电机都是可逆的,为什么工程实际中还会有发电机和电动机之分?

0-11   公式 $e = -L\dfrac{di}{dt}$,$e = -\dfrac{d\Psi}{dt}$,$e = -N\dfrac{d\Phi}{dt}$ 及 $e = Blv$ 都是电磁感应定律的不同写法,哪一个具有普遍意义?

0-12 题 0-12 图所示的磁路由 DW360-50 电工钢片叠成,其磁化曲线见题 0-12 表,电工钢片的叠厚为 40 mm,铁心的叠压因数为 $k_{Fe}=0.95$,励磁线圈匝数为 1 000,当铁心磁通为 $1.2×10^{-3}$ Wb 时,励磁电流为多少? 励磁线圈的电感为多少?

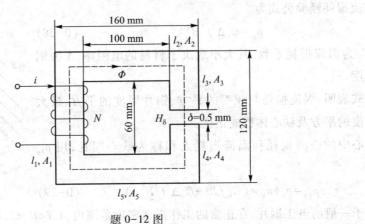

题 0-12 图

题 0-12 表 DW360-50 直流磁化曲线数据

B/T	H/(A/m)	B/T	H/(A/m)	B/T	H/(A/m)	B/T	H/(A/m)
0	0	0.55	71.66	0.95	119.43	1.35	406.05
0.20	44.59	0.60	74.04	1.00	127.39	1.40	557.32
0.25	48.57	0.65	78.03	1.05	143.31	1.45	835.99
0.30	54.94	0.70	82.01	1.10	167.39	1.50	1 353.50
0.35	58.92	0.75	85.99	1.15	191.08	1.55	2 308.92
0.40	63.49	0.80	95.54	1.20	218.95	1.60	3 642.42
0.45	66.48	0.85	103.50	1.25	254.78	1.65	5 254.78
0.50	69.27	0.90	111.46	1.30	314.49	1.70	7 165.61

0-13 磁路尺寸同题 0-12,当励磁电流为 0.6 A 时,铁心中磁通为多少? 励磁线圈的电感为多少?

第1章

直流电机

【本章要点】

　　本章首先讨论直流电机的结构和工作原理;其次讲解直流电机的基本理论;最后分析直流发电机的运行特性和直流电动机的工作特性。

　　本章要求学生熟悉直流电机的内部基本结构,深刻理解直流电机的工作原理,重点掌握直流电机的电动势平衡、转矩平衡和功率平衡,掌握直流发电机的运行特性和直流电动机的工作特性。

　　直流电机包括直流电动机和直流发电机。直流电机与交流电机相比具有优良的起动、调速和制动性能,在电力拖动中应用广泛。直流发电机在一些化学工业的电镀、电解等设备中使用较多,在工业领域仍占有一席之地。本章在了解直流电机结构和工作原理的基础上,着重分析其气隙磁场、感应电动势、电磁转矩和功率平衡等基本理论和共性问题,并分别对不同形式的直流发电机运行特性和直流电动机工作特性进行分析。

1.1　直流电机的工作原理及结构

1.1.1　直流电机的工作原理

　　直流电机是将机械能转换为直流电能或将直流电能转换为机械能的一种装置,直流电机的工作原理可以通过直流电机的简化模型来说明。

1.1.1.1　直流发电机的基本工作原理

　　把机械能转换为电能的直流电机称为直流发电机。直流发电机的简化模型如图1-1所示。

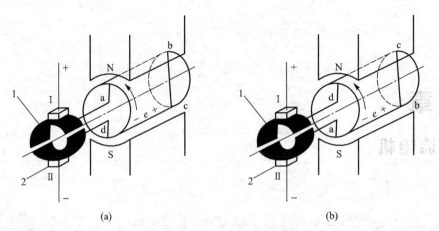

(a)   (b)

图 1-1   直流发电机的简化模型
(a) 导体 ab 靠近 N 极   (b) 导体 ab 靠近 S 极
1. 换向片   2. 电刷

图中 N、S 为固定不动的定子磁极，abcd 是固定在可旋转导磁圆柱体上的转子线圈，线圈的首端 a 和末端 d 连接到两个相互绝缘并可随线圈一同转动的导电换向片上。转子线圈与外电路的连接是通过放置在换向片上固定不动的电刷实现的。

当有原动机拖动转子以一定的转速逆时针旋转时，由电磁感应定律可知，在切割磁场的线圈中将产生感应电动势。有效边导体产生的感应电动势大小为 $e = Blv$，其中 B 为导体所在处的磁感应强度；l 为导体 ab 或 cd 的有效长度；v 为导体 ab 或 cd 与 B 间的相对线速度。

导体中感应电动势的方向可用右手定则确定。在逆时针旋转情况下，如图 1-1(a) 所示，导体 ab 靠近 N 极，产生的感应电动势极性为 a 点高电位，b 点低电位；导体 cd 靠近 S 极，感应电动势的极性为 c 点高电位，d 点低电位。在此状态下电刷 I 的极性为正，电刷 II 的极性为负。

当线圈旋转 180°，如图 1-1(b) 所示，导体 ab 靠近 S 极，产生的感应电动势极性为 a 点低电位，b 点高电位；导体 cd 则靠近 N 极，感应电动势的极性为 c 点低电位，d 点高电位。此时，虽然导体中的感应电动势方向已经改变，但由于原来与电刷 I 接触的换向片已经与电刷 II 接触，而与电刷 II 接触的换向片同时换到与电刷 I 接触，因此电刷 I 的极性仍为正，电刷 II 的极性仍为负。

从图 1-1 中可看出，虽然导体 ab 和 cd 中感应电动势方向是交变的，但是和电刷 I 接触的导体总是靠近 N 极，和电刷 II 接触的导体总是靠近 S 极，因此，电刷 I 的极性总为正，电刷 II 的极性总为负，于是在电刷两端总有直流电动势输出。

1.1.1.2   直流电动机的基本工作原理

把电能转换为机械能的直流电机称为直流电动机。直流电动机的简化模型如图 1-2 所示。

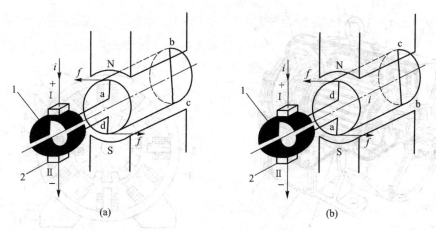

图 1-2 直流电动机的简化模型

(a) 导体 ab 靠近 N 极　(b) 导体 ab 靠近 S 极

1. 换向片　2. 电刷

如果把电刷 I 、II 接到一个直流电源上，电刷 I 接电源正极，电刷 II 接电源负极，此时在电枢线圈中将有电流流过。设线圈的 ab 边靠近 N 极，线圈的 cd 边靠近 S 极，则导体每条边所受电磁力的大小为 $f=Bli$ ，其中 i 为导体中流过的电流。

导体受力方向可以由左手定则确定。在图 1-2(a) 所示的情况下，靠近 N 极的导体 ab 受力方向为从右向左，而靠近 S 极的导体 cd 受力方向为从左向右。该电磁力与转子半径乘积为电磁转矩，该转矩的方向为逆时针。当电磁转矩大于阻力转矩时，线圈按逆时针方向旋转。当电枢旋转到图 1-2(b) 所示位置时，原靠近 S 极的导体 cd 转到靠近 N 极，其受力方向变为从右向左；原靠近 N 极的导体 ab 转到靠近 S 极，导体 ab 受力方向变为从左向右，该转矩的方向仍为逆时针方向，线圈在此转矩作用下继续按逆时针方向旋转。这样虽然导体中流通的电流为交变的，但靠近 N 极的导体受力方向和靠近 S 极的导体受力方向并未发生改变，电磁转矩的方向没有改变，电动机在此方向不变的转矩作用下继续转动。

实际直流电机的电枢是根据应用情况需要由多个线圈构成的。线圈分布于电枢铁心表面的不同位置，并按照一定的规律连接起来，构成电机的电枢绕组。

1.1.2　直流电机的结构

直流电机由定子(固定不动)与转子(旋转)两大部分组成。直流电动机的结构图和直流电机的横向截面图分别如图 1-3 和图 1-4 所示。

定子部分主要包括主磁极、换向极、电刷、端盖和机座；转子部分主要包括电枢铁心、电枢绕组、换向器、转轴和风扇等。

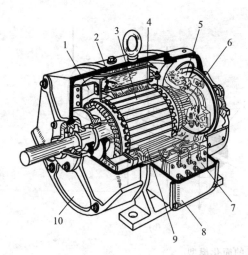

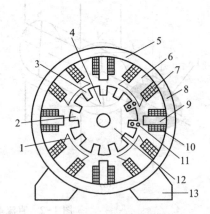

图 1-3 直流电动机的结构图

1. 风扇 2. 机座 3. 电枢 4. 主磁极

5. 刷架 6. 换向器 7. 接线板

8. 出线盒 9. 换向极 10. 端盖

图 1-4 直流电机的横向截面图

1. 极靴 2. 电枢齿 3. 电枢槽 4. 转子

5. 定子 6. 主磁极 7. 励磁绕组 8. 磁轭(机座)

9. 换向极 10. 换向极绕组 11. 电枢绕组

12. 电枢铁心 13. 底脚

1.1.2.1 定子

定子由主磁极、换向极、电刷装置、机座等组成。主磁极的作用是产生气隙磁场,即图 1-1 和图 1-2 中的 N 极和 S 极。主磁极由主磁极铁心和励磁绕组两部分组成,如图 1-5 所示。主磁极铁心一般用 0.5~1.5 mm 厚的硅钢冲片叠压铆紧而成,分为极身和极靴两部分,上面套励磁绕组的部分称为极身,下面扩宽的部分称为极靴,底部做成近圆弧形。极靴宽于极身,既可以调整气隙使磁场分布较均匀,又便于固定励磁绕组。励磁绕组用绝缘铜线绕制而成,套在主磁极铁心上。整个主磁极用螺钉固定在机座上。主磁极总是成对出现,N、S 极交替排列。

直流电机的换向极如图 1-6 所示。换向极安放在相邻两主磁极之间,由铁心和绕组组成。换向极铁心一般是由整块钢制成。换向极绕组用绝缘导线绕制而成,与电枢绕组串联后套在换向极铁心上,换向极的数目与主磁极相等。

换向极的作用是改善电机的换向。因为由图 1-1 或图 1-2 可以看出,当线圈转动到水平位置时,原来与电刷 Ⅰ 接触的换向片要改为与电刷 Ⅱ 接触,原来与电刷 Ⅱ 接触的换向片要改为与电刷 Ⅰ 接触。这时电流换向,电流的变化会在电枢绕组中产生感应电动势,从而在电刷与换向片之间产生火花。当火花超过一定程度时,会烧蚀换向器和电刷,使电机不能正常工作。装上换向极后,线圈转到水平位置时,正好切割换向极的磁感线,产生的

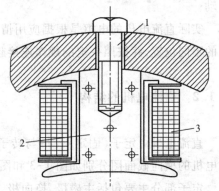

图 1-5 直流电机的主磁极

1. 固定主磁极的螺钉

2. 主磁极铁心 3. 励磁绕组

附加电动势可以抵消上述换向电动势,使换向得到改善。由于换向极较小,所以不会对电机的正常工作产生影响。

　　电刷装置使换向器和电刷相接触,可以把转动的电枢绕组电路和外电路连接,把电枢绕组中的交流电转换成电刷端的直流电,即用来引入或引出直流电压和直流电流。电刷装置由电刷、刷握、刷杆、座圈和弹簧压板等组成,如图1-7所示。电刷放在刷握内,用弹簧压板压紧,使电刷与换向器之间有良好的滑动接触,刷握固定在刷杆上,刷杆装在圆环形的座圈上,相互之间必须绝缘。座圈装在端盖或轴承内盖上,圆周位置可以调整,调好以后加以固定。电刷组的个数一般与主磁极的个数相等。

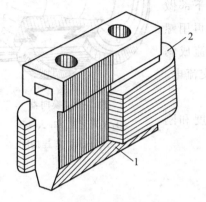

图 1-6　直流电机的换向极

1. 换向极铁心　2. 换向极绕组

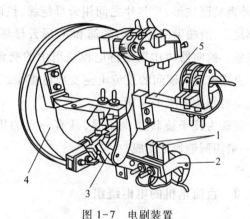

图 1-7　电刷装置

1. 电刷　2. 刷握　3. 弹簧压板　4. 座圈　5. 刷杆

　　机座是电机定子的外壳。作用有两个,一是用来固定主磁极、换向极和端盖,并起整个电机的支撑和固定作用;二是机座本身也是磁路的一部分,通过机座的这部分磁通称为磁轭。为保证机座具有足够的机械强度和良好的导磁性能,机座一般为铸钢件或由钢板焊接而成。

1.1.2.2　转子(电枢)

　　转子由电枢铁心、电枢绕组、换向器、转轴等组成。转子电枢铁心是主磁路的主要部分,固定在转轴或转子支架上,其外圆周开槽,用来嵌放电枢绕组,电枢铁心的结构如图1-8所示。一般电枢铁心采用0.5 mm厚带绝缘漆的硅钢片冲制叠压而成,以降低电机运行时电枢铁心中产生的涡流损耗和磁滞损耗。叠成的铁心固定在转轴或转子支架上。铁心的外圆开有电枢槽,槽内嵌放电枢绕组。

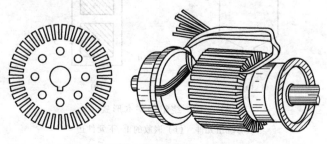

图 1-8　电枢铁心

转子电枢绕组的作用是产生电磁转矩和感应电动势,是直流电机进行能量变换的关键部件,所以叫电枢。实际的电枢绕组并非如图1-1和图1-2所示的那样只有一个线圈,而是由许多线圈(或称元件)按一定规律连接而成,线圈采用高强度漆包线或玻璃丝包扁铜线绕成,不同线圈的线圈边分上、下两层嵌放在电枢铁心表面的槽中,线圈的两个出线端分别与两个换向片相连。线圈与铁心之间以及上、下两层线圈边之间都必须妥善绝缘。为防止离心力将线圈边甩出槽外,槽口用槽楔固定。线圈伸出槽外的端接部分用热固性无纬玻璃带进行绑扎。

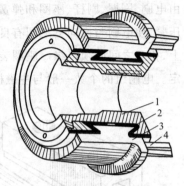

换向器与转轴固定在一起,由许多相互绝缘的换向片组成,外表呈圆柱形,片与片之间用云母绝缘,换向片的下部做成鸽尾形,两端用钢制V形套筒和V形云母环固定,再用螺母锁紧。换向器的作用是将电枢绕组中的交流电整流成刷间的直流电或将刷间的直流电逆变成电枢绕组中的交流电。换向器的结构如图1-9所示。

转轴为转子旋转提供支撑,具有一定的机械强度和刚度,一般用圆钢加工而成。

图1-9 换向器

1. V形套筒 2. 云母环
3. 换向片 4. 连接片

1.1.3 直流电机的电枢绕组

电枢绕组是电机的一个重要部件。在绕组设计时,有一定的要求,即在能通过规定电流和产生足够电动势前提下,尽可能节省有色金属和绝缘材料,结构简单,运行可靠,便于维护和检修。

1.1.3.1 电枢绕组的常用术语

绕组元件是构成绕组的线圈,如图1-10(a)所示,即外包绝缘的单匝或多匝线圈。每一个元件均引出两根线与换向片相连,其中一根为元件首端,另一根为元件末端。每一个嵌放好的元件切割磁力线的两条边为有效边。处在铁心端部连接上、下元件边的导体是端接。双层绕组中的上、下层绕组为上、下元件边(即上、下层边),如图1-10(b)所示。

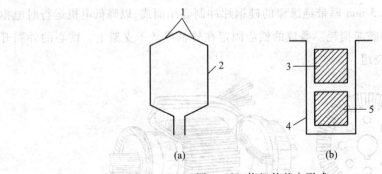

(a)   (b)

图1-10 绕组的基本形式

(a)绕组元件 (b)嵌放的上、下元件边

1. 端接 2. 有效边 3. 上元件边 4. 槽 5. 下元件边

极距是指相邻两个异性主磁极轴线沿电枢表面之间的距离,用 τ 表示,如图 1-11(a) 所示。

$$\tau = \frac{\pi D}{2p} = \frac{Z}{2p} \qquad (1-1)$$

式中,D 为电枢直径;Z 为总槽数;p 为电机的磁极对数。

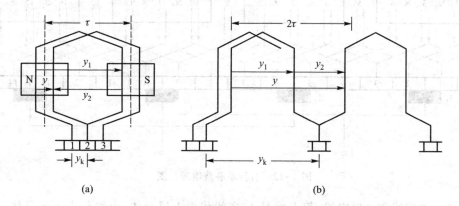

图 1-11　叠绕组和波绕组的极距和节距
(a) 叠绕组　(b) 波绕组

一个元件的两个有效边在电枢表面跨过的距离为第一节距,用 y_1 表示。

$$y_1 = \frac{Z}{2p} \mp \varepsilon = 整数 \qquad (1-2)$$

式中,ε 为小于 1 的分数。

$y_1 = \tau$ 时为整距节距;$y_1 < \tau$ 时为短距节距;$y_1 > \tau$ 时为长距节距。

连接第一个元件的下层边与第二个元件的上层边之间的距离为第二节距,用 y_2 表示。两个串联元件对应边之间的距离为合成节距,用 y 表示。同一元件首末端连接的换向片之间的距离为换向节距,用 y_k 表示。

叠绕组串联的两个元件是指后一个元件紧叠在前一个元件上,整个绕组成折叠式前进,如图 1-11(a) 所示。波绕组是把相隔约为一对极距的同极性磁场下的相应元件串联起来,像波浪式前进,如图 1-11(b) 所示。单叠绕组中,$y = y_1 - y_2$;单波绕组中,$y = y_1 + y_2$。直流电机电枢绕组的基本形式有单叠和单波两种形式。

1.1.3.2　单叠绕组

(1) 单叠绕组的含义。 叠绕组是指后一元件紧叠在前一元件上的绕组。当 $y = y_k = 1$ 时,该叠绕组称为单叠绕组。

(2) 绕组展开图。 假想把电枢从某一齿的中间沿轴向切开,展开成平面,所得绕组连接图形称作绕组展开图。以一台 $p = 2$,$Z = 16$ 的直流电机为例,其右行单叠绕组展开图如图 1-12 所示。

绘制直流电机单叠绕组展开图具体步骤如下。

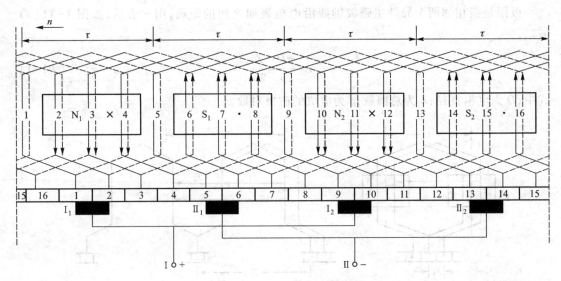

图 1-12 右行单叠绕组展开图

a. 画一根实线和一根虚线,编上编号 1,实线代表上层导体,虚线代表下层导体。依次画 16 组等长、等距离的平行线来代表 16 个槽的上层导体和下层导体。

b. 按节距 y_1 连接一个元件。

$$y_1 = \tau = \frac{Z}{2p} = \frac{16}{2 \times 2} = 4$$

将 1 号元件的上层边放在 1 号槽的上层,其下层边应放在 5 号槽($1+y_1 = 1+4 = 5$)的下层。由于一般情况下,元件是左右对称的,所以把 1 号槽的上层(实线)和 5 号槽的下层(虚线)用左右对称的端部连接成 1 号元件。注意首端和末端之间相隔一个换向片宽度 $y_k = 1$,为使图形整齐起见,取换向片宽度等于一个槽距,从而画出与 1 号元件首端相连的 1 号换向片和与末端相连的 2 号换向片,并依次画出 3 至 16 号换向片。上层边所在槽号与该元件首端相连的换向片的编号相同。

c. 由 $y=1$,将 2 号元件的上层边放在 2 号槽的上层。依次按步骤 b 的画法,将 16 个元件通过 16 个槽及 16 个换向片连成一个闭合的回路。

为了便于理解绕组的工作原理和确定电刷的位置,绕组展开图中还会画出磁极和电刷的位置。

d. 画磁极。由于主磁极在圆周上是均匀分布的,所以相邻磁极的中心之间应间隔 4 个槽。设某一瞬间每个磁极中心分别对准 3、7、11、15 槽,画出 4 个磁极。依次标注 N_1、S_1、N_2、S_2,一般假设磁极在电枢绕组上面。

e. 画电刷。电刷数等于磁极数,而且必须均匀分布在换向器表面圆周上,相互间隔 $16/4 = 4$ 个换向片。为了使被电刷短路的元件中感应电动势最小,正负电刷之间引出的电动势最大,在元件对称时,电刷中心线应对准磁极中心线。空载时磁极中心线通过电枢表面的主磁极磁通密度为零,称为电枢上的几何中性线。

f. 并联支路连接确定。设电机工作在发电机状态,并欲使电枢绕组向左移动,根据右手定则,可知电枢绕组各元件中感应电动势的方向。将电刷 I_1 和 I_2 并联起来作为电枢绕组的"+"端,接正极;将电刷 II_1 和 II_2 并联起来作为"−"端,接负极。如果电机工作在电动机状态,设电枢绕组的转向不变,则电枢绕组各元件中电流的方向可用左手定则确定,与发电机状态时感应电动势方向相反,因而电刷的正、负极性不变。

(3) 绕组的元件连接顺序。绕组展开图比较直观,但绘制起来相对复杂,为简便起见,绕组元件的连接顺序也可以通过绕组元件的连接顺序图来表示。对于 $p=2$、$Z=16$ 的直流电机,其单叠绕组的元件连接顺序图如图 1-13 所示。

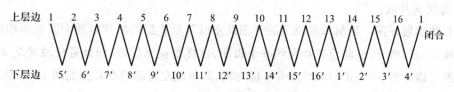

图 1-13　元件连接顺序图

(4) 对应于元件连接顺序的绕组并联支路图。若图 1-13 的元件连接顺序不变,将此时不与电刷接触的换向片省去不画,就可以得到单叠绕组某一瞬间绕组的并联支路图,如图 1-14 所示。并联支路数等于磁极数,即 $2a_=2p$。

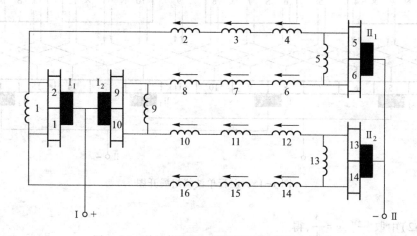

图 1-14　单叠绕组某一瞬间绕组的并联支路图

单叠绕组小结:

(1) 元件的两个出线端连接在相邻的两个换向片上。

(2) 并联支路数等于磁极数,即 $2a_=2p$。

(3) 每条支路由不相同的电刷引出,电刷数等于磁极数。

(4) 正、负电刷引出的电动势即为每一支路的电动势,电枢电压等于支路电压。

(5) 整个电枢绕组的闭合回路中,感应电动势的总和为零,绕组内部无环流。

(6) 由正、负电刷引出的电枢电流为 I_a,为各支路电流之和。

(7) 叠绕组并联支路数多,每条支路中串联元件数少,所以适用于较大电流、较低电压的电机。

1.1.3.3　单波绕组

(1) 单波绕组的含义。单波绕组是指从某个换向片出发,串联 p 个元件并绕电枢一周后,所接的换向片与出发时的换向片相邻,一般后退一片。首、末端所接的两个换向片相隔比较远,两个元件串联起来形成波浪,其合成节距为

$$y = y_k = \frac{k \pm 1}{p} = 整数 \tag{1-3}$$

式中,k 为换向片数。

(2) 绕组展开图。绘制单波绕组展开图的步骤与单叠绕组展开图的步骤基本相同。串联元件放在同磁极下,空间位置相距约 p 个极距,这样端接比较短,而且避免端接交叉,又称左行绕组。以一台 $p = 2$、$Z = 15$ 的直流电机为例,其单波左行绕组展开图如图 1-15 所示。

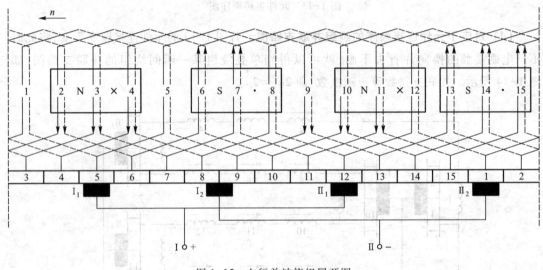

图 1-15　左行单波绕组展开图

式(1-2)中取"-",$\varepsilon = \frac{3}{4}$,得

$$y_1 = \frac{Z}{2p} \mp \varepsilon = \frac{15}{2 \times 2} - \frac{3}{4} = 3$$

式(1-3) 中也取"-",得

$$y = y_k = \frac{k \pm 1}{p} = \frac{15 - 1}{2} = 7$$

(3) 绕组的元件连接顺序。同样,为简便起见,单波绕组的元件连接顺序也可以用绕组的元件连接顺序图表示。对于 $p = 2$、$Z = 15$ 的直流电机,其单波绕组的元件连接顺序图如图 1-16 所示。

(4) 对应于绕组连接顺序的绕组并联支路图。若图 1-16 的元件连接顺序不变,将此时不与电刷接触的换向片省去不画,就可以得到单波绕组某一瞬间绕组的并联支路图,如

图 1-17 所示。单波绕组是将同一极性磁极下的所有元件顺序串联,组成一条并联支路,由于磁极极性只有两种,所以单波绕组的并联支路数总是等于 2,并联支路对数总是等于 1,即 $a_= = 1$。

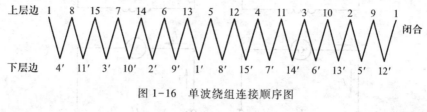

图 1-16　单波绕组连接顺序图

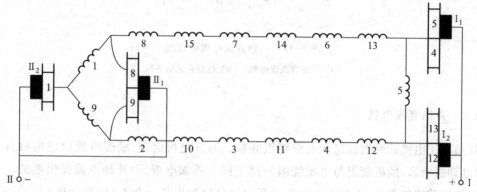

图 1-17　单波绕组某一瞬间绕组的并联支路图

单波绕组小结:

(1)同极性下各元件串联起来组成一条支路,支路对数 $a_= = 1$,与磁极对数无关。

(2)可用一对电刷,但因受允许电流密度限制,减少电刷将增大电刷截面,故选取的电刷组数应等于磁极数。

(3)电枢电流为支路电流的 2 倍。

(4)当元件的几何形状对称时,电刷在换向器表面上的位置对准主磁极中心线,即电枢上的几何中性线,支路电动势最大。

(5)单波绕组并联支路数少,每条支路中串联元件数多,所以适用于较高电压、较小电流的电机。

1.1.4　直流电机的励磁方式

励磁绕组和电枢绕组之间的连接方式称为励磁方式,直流电机按励磁方式不同可分他励直流电机、并励直流电机、串励直流电机和复励直流电机四种。

1.1.4.1　他励直流电机

他励直流电机的励磁绕组由独立的直流电源供电,和电枢绕组无电路上的联系,励磁电流 I_f 与电枢电流 I_a 无关。他励直流电机电路图如图 1-18 所示。电流关系:$I = I_a$。

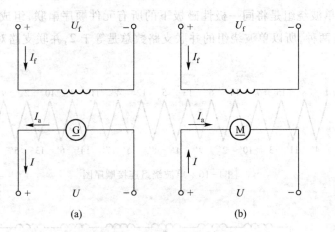

图 1-18   他励直流电机电路图

（a）他励直流发电机   （b）他励直流电动机

1.1.4.2   并励直流电机

并励直流电机的励磁绕组和电枢绕组并联。对发电机而言,励磁电流由发电机自身提供;对电动机而言,励磁绕组与电枢绕组并接于同一外加电源,由外加电源提供电能。并励直流电机电路图如图 1-19 所示。电流关系: $I_a = I + I_f$ (发电机); $I = I_a + I_f$ (电动机)。

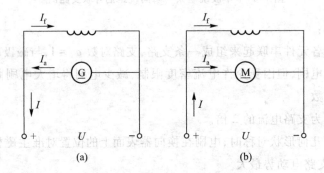

图 1-19   并励直流电机电路图

（a）并励直流发电机   （b）并励直流电动机

1.1.4.3   串励直流电机

串励直流电机的励磁绕组和电枢绕组串联,对发电机而言,励磁电流由发电机自身提供;对电动机而言,励磁绕组与电枢绕组串接于同一外加电源,由外加电源提供电能。串励直流电机电路图如图 1-20 所示。电流关系: $I_a = I_f = I$。

1.1.4.4   复励直流电机

复励直流电机的励磁绕组的一部分与电枢绕组并联,另一部分与电枢绕组串联。复励直流电机电路图如图 1-21 所示。电流关系: $I_a = I + I_f$ (发电机); $I = I_a + I_f$ (电动机)。

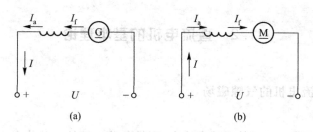

图 1-20　串励直流电机电路图

（a）串励直流发电机　（b）串励直流电动机

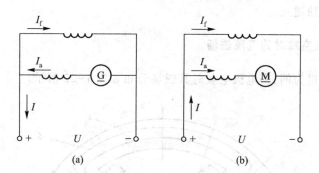

图 1-21　复励直流电机电路图

（a）复励直流发电机　（b）复励直流电动机

1.1.5　直流电机的额定值

额定值是选择电机的依据,应根据实际使用情况,合理选择电机容量,使电机工作在额定运行状态。直流电机的额定值主要包括额定功率、额定电压、额定电流和额定转速。

（1）额定功率 P_N 是指电机按照规定的工作方式运行时所能提供的输出功率,单位为 kW。发电机额定功率 P_N 指出线端输出的电功率,它等于额定电压和额定电流的乘积,即 $P_N = U_N I_N$；电动机额定功率 P_N 指轴上输出的机械功率,它等于额定电压、额定电流及额定效率的乘积,即 $P_N = U_N I_N \eta_N$。

（2）额定电压 U_N 指在额定工作状态下,电机线端的平均电压。对发电机是指输出额定电压,对电动机是指输入额定电压,单位为 V。

（3）额定电流 I_N 指电机在额定电压下,运行于额定功率时的电流值,单位为 A。

（4）额定转速 n_N 指电机在额定电压、额定电流和额定功率情况下运行的电机转速,单位为 r/min。

1.2 直流电机的基本理论

1.2.1 空载时直流电机的气隙磁场

直流电机空载是指电机对外无功率输出、不带负载空转的一种状态。直流电机空载时，励磁绕组内有励磁电流，电动机电枢电流很小，可忽略，而发电机电枢电流为零，这时电机的磁场由励磁电流单独建立。

1.2.1.1 直流电机空载时的气隙磁场

以四极直流电机为例，当电机空载时其磁场分布如图 1-22 所示。

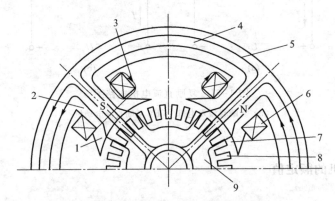

图 1-22 直流电机的空载磁场分布

1. 极靴 2. 极身 3. 漏磁通 4. 定子铁轭 5. 主磁通 6. 励磁绕组 7. 气隙 8. 电枢齿 9. 电枢铁轭

绝大部分磁通经主磁极、气隙、电枢铁心及定子铁轭闭合，这部分磁通同时链绕励磁绕组和电枢绕组，称为空载时的每极主磁通，记作 Φ_0。主磁通参与机电能量转换，能产生感应电动势和电磁转矩。主磁通通过的磁路称为主磁路，主磁路中气隙较小，故磁阻较小。

有一小部分磁通不穿过电枢，仅与励磁绕组自身链绕，称为漏磁通，记作 Φ_σ。漏磁通不穿过电枢表面，不参加机电能量转换。漏磁通通过的磁路称为漏磁路，漏磁路中气隙较大，磁阻大。漏磁通比主磁通小得多，约占主磁通的 20%。

磁通的特点：(1) 由同一个磁动势所产生；(2) 所走的路径不同，这就导致了它们对应磁路上所产生的磁场的分布规律不同，气隙磁场的大小和分布直接关系到电机的运行性能。

空载时电机的主磁通与漏磁通的具体分布如图 1-23 所

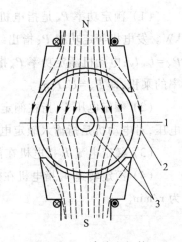

图 1-23 直流电机的
主磁通与漏磁通

1. 几何中性线 2. 漏磁通 3. 主磁通

示(二极直流电机)。空载时,励磁磁动势主要消耗在气隙上。当忽略铁磁材料的磁阻时,主磁极下气隙磁感应强度的分布就取决于气隙的大小和形状,磁极中心及附近的气隙小且均匀,磁感应强度较大且基本为常数,靠近极靴处,气隙逐渐变大,磁感应强度减小,如图1-24(a)所示。极靴以外,气隙明显增大,磁感应强度显著减少,在磁极之间的几何中性线处,气隙磁感应强度为零。空载气隙磁感应强度分布曲线为一平顶波,如图1-24(b)所示。

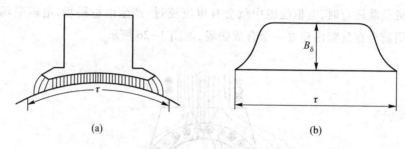

图 1-24　直流电机的空载气隙磁感应强度分布

(a) 空载磁场空间分布　(b) 空载磁感应强度曲线

1.2.1.2　电机的磁化曲线

为了产生感应电动势或电磁转矩,直流电机气隙中需要有一定量的每极主磁通 Φ_0,空载时,气隙主磁通 Φ_0 与空载磁动势 F_{f0} 或空载励磁电流 I_{f0} 的关系,称为直流电机的空载磁化特性,即 $\Phi_0=f(F_{f0})$ 或 $\Phi_0=f(I_{f0})$。直流电机空载磁化特性曲线为空载磁化曲线,如图1-25所示。电机磁化曲线的形状和所采用的铁磁材料的 B-H 曲线相似。电机的磁化曲线可通过试验或电机磁路计算得到。

空载磁化曲线分析:

(1)起始部分几乎是一直线。因电机未饱和,磁动势主要降落在气隙中,而气隙的磁导率为常数。

延长这一直线部分得到气隙磁化曲线,即气隙线。

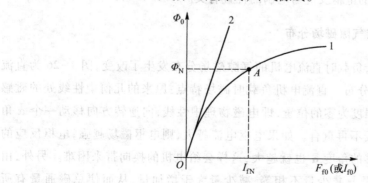

图 1-25　直流电机的空载磁化曲线

1. 磁化曲线　2. 气隙线

（2）当 Φ_0 增大,铁心所需磁动势增大很快,而铁磁材料的磁导率是非线性变化的,所以磁化曲线将偏离气隙线而弯曲,与铁磁材料的 B-H 曲线相似。

（3）电机饱和时,曲线进入饱和区。

1.2.2　负载时直流电机的气隙磁场

直流电机负载运行时,电枢绕组中就会有电流流过,产生电枢磁场,电枢磁场与主磁极磁场共同作用就会在气隙内建立一个合成磁场,如图 1-26 所示。

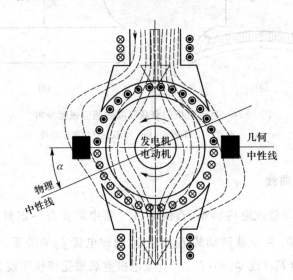

图 1-26　直流电机负载时(有电枢反应时)磁场分布

1.2.2.1　直流电机的电枢反应

直流电机在工作过程中,定子主磁极产生主磁场,电枢电流产生电枢磁场,电枢磁场对主磁场的影响称为电枢反应。由于主磁极磁场与电枢磁场的互相作用,直流电机才能进行机电能量的转换。直流电机的电枢反应与电刷的位置有关。

1.2.2.2　负载时直流电机的气隙磁场分布

由于受电枢反应的影响,负载时直流电机的气隙磁场分布发生了改变,图 1-26 为直流电机负载运行时的气隙磁场分布。直流电机负载时磁场特点:原来的几何中性线处的磁感应强度不再等于零,磁感应强度为零的位置,即电磁物理中性线,向逆转方向移动一个 α 角度,物理中性线与几何中性线不再重合。如果电枢电流越大,则电枢磁场越强,电枢反应的影响就越大,物理中性线偏移的角度 α 也就越大,这样会给电机的换向带来困难。另外,由于磁饱和,极靴磁通的增加量与减少量不相等,减少量大于增加量,从而使总磁通量有所减少。

1.2.2.3 直流电机负载时气隙磁感应强度分布

由于受电枢反应的影响,负载时直流电机的气隙磁感应强度分布发生了改变,图1-27为直流电机负载时气隙磁感应强度分布。若认为电枢电流密度的大小沿电枢圆周均匀分布,则电枢磁动势按三角波曲线2分布,三角波峰在电流分界线上。

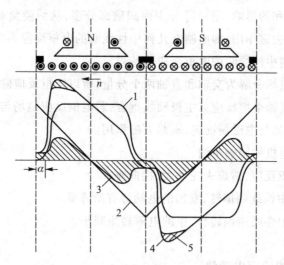

图1-27 直流电机负载时气隙磁感应强度分布

1.空载磁场的气隙磁感应强度分布曲线 2.电枢磁动势的分布曲线 3.电枢磁场的气隙磁感应强度分布曲线

4.气隙合成磁场的磁感应强度分布曲线 5.实际气隙合成磁场的磁感应强度分布曲线

如果磁路不饱和或者不考虑磁路饱和现象时,可以利用叠加的原理,将空载磁场的气隙磁感应强度分布曲线1和电枢磁场的气隙磁感应强度分布曲线3相加,即得负载时气隙合成磁场的磁感应强度分布曲线4。对照曲线1和曲线4可见,电枢反应的影响是使气隙磁场发生畸变,使半个磁极下的磁场加强,磁通增加;另外半个极下的磁场减弱,磁通减少。由于增加和减少的磁通量相等,每极下总磁通 Φ 维持不变。由于磁场发生畸变,使电枢表面磁感应强度等于零的物理中性线偏离了几何中性线 α 角度。对发电机来说,物理中性线顺着电枢旋转方向偏离几何中性线;对电动机来说,则是逆着电枢旋转方向偏离几何中性线。

考虑磁路饱和影响时,半个极下磁场相加,由于饱和程度增加,磁阻增大,气隙磁感应强度的实际值低于不考虑饱和时的直接相加值;另外半个极下磁场减弱,饱和程度低,磁阻减小,气隙磁感应强度的实际值高于不考虑饱和时的直接相加值,曲线5为实际的气隙合成磁场磁感应强度分布。由于铁磁材料的非线性,曲线5与曲线4相比较,减少的面积大于增加的面积,即半个极下减少的磁通大于另外半个极下增加的磁通,使每极总磁通有所减少。

1.2.2.4 电机的电刷位置与电枢反应的关系

通过对电枢反应时的气隙合成磁场进行分析,可知电枢反应与电机的电刷位置有关。

(1)电刷在几何中性线时的电枢反应的特点。

a. 气隙合成磁场发生了畸变。在每一极下,主磁场的一半被削弱,而另一半被加强,此时的物理中性线偏离了几何中性线。当运行于发电状态时,其物理中性线顺移了一个角度;当运行于电动状态时,其物理中性线逆转动方向偏移了一个角度。

b. 主磁场有附加去磁作用。在磁路不饱和时,主磁场被削弱的数量恰好等于被增加的量,因此负载时的合成磁通量与空载时的相同。但实际电机一般运行于磁化曲线的临界饱和点,主磁极因磁路饱和的影响,增磁部分少而减磁部分多,从而使负载时的合成磁通量略比空载时的少,起到了去磁作用,即电刷在几何中性线时的电枢反应为交轴去磁性质。

（2）电刷不在几何中性线时的电枢反应的特点。

此时的电枢反应磁场分解为交轴和直轴两个分量,所以电枢反应除了有交轴电枢反应,还有直轴电枢反应。直轴电枢反应与主极轴线重合,若电枢反应磁场与主磁场同向,则起增磁作用;若电枢反应磁场与主磁场反向,则起去磁作用。

电枢反应对直流电机的影响小结:

a. 直流电机有电枢反应,造成火花增大、换向难。

b. 发电机的物理中性线顺偏转,发出的电动势有所降低。

c. 电动机的物理中性线逆偏转,产生的电磁转矩减小。

1.2.3　电枢绕组中的感应电动势

电枢旋转时,主磁场在电枢绕组中感应的电动势,简称为电枢反应电动势 E_a。在直流电机中,电动势是由电枢绕组切割磁感线产生的,根据电磁感应定律,电枢绕组的每个导体产生的感应电动势 $e = Blv$。由于电枢绕组的总导体数为 N,则每条支路的导体数为 $\dfrac{N}{2a}$;每一个磁极下的平均磁感应强度 B 等于每极磁通 Φ 除以每极的面积 τl,即

$$B = \frac{\Phi}{\tau l}$$

式中,l 为磁极的轴向长度,也就是元件的有效边长度。

由于导体切割磁力线的线速度为 $v = \dfrac{2\pi R}{60}n = \dfrac{2p\tau}{60}n$,则整个电枢绕组产生的感应电动势也是一条并联支路的感应电动势,即

$$E_a = \frac{N}{2a} \cdot \frac{\Phi}{\tau l} \cdot l \cdot \frac{2p\tau}{60}n = C_e \Phi n \tag{1-4}$$

式中,C_e 是由电机的结构决定的常数,称为电动势常数,即 $C_e = \dfrac{pN}{60a}$。

由式(1-4)可知,电枢绕组的感应电动势方向由磁通 Φ 和转速 n 共同决定。对发电机来说,感应电动势为电源电动势,与电枢电流同方向;对电动机来说,感应电动势为反电动势,与电枢电流反方向。

1.2.4 直流电机的电动势平衡方程

1.2.4.1 他励直流发电机的电动势平衡方程

图 1-28 为他励直流发电机的接线图,当发电机与负载接通后,发电机就会向负载供电,输出端电压为 U,电枢电流 I_a 也就是输出电流 I。

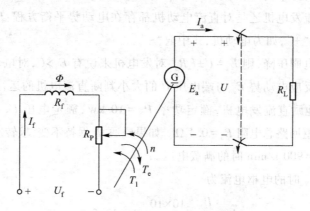

图 1-28 他励直流发电机接线图

他励直流发电机工作时存在电流关系:$I=I_a$;励磁回路中,$U_f=R_f I_f$;负载回路中,$U=R_L I$,所以电枢回路电动势平衡方程为

$$U=E_a-R_a I_a-2\Delta U_s \tag{1-5}$$

式中,R_a 为电枢电阻;$2\Delta U_s$ 为电刷接触压降,一般为 0.6~2 V,有时可忽略。

特点:(1) 电枢电动势 $E_a>U$,为感应电动势;(2) 电枢电流 I_a 由电枢电动势 E_a 产生,与 E_a 同方向。

1.2.4.2 他励直流电动机电动势平衡方程

图 1-29 为他励直流电动机的原理图,当电动机与电源接通后,电动机就会输入电源电压 U,拖动负载。电枢电流 I_a 也就是输入电流。

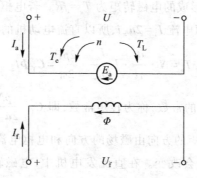

图 1-29 他励直流电动机原理图

他励直流电动机工作时,存在电流关系:$I=I_a$;励磁回路中,$U_f=R_f I_f$,所以电枢回路电动势平衡方程为

$$U=E_a+R_a I_a+2\Delta U_s \tag{1-6}$$

式中,R_a 为电枢电阻;$2\Delta U_s$ 为电刷接触降,一般为 0.6~2 V,有时可忽略。

特点:(1) 电枢电动势 $E_a<U$,为反电动势;(2) 电枢电流 I_a 由输入电压 U 产生,与 E_a 反方向。

直流电机的电动势平衡方程小结:

(1) 不论对直流发电机还是对直流电动机都存在电动势平衡方程:$E_a=U\pm I_a R_a\pm 2\Delta U_s$;如为发电机,式中取"+";如为电动机,式中取"−"。

(2) 如果忽略电刷压降,则 $E_a=U\pm I_a R_a$,对发电机来说有 $E_a>U$,对电动机来说有 $E_a<U$;所以可以根据电枢反应电动势 E_a 与端电压 U 的大小判断直流电机的运行状态。

例 1-1　一台他励直流发电机,额定功率 $P_N=10$ kW,额定电压 $U_N=230$ V,额定转速 $n_N=1\,000$ r/min,电枢回路总电阻 $R_a=0.4$ Ω。如果磁通 Φ 保持不变,求转速为 $n=1\,000$ r/min 时的空载电压和 $n'=900$ r/min 时的满载电压。

解　在 n_N 和 U_N 时的电枢电流为

$$I_{aN}=\frac{P_N}{U_a}=\frac{10\times 10^3}{230}\text{ A}=43.5\text{ A}$$

$$U_0=E=U_a+R_a I_{aN}=(230+0.4\times 43.5)\text{ V}=247\text{ V}$$

在保持 Φ 不变时,有

$$E'=\frac{n'}{n}E=\frac{900}{1\,000}\times 247\text{ V}=222\text{ V}$$

$$U=E'-R_a I_{aN}=(222-0.4\times 43.5)\text{ V}=205\text{ V}$$

1.2.5　直流电机的电磁转矩

在直流电机中,电磁转矩由电枢电流与磁场相互作用产生的电磁力形成。

根据电磁力公式,作用在电枢绕组每一根导体上的平均电磁力为 $f=Bli$。若电枢半径为 R,则每根导体上的电磁力所形成的电磁转矩为 $T_e=fR$。若电枢绕组总导体数也为 N。由于电枢的周长为 $2\pi R=2p\tau$,电枢电流 $I_a=2a_=i$,所以直流电动机的电磁转矩为

$$T_e=N\cdot\frac{\Phi}{\tau l}\cdot l\frac{I_a}{2a_=}\cdot\frac{2p\tau}{2\pi}=C_T\Phi I_a \tag{1-7}$$

式中,C_T 是由电机的结构决定的常数,称为转矩常数,即 $C_T=\dfrac{pN}{2a_=\pi}$。

由式(1-7)可知,电磁转矩的方向由磁场的方向和电枢电流的方向共同决定,两者中有一个改变,电磁转矩的方向就会改变。在直流发电机中,电磁转矩的方向与转子的方向相反,为制动转矩;在直流电动机中,电磁转矩的方向与转子的方向相同,为驱动转矩。

由于转矩常数为 $C_T = \dfrac{pN}{2a_=\pi}$,电动势常数为 $C_e = \dfrac{pN}{60a_=}$,所以 $C_T = 9.55 C_e$。

1.2.5.1 直流发电机的转矩

直流发电机的输入转矩为 $$T_1 = \frac{P_1}{\Omega} \tag{1-8}$$

式中,T_1 为发电机的输入转矩,属机械转矩;P_1 为发电机的输入功率,属机械功率;Ω 为电机的机械角速度,$\Omega = \dfrac{2\pi n}{60}$。

空载转矩为 $$T_0 = \frac{p_0}{\Omega} \tag{1-9}$$

式中,T_0 为发电机的空载转矩;p_0 为发电机的空载损耗。

电磁转矩为 $$T_e = \frac{P_e}{\Omega} \tag{1-10}$$

式中,T_e 为发电机的电磁转矩;P_e 为发电机的电磁功率,即为输入的机械功率除去空载损耗以外,转换成的总的电功率,也就是说电磁功率具有电功率的性质。

直流发电机的转矩之间满足转矩平衡方程 $$T_1 = T_e + T_0 \tag{1-11}$$

1.2.5.2 直流电动机的转矩

直流电动机的转矩应满足的转矩平衡方程:

空载时, $$T_e = T_0$$

负载时, $$T_e = T_0 + T_2 \tag{1-12}$$

式中,T_2 为输出转矩。

例 1-2 一台并励直流电动机,额定功率 $P_N = 96$ kW,额定电压 $U_N = 440$ V,额定转速 $n_N = 500$ r/min,电枢回路总电阻 $R_a = 0.078$ Ω,额定电流 $I_N = 255$ A,额定励磁电流 $I_{fN} = 5$ A,忽略电枢反应的影响。求:(1) 额定输出转矩;(2) 额定电流时的电磁转矩。

解 (1) 额定输出转矩为

$$T_N = 9.55\frac{P_N}{n_N} = 9.55 \times \frac{96 \times 10^3}{500} \text{ N} \cdot \text{m} = 1\,833.6 \text{ N} \cdot \text{m}$$

(2) 额定电流时,电枢电流为

$$I_a = I_N - I_{fN} = (255 - 5) \text{ A} = 250 \text{ A}$$

电枢电动势为 $\quad E_{aN} = U_N - I_a R_a = (440 - 250 \times 0.078) \text{ V} = 420.5 \text{ V}$

电磁功率为 $\quad P_e = E_{aN} I_a = 420.5 \times 250 \text{ W} = 105.1 \text{ kW}$

电磁转矩为 $\quad T_e = \dfrac{P_e}{\Omega} = \dfrac{P_e}{2\pi n_N/60} = \dfrac{105.1 \times 10^3}{2\pi \times 500/60} \text{ N} \cdot \text{m} = 2\,008.8 \text{ N} \cdot \text{m}$

1.2.6　直流电机的损耗和功率平衡方程

对直流电机来说,在输入到输出的能量变化过程中主要包括以下几种功率和损耗。

输入功率 P_1,对发电机来说是轴上输入的机械功率;对电动机来说是输入的电功率。输出功率 P_2,对发电机来说是输出的电功率;对电动机来说是轴上输出的机械功率。电磁功率 P_e 是指电能与机械能转换的中介,既具有电功率的性质又具有机械功率的性质。铜损耗 p_{Cu} 包括电流流过导体时,消耗在电阻内的损耗;励磁回路的铜损耗;电刷接触损耗。铁心损耗 p_{Fe} 是指电机主磁通在磁路的铁磁材料中交变时所产生的损耗。机械损耗 p_{mec} 包括轴承及电刷的摩擦损耗和通风损耗。附加损耗 p_{ad} 是指杂散损耗。总损耗是指从输入到输出的总损耗,包括铜损耗、铁心损耗、机械损耗和附加损耗。

1.2.6.1　直流发电机的损耗和功率平衡

由原动机输入的机械功率 P_1 及式(1-8),得 $P_1 = T_1\Omega$。

铜损耗 p_{Cu} 包括电枢铜损耗 $I_a^2 R_a$ 和励磁铜损耗 $I_f^2 R_f$。

电磁功率 P_e 是由机械功率转换来的总的电功率,即

$$P_e = P_1 - p_0 = E_a I_a \tag{1-13}$$

电磁功率也可由式(1-10)得出, $P_e = T_e\Omega$。

空载损耗 p_0 包括铁心损耗 p_{Fe}、机械损耗 p_{mec} 和附加损耗 p_{ad},即

$$p_0 = p_{Fe} + p_{mec} + p_{ad} \tag{1-14}$$

输出功率 P_2 为电磁功率减去铜损耗,即

$$P_2 = P_e - p_{Cu} \tag{1-15}$$

效率 η 为输出功率(电功率)与输入功率(机械功率)的百分比,即

$$\eta = \frac{P_2}{P_1} \times 100\% \tag{1-16}$$

直流发电机功率传递的整个过程可以用图1-30(他励)和图1-31(并励)所示的功率流程图来表示。

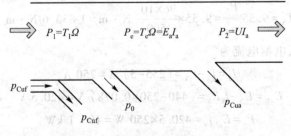

图1-30　他励直流发电机功率流程图

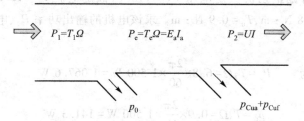

图 1-31　并励直流发电机功率流程图

1.2.6.2　直流电动机的损耗和功率平衡

输入功率 P_1 是指直流电动机从电源输入的电功率,即 $P_1 = UI$。

铜损耗 p_{Cu} 同发电机铜损耗,也包括电枢铜损耗和励磁铜损耗。

电磁功率 P_e 为输入电功率减去铜损耗,也可以说输入电功率转换成的总的机械功率,即

$$P_e = P_1 - p_{Cu} = E_a I_a$$

电磁功率也等于 T_e 与 Ω 的乘积。

空载损耗 p_0 包括铁心损耗、机械损耗和附加损耗。

电磁功率不能全部输出,电磁功率除去空载损耗 p_0 为输出功率 P_2,即

$$P_2 = P_e - p_0 \tag{1-17}$$

输出功率 P_2 也等于输出转矩 T_2 与机械角速度 Ω 的乘积,即

$$P_2 = T_2 \Omega \tag{1-18}$$

直流电动机功率传递的整个过程可以用图 1-32(他励)和图 1-33(并励)所示的功率流程图来表示。

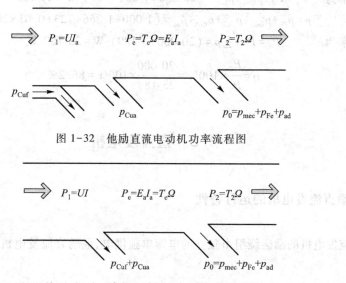

图 1-32　他励直流电动机功率流程图

图 1-33　并励直流电动机功率流程图

例 1-3　一台并励电动机额定电压 $U_N = 110$ V,额定电流 $I_N = 12.5$ A,额定转速 $n_N = 1\,500$ r/min,$T_2 = 6.8$ N·m,$T_0 = 0.9$ N·m。求该电机的输出功率 P_2、电磁功率 P_e、输入功率 P_1 和效率 η。

解　输出功率为
$$P_2 = T_2 \Omega = 6.8 \times \frac{2\pi}{60} \times 1\,500 \text{ W} = 1\,067.6 \text{ W}$$

$$p_0 = T_0 \Omega = 0.9 \times \frac{2\pi}{60} \times 1\,500 \text{ W} = 141.3 \text{ W}$$

电磁功率为
$$P_e = P_2 + p_0 = (1\,067.6 + 141.3) \text{ W} = 1\,208.9 \text{ W}$$

输入功率为
$$P_1 = U_N I_N = 110 \times 12.5 \text{ W} = 1\,375 \text{ W}$$

效率为
$$\eta = \frac{P_2}{P_1} \times 100\% = \frac{1\,067.6}{1\,375} \times 100\% = 77.6\%$$

例 1-4　一台额定功率 $P_N = 20$ kW 的并励直流发电机,额定电压 $U_N = 230$ V,额定转速 $n_N = 1\,500$ r/min,电枢回路总电阻 $R_a = 0.156$ Ω,励磁回路总电阻 $R_f = 73.3$ Ω。已知机械损耗和铁心损耗 $p_{Fe} + p_{mec} = 1$ kW,附加损耗 $p_{ad} = 0.01 P_N$,求额定负载时的各绕组的铜损耗、电磁功率、输入功率及效率。

解　额定电流为
$$I_N = \frac{P_N}{U_N} = \frac{20 \times 10^3}{230} \text{ A} = 86.96 \text{ A}$$

励磁电流为
$$I_f = \frac{U_N}{R_f} = \frac{230}{73.3} \text{ A} = 3.14 \text{ A}$$

电流为
$$I_a = I_N + I_f = (86.96 + 3.14) \text{ A} = 90.1 \text{ A}$$

电枢回路铜损耗为
$$p_{Cua} = I_a^2 R_a = 90.1^2 \times 0.156 \text{ W} = 1\,266 \text{ W}$$

励磁回路铜损耗为
$$p_{Cuf} = I_f^2 R_f = 3.14^2 \times 73.3 \text{ W} = 723 \text{ W}$$

电磁功率为
$$P_e = P_2 + p_{Cua} + p_{Cuf} = (20\,000 + 1\,266 + 723) \text{ W} = 21\,989 \text{ W}$$

总损耗为
$$\sum p = p_{Fe} + p_{mec} + p_{Cua} + p_{Cuf} + p_{ad} = (1\,000 + 1\,266 + 723 + 0.01 \times 20\,000) \text{ W} = 3\,189 \text{ W}$$

输入功率为
$$P_1 = P_2 + \sum p = (20\,000 + 3\,189) \text{ W} = 23\,189 \text{ W}$$

效率为
$$\eta = \frac{P_2}{P_1} \times 100\% = \frac{20\,000}{23\,189} \times 100\% = 86.2\%$$

1.3　直流发电机

1.3.1　他励直流发电机的运行特性

他励直流发电机的励磁绕组由独立的电源单独供电,他励直流发电机的接线图如图 1-34 所示。

当发电机的转子由原动机拖动以恒定的转速旋转时,电枢绕组切割磁极的磁感线产生电动势 E_a,从而在发电机的输出端输出电压 U,供给负载。

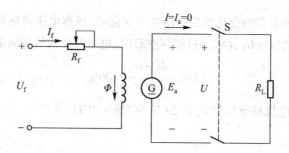

图 1-34　他励直流发电机的接线图

发电机的运行特性是指发电机运行时,端电压 U、负载电流 I、励磁电流 I_f、转速 n 这些基本物理量之间的函数关系。一般保持其中一个物理量不变,讨论剩余两个量之间的关系,这种函数关系就是运行特性。

1.3.1.1　空载特性

当发电机空载时,电枢电流等于零,即 $I_a = 0$,电枢电压等于电动势。改变励磁电流的大小和方向,就可以改变电动势的大小和方向,从而改变了电枢电压的大小和方向。

空载特性是指原动机的转速 $n = n_N$,输出端开路,负载电流 $I_a = 0$ 时,电枢端电压与励磁电流之间的关系,即 $U_0 = f(I_f)$。由于电动势与磁通成正比,所以空载特性曲线的形状与空载磁化特性曲线相似。他励直流发电机的空载特性如图 1-35 所示。

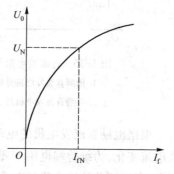

直流发电机的空载特性是非线性的,由于主磁极中有剩磁存在,所以当励磁电流 $I_f = 0$ 时,电枢绕组中仍有电动势存在,特性不经过零点。

图 1-35　他励直流
发电机的空载特性

1.3.1.2　外特性

他励发电机接通负载后,电枢电压就是输出端电压,即 $U = U_a$;电枢电流就是发电机的输出端电流,即 $I = I_a$。忽略电刷接触压降,此时输出电压 U 与输出电流 I 之间满足关系式:

$$U = E_a - R_a I_a \tag{1-19}$$

外特性是指原动机的转速 $n = n_N$,励磁电流 $I = I_{fN}$ 时,电枢端电压与负载电流之间的关系,即 $U = f(I_a)$。外特性是一条略微下斜的曲线,如图 1-36 所示。

负载增加时,输出端电流增加,电枢电阻压降 $R_a I_a$ 将增加,又由于电枢反应的去磁作用,电动势 E_a 减小,由式(1-19)可知,输出端电压 U 将下降。当 $I = I_N$ 时,$U = U_N$,则发电机处于满载运行。

他励直流发电机从空载到负载端电压下降的原因是负载增大,电枢电流增大,使电枢回路电阻压降增大,则端电压下降。同时随着电枢电流增大,使电枢反应的去磁作用增强,端电压进一步下降,如图 1-36 中曲线 1 所示。

发电机的端电压随负载的变化程度可用电压变化率(或称电压调整率)表示。电压变化率是指发电机从额定负载($U=U_N$,$I=I_N$)过渡到空载时,电压升高数值与额定电压的百分比,即

$$\Delta U\% = \frac{U_0 - U_N}{U_N} \times 100\% \tag{1-20}$$

通常他励直流发电机的电压变化率 $\Delta U\%$ 为 $5\% \sim 10\%$。

1.3.1.3   调节特性

当转速为额定转速 $n=n_N$,电枢电压为常数 $U=C$ 时,励磁电流与电枢电流的关系曲线为他励直流发电机的调节特性,即 $I_f=f(I_a)$,如图 1-37 所示。

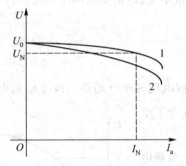
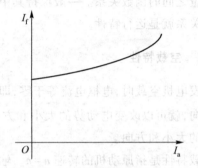

图 1-36   直流发电机外特性   图 1-37   他励直流发电机调节特性

1. 他励直流发电机外特性

2. 并励直流发电机外特性

根据他励直流发电机的电动势平衡方程(1-19),其调节特性在转速 n 一定时,随着负载电流变化,为维持端电压 U 不变化,需要调节励磁电流 I_f。负载电流增大,励磁电流 I_f 也增大,所以调节特性曲线呈上升趋势。

1.3.2   并励直流发电机的运行特性

并励直流发电机的励磁绕组与电枢绕组并联,励磁电流由发电机自身供电,如图 1-38 所示。很明显,只有在电枢绕组中先有了电动势后才能在励磁绕组中产生励磁电流,但是励磁绕组若不是先有了励磁电流,怎么会在电枢绕组中产生感应电动势呢? 如何才能建立并励直流发电机所需要的电动势? 现介绍并励直流发电机的自励过程。

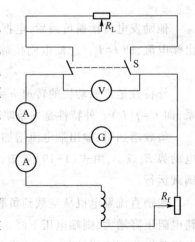

1.3.2.1   自励过程

(1) 主磁极必须有一定的剩磁。由于主磁极由磁性材料制成,所以一经磁化后,或多或少都会有剩磁存在。在有剩磁的条件下,当发电机以额定转速 $n=n_N$ 运转时,电枢

图 1-38   并励直流发电机接线图

绕组切割剩磁,则电枢绕组中产生了剩磁感应电动势 E_r,从而在电枢绕组和励磁绕组构成的回路中产生了微小的励磁电流。此励磁电流通过励磁绕组会产生自己的磁场,磁场的方向若与剩磁方向一致,则主磁通得以加强,使电枢端电压进一步提高,端电压的升高,又使励磁电流增大,主磁通再次加强,如此反复,最终就可以使电枢端电压建立。若磁场的方向与剩磁方向相反,则主磁通减弱,使总磁通反而小于剩磁磁通,电动势也就会小于剩磁感应电动势 E_r,因此不会建立起所需要的电动势。由此可知,发电机能自励的首要条件就是主磁极必须有一定的剩磁。

（2）励磁绕组和电枢绕组的连接必须能使励磁电流产生的磁场与剩磁的方向一致。只要能保证励磁绕组和电枢绕组的连接正确,主磁通得以加强,电枢端电压就会进一步提高,端电压的升高,又使励磁电流增大,主磁通会更加增强,电动势就会增加,电动势会越来越大,由于空载时励磁电流和电枢电动势应同时满足空载特性和励磁回路电阻特性,所以电动势并不会一直无止境地增加。

当电枢开始旋转时,由剩磁产生剩磁感应电动势 E_r 并作用于励磁回路,可以产生剩磁励磁电流 I_{f1},如果励磁绕组并联到电枢绕组的极性正确,则 I_{f1} 产生的励磁磁通与剩磁磁通方向相同,感应电动势增大到 E_1,励磁电流随之增大为 I_{f2}。此过程会沿图 1-39 的阶梯折线反复进行,最终稳定在空载特性(曲线 1)和励磁回路电阻特性(直线 2)的交点 A 上。

（3）励磁回路总电阻应小于该转速下的临界电阻。当励磁回路电阻特性(直线 3)与空载特性的线性部分重合时,励磁电路的电阻称为临界电阻。这时,两条线的交点不止一个,电动势和励磁电流极不稳定。当励磁电路电阻大于临界电阻时(电阻特性为直线 4),交点移动到了 E_r 附近,此时所建立的电动势与 E_r 相差无几,自励磁过程无法建立;当励磁电路

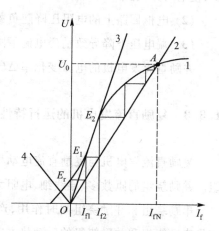

图 1-39　并励直流发电机的自励过程
1. 空载特性 $U_0 = f(I_f)$
2、3、4. 励磁回路电阻特性 $U_f = f(I_f)$

电阻小于临界值时,就可以建立足够大的电动势 E。所以满足并励直流发电机自励的条件为:

　　a. 电机必须有剩磁,否则应利用其他直流电源对其充磁。

　　b. 励磁绕组与电枢绕组的接法要正确,即使励磁电流产生的磁通方向与剩磁方向一致,否则,应改变并励绕组极性。

　　c. 励磁回路总电阻应小于该转速下的临界电阻。

　　只有在满足 a、b 和 c 条件的情况下,自励过程才能圆满完成。

1.3.2.2　外特性

外特性指并励直流发电机工作时输出端电压与输出电流的关系,即 $U=f(I)$。并励直流发电机与负载接通后,发电机就可以向负载输出电流。并励直流发电机的励磁绕组与电枢绕组并联,当发电机端电压下降,励磁电流减少,使磁通变弱,则电枢电动势降低,从而使端电压进一步下降,它的外特性要比他励直流发电机的外特性下垂。并励直流发电机的外特性如图 1-36 中曲线 2 所示。

并励直流发电机工作时的电流平衡和电动势平衡关系:

$$I=I_a-I_f$$

$$U=E_a-R_aI_a$$

并励直流发电机工作时的外特性的端电压下降有三个原因。

(1) 在励磁电流一定的情况下,负载电流增大,电枢反应的去磁作用使每极磁通量减少,使电动势减少。

(2) 电枢回路上的电阻压降随负载电流增大而增加,使端电压下降。

(3) 端电压下降导致励磁电流下降,使得端电压进一步下降。

并励直流发电机的电压变化率 $\Delta U\% = 8\% \sim 15\%$。

1.3.3　复励直流发电机的运行特性

复励直流发电机与复励直流电动机一样,同时存在两种励磁绕组,即串励绕组和并励绕组。并励绕组的匝数多、导线细、电阻大;串励绕组匝数少、导线粗、电阻小。

串励绕组和并励绕组同时作用,产生电机的磁场,但以并励绕组为主,串励绕组为辅。如果串励绕组和并励绕组的磁动势方向相同,则称为积复励,反之称为差复励。复励直流发电机的接线如图 1-40 所示。

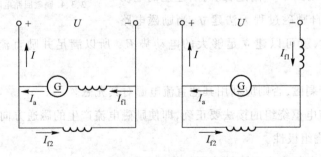

图 1-40　复励直流发电机的接线图

1.3.3.1 积复励发电机

负载增加时,对积复励发电机来说,串励绕组的磁动势增加,电机的磁通和电动势也随之增加,可以补偿发电机由于负载增大而造成的输出电压下降。但是,由于电机磁路饱和的影响,串励绕组的电流与它所产生的磁通的关系是非线性的,所以串励绕组不可能在任何负载下都能正好完全补偿电压下降的作用,发电机的输出电压就不可能在所有负载下保持不变。

不同负载运行时,串励绕组产生的磁动势将影响主磁通的大小和电机性能。对积复励发电机来说,串励绕组起增磁作用,即升压作用,而电阻压降和电枢反应的去磁作用起降压作用,二者的相对影响力会决定发电机的外特性。

(1) 如果串励绕组作用较大,在额定电流时,端电压超过额定电压,则为过复励。

(2) 如果串励绕组作用不足,在额定电流时,端电压小于额定电压,则为欠复励。

(3) 如果串励绕组作用合适,在额定电流时,端电压等于额定电压,则为平复励。

1.3.3.2 差复励发电机

在差复励发电机中串励绕组的磁动势与并励绕组的磁动势方向相反,串励绕组不是起补偿作用,而是起去磁作用。所以当负载增加时,随负载电流增大,输出端电压迅速下降,其特性如图 1-41 所示。由于差复励发电机只适用于直流电焊机等特殊场合,在实际应用中使用较少。各种复励直流发电机的运行特性如图 1-41 所示。

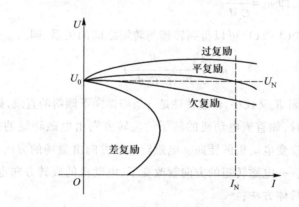

图 1-41 复励直流发电机的外特性

1.4 直流电动机的工作特性

1.4.1 他励直流电动机的工作特性

他励直流电动机原理图如图 1-42 所示,励磁绕组和电枢绕组分别由两个独立电源供电。在励磁电压 U_f 的作用下,励磁绕组中通过了励磁电流 I_f,从而产生了主磁极磁通 Φ。在

电枢电压 U_a 的作用下,电枢绕组中通过了电枢电流 I_a。电枢电流与磁场相互作用产生电磁转矩 T_e,从而可以拖动生产机械以一定的转速 n 运转。电枢旋转时,切割磁感线产生电动势 E_a,电动势的方向与电枢电流的方向相反。

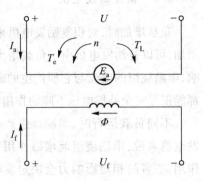

图 1-42　他励直流电动机原理图

　　直流电动机工作特性是指在 $U=U_N$,$I=I_N$,电枢回路不外串电阻的条件下,转速 n、转矩 T_e、效率 η 与输出功率 P_2 之间的关系曲线。

　　实际运行中,电枢电流 I_a 是随 P_2 增大而增大的,又便于测量,故也可把转速 n、转矩 T_e、效率 η 与电枢电流 I_a 之间的关系曲线称为工作特性。

1.4.1.1　转速特性

　　转速特性是指当 $U=U_N$,$I=I_{fN}$,电枢回路没有外串电阻时,$n=f(I_a)$ 的关系。

　　由于电动机的电枢电动势为 $E_a=C_e\Phi n$,电枢回路的电动势平衡方程为 $U=E_a+R_aI_a$,所以可以得到他励直流电动机的转速为

$$n=\frac{U_N}{C_e\Phi}-\frac{R_a}{C_e\Phi}I_a=n_0-\frac{R_a}{C_e\Phi}I_a \tag{1-21}$$

式中,n_0 为理想空载转速,即 $n_0=\dfrac{U_N}{C_e\Phi}$。

　　将 $T_e=C_T\Phi I_a$ 代入式(1-21),可以得到转速与转矩之间的关系,即

$$n=\frac{U_N}{C_e\Phi}-\frac{R_a}{C_eC_T\Phi^2}T_e \tag{1-22}$$

若忽略电枢反应,电枢电阻 R_a 又较小,转速特性是一条略微向下倾斜的直线,如图 1-43 所示。

　　他励电动机在运行时,如直流电动机的转子的旋转方向由电磁转矩的方向决定。改变电磁转矩的方向就可以改变电动机的转向。电磁转矩的方向由磁场的方向和电枢电流的方向决定,两者之中改变其一,电磁转矩的方向就改变了,电动机的旋转方向也就改变了。

　　改变电动机转向的具体方法:

　　(1)将励磁绕组的供电电源的两根导线对调位置,也就是改变励磁电压的极性,这种方法称为磁场反向。

　　(2)将电枢绕组的供电电源的两根导线对调位置,也就是改变电枢电压的极性,这种方法称为电枢反向。

　　在实际应用中,由于励磁绕组匝数多,电感大,反向磁场建立的时间比较长,反转需要的时间也较长,而且容易因操作不当引起励磁电路断电,因而一般都采用电枢反向来改变电动机的转向。

　　注意:如果励磁电路断电,即 $I_f=0$,主磁极只有很小

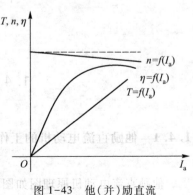

图 1-43　他(并)励直流
电动机的工作特性

的剩磁,由于机械惯性,励磁电路断开瞬间,转速 n 还来不及变化,故 E_a 将立即急剧减小,电枢电流 I_a 立即剧增。电磁转矩 T_e 仍有一定数值,则电动机将发生两种可能的事故:

(1) 当电枢电流 I_a 增加的比例小于主磁通 Φ 减少的比例时,断电的瞬间, T_e 将减小,当 $T_e < T_L$ 时,电动机不断减速而最终导致电动机停转,这种现象称为"闷车",也就是"堵转"。这时因电枢电流过大,换向器和电枢绕组都有被烧坏的危险。这种情况一般在重载和满载时发生。

(2) 当电枢电流 I_a 增加的比例大于主磁通 Φ 减少的比例时,断电的瞬间, T_e 将增大,当 $T_e > T_L$ 时,电动机不断加速,甚至会超过允许值,这种现象称为"飞车"。这时换向器和电枢绕组不仅有被烧坏的危险,而且还容易使电动机在机械方面遭受到严重损伤,甚至危及操作人员的安全。这种情况一般在轻载和空载时发生。

因此,在实际使用直流电动机的时候必须注意防止励磁回路断电。

1.4.1.2　转矩特性

转矩特性是指当 $U = U_N$, $I = I_{fN}$,电枢回路没有外串电阻时, $T_e = f(I_a)$ 的关系。

根据转矩公式 $T_e = C_T \Phi I_a$,如果忽略电枢反应,则转矩特性是一条过原点的直线,如图 1-43 所示。

1.4.1.3　效率特性

效率特性是指当 $U = U_N$, $I = I_{fN}$,电枢回路没有外串电阻时, $\eta = f(I_a)$ 的关系。效率特性如图 1-43 所示。

根据效率的定义可得 $\eta = \dfrac{P_2}{P_1} = 1 - \dfrac{\sum p}{U I_a}$,其中总损耗为

$$\sum p = p_0 + p_{Cua} = p_{mec} + p_{Fe} + p_{ad} + I_a^2 R_a$$

式中,空载损耗 p_0 与负载电流变化无关,称为不变损耗;电枢铜损耗 p_{Cua} 随负载电流变化,又称可变损耗。

当负载电流从零逐渐增大时,效率也随之增大,当负载电流增大到一定程度,效率达最大之后,随负载电流的继续增大,效率反而减小。

对效率的表达式求极值,即令 $d\eta/dI_a = 0$,可得:当 $p_0 = p_{Cua}$ 时,效率达到最大值 η_{max}。这说明不变损耗等于可变损耗时,效率最高。效率特性的这个特点,对其他电机、变压器也适用,具有普遍意义。

1.4.1.4　固有机械特性

他励直流电动机的固有机械特性是指当电源电压 $U = U_N$,气隙磁通 $\Phi = \Phi_N$,没有电枢外串电阻时,直流电动机的转速与转矩(电枢电流)的关系,即 $n = f(T_e)$。固有机械特性曲线如图 1-44 所示。

转速与转矩之间的关系表达式为

$$n=\frac{U_\mathrm{N}}{C_\mathrm{e}\varPhi_\mathrm{N}}-\frac{R_\mathrm{a}}{C_\mathrm{e}C_\mathrm{T}\varPhi_\mathrm{N}^2}T_\mathrm{e}=n_0-\beta T_\mathrm{e}=n_0-\Delta n_\mathrm{N}\quad(1\text{-}23)$$

式中,β 为斜率,即 $\beta=\dfrac{R_\mathrm{a}}{C_\mathrm{e}C_\mathrm{T}\varPhi_\mathrm{N}^2}$;$\Delta n_\mathrm{N}$ 为额定负载时的转

速降,$\Delta n_\mathrm{N}=\beta T_\mathrm{e}$。

由式(1-23)可知,他励直流电动机固有机械特性是一条过理想空载点($n=n_0$,$T_\mathrm{e}=0$)且斜率很小的硬特性曲线。

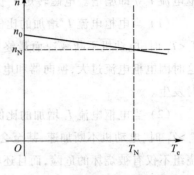

图 1-44 他励直流电动机的固有机械特性

例 1-5 已知一台他励直流电动机的数据为 $P_\mathrm{N}=75\ \mathrm{kW}$,$U_\mathrm{N}=220\ \mathrm{V}$,$I_\mathrm{N}=383\ \mathrm{A}$,$n_\mathrm{N}=1\ 500\ \mathrm{r/min}$,电枢回路总电阻 $R_\mathrm{a}=0.019\ 2\ \Omega$,忽略磁路饱和的影响。求:(1)理想空载转速;(2)固有机械特性斜率;(3)额定转速降落;(4)若电动机拖动恒转矩负载 $T_\mathrm{L}=0.82T_\mathrm{N}$ 运行(T_N 为额定电磁转矩),电动机的转速、电枢电流和电枢电动势各为多少。

解
$$C_\mathrm{e}\varPhi_\mathrm{N}=\frac{U_\mathrm{N}-I_\mathrm{N}R_\mathrm{a}}{n_\mathrm{N}}=\frac{220-383\times0.019\ 2}{1\ 500}=0.142$$

(1)理想空载转速为 $n_0=\dfrac{U_\mathrm{N}}{C_\mathrm{e}\varPhi_\mathrm{N}}=\dfrac{220}{0.142}\ \mathrm{r/min}=1\ 549\ \mathrm{r/min}$

(2)斜率为
因 $C_\mathrm{T}=9.55C_\mathrm{e}$,故
$$\beta=\frac{R_\mathrm{a}}{C_\mathrm{e}C_\mathrm{T}\varPhi_\mathrm{N}^2}$$
$$\beta=\frac{0.019\ 2}{9.55\times0.142^2}=0.1$$

(3)额定时转速降落为 $\Delta n_\mathrm{N}=n_0-n_\mathrm{N}=(1\ 549-1\ 500)\ \mathrm{r/min}=49\ \mathrm{r/min}$

(4)负载为 $T_\mathrm{L}=0.82T_\mathrm{N}$ 时,$\Delta n'=\beta T_\mathrm{L}=\beta\times0.82T_\mathrm{N}=0.82\times\Delta n_\mathrm{N}=40.2\ \mathrm{r/min}$
转速为 $n=n_0-\Delta n'=(1\ 549-40.2)\ \mathrm{r/min}=1\ 508.8\ \mathrm{r/min}$
电枢电动势为 $E_\mathrm{a}=C_\mathrm{e}\varPhi_\mathrm{N}n=0.142\times1\ 508.8\ \mathrm{V}=214.2\ \mathrm{V}$
$$T_\mathrm{N}=9.55C_\mathrm{e}\varPhi_\mathrm{N}I_\mathrm{N}=9.55\times0.142\times383\ \mathrm{N\cdot m}=519.4\ \mathrm{N\cdot m}$$
$$T_\mathrm{L}=0.82T_\mathrm{N}=0.82\times519.4\ \mathrm{N\cdot m}=425.9\ \mathrm{N\cdot m}$$
电枢电流为 $I_\mathrm{a}=\dfrac{T_\mathrm{L}}{9.55C_\mathrm{e}\varPhi_\mathrm{N}}=\dfrac{425.9}{9.55\times0.142}\ \mathrm{A}=314\ \mathrm{A}$

1.4.2 并励直流电动机的工作特性

并励直流电动机的电枢绕组和励磁绕组并联后由同一个直流电源供电,接线如图 1-45 所示。

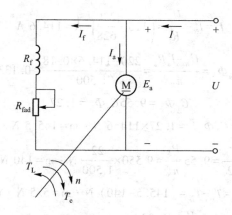

图 1-45 并励直流电动机接线图

并励直流电动机和他励直流电动机并无本质上的区别,并励直流电动机的工作特性与他励直流电动机的工作特性类似,如图 1-43 所示。

1.4.2.1 转速特性

采用并励接法后,电动机的输入电压 U 等于电枢电压 U_a;电动机的输入电流 I 是电枢电流 I_a 和励磁电流 I_f 之和,即 $I = I_a + I_f$。

根据方程 $E_a = C_e \Phi n, U = E_a + I_a R_a$,可得 $n = \dfrac{U}{C_e \Phi} - \dfrac{R_a}{C_e \Phi} I_a = n_0 - \beta I_a$。从而可知,并励直流电动机的转速特性为一条斜率为 $\beta = \dfrac{R_a}{C_e \Phi}$ 的直线。

当电机磁路饱和时,随着 P_2 的增大,I_a 增大,电枢反应的去磁作用增大,直线上翘。为保证电机稳定运行,应采取措施使特性略为下降。

1.4.2.2 转矩特性

由于直流电机的电磁转矩为 $T_e = C_T \Phi I_a$,当不计去磁作用时,特性为一过原点的直线,当考虑电枢反应时,实际曲线也可近似为一条直线。转矩特性如图 1-43 所示。

1.4.2.3 效率特性

与他励电动机类似,效率特性如图 1-43 所示。并励直流电动机的效率为

$$\eta = \frac{P_2}{P_1} \times 100\% = \left(1 - \frac{\sum p}{P_1}\right) \times 100\% = \left[1 - \frac{p_{Fe} + p_{mec} + p_{Cuf} + I_a^2 R_a}{U(I_a + I_f)}\right] \times 100\%$$

由上可见,效率是电枢电流的二次曲线;当不变损耗等于可变损耗时,效率最大。

例 1-6 一台并(他)励直流电动机,$P_N = 22 \text{ kW}, U_N = 220 \text{ V}, I_N = 115 \text{ A}, n_N = 1\,500 \text{ r/min}$,$R_a = 0.18 \ \Omega, R_f = 628 \ \Omega$。求:(1) $C_e \Phi_N, C_T \Phi_N$;(2) 电磁转矩 T_e、空载转矩 T_0;(3) 理想空载转数 n_0、实际空载转数 n_0'。

解　（1）电枢电流为　$I_a = I_N - \dfrac{U_N}{R_f} = \left(115 - \dfrac{220}{628}\right)$ A $= 114.6$ A

$$C_e\Phi_N = \frac{U_N - I_a R_a}{n_N} = \frac{220 - 114.6 \times 0.18}{1\,500} = 0.133$$

$$C_T\Phi_N = 9.55 C_e\Phi_N = 1.27$$

（2）电磁转矩为　$T_e = C_T\Phi_N I_a = 1.27 \times 114.6$ N · m $= 145.5$ N · m

$$T_N = \frac{P_N}{\Omega_N} = 9.55\frac{P_N}{n_N} = 9\,550 \times \frac{22}{1\,500}$$ N · m $= 140$ N · m

空载转矩为　$T_0 = T_e - T_N = (145.5 - 140)$ N · m $= 5.5$ N · m

（3）理想空载转数为　$n_0 = \dfrac{U_N}{C_e\Phi_N} = \dfrac{220}{0.133}$ r/min $= 1\,654$ r/min

实际空载转数为　$n_0' = \dfrac{U_N}{C_e\Phi_N} - \dfrac{R_a}{C_e\Phi_N C_T\Phi_N}T_0$

$$= \left(1\,654 - \frac{0.18}{0.133 \times 1.27} \times 5.5\right)$$ r/min

$$= 1\,648 \text{ r/min}$$

1.4.3　串励直流电动机的工作特性

串励直流电动机的特点是励磁绕组与电枢绕组串联，由一个直流电源供电，其接线图如图 1-46 所示。

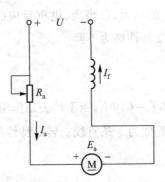

图 1-46　串励直流电动机的接线图

1.4.3.1　转速特性

串励直流电动机的输入电压 U 等于电枢电压 U_a 与励磁电压 U_f 之和，即 $U = U_a + U_f$；励磁电流 I_f 与电枢电流 I_a 相等，即 $I_a = I_f$。

由于励磁电流就是电枢电流，主磁极的磁通 Φ 随着电枢电流变化。电枢电流 I_a 减小时，磁路未饱和，Φ 正比于 I_a，故电磁转矩 T_e 正比于 I_a^2；电枢电流增大时，磁路已饱和，Φ 基本不变,故电磁转矩近似正比于I_a。可见,串励电动机电磁转矩正比于I_a^m,其中$1<m<2$。

串励电动机与并励(或他励)电动机相比,串励电动机具有以下优点:

(1)对于相同的转矩变化量ΔT,串励电动机电枢电流的变化量ΔI_a小,即负载转矩变化时,电源供给的电流可以保持相对稳定的数值,波动比较小。

(2)对应于允许的最大电枢电流$I_{amax}=(1.5\sim2)I_{aN}$,可以产生较大的电磁转矩,因此串励电动机具有较大的起动转矩和过载能力。

串励直流电动机的电动势平衡关系为

$$U=E_a+R_aI_a+R_fI_f=E_a+I_a(R_a+R_f)$$

由于电枢电动势$E_a=C_e\Phi n$,电磁转矩$T_e=C_T\Phi I_a$,则串励电动机的转速表达式为

$$n=\frac{U}{C_e\Phi}-\frac{R_a+R_f}{C_eC_T\Phi^2}T_e \tag{1-24}$$

当$T_e=0$时,$I_a=I_f=0$,主磁极只有微弱的剩磁,$n_0=\dfrac{U}{C_e\Phi}$很大,为$(5\sim6)n_N$;T_e比较小时,随着T_e的增加,电枢电流I_a增加,使得磁通Φ增加,引起转速n急剧下降;转矩T_e比较大时,由于磁路饱和,磁通增加减慢,甚至几乎不再增加,因而转速随转矩的增加而下降的速度减慢。串励直流电动机的机械特性如图1-47所示。

串励电动机的上述特点使它特别适用于负载转矩在较大的范围内变化或要求有较大起动转矩及过载能力的生产机械,例如起重机和电气机车等起重运输设备。当负载转矩很大时,转速下降,以保证安全;负载转矩较小时,转速升高,以提高劳动生产率。

串励电动机在空载和轻载时,转速太高,以致超出转子机械强度所允许的限度。因此,串励电动机不允许在空载和轻载下运行,不应采用诸如皮带轮等传动方式,以免皮带滑脱造成电动机空载。为安全起见,电动机与它所拖动的生产机械应采用直接耦合。

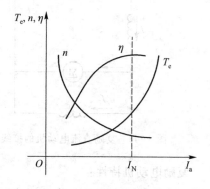

图1-47 串励直流电动机的工作特性

1.4.3.2 转矩特性

根据直流电机的转矩公式$T_e=C_T\Phi I_a=C_T'I_a^2$,当电枢电流$I_a$增大时,转速$n$很快减小,使电磁转矩$T_e$上升很快,即随着电枢电流$I_a$增大,电磁转矩$T_e$将以高于电枢电流$I_a$的一次方比例增大。在同样大小的起动电流$I_{st}$下,串励电动机的起动转矩$T_{st}$大于并励电动机的起动转矩$T_{st}$。串励直流电动机转矩特性如图1-47所示。

1.4.3.3 效率特性

与并励电动机类似,串励直流电动机的效率特性曲线如图1-47所示。

串励直流电动机的特性:

（1）轻载时转速很高，特性曲线与纵轴无交点，理想空载转速为无穷大，故不允许空载运行。

（2）不允许用于皮带传动的拖动系统中，因为皮带的老化脱落，将会造成"飞车"。

（3）电磁转矩 T_e 与电枢电流 I_a 平方成正比，所以起动转矩大，过载能力强，适合于拖动闸门、电车等负载，特别适用于起重机和电气机车等运输机械。

1.4.4 复励直流电动机的工作特性

复励直流电动机在主磁极上有两个励磁绕组，一个是并励绕组，一个是串励绕组，当并励绕组与串励绕组产生的磁动势方向相同时，称为积复励电动机；当并励与串励绕组产生的磁动势方向相反时，称为差复励电动机，差复励电动机由于转速不稳定，在实际应用中很少。复励直流电动机的接线图如图1-48所示。

复励电动机通常接成积复励，它的工作特性介乎并励电动机与串励电动机的特性之间。如果并励磁动势起主要作用，它的工作特性就接近并励电动机；如果串励磁动势起主要作用，它的工作特性就接近串励电动机。复励电动机的转速特性如图1-49所示。

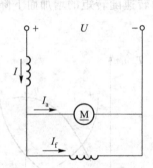

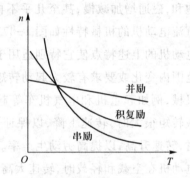

图 1-48　复励直流电动机的接线图　　图 1-49　复励电动机的转速特性

复励电动机特性：

（1）积复励在理想空载时，电枢电流为零，主磁通 Φ_0 由并励绕组产生，故存在理想空载转速，所以不会出现"飞车"危险。

（2）当负载增大时，电枢电流增大，总磁通随之增大，使积复励电动机的转速下降比并励电动机的多。

（3）积复励直流电动机具有串励直流电动机起动转矩大、过载能力强的优点，但没有空载转速很高的缺点，所以可以空载运行。

本 章 小 结

本章主要讲解了直流电机的相关知识，主要内容如下：

（1）直流发电机是根据电磁感应定律工作的，电枢绕组产生的电枢电动势是交流的，通过换向片的换向器换向,变换成直流电,由电刷两端向外引出直流电压。

(2)直流电动机是根据电磁感应定律工作的,电刷两端引入外加直流电源与换向器共同作用,变换成交流电供给电枢绕组,从而产生方向不变的电磁转矩,拖动转子旋转。

(3)直流电机的结构由定子和转子两部分组成。定子部分主要包括主磁极、换向极、电刷、端盖和机座;转子部分主要包括电枢铁心、电枢绕组、换向器、转轴和风扇等。

(4)直流电机电枢绕组的基本形式有单叠绕组和单波绕组两种。叠绕组是指后一元件的端部紧叠在前一元件的端部上。当叠绕组的换向节距 $y = y_k = 1$ 时,称为单叠绕组;单叠绕组的并联支路数等于磁极数,$2a_= = 2p$;并联支路数多,每条支路中串联元件数少,所以单叠绕组适用于较大电流、较低电压的电机。单波绕组是指首、末端所接的两个换向片相隔比较远,两个元件串联起来形成波浪。单波绕组同极性下各元件串联起来组成一条支路,支路对数 $a_= = 1$,与磁极对数无关;绕组并联支路数少,每条支路中串联元件数多,所以单波绕组适用于较高电压、较小电流的电机。

(5)励磁绕组和电枢绕组之间的连接方式称为励磁方式,直流电机按励磁方式不同可分为四种:他励直流电机、并励直流电机、串励直流电机和复励直流电机。

(6)磁场分布:空载时磁场分布为平顶波;有负载时,由于电枢反应的作用,磁场分布发生了改变。原来的几何中性线处的磁感应强度不为零,磁感应强度为零的位置,即电磁物理中性线,沿逆转方向移动一个角度,物理中性线与几何中性线不再重合。电枢电流越大,电枢磁场越强,电枢反应的影响就越大,物理中性线偏移的角度也就越大,这样会给电机的换向带来困难。另外由于磁饱和,每一磁极的两个极靴磁通的增加量与减少量不相等,减少量大于增加量,从而使总磁通量有所减少。

(7)电枢旋转时,主磁场在电枢绕组中感应的电动势,简称为电枢电动势。电枢电动势的计算公式为 $E_a = C_e \Phi n$,电枢绕组的感应电动势方向由磁通 Φ 和转速 n 共同决定。对发电机来说,感应电动势为电源电动势,与电枢电流同方向;对电动机来说,感应电动势为反电动势,与电枢电流反方向。

(8)在直流电机中,电磁转矩由电枢电流与磁场相互作用产生的电磁力形成。电磁转矩计算公式为 $T_e = C_T \Phi I_a$,电磁转矩的方向由磁场的方向和电枢电流的方向决定,两者中有一个改变,电磁转矩的方向就会改变。

在直流发电机中,电磁转矩的方向与转子的方向相反,为制动转矩;在直流电动机中,电磁转矩的方向与转子的方向相同,为驱动转矩。

(9)直流电机在输入到输出的能量变化过程中,主要包括:

输入功率:对发电机来说是轴上输入的机械功率;对电动机来说是输入的电功率,用 P_1 表示。

输出功率:对发电机来说是输出的电功率;对电动机来说是轴上输出的机械功率,用 P_2 表示。

电磁功率:电能与机械能转换的中介。既具有电功率的性质又具有机械功率的性质,用 P_e 表示。

铜损耗:电流流过导体时,消耗在电阻内的损耗;励磁回路的铜损耗;电刷接触损耗,用 p_{Cu} 表示。

铁心损耗:电机的主磁通在磁路的铁磁材料中交变时所产生的损耗,用 p_{Fe} 表示。

机械损耗:包括轴承及电刷的摩擦损耗和通风损耗,用 p_{mec} 表示。

附加损耗:杂散损耗,用 p_{ad} 表示。

重点掌握直流电动机和直流发电机的功率平衡关系。

（10）发电机的运行特性:掌握他励直流发电机从空载到负载端电压下降的原因、并励直流发电机自励条件和复励发电机串励绕组的作用。直流电动机工作特性:重点掌握不同励磁方式下直流电动机的转速特性。

直流发电机与直流电动机对照表见表1-1。

表1-1　直流发电机与直流电动机对照表

名称	发电机	电动机
能量关系	机械能转换成电能	电能转换成机械能
电枢电动势	$E_a = C_e \Phi n$	$E_a = C_e \Phi n$
	电源电动势	反电动势
电磁转矩	$T_e = C_T \Phi I_a$	$T_e = C_T \Phi I_a$
	制动	驱动
电动势平衡方程	$E_a = U + I_a R_a$	$E_a = U - I_a R_a$
	$E_a > U$	$E_a < U$
转矩平衡方程	$T_1 = T_e + T_0$	$T_e = T_2 + T_0$
功率平衡方程	$P_1 - p_0 = P_e$	$P_1 - p_{Cu} = P_e$
	$P_2 = P_e - p_{Cu}$	$P_2 = P_e - p_0$
特性曲线	空载特性: $U_0 = f(I_f)$	转速特性: $n = f(I_a)$
	外特性: $U = f(I)$	转矩特性: $T = f(I_a)$
	调整特性: $I_f = f(I)$	效率特性: $\eta = f(I_a)$

习　题

1-1　直流电机由哪些主要部件构成?各部分的主要作用是什么?

1-2　单叠绕组和单波绕组的连接规律有什么不同?为什么单叠绕组的并联支路对数 $a = p$,而单波绕组的并联支路对数 $a = 1$?

1-3　绘制 $Z = 20, 2p = 4$,线圈匝数 $N = 1$ 的双层整距单叠右行绕组的展开图,并绘出主极和电刷,连接并联支路引线。

1-4　将并励、串励和复励电动机电源电压的极性改变,能否改变该电动机的旋转方向? 为什么? 如何才能改变其转向?

1-5　什么叫电枢反应? 电枢反应对气隙磁场有什么影响?

1-6　如何判断直流电机是工作于电动机状态还是发电机状态?

1-7　换向器和电刷在直流电动机和直流发电机中分别起什么作用?

1-8　改变励磁电流的大小和方向对直流电机的电动势和电磁转矩有何影响?

1-9　并励直流发电机自励的条件是什么?

1-10　直流电机的励磁方式有几种? 不同励磁方式下电机的输入输出电流与电枢电流和励磁电流的关系如何?

1-11　画图表示他励直流电动机和他励直流发电机的功率流程。

1-12　一台直流电动机,额定功率 $P_N = 125$ kW,额定电压 $U_N = 220$ V,额定转速 $n_N = 1\ 500$ r/min,$\eta_N = 89.5\%$。求额定转矩 T_N、输入功率 P_1 和额定电流 I_N。

1-13　一台并励直流电动机,$P_N = 100$ kW,$U_N = 440$ V,$I_N = 265$ A,$n_N = 450$ r/min,$R_a = 0.06$ Ω,$I_{fN} = 5$ A,忽略电枢反应。求:(1) 额定输出转矩;(2) 额定电流时的电磁转矩。

1-14　已知一台他励直流电动机的额定功率 $P_N = 110$ kW,额定电压 $U_N = 440$ V,额定电流 $I_N = 276$ A,额定转速 $n_N = 1\ 500$ r/min,电枢回路电阻 $R_a = 0.080\ 7$ Ω,忽略磁饱和影响。额定运行时,求:(1) 电磁转矩;(2) 输出转矩;(3) 输入功率和效率。

1-15　某四极直流发电机的额定功率 $P_N = 11$ kW,额定转速 $n_N = 1\ 450$ r/min,电机电枢绕组采用单叠绕组,电枢总导体数 $N = 620$,每极气隙磁通 $\Phi_N = 8.34 \times 10^{-3}$ Wb,求额定运行时的感应电动势。

1-16　一台四极并励直流电机,电枢绕组采用单波绕组,电枢总导体数 $N = 322$,电枢回路电阻 $R_a = 0.21$ Ω,当此电机运行在电源电压 $U_N = 220$ V,转速 $n_N = 1\ 500$ r/min,气隙每极磁通 $\Phi_N = 0.012\ 5$ Wb 时,铁心损耗 $p_{Fe} = 360$ W,机械损耗 $p_{mec} = 200$ W(忽略附加损耗)。求:(1) 该电机运行在发电机状态还是电动机状态;(2) 电磁转矩;(3) 输出功率。

1-17　一台并励直流发电机,输出电压 $U = 230$ V,输出电流 $I = 100$ A,$R_a = 0.2$ Ω,$R_f = 115$ Ω,$n_N = 1\ 500$ r/min,$T_0 = 17.32$ N·m。求发电机的输出功率 P_2、电磁转矩 T_e、输入功率 P_1 和效率 η。

1-18　某并励直流电动机 $U_N = 220$ V,$I_N = 12.5$ A,$n_N = 3\ 000$ r/min,$R_a = 0.41$ Ω,$R_f = 628$ Ω。求励磁电流 I_f、电枢电流 I_a、电动势 E_a、电磁转矩 T_e。

1-19　一台并励直流电动机,$P_N = 22$ kW,$U_N = 220$ V,$I_N = 115$ A,$n_N = 1\ 500$ r/min,$R_a = 0.2$ Ω,$R_f = 630$ Ω。求:(1) $C_e\Phi_N$,$C_T\Phi_N$;(2) T_e、T_0,(3) n_0、n_0'。

第2章

变压器

【本章要点】

掌握变压器的工作原理,了解其性能和使用是非常必要的。本章首先介绍了变压器的结构和分类;然后着重分析了单相变压器的工作原理,空载运行和有载运行的特性,介绍了变压器的等效电路和相量图以及标幺值,讲述了三相变压器的结构和运行特性;最后简要介绍了几种特殊变压器的工作特点和使用方法。

本章要求学生理解变压器的工作原理及结构,单相变压器空载、负载运行方式,掌握变压器的基本方程式、等效电路及相量图,三相变压器的联结组,了解等效电路的参数测定、变压器的稳态运行、特殊变压器等。

变压器是一种静止的电气设备。根据电磁感应定律,它既可改变交流电能的电压、电流,也可改变等效阻抗、电源相数等,但通常主要作用是变换电压,故称变压器。在电力系统中,变压器是一个极其重要的电气设备。发电厂发出的电能的电压一般为 $10 \sim 20$ kV,要把发电厂生产的电能远距离输送到用电区域,为了减少远距离传输的线路损耗,常常需要经升压变压器将电压升高后再进行传输,一般是根据输送电功率的大小及输电距离的远近,来选择相应的输电电压等级,目前我国国家标准规定的输电电压等级主要有 35 kV、110 kV、220 kV、330 kV 和 500 kV。高压电能到达用电地区后,还需经降压变压器和配电变压器降低到各种用电设备所需要的不同电压,然后分配给各用户。可以看出,从发电厂发出的电能输送到用户的整个过程中,需要经过多次变压,因此变压器对电力系统的安全、经济运行有着十分重要的意义。

2.1 变压器的结构、分类与额定值

2.1.1 变压器的基本结构

变压器品种繁多,用途各异,但其工作原理和结构都是大同小异的。以电力变压器为例来说明变压器的基本结构。

变压器的铁心和绕组是组成变压器的主要部件,又称为器身。此外,根据结构和运行的要求,变压器还有绝缘套管、油箱和冷却装置等部件,图 2-1 给出的是三相油浸式电力变压器外形图。

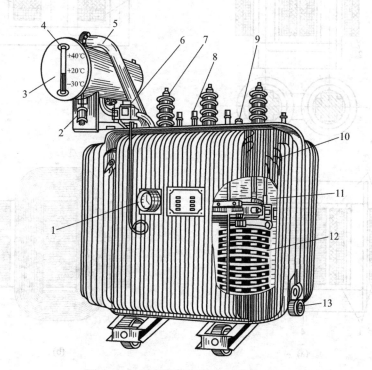

图 2-1 三相油浸式电力变压器外形图

1. 信号式温度计 2. 吸湿器 3. 储油柜 4. 油表 5. 安全气道 6. 气体继电器 7. 高压套管
8. 低压套管 9. 分接开关 10. 油箱 11. 铁心 12. 绕组 13. 放油阀门

2.1.1.1 铁心

铁心是变压器的磁路部分,同时也是变压器绕组的支撑骨架。

铁心分为铁心柱和铁轭两部分。绕组套在铁心柱上,铁轭的作用是使磁路闭合。为了提高铁心的导磁性能,减小磁滞和涡流损耗,铁心多采用 0.35~0.5 mm 硅钢片叠压而成,片间彼此绝缘。硅钢片类型有热轧、冷轧等。

　　按绕组套入铁心柱的形式,变压器可分为心式和壳式两种。心式变压器的一、二次绕组套装在铁心的两个铁心柱上,如图 2-2(a)所示。心式变压器的结构较简单,有较大的空间装设绝缘,装配也较容易,适用于容量大、电压高的电力变压器。一般电力变压器多采用心式结构。壳式变压器的结构如图 2-2(b)所示。壳式变压器的机械强度较好,而且铁心容易散热,但外层绕组耗铜量较多,制造工艺也较复杂,一般除小型干式变压器采用这种结构外,容量较大的变压器很少采用。

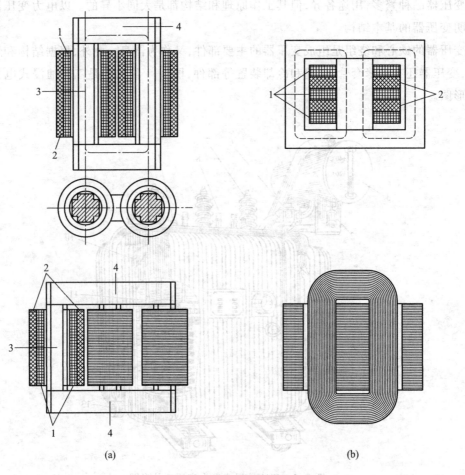

图 2-2　变压器的结构

(a) 心式　(b) 壳式

1. 低压绕组　2. 高压绕组　3. 铁心柱　4. 轭

　　铁心在叠装时,硅钢片裁为长方形交错叠装,如图 2-3(a)所示。冷轧钢非轧碾方向磁导率较低,采用斜切钢片叠装,如图 2-3(b)所示。大型变压器大都采用冷轧硅钢片作为铁心材料,这种冷轧硅钢片沿碾压方向的磁导率较高,铁心损耗较小。在磁路转角处,磁通方向和碾压方向成 90°,以使磁通方向和碾压方向基本一致。

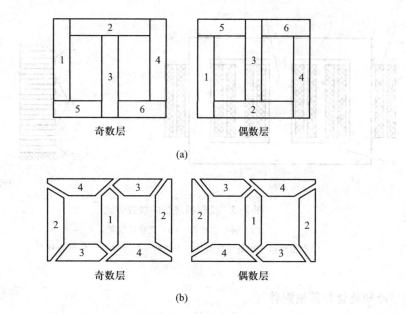

图 2-3　铁心的叠装

（a）长方形硅钢片叠装　（b）斜切硅钢片叠装

铁心截面采用圆筒型，一般制成接近圆面的阶梯截面。阶梯截面越大、铁心级数越多。铁轭截面为矩形、T 形，心式变压器的铁轭截面大于铁心柱截面。在小型变压器中，铁心柱截面的形状一般采用正方形或矩形；在大容量变压器中，铁心柱的截面一般做成阶梯形，以充分利用绕组内圆空间。铁心的级数随变压器容量的增加而增多。大容量变压器的铁心中常设油道，以改善铁心内部的散热条件。

2.1.1.2　绕组

绕组是变压器的电路部分，一般由铜或铝导线包绕绝缘纸以后绕制而成，变压器绕组外形如图 2-4 所示。

变压器中接电源的绕组称为原绕组或一次绕组，与负载相连接的绕组称为副绕组或二次绕组。为了便于绝缘，低压绕组靠近铁心柱，高压绕组套在低压绕组外面。变压器绕组的放置方式有同心式和交叠式两种，如图 2-5 所示。同心式绕组的绕组套筒之间绝缘，套筒与铁心之间绝缘。导线沿铁心柱高度方向连续绕制，高压绕组匝数多，导线细，层数较多时，层间用绝缘撑条隔开，形成轴向油道来散热；低压绕组匝数少，导线粗，用扁线绕制。同心式绕组又分为圆筒式、螺旋式、连续式等结构。交叠式的高、低压绕组交叠放置，低压绕组靠近铁轭，绕组成饼式，主要用于壳式变压器。

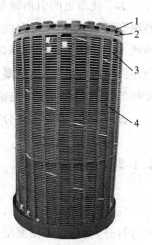

图 2-4　绕组

1. 绝缘　2. 支架

3. 撑条　4. 导条

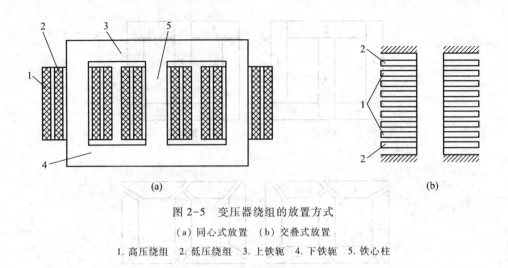

图 2-5　变压器绕组的放置方式
(a) 同心式放置　(b) 交叠式放置
1. 高压绕组　2. 低压绕组　3. 上铁轭　4. 下铁轭　5. 铁心柱

2.1.1.3　冷却装置和其他附件

变压器运行时产生的损耗转变为热量,使铁心和绕组发热,为了不使变压器因温度过高而损伤绝缘材料,变压器应装设冷却装置。一般的冷却装置由油箱、储油柜、散热器和绝缘变压器油等组成。铁心和绕组浸在变压器油中,变压器油是一种矿物油,运行时产生的热量由变压器油循环传至散热器,同时还使绕组间、绕组和铁心、外壳间保持良好的绝缘效果。

油箱有许多散热油管,以增大散热面积。为了加快散热,有的大型变压器内部采用油泵强迫油循环,外部用变压器风扇吹风或用自来水冲淋变压器油箱等,这些都是变压器的冷却方式。储油柜是防止油膨胀和显示油位高低的附件。

为了使带电的引出线与油箱绝缘,并使其固定,高、低压绕组从油箱引出时还必须穿过绝缘套管,从而使高压引线和接地的油箱绝缘。绝缘套管是一根中心导电杆,外面有瓷套管绝缘。为了增加爬电距离,套管外形做成多级伞形。绝缘套管的结构与尺寸取决于高、低压绕组的电压等级,电压越高,其外形尺寸越大。1 kV 以下的变压器用实心套管,10~35 kV 的变压器用空心充气式或充油式套管,110 kV 的变压器用电容式套管。

此外,变压器还装有分接开关、气体继电器、防爆管、吸湿器和放油阀等附件。

2.1.2　变压器的分类

在国民经济各个部门,各种类型的变压器得到了极为广泛的应用。变压器一般按照用途进行分类,也可以按照结构、相数和冷却方式进行分类。

按照用途分类,变压器可分为电力变压器、特种变压器(如电炉变压器、整流变压器等)、仪用变压器(电压互感器和电流互感器)、试验用高压变压器和调压变压器等。

按照线圈数目的多少分类,变压器可分为两线圈、三线圈、多线圈以及自耦变压器。

按照铁心结构分类,变压器可分为心式变压器和壳式变压器。

按照相数分类,变压器可分为单相变压器和三相变压器。

按照冷却方式和冷却介质的不同,变压器可分为用空气冷却的干式变压器和用变压器油冷却的油浸式变压器等,如图 2-6 所示。

 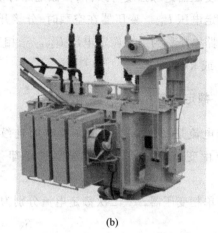

(a)   (b)

图 2-6 电力变压器实物图

(a) 干式变压器 (b) 油浸式变压器

2.1.3 变压器的额定值

变压器的外壳上有一块金属牌,牌上标刻有变压器的型号和各种额定技术数据,称为铭牌。它相当于一个简单的说明书,使用者只有正确理解铭牌数据的意义,才能正确使用这台变压器,下面介绍变压器的铭牌数据。

2.1.3.1 型号

根据国家有关规定,厂家生产的每一台变压器都有一定的型号,用来表示变压器的特征和性能。型号一般由两部分组成:前一部分用汉语拼音字母表示变压器的类型和特点,后一部分由数字组成。斜线左侧数字表示额定容量,斜线右侧数字表示高压侧的额定电压。例如,S9-1000/10 为三相油浸式铜线变压器,设计序号为 9,额定容量 1 000 kV·A,高压侧额定电压为 10 kV。

2.1.3.2 额定容量 S_N

额定容量是指变压器在额定工作条件下的供电能力(视在功率)保证值。以二次额定电压、额定电流的乘积表示,单位为 V·A 或 kV·A。

对于单相变压器,容量为
$$S_N = U_{2N} I_{2N} \tag{2-1}$$

对于三相变压器,容量为
$$S_N = \sqrt{3}\, U_{2N} I_{2N} \tag{2-2}$$

双绕组变压器一、二次侧的容量相等,三绕组变压器的容量为三绕组中最大的一个。

2.1.3.3　额定电压 U_{1N}、U_{2N}

根据变压器绝缘强度等条件,在额定运行情况下规定的一次侧的允许外施电源电压,称为一次额定电压 U_{1N}。变压器在空载时,分接开关接在额定分接头,一次侧加额定电压时,二次侧的开路电压称为二次额定电压 U_{2N}。三相变压器的额定电压均指线电压。额定电压的单位为 V 或 kV。

2.1.3.4　额定电流 I_{1N}、I_{2N}

额定电流是变压器绕组允许长时间连续通过的工作电流,即满载电流,单位为 A。额定电流由变压器的允许发热程度和冷却条件决定。三相变压器的额定电流均指线电流。

对于单相变压器,一、二次额定电流分别为

$$I_{1N}=\frac{S_N}{U_{1N}}, \quad I_{2N}=\frac{S_N}{U_{2N}} \tag{2-3}$$

对于三相变压器,一、二次额定电流分别为

$$I_{1N}=\frac{S_N}{\sqrt{3}\,U_{1N}}, \quad I_{2N}=\frac{S_N}{\sqrt{3}\,U_{2N}} \tag{2-4}$$

2.1.3.5　温升

温升指变压器在额定运行状态下,允许超过周围标准环境温度的数值。我国规定标准环境温度为 40℃。温升的大小与变压器的损耗和散热条件有关。根据绕组的绝缘材料耐热等级确定的最高允许温度减去标准环境温度就是变压器的允许温升。

2.1.3.6　额定频率 f_N

额定频率是指变压器允许的外施电源频率。我国的电力变压器频率都是工频 50 Hz。

除此之外,铭牌上还标有相数、联结图、联结组、阻抗电压等。

例 2-1　一台三相变压器,容量为 100 kV·A,额定电压 10/0.4 kV。试求一、二次额定电流。

解　一次和二次额定电流分别为

$$I_{1N}=\frac{S_N}{\sqrt{3}\,U_{1N}}=\frac{100\times10^3}{\sqrt{3}\times10\times10^3}\ \text{A}=5.77\ \text{A}$$

$$I_{2N}=\frac{S_N}{\sqrt{3}\,U_{2N}}=\frac{100\times10^3}{\sqrt{3}\times0.4\times10^3}\ \text{A}=144.3\ \text{A}$$

2.2 变压器的工作原理

变压器是利用电磁感应将某一电压的交流电变换成同频率的另一电压的交流电的能量变换装置。在实际的变压器中,由于绕组的电阻不为零,铁心的磁阻和铁心的损耗也不为零,一、二次绕组也不可能完全耦合,所以实际的变压器要比理想变压器复杂得多。下面先研究变压器空载运行时的情况,然后再分析其负载运行时的情况。

2.2.1 变压器的空载运行

变压器的空载运行是指变压器一次绕组接额定电压、额定频率的交流电源,二次绕组开路时的运行状态。图 2-7 是单相变压器空载运行原理图。

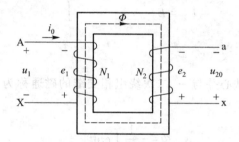

图 2-7 单相变压器空载运行原理图

2.2.1.1 电磁物理现象

如图 2-7 所示,当变压器一次绕组接交流电压 u_1,二次绕组开路时,一次绕组内将流过一个很小的电流 i_0,称为变压器的空载电流。空载电流 i_0 将产生交变磁动势 $N_1 i_0$,并建立交变磁通 Φ,i_0 的正方向与磁动势 $N_1 i_0$ 的正方向之间符合右手螺旋法则,磁通 Φ 的正方向与磁动势的正方向相同,所以电流、磁动势和磁通的方向如图 2-7 所示。

由于铁心的磁导率很高,设磁通 Φ 全部约束在铁心磁路内,并同时与一、二次绕组相交链。根据法拉第电磁感应定律,磁通 Φ 将在一、二次绕组内产生感应电动势 e_1 和 e_2。

$$e_1 = -N_1 \frac{\mathrm{d}\Phi}{\mathrm{d}t}, \quad e_2 = -N_2 \frac{\mathrm{d}\Phi}{\mathrm{d}t} \tag{2-5}$$

e_1 和 e_2 的正方向与 Φ 的正方向符合右手螺旋法则,且 e_1 的正方向与 i_0 的正方向相同。在图 2-7 中,Φ 由下至上地通过一次绕组,根据一次绕组的绕向和右手螺旋法则,e_1 的正方向为自上而下。同理,可根据二次绕组的绕向,确定 e_2 的正方向也为自上而下。这样,根据基尔霍夫电压定律和图 2-7 中所示正方向,并考虑一次绕组的电阻压降 $i_0 R_1$,即可列出一、二次绕组的电压方程为

$$u_1 = -e_1 + i_0 R_1 = N_1 \frac{\mathrm{d}\varPhi}{\mathrm{d}t} + i_0 R_1 \left.\begin{matrix} \\ \\ \\ \end{matrix}\right\}$$
$$u_{20} = e_2 = -N_2 \frac{\mathrm{d}\varPhi}{\mathrm{d}t}$$
$$(2-6)$$

式中，R_1 为一次绕组的电阻；u_{20} 为二次绕组的空载电压，即开路电压。

在一般变压器中，空载电流所产生的电阻压降很小，可以忽略不计，于是

$$\left| \frac{u_1}{u_{20}} \right| \approx \frac{e_1}{e_2} = \frac{N_1}{N_2} = k \qquad (2-7)$$

k 为变压器一次绕组和二次绕组的匝数比，也就是其电压变比，当变比 $k>1$ 时，变压器是降压变压器；当 $k<1$ 时，变压器是升压变压器。这种情况与理想变压器的情况相同，即在空载的情况下，变压器的变比可以理解为变压器一次电压与二次空载时端电压之比。

由于 u 和 e 均为正弦量，故可把式(2-7)改写成相量形式：

$$\dot{U}_1 = -\dot{E}_1 + \dot{I}_0 R_1 \approx -\dot{E}_1 \left.\begin{matrix} \\ \\ \end{matrix}\right\}$$
$$\dot{U}_{20} = \dot{E}_2$$
$$(2-8)$$

2.2.1.2 励磁电流

如图 2-7 所示，通过铁心并与一、二次绕组相交链的磁通称为主磁通，用 $\varPhi$ 表示，由式(2-5)可知

$$\varPhi = -\frac{1}{N_1} \int e_1 \mathrm{d}t \qquad (2-9)$$

空载时 $u_1 \approx -e_1$，而电源电压 u_1 通常为正弦波，故感应电动势也可以认为是正弦波，即 $u_1 \approx -e_1 = -\sqrt{2} E_1 \sin \omega t$，于是

$$\varPhi = -\frac{1}{N_1} \int -\sqrt{2} E_1 \sin \omega t \mathrm{d}t = \frac{\sqrt{2} E_1}{\omega N_1} \cos \omega t = \varPhi_{\mathrm{m}} \cos \omega t \qquad (2-10)$$

式中，$\varPhi_{\mathrm{m}}$ 为主磁通的幅值；E_1 则是一次绕组感应电动势的有效值。

$$\varPhi_{\mathrm{m}} = \frac{\sqrt{2} E_1}{2\pi f N_1} = \frac{E_1}{4.44 f N_1} \approx \frac{U_1}{4.44 f N_1} \qquad (2-11)$$

$$E_1 = 4.44 f N_1 \varPhi_{\mathrm{m}} \qquad (2-12)$$

式(2-10)和式(2-11)表明，在不考虑一次绕组电阻压降和漏磁电动势的前提下，对于一个匝数比固定的变压器来说，若电源频率为 50 Hz，则主磁通的大小和波形将主要取决于电源电压的大小和波形。用相量表示时，主磁通 $\varPhi_{\mathrm{m}}$ 和感应电动势 E_1 的相位关系如图 2-8 所示。

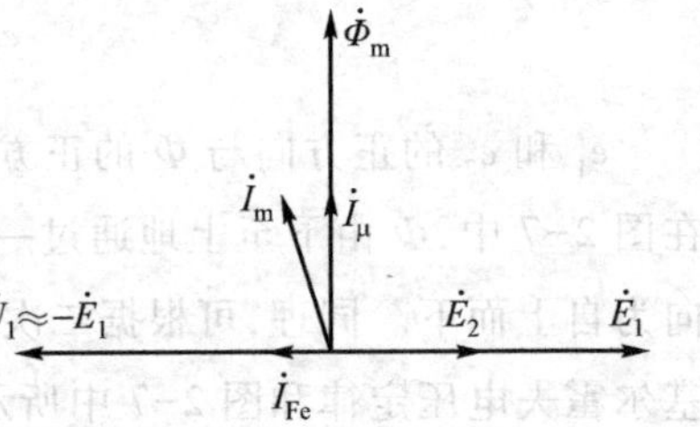

产生主磁通所需的电流称为励磁电流，用 i_{m} 表示。空载运行时，铁心上仅有一次绕组电流 i_0 所形成

图 2-8 变压器空载运行的相量图

的励磁磁动势,此时空载电流就是励磁电流,即 $i_m = i_0$。

励磁电流包含两个分量,一个是用以激励铁心中的主磁通的磁化电流 i_μ,另一个是表示铁心损耗大小的铁心损耗电流 i_{Fe},i_{Fe} 是一个与 $-e_1$ 同相位的有功电流。所以励磁电流应表示为

$$i_m = i_\mu + i_{Fe} \tag{2-13}$$

用相量表示时,有

$$\dot{I}_m = \dot{I}_\mu + \dot{I}_{Fe} \tag{2-14}$$

对于已经制作完成的变压器来说,磁化电流 i_μ 的大小和波形取决于主磁通 Φ 和铁心磁路的磁化曲线 $\Phi = f(i_\mu)$,如图 2-9 所示。从磁化曲线中可以看出,当铁心中主磁通的幅值 Φ_m 比较小,磁路不饱和时,在磁化曲线的直线部分(ab 段),磁化电流 i_μ 与主磁通 Φ 基本成正比,且 i_μ 与 Φ 同相、与感应电动势 $-e_1$ 相差 90°相角,故对 $-e_1$ 而言,磁化电流 i_μ 为纯无功电流。当铁心中主磁通的幅值 Φ_m 比较大,也就是磁路饱和时,在磁化曲线的非线性部分(bc 段),磁化电流 i_μ 与主磁通 Φ 不成正比。如果主磁通随时间呈正弦规律变化,由于磁化

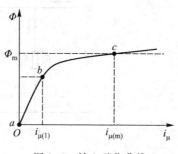

图 2-9　铁心磁化曲线

曲线的非线性,将导致磁化电流 i_μ 发生畸变,磁路越饱和,磁化电流 i_μ 的畸变越严重。但无论 i_μ 怎样畸变,若用傅里叶级数把 i_μ 分解成基波、谐波,则可知其基波分量始终与主磁通 Φ 同相,为了便于计算,通常用一个有效值与之相等的等效正弦波来代替非正弦的磁化电流。

2.2.1.3　空载运行时变压器的等效电路

为进一步分析变压器一次绕组中励磁电流 i_m 与感应电动势 e_1 之间的关系,可建立变压器空载运行时的等效电路。

根据磁路的欧姆定律和电磁感应定律,主磁通 Φ、感应电动势 e_1 与磁化电流 i_μ 之间的关系为

$$\left. \begin{array}{l} \Phi = N_1 i_\mu \times \Lambda_m \\[2mm] e_1 = -N_1 \dfrac{d\Phi}{dt} = -N_1^2 \Lambda_m \dfrac{di_\mu}{dt} = L_{1\mu} \dfrac{di_\mu}{dt} \end{array} \right\} \tag{2-15}$$

式中,Λ_m 为主磁路的磁导;$L_{1\mu}$ 为对应的铁心绕组的磁化电感,$L_{1\mu} = N_1^2 \Lambda_m$。用 i_μ 的等效正弦波相量 $\dot{I}_\mu$ 表示时,上式可以写成

$$\dot{E}_1 = -j\omega L_{1\mu} \dot{I}_\mu = -j \dot{I}_\mu X_\mu \tag{2-16}$$

式中,X_μ 称为变压器的磁化电抗,表征铁心磁化性能的一个参数,$X_\mu = \omega L_{1\mu}$。

考虑到铁心损耗是铁心中磁滞损耗和涡流损耗之和,还可以确定铁心损耗电流与感应电动势间的关系:

$$\dot{I}_{Fe} = -\frac{\dot{E}_1}{R_{Fe}} \tag{2-17}$$

由式(2-16)和式(2-17)可知,励磁电流与感应电动势之间具有下列关系:

$$\dot{I}_{\mathrm{m}} = \dot{I}_{\mathrm{Fe}} + \dot{I}_{\mu} = -\dot{E}_1\left(\frac{1}{R_{\mathrm{Fe}}} + \frac{1}{jX_{\mu}}\right) \tag{2-18}$$

与式(2-18)相对应的等效电路如图2-10(a)所示,此电路由磁化电抗和铁心损耗电阻两个并联分支构成。为了便于计算,也可以用一个等效的串联阻抗去代替这两个并联分支,如图2-10(b)所示。有

$$\dot{E}_1 = -\dot{I}_{\mathrm{m}}Z_{\mathrm{m}} = -\dot{I}_{\mathrm{m}}(R_{\mathrm{m}} + jX_{\mathrm{m}})$$

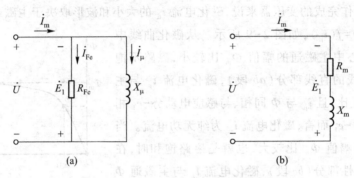

图 2-10　变压器铁心绕组等效电路
（a）等效并联分支　（b）等效串联阻抗

从图2-10中可知,

$$Z_{\mathrm{m}} = \frac{R_{\mathrm{Fe}}(jX_{\mu})}{R_{\mathrm{Fe}} + jX_{\mu}} = R_{\mathrm{m}} + jX_{\mathrm{m}} \tag{2-19}$$

式中,$Z_{\mathrm{m}} = R_{\mathrm{m}} + jX_{\mathrm{m}}$称为变压器的励磁阻抗,它是用串联阻抗的形式来表征铁心磁化性能和铁心损耗的一个综合参数;X_{m}称为励磁电抗,是表征铁心磁化性能的一个等效参数;R_{m}称为励磁电阻,是表征铁心损耗的一个参数。式(2-19)称为变压器的励磁方程。

由于铁心磁路的磁化曲线是非线性的,E_1和I_{m}之间也呈非线性关系,所以一般来说,励磁阻抗Z_{m}不是常数,而是随磁路的饱和程度变化的。但考虑到变压器实际运行时,一次电压U_1往往都是常数,负载变化时主磁通Φ_{m}的变化很小,在此条件下,可以近似地认为Z_{m}是一个常数。

2.2.2　变压器的负载运行

变压器的负载运行是指变压器一次绕组接额定电压、额定频率的交流电源,二次绕组接负载时的运行状态。图2-11是单相变压器负载运行原理图。

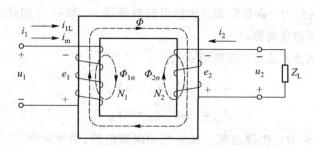

图 2-11　单相变压器负载运行原理图

2.2.2.1　变压器负载运行时的磁动势方程

变压器空载运行时,一次绕组只流过空载电流 i_0 ,它产生的交变磁通 Φ (也是主磁通)分别在一、二次绕组中产生感应电动势 e_1 和 e_2 。当二次绕组接上负载后,在 e_2 的作用下,二次绕组中会有负载电流 i_2 流过,i_2 在二次绕组中要产生磁动势 $i_2 N_2$,根据楞次定律,该磁动势有削弱主磁通 Φ 的作用。这时,一次绕组中的电流 i_1 由两部分组成:一部分是空载电流 i_0 ,即励磁电流 i_m ,用来产生主磁通;另一部分为负载分量 i_{1L} ,用来抵消二次绕组中电流 i_2 的去磁作用,即

$$i_1 = i_m + i_{1L} \tag{2-20}$$

变压器负载运行时,作用在主磁路上的全部磁动势应等于产生磁通所需的励磁磁动势。所以有磁动势平衡式:

$$N_2 i_2 + N_1 i_{1L} = 0 \tag{2-21}$$

把式(2-20)两边乘以 N_1 ,可得

$$N_1 i_1 = N_1 i_m + N_1 i_{1L} \tag{2-22}$$

把式(2-21)代入式(2-22),就得到磁动势方程:

$$i_1 N_1 + i_2 N_2 = i_m N_1 \tag{2-23}$$

该方程表明,变压器负载运行时,用以建立主磁通的励磁磁动势 $i_m N_1$ 是一次绕组和二次绕组的合成磁动势。式(2-23)中的励磁电流 i_m 取决于负载运行时主磁通的数值。

一般情况下,各电流都是随时间呈正弦变化的,所以有相量形式的磁动势方程:

$$\dot{I}_1 N_1 + \dot{I}_2 N_2 = \dot{I}_m N_1 \tag{2-24}$$

2.2.2.2　漏磁通和漏磁电动势

由于实际变压器的一次绕组和二次绕组不可能完全耦合,所以除了通过铁心并与一、二次绕组相交链的主磁通 Φ 外,在一、二次电流各自的绕组中还分别有少量仅与一个绕组交链且主要通过空气或油而闭合的漏磁通,由于漏磁磁路主要通过空气或油形成闭路,其磁阻较大,所以漏磁通往往比主磁通小得多。

漏磁通将分别在一、二次绕组内产生感应漏磁电动势

$$e_{1\sigma} = -N_1 \frac{\mathrm{d}\Phi_{1\sigma}}{\mathrm{d}t}, \quad e_{2\sigma} = -N_2 \frac{\mathrm{d}\Phi_{2\sigma}}{\mathrm{d}t} \tag{2-25}$$

式中,$\Phi_{1\sigma}$ 和 $\Phi_{2\sigma}$ 分别称为一次绕组和二次绕组的漏磁通,$e_{1\sigma}$ 和 $e_{2\sigma}$ 分别是它们在一次绕组和二次绕组内产生的漏磁电动势。

通常把漏磁电动势写成漏抗压降形式,有

$$\begin{aligned}\dot{E}_{1\sigma} &= -\mathrm{j}\omega L_{1\sigma}\dot{I}_1 = -\mathrm{j}X_{1\sigma}\dot{I}_1 \\ \dot{E}_{2\sigma} &= -\mathrm{j}\omega L_{2\sigma}\dot{I}_2 = -\mathrm{j}X_{2\sigma}\dot{I}_2\end{aligned} \tag{2-26}$$

式中,$L_{1\sigma}$ 和 $L_{2\sigma}$ 分别称为一次绕组和二次绕组的漏磁电感,简称漏感,$X_{1\sigma}$ 和 $X_{2\sigma}$ 分别称为一次绕组和二次绕组的漏磁电抗,简称漏抗,$X_{1\sigma} = \omega L_{1\sigma}$,$X_{2\sigma} = \omega L_{2\sigma}$。漏抗是表征绕组漏磁效应的一个参数,由于漏磁磁路的主要部分是空气或油,故漏感可以认为是一个常数,漏抗也是常数。

按照磁路性质把磁通分成主磁通和漏磁通两部分,把不受铁心饱和影响的漏磁通分离出来,用常数参数 $X_{1\sigma}$ 和 $X_{2\sigma}$ 来表征;把受到铁心饱和影响的主磁路及其参数 Z_m 作为局部非线性问题,再加以线性化处理,这种分析方法称为主磁通-漏磁通法。这是分析变压器和旋转电机的主要方法之一。这样做既可以简化分析,又可以提高计算的精度。

2.2.2.3 基本方程

综合对变压器负载运行时的电磁物理现象的分析,再考虑一、二次绕组及电阻压降,根据基尔霍夫电压定律和图 2-11 中所标各物理量的参考方向,即可导出变压器的电压方程为

$$\begin{aligned}u_1 &= -e_1 + L_{1\sigma}\frac{\mathrm{d}i_1}{\mathrm{d}t} + i_1 R_1 \\ e_2 &= u_2 + L_{2\sigma}\frac{\mathrm{d}i_2}{\mathrm{d}t} + i_2 R_2\end{aligned} \tag{2-27}$$

若一、二次绕组的电压、电流均随时间呈正弦变化,则对应的相量形式方程为

$$\left.\begin{aligned}\dot{U}_1 &= -\dot{E}_1 + \dot{I}_0(R_1 + \mathrm{j}X_{1\sigma}) = -\dot{E}_1 + \dot{I}_1 Z_1 \\ \dot{E}_2 &= \dot{U}_2 + \dot{I}_2(R_2 + \mathrm{j}X_{2\sigma}) = \dot{U}_2 + \dot{I}_2 Z_2\end{aligned}\right\} \tag{2-28}$$

式中,Z_1 和 Z_2 分别称为一次绕组和二次绕组的漏阻抗,$Z_1 = R_1 + \mathrm{j}X_{1\sigma}$,$Z_2 = R_2 + \mathrm{j}X_{2\sigma}$。

综上所述,变压器的基本方程主要包含磁动势方程、电压方程和励磁方程,归纳如下:

$$\left.\begin{aligned}&\text{磁动势平衡方程}:\dot{I}_1 N_1 + \dot{I}_2 N_2 = \dot{I}_\mathrm{m} N_1 \\ &\text{励磁支路电压降}:\dot{E}_1 = -\dot{I}_\mathrm{m} Z_\mathrm{m} \\ &\text{一次电压平衡方程}:\dot{U}_1 = -\dot{E}_1 + \dot{I}_1 Z_1 \\ &\text{二次电压平衡方程}:\dot{E}_2 = \dot{U}_2 + \dot{I}_2 Z_2 \\ &\text{电压变比}:\frac{\dot{E}_1}{\dot{E}_2} = k \\ &\text{负载电路电压平衡方程}:\dot{U}_2 = \dot{I}_2 Z_\mathrm{L}\end{aligned}\right\} \tag{2-29}$$

式中，Z_L为负载阻抗，$Z_L = R_L + jX_L$。

上述方程已经完整地表达了变压器负载运行时的电磁现象，但要求解这些方程是很烦琐的，为便于计算，还需要建立变压器的等效电路。

2.2.3　变压器的等效电路及相量图

在研究变压器的运行问题时，我们希望有一个既能正确反映变压器内部电磁关系，又便于工程计算的等效电路，来代替有电路、磁路和电磁感应联系的实际变压器。下面从变压器的基本方程出发，通过绕组折算，导出等效电路。

2.2.3.1　绕组折算

为建立等效电路，除了需要把一、二次漏磁通的效果作为漏抗压降、主磁通和铁心线圈的效果作为励磁阻抗来处理外，还需要解决如何把一、二次绕组这两个具有不同电动势和电流、在电方面没有直接联系的绕组连接在一起的问题。用一个假想的绕组替代其中一个绕组，这就是绕组折算，折算后的量用原来的物理量符号加"′"表示。绕组折算有两种方法：一种方法是把二次绕组折算到一次绕组，保持一次绕组匝数N_1不变，也就是假想把二次绕组的匝数N_2变换成一次绕组的匝数N_2'，而不改变一、二次绕组原有的电磁关系；另一种方法是把一次绕组折算到二次绕组，保持二次绕组匝数N_2不变，也就是假想把一次绕组的匝数N_1变换成二次绕组的匝数N_1'，而不改变一、二次绕组原有的电磁关系。绕组折算通常采用的是第一种折算方法。

从磁动势平衡关系可知，二次电流对一次侧的影响是通过二次磁动势$N_2 \dot{I}_2$起作用的，所以只要折算前、后二次绕组的磁动势保持不变，则一次绕组将从电网吸收同样大小的功率和电流，并有同样大小的功率传递给二次绕组。

二次侧各物理量的折算值为$\dot{I}_2'$、$\dot{E}_2'$、R_2'，根据折算前、后二次绕组磁动势不变的原则，可得

$$N_1 \dot{I}_2' = N_2 \dot{I}_2$$

由此可得二次电流的折算值$\dot{I}_2'$为

$$\dot{I}_2' = \frac{N_2}{N_1} \dot{I}_2 = \frac{1}{k} \dot{I}_2 \tag{2-30}$$

其物理意义是：用N_2'替代了N_2后，二次绕组匝数增加了k倍，为保持磁动势不变，二次电流的折算值减小到原来的$1/k$。

根据感应电动势与匝数成正比这一关系，可得二次电动势的折算值为

$$\dot{E}_2' = \frac{N_1}{N_2} \dot{E}_2 = k \dot{E}_2 \tag{2-31}$$

因为折算前、后铜损耗应保持不变，所以可求得电阻的折算值。它应满足

$$R_2' \dot{I}_2'^2 = R_2 \dot{I}_2^2$$

即

$$R_2' = \left(\frac{I_2}{I_2'}\right)^2 R_2 = k^2 R_2 \tag{2-32}$$

把磁动势方程(2-24)除以匝数 N_1,可得折算后的磁动势方程为

$$\dot{I}_1 + \dot{I}_2' = \dot{I}_m \tag{2-33}$$

再把二次绕组的电压方程(2-28)中的第二式乘以电压变比 k,可得

$$\dot{E}_2' = \dot{U}_2' + \dot{I}_2' Z_2' = \dot{U}_2' + \dot{I}_2'(R_2' + jX_{2\sigma}') \tag{2-34}$$

式中, R_2' 和 $X_{2\sigma}'$ 分别为二次绕组电阻和漏抗的折算值, $R_2' = k^2 R_2$, $X_{2\sigma}' = k^2 X_{2\sigma}$; U_2' 是二次电压的折算值, $\dot{U}_2' = k \dot{U}_2$。式(2-34)就是折算后的电压方程。

综上所述,二次绕组折算到一次绕组时,电动势和电压应乘以 k,电流乘以 $1/k$,阻抗乘以 k^2。不难证明,折算前、后二次绕组内的功率和损耗均将保持不变。因此,折算实质是在功率和磁动势保持为不变量的条件下,对绕组的电压、电流所进行的一种线性变换。

折算后,变压器的基本方程变为

$$\left.\begin{array}{r} \dot{U}_1 = -\dot{E}_1 + \dot{I}_0 Z_1 \\ \dot{E}_2' = \dot{U}_2' + \dot{I}_2' Z_2' \\ \dot{I}_1 + \dot{I}_2' = \dot{I}_m \\ \dot{E}_1 = \dot{E}_2' = -\dot{I}_m Z_m \end{array}\right\} \tag{2-35}$$

式中, Z_2' 为折算后二次绕组的漏阻抗, $Z_2' = R_2' + jX_{2\sigma}'$。

2.2.3.2   T 形等效电路

折算以后,一次绕组和二次绕组的匝数相同,故电动势 $\dot{E}_1 = \dot{E}_2'$,一次绕组和二次绕组的磁动势方程也变成等效的电流关系 $\dot{I}_1 + \dot{I}_2' = \dot{I}_m$,由此即可根据式(2-35)导出变压器的部分等效电路,如图 2-12 所示。

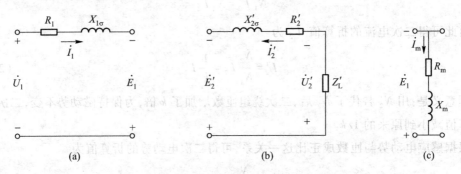

图 2-12   折算后的部分等效电路

(a) $\dot{U}_1 = -\dot{E}_1 + \dot{I}_0(R_1 + jX_{1\sigma})$ (b) $\dot{E}_2' = \dot{U}_2' + \dot{I}_2'(R_2' + jX_{2\sigma}')$ (c) $\dot{E}_1 = \dot{E}_2' = -\dot{I}_m(R_m + jX_m)$

根据 $\dot{E}_1 = \dot{E}_2'$ 和 $\dot{I}_1 + \dot{I}_2' = \dot{I}_m$，把图 2-12 中三个电路连接在一起，即可得到变压器的 T 形等效电路和感性负载时的相量图，如图 2-13 所示。

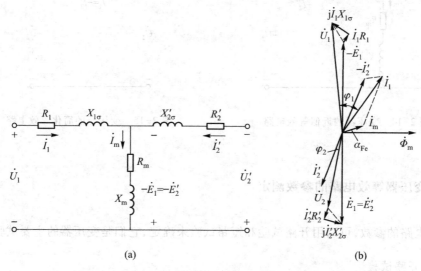

(a)　　　　　　　　　　　　　(b)

图 2-13　变压器的 T 形等效电路和感性负载时的相量图

(a) T 形等效电路　(b) 相量图

工程上常用等效电路来分析、计算各种实际运行问题。应当指出，利用折算到一次侧的等效电路算出的一次绕组的各量，均为变压器的实际值；二次绕组中各量则为折算值，欲得其实际值，对电流应乘以 k（$\dot{I}_2 = k\dot{I}_2'$），对电压应除以 k（$\dot{U}_2 = \dot{U}_2'/k$）。同理，也可以把一次侧各量折算到二次侧，以得到折算到二次侧的 T 形等效电路。一次侧各量折算到二次侧时，电流应乘以 k，电压除以 k，阻抗乘以 $1/k^2$。

2.2.3.3　近似和简化等效电路

T 形等效电路属于复联电路，计算起来比较繁复。对于一般的电力变压器，额定负载时一次绕组的漏阻抗压降 $I_{1N}Z_1$ 仅占额定电压的百分之几，加之励磁电流 I_m 又远小于额定电流 I_{1N}，因此把 T 形等效电路中的励磁分支从电路的中间移到电源端，对变压器的运行计算不会造成明显的误差。这样，就可得到图 2-14 所示的近似等效电路。

若进一步忽略励磁电流（即把励磁分支断开），则等效电路将简化成一串联电路，如图 2-15 所示，此电路就称为简化等效电路。在简化等效电路中，变压器的等效阻抗表现为一串联阻抗 Z_k，Z_k 称为等效漏阻抗。

下面将看到，等效漏阻抗 Z_k 可用短路试验测出，故 Z_k 亦称为短路阻抗；R_k 和 X_k 则称为短路电阻和短路电抗。用简化等效电路来计算实际问题十分简便，在多数情况下其精度已能满足工程要求。

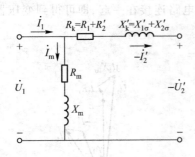

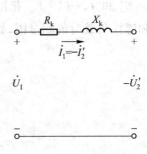

图 2-14   变压器的近似等效电路   图 2-15   变压器的简化等效电路

2.2.4   变压器等效电路的参数测定

等效电路的参数,可以用开路试验和短路试验来确定,它们是变压器的主要试验项目。

2.2.4.1   开路试验

开路试验又称为变压器的空载试验,试验的接线图如图 2-16 所示。试验时,二次绕组开路,一次绕组接额定电压,测量此时的输入功率 P_0、电压 U_1 和电流 I_0,由此即可算出励磁阻抗。

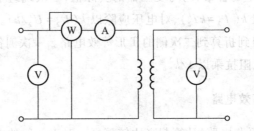

图 2-16   开路试验接线图

变压器二次绕组开路时,一次绕组的空载电流 I_0 就是励磁电流 I_m。由于一次漏阻抗 Z_1 比励磁阻抗 Z_m 小得多,若将它略去不计,可得励磁阻抗 $|Z_m|$ 为

$$|Z_m| \approx U_1/I_0 \tag{2-36}$$

由于空载电流很小,它在一次绕组中产生的电阻损耗可以忽略不计,空载输入功率可认为基本上是供给铁心损耗的,故励磁电阻 R_m 应为

$$R_m = p_0/I_0^2 \tag{2-37}$$

励磁电抗 X_m 为

$$X_m = \sqrt{|Z_m|^2 - R_m^2} \tag{2-38}$$

为了试验的安全和仪表选择的方便,开路试验时通常在低压侧加上电压,高压侧开路,此时测出的值为折算到低压侧时的值。折算到高压侧时,各参数应乘以 k^2,$k = N_{高压}/N_{低压}$。

2.2.4.2 短路试验

短路试验又称为负载试验,图 2-17 所示为变压器短路试验的接线图。试验时,把二次绕组短路,一次绕组上加一可调的低电压。调节外加的低电压,使短路电流达到额定电流,测量此时的一次电压 U_k、输入功率 p_k 和电流 I_k,由此即可确定等效漏阻抗。

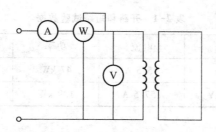

图 2-17　短路试验的接线图

由简化等效电路可见,变压器短路时,外加电压仅用于克服变压器内部的漏阻抗压降,当短路电流为额定电流时,该电压一般只有额定电压的 5%~10%;因此短路试验时变压器内的主磁通很小,励磁电流和铁心损耗均可忽略不计,故变压器的等效漏阻抗即为短路时所表现的阻抗 Z_k,即

$$|Z_k| \approx U_k/I_k \tag{2-39}$$

若不计铁心损耗,短路时的输入功率 p_k 可认为全部消耗在一次和二次绕组的电阻损耗上,故短路电阻 R_k 为

$$R_k = p_k/I_k^2 \tag{2-40}$$

短路时的等效漏抗 X_k 为

$$X_k = \sqrt{|Z_k|^2 - R_k^2} \tag{2-41}$$

短路试验时,绕组的温度与实际运行时不一定相同,按国家标准规定,测出的电阻应换算到 75℃时的数值。若绕组为铜线绕组,电阻可用下式换算:

$$R_{k(75℃)} = R_k \frac{235+75}{235+\theta} \tag{2-42}$$

式中,θ 为试验时绕组的温度,通常为室温。由于 R_1 可用电桥法或直流伏-安法测定,故 R_2' 将随之确定。

短路试验常在高压侧加电压,由此所得的参数值为折算到高压侧时的值。

短路试验时,使电流达到额定值时所加的电压 U_k 称为阻抗电压或短路电压。阻抗电压用额定电压的百分值表示时有

$$u_k = \frac{U_k}{U_{1N}} \times 100\% = \frac{I_{1N}|Z_k|}{U_{1N}} \times 100\% \tag{2-43}$$

阻抗电压的百分值亦是铭牌数据之一。

变压器中漏磁场的分布十分复杂,把变压器中的漏磁场划分为一次绕组和二次绕组的

漏磁场,纯粹是一种人为的做法。要从测出的 X_k 中把 $X_{1\sigma}$ 和 $X'_{2\sigma}$ 分开是极为困难的。由于工程上大多采用近似或简化等效电路来计算各种运行问题,因此通常没有必要把 $X_{1\sigma}$ 和 $X'_{2\sigma}$ 分开。有时假设 $X_{1\sigma} = X'_{2\sigma}$ 以把两者分离。

例 2-2 一台单相变压器,容量为 20 000 kV·A,额定电压为 127 kV/11 kV,额定频率为 50 Hz。在 15℃ 时开路和短路试验数据如表 2-1 所示。

表 2-1 开路和短路试验数据

实验名称	电压	电流	功率	备注
开路试验	11 kV	45.5 A	47 kW	电压加在低压侧
短路试验	9.24 kV	157.5 A	129 kW	电压加在高压侧

(1) 求一、二次额定电流;

(2) 求折算到低压侧和高压侧时的励磁阻抗和漏磁阻抗;

(3) 已知 $R_{1(75℃)} = 3.9\ \Omega$,设 $X_{1\sigma} = X'_{2\sigma}$,画出折算到高压侧时的 T 形等效电路。

解 (1) 一、二次额定电流分别为

$$I_{1N} = \frac{S_N}{U_{1N}} = \frac{20\ 000}{127}\ \text{A} = 157.5\,\text{A}$$

$$I_{2N} = \frac{S_N}{U_{2N}} = \frac{20\ 000}{11}\ \text{A} = 1\ 818\ \text{A}$$

$$k = \frac{U_{1N}}{U_{2N}} = \frac{127}{11} = 11.545$$

(2) 开路试验时,由于电压加在低压侧,所以测出的励磁阻抗为折算到低压侧的值。

$$|Z_{m(低压)}| = \frac{U_2}{I_{20}} = \frac{11 \times 10^3}{45.5}\ \Omega = 241.8\ \Omega$$

$$R_{m(低压)} = \frac{p_{20}}{I_{20}^2} = \frac{47 \times 10^3}{45.5^2}\ \Omega = 22.7\ \Omega$$

$$X_{m(低压)} = \sqrt{|Z_{m(低压)}|^2 - R_{m(低压)}^2} = \sqrt{241.8^2 - 22.7^2}\ \Omega = 240.7\ \Omega$$

折算到高压侧时,有

$$|Z_{m(高压)}| = k^2 |Z_{m(低压)}| = 11.545^2 \times 241.8\ \Omega = 32\ 229\ \Omega$$

$$R_{m(高压)} = k^2 R_{m(低压)} = 11.545^2 \times 22.7\ \Omega = 3\ 026\ \Omega$$

$$X_{m(高压)} = k^2 X_{m(低压)} = 11.545^2 \times 240.7\ \Omega = 32\ 082\ \Omega$$

短路试验时,电压加在高压侧,所以测出的漏阻抗为折算到高压侧的值。

$$|Z_{k(高压)}| = \frac{U_{1k}}{I_{1k}} = \frac{9\ 240}{157.5}\ \Omega = 58.67\ \Omega$$

$$R_{k(高压)} = \frac{p_{1k}}{I_{1k}^2} = \frac{129 \times 10^3}{157.5^2}\ \Omega = 5.20\ \Omega$$

$$X_{k(高压)} = \sqrt{|Z_{k(高压)}|^2 - R_{k(高压)}^2} = \sqrt{58.67^2 - 5.2^2} \ \Omega = 58.44 \ \Omega$$

换算到 75℃时,

$$R_{k(75℃)} = R_k \frac{235+75}{235+\theta} = 5.2 \times \frac{235+75}{235+15} \ \Omega = 6.448 \ \Omega$$

$$|Z_{k(高压75℃)}| = \sqrt{R_{k(高压75℃)}^2 + X_{k(高压)}^2} = \sqrt{6.448^2 + 58.44^2} \ \Omega = 58.79 \ \Omega$$

折算到低压侧时,

$$R_{k(低压75℃)} = \frac{R_{k(高压75℃)}}{k^2} = \frac{6.448}{11.545^2} \ \Omega = 0.048\ 4 \ \Omega$$

$$X_{k(低压)} = \frac{X_{k(高压)}}{k^2} = \frac{58.44}{11.545^2} \ \Omega = 0.438 \ \Omega$$

$$|Z_{k(低压75℃)}| = \frac{|Z_{k(高压75℃)}|}{k^2} = \frac{58.79}{11.545^2} \ \Omega = 0.441 \ \Omega$$

(3) 折算到高压侧时的 T 形等效电路如图 2-18 所示,图中 $R_{1(75℃)} = 3.9 \ \Omega$,$R'_{2(75℃)} = R_{k(75℃)} - R_{1(75℃)} = 2.548 \ \Omega$,$X_{1\sigma} = X'_{2\sigma} = \frac{1}{2} X_k = 29.22 \ \Omega$,$R_m = 3\ 026 \ \Omega$,$X_m = 32\ 082 \ \Omega$。

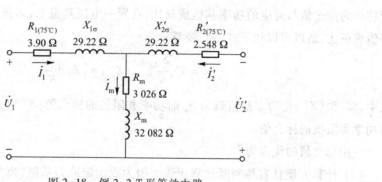

图 2-18 例 2-2 T 形等效电路

2.2.5 标幺值

在工程计算中,各物理量的大小,除了用具有"单位"的有效值表示外,有时还用标幺值来表示和计算。所谓标幺值就是指某一物理量的实际值与选定的基值之比,即

$$标幺值 = \frac{实际值}{基值} \tag{2-44}$$

在本书中,标幺值用物理量加上标"*"来表示,标幺值乘以 100,便是百分值。基值通常取额定值,采用下标"b"表示。对于电路计算而言,在四个基本物理量(电压、电流、阻抗和容量)中,通常选取其中两个量的基值,例如对于单相系统,若取额定电压作为电压基值,额定电流作为电流基值,则容量和阻抗的基值等于

$$S_b = U_b I_b, \qquad |Z_b| = \frac{U_b}{I_b} \tag{2-45}$$

计算变压器或电机的稳态问题时,常用其额定值作为相应的基值。此时一次相电压、电流和阻抗的标幺值为

$$U_1^* = \frac{U_1}{U_{1b}} = \frac{U_1}{U_{1N}}, \qquad I_1^* = \frac{I_1}{I_{1b}} = \frac{I_1}{I_{1N}}, \qquad |Z_1^*| = \frac{|Z_1|}{|Z_{1b}|} = \frac{I_{1N}|Z_1|}{U_{1N}} \tag{2-46}$$

式中,U_{1b} 和 I_{1b} 为一次电压和电流的额定值。

二次相电压、电流和阻抗的标幺值为

$$U_2^* = \frac{U_2}{U_{2b}} = \frac{U_2}{U_{2N}}, \qquad I_2^* = \frac{I_2}{I_{2b}} = \frac{I_2}{I_{2N}}, \qquad |Z_2^*| = \frac{|Z_2|}{|Z_{2b}|} = \frac{I_{2N}|Z_2|}{U_{2N}} \tag{2-47}$$

在三相系统中,线电压和线电流亦可用标幺值表示,此时以线电压和线电流的额定值为基值。不难证明,此时相电压和线电压的标幺值恒相等,相电流和线电流的标幺值亦相等。三相功率的基值取为变压器(电机)的三相额定容量,即

$$S_b = S_N = \sqrt{3}\, U_N I_N \tag{2-48}$$

当系统中装有多台变压器(电机)时,可以选择某一特定的 S_b 作为整个系统的功率基值。这时系统中各变压器(电机)的标幺值需要换算到以 S_b 作为功率基值时的标幺值。由于功率的标幺值与对应的功率基值成反比,在同一电压基值下,阻抗的标幺值与对应的功率基值成正比,所以可以用下式进行换算:

$$S^* = S_1^* \frac{S_{b1}}{S_b}, \qquad |Z^*| = |Z_1^*| \frac{S_b}{S_{b1}} \tag{2-49}$$

式中,S_1^* 和 $|Z_1^*|$ 是功率基值选为 S_{b1} 时功率和阻抗的标幺值;S^* 和 $|Z^*|$ 是功率基值选为 S_b 时功率和阻抗的标幺值。

应用标幺值的优点为:

(1) 计算方便且容易判断计算正误。因为取额定值为基值,当实际电压为额定电压,实际电流为额定电流时,用标幺值计算就为 1,正误一目了然。

(2) 不论变压器或电机容量的大小,用标幺值表示时,各个参数和典型的性能数据通常都在一定的范围以内,便于比较和分析。例如,对于电力变压器,漏阻抗的标幺值 $|Z_k^*| = 0.04 \sim 0.17$,空载电流的标幺值 $I_0^* = 0.02 \sim 0.10$。

(3) 用标幺值表示时,折算到高压侧和低压侧的变压器参数恒相等,故用标幺值计算时不必再进行折算。

(4) 可使不同单位的物理量相等。例如,

阻抗电压标幺值 $\qquad U_k^* = \frac{U_k}{U_{1N}} = \frac{I_{1N}|Z_k|}{U_{1N}} = |Z_k^*|$

空载电流标幺值 $\qquad I_0^* = \frac{I_0}{I_{1N}} = \frac{U_{1N}/|Z_m|}{U_{1N}/|Z_{1N}|} = \frac{1}{|Z_m|/|Z_{1N}|} = \frac{1}{|Z_m^*|}$

标幺值的缺点是没有量纲,无法用量纲关系来检查正误。

例 2-3　对于例 2-2 的单相 20 000 kV·A 变压器,试求出其励磁阻抗和漏磁阻抗的标幺值。

解　利用例 2-2 的结果进行计算。

(1) 励磁阻抗的标幺值

折算到低压侧时,　$|Z_m^*| = \dfrac{I_{2N}|Z_{m(低压)}|}{U_{2N}} = \dfrac{1\,818 \times 241.8}{11 \times 10^3} = 39.96$

$$R_m^* = \frac{I_{2N}R_{m(低压)}}{U_{2N}} = \frac{1\,818 \times 22.7}{11 \times 10^3} = 3.752$$

$$X_m^* = \frac{I_{2N}X_{m(低压)}}{U_{2N}} = \frac{1\,818 \times 240.7}{11 \times 10^3} = 39.78$$

折算到高压侧时,　$|Z_m^*| = \dfrac{I_{1N}|Z_{m(高压)}|}{U_{1N}} = \dfrac{157.5 \times 32\,228}{127 \times 10^3} = 39.96$

$$R_m^* = \frac{I_{1N}R_{m(高压)}}{U_{1N}} = \frac{157.5 \times 3\,026}{127 \times 10^3} = 3.752$$

$$X_m^* = \frac{I_{1N}X_{m(高压)}}{U_{1N}} = \frac{157.5 \times 32\,082}{127 \times 10^3} = 39.78$$

由于折算到高压侧的励磁阻抗是折算到低压侧时的 k^2 倍($|Z_{m(高压)}| = k^2|Z_{m(低压)}|$),而高压侧阻抗基值也是低压侧阻抗基值的 k^2 倍,所以从高压侧或低压侧算出的励磁阻抗标幺值恰好相等,故用标幺值计算时,可不再进行折算。上述计算也证明了这一点。

(2) 漏磁阻抗的标幺值

$$|Z_{k(高压75℃)}^*| = \frac{I_{1N}|Z_{k(高压75℃)}|}{U_{1N}} = \frac{157.5 \times 58.79}{127 \times 10^3} = 0.072\,9$$

$$R_{k(高压75℃)}^* = \frac{I_{1N}R_{k(高压75℃)}}{U_{1N}} = \frac{157.5 \times 6.448}{127 \times 10^3} = 0.008$$

$$X_{k(高压)}^* = \frac{I_{1N}X_{k(高压)}}{U_{1N}} = \frac{157.5 \times 58.44}{127 \times 10^3} = 0.072\,5$$

若短路试验是在额定电流($I_k^* = I_{1N}^* = 1$)下进行的,也可以把试验数据化成标幺值来计算 $|Z_k^*|$,即

$$|Z_k^*| = \frac{U_k^*}{I_k^*} = U_k^* = \frac{9.24}{127} = 0.072\,7$$

$$R_k^* = \frac{p_k^*}{I_k^{*2}} = p_k^* = \frac{p_k}{S_N} = \frac{129}{20\,000} = 0.006\,45$$

$$X_k^* = \sqrt{|Z_k^*|^2 - R_2^{*2}} = \sqrt{0.727^2 - 0.006\,45^2} = 0.072\,5$$

然后把 R_k^* 化成75℃时的值,即得 $R_{k(75℃)}^* = 0.008$,$|Z_{k(75℃)}^*| = 0.072\,9$。

2.2.6 变压器的运行特性

变压器的运行特性通常用外特性和效率表示。从变压器的外特性可以确定其额定电压调整率,从效率可以确定变压器的额定效率,这两个数据是变压器的主要指标。

2.2.6.1 变压器的外特性

变压器的外特性是指变压器的一次绕组接额定电压、二次侧负载功率因数保持一定时,二次绕组的端电压与负载电流之间的关系。如图 2-19 所示,曲线 $U_2 = f(I_2)$ 称为变压器的外特性。对于阻性和感性负载而言,外特性是下降的,其下降程度由负载的功率因数及一、二次绕组阻抗的大小决定。负载功率因数低,且一、二次绕组阻抗越大,则外特性下降程度越明显。

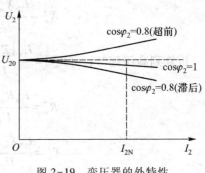

图 2-19 变压器的外特性

二次电压随负载电流变化的情况除用外特性表示外,还可以用电压调整率 Δu 表示。电压调整率是指空载时二次电压 U_{20} 与额定负载时电压 U_2 之差与 U_{20} 之比的百分数,即

$$\Delta u = \frac{U_{20}-U_2}{U_{20}} \times 100\% = \frac{U_{1N\varphi}-U_2'}{U_{1N\varphi}} \times 100\% \tag{2-50}$$

Δu 的大小反映了变压器供电电压的稳定程度,是衡量供电质量优劣的标志之一。对于负载而言(电焊变压器除外),Δu 越小越好。在一般变压器中,二次绕组内阻抗很小,Δu 约为 5%;在用于输配电的电力变压器中,Δu 为 2% ~ 3%。

在忽略励磁电流影响时,电压调整率可以用变压器的简化等效电路计算。设变压器为感性负载,功率因数角为 φ_2,$\dot{I}_2'$ 为负载电流的折算值,$\dot{U}_1$ 为一次侧端电压,$\dot{U}_2'$、$\dot{I}_2'$ 和 $\dot{U}_1$ 的正方向如图 2-20(a) 所示,可得

$$\dot{U}_1 = -\dot{U}_2' - \dot{I}_2'(R_k + jX_k) \tag{2-51}$$

与式(2-51)相对应的相量图如图 2-20(b) 所示。当漏阻抗压降较小时,$\dot{U}_1$ 与 $\dot{U}_2'$ 之间的夹角 θ 很小,所以 $\dot{U}_1$ 与 $\dot{U}_2'$ 之间的算术差有如下近似等式:

$$U_1 - U_2' \approx \overline{AB} = a + b \tag{2-52}$$

式中,

$$a = I_2' R_k \cos \varphi_2, \quad b = I_2' X_k \sin \varphi_2 \tag{2-53}$$

由于 $U_1 = U_{1N\varphi}$,故

$$\Delta u = \frac{U_{1N\varphi} - U_2'}{U_{1N\varphi}} \times 100\% \approx \frac{I_2' R_k \cos \varphi_2 + I_2' X_k \sin \varphi_2}{U_{1N\varphi}} \times 100\%$$

$$\quad (2-54)$$

$$= I^* (R_k^* \cos \varphi_2 + X_k^* \sin \varphi_2) \times 100\%$$

式中,I^* 为负载电流的标幺值;不计励磁电流时,$I_1^* = I_2^* = I^*$。

式(2-54)说明,电压调整率与负载电流成正比,此外还与负载的性质和漏阻抗的值有关。当负载为感性时,φ_2 为正值,故电压调整率恒为正值,即负载时的二次电压总是比空载时的低;当负载为容性时,φ_2 为负值,电压调整率可能成为负值,即负载时的二次电压可以高于空载时的电压。

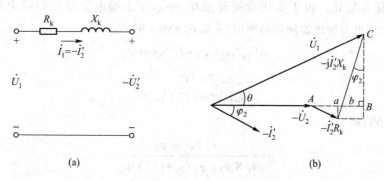

图 2-20   用简化等效电路及其相量图求 Δu

(a) 简化等效电路   (b) 相量图

2.2.6.2   变压器的损耗和效率

(1) 变压器的损耗。在变压器运行过程中会产生损耗,损耗主要有铁心损耗 p_{Fe} 和铜损耗 p_{Cu} 两类。

铁心损耗是变压器铁心中由主磁通所引起的磁滞损耗和涡流损耗。铁心损耗可视为与铁心磁感应强度幅值的平方成正比,由于变压器的一次电压通常保持不变,故铁心损耗常被称为不变损耗。

铜损耗是指变压器在负载运行时,一、二次电流在各自绕组的电阻上所消耗的有功功率,即

$$p_{Cu} = I_1^2 R_1 + I_2^2 R_2 \quad (2-55)$$

铜损耗与负载电流的平方成正比,可见它随着变压器负载的变化而改变,因而也称为可变损耗。而且铜损耗与绕组的温度有关,一般都用75℃时的电阻值来计算。

变压器的总损耗 $\sum p$ 为

$$\sum p = p_{Fe} + p_{Cu} = p_{Fe} + m I_2^2 R_k'' \quad (2-56)$$

式中,m 为相数;R_k'' 为折算到二次侧的短路电阻。

变压器的输入功率 P_1 减去内部的总损耗 $\sum p$ 以后,可得其输出功率 P_2,即

$$P_1 = P_2 + \sum p \quad (2-57)$$

式中，$P_2 = mU_2 I_2 \cos \varphi_2$。

(2) 变压器的效率。 输出功率与输入功率之比即为效率 η。

$$\eta = \frac{P_2}{P_1} = \frac{P_2}{P_2 + \sum p} \times 100\% \qquad (2-58)$$

忽略变压器二次绕组的电压变化对效率的影响时，式(2-58)可以改写为

$$\eta = \frac{mU_{20} I_2 \cos \varphi_2}{mU_{20} I_2 \cos \varphi_2 + p_{Fe} + mI_2^2 R_k''} \times 100\% \qquad (2-59)$$

式(2-59)表明，效率 η 是负载电流 I_2 的函数。变压器空载时，$I_2 = 0$，$P_2 = 0$，所以 $\eta = 0$；负载时，η 随着 I_2 变化。由于变压器损耗很小，一般中小型电力变压器额定负载时，η 为 $90\% \sim 95\%$，大型电力变压器额定负载时，η 高达 $95\% \sim 99\%$。

又

$$mU_{20} I_2 \cos \varphi_2 = I_2^* S_N \cos \varphi_2$$

$$p_{Fe} = p_0$$

$$mI_2^2 R_k'' = (I_2^*)^2 p_{kN}$$

由式(2-59)得

$$\eta = \frac{I_2^* S_N \cos \varphi_2}{I_2^* S_N \cos \varphi_2 + p_0 + (I_2^*)^2 p_{kN}}$$

当 $\cos \varphi_2$ 一定时，得 $\eta = f(I_2^*)$ 的关系曲线如图 2-21 所示。令 $\dfrac{\mathrm{d}\eta}{\mathrm{d}I_2^*} = 0$，得 $p_0 = (I_2^*)^2 p_{kN}$，

也就是当 $I_2^* = \sqrt{\dfrac{p_0}{p_{kN}}}$ 时，变压器 η 最高。由于一般电力变压器长期工作在额定电压下，不可能长期满载运行，所以为了节省材料，在设计时往往取 $I_2^* \approx 0.5 \sim 0.6$，此时效率最高，$\dfrac{p_0}{p_{kN}} = \dfrac{1}{4} \sim \dfrac{1}{3}$。

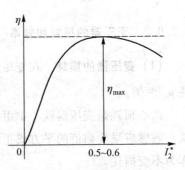

图 2-21 $\eta = f(I_2^*)$ 的关系曲线

例 2-4 一台三相电力变压器，$S_N = 600 \text{kV} \cdot \text{A}$，$U_{1N}/U_{2N} = 10 \text{ kV}/0.4 \text{kV}$，Y，y0 联结，$Z_k = (2+j5)\ \Omega$，在一次侧接额定电压、二次侧带额定负载运行时，试分别求 $\cos \varphi_2 = 0.8$(滞后)、$\cos \varphi_2 = 0.8$(超前)、$\cos \varphi_2 = 1$ 时的电压变化率及二次侧端电压 U_2。

解 一次绕组的额定电流为

$$I_{1N} = \frac{S_N}{\sqrt{3}\ U_{1N}} = \frac{600 \times 10^3}{\sqrt{3} \times 10 \times 10^3} \text{ A} = 34.64 \text{ A}$$

短路电阻标幺值为

$$R_k^* = \frac{\sqrt{3}\ I_{1N} R_k}{U_{1N}} = \frac{\sqrt{3} \times 34.64 \times 2}{10 \times 10^3} = 0.011\,98$$

短路电抗标幺值为

$$X_k^* = \frac{\sqrt{3}\,I_{1N}X_k}{U_{1N}} = \frac{\sqrt{3}\times34.64\times5}{10\times10^3} = 0.029\,95$$

当 $\cos\varphi_2 = 0.8$(滞后)时,$\sin\varphi_2 = 0.6$,有

$$\Delta u = I_{1N}^*(R_k^*\cos\varphi_2 + X_k^*\sin\varphi_2)\times100\% = 0.011\,98\times0.8 + 0.029\,95\times0.6 = 2.75\%$$

$$U_2 = (1-\Delta u)U_{2N} = (1-0.027\,5)\times400\text{ V} = 389\text{ V}$$

当带额定负载运行,且 $\cos\varphi_2 = 0.8$(超前)时,$\sin\varphi_2 = -0.6$,有

$$\Delta u = I_{1N}^*(R_k^*\cos\varphi_2 + X_k^*\sin\varphi_2)\times100\% = 0.011\,98\times0.8 - 0.029\,95\times0.6 = -0.84\%$$

$$U_2 = (1-\Delta u)U_{2N} = (1+0.008\,4)\times400\text{ V} = 403.36\text{ V}$$

当带额定负载运行,且 $\cos\varphi_2 = 1$ 时,$\sin\varphi_2 = 0$,有

$$\Delta u = I_{1N}^*(R_k^*\cos\varphi_2 + X_k^*\sin\varphi_2)\times100\% = 0.011\,98\times1 = 1.2\%$$

$$U_2 = (1-\Delta u)U_{2N} = (1-0.012)\times400\text{ V} = 395\text{ V}$$

2.3　三相变压器

目前,交流电能的生产、输送和分配几乎都采用三相制,所以,在电力系统中广泛使用的是三相变压器。三相变压器可以由三个单相变压器组成,也可以做成一个具有整体结构的三铁心式三相变压器。三相变压器对称运行时,其各相的电压、电流大小相等,相位互差120°,因此在分析运行原理和计算时,可以取三相中的一相来研究,即三相问题可以化为单相问题。这样前面导出的基本方程、等效电路等方法,就可直接用于三相中的任一相。

2.3.1　三相变压器的磁路

三相变压器的磁路系统可分为各相磁路彼此独立和各相磁路彼此相关两类。

把三个完全相同的单相变压器的绕组按一定方式作三相连接,便构成三相变压器,常称为三相变压器组,如图 2-22 所示。这种变压器的各相磁路是彼此独立的,各相主磁通以各自铁心作为磁路。因为各相磁路的磁阻相同,当三相绕组接对称的三相电压时,各相的励磁电流也相等。

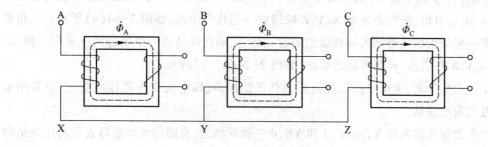

图 2-22　三相变压器的磁路

如果把图 2-22 的三个铁心合并成图 2-23(a)所示的结构,图中间的三个心柱的磁通便等于三相磁通的总和。当外加电压为对称三相电压时,三相磁通也对称,其总和 $\dot{\Phi}_A + \dot{\Phi}_B + \dot{\Phi}_C = 0$,即在任意瞬间,中间铁心柱磁通为零。因此,在结构上可省去中间的心柱,变成图 2-23(b)。这时三相磁通的流通情形和星形联结的电路相似,在任一瞬间各相磁通均以其他两相为回路,仍满足对称要求。为生产工艺简便,在实际制作时常把三个心柱排列在同一平面上,如图 2-23(c)所示。人们称这种变压器为三相铁心柱变压器,或称三相铁心式变压器。三相铁心式变压器中间相的磁路较短,即使外施电压为对称三相电压,三相励磁电流也不完全对称,其中间相励磁电流较其余两相小。但是与负载电流相比,励磁电流很小,如负载对称,仍然可以认为三相电流对称。

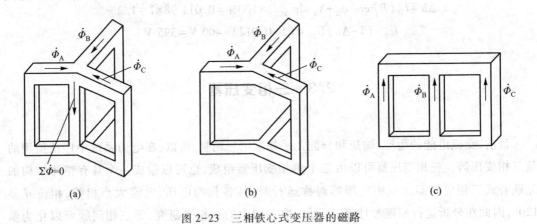

图 2-23　三相铁心式变压器的磁路

(a)三相星形磁路　(b)省去中间心柱　(c)实际三相铁心式变压器的磁路

2.3.2　三相变压器联结组

2.3.2.1　三相变压器绕组的联结

在三相变压器中,用大写字母 A、B、C 表示高压绕组的首端,用 X、Y、Z 表示高压绕组的末端,用小写字母 a、b、c 表示低压绕组的首端,用 x、y、z 表示低压绕组的末端。三相绕组常用星形联结(用 Y 或 y 表示)或三角形联结(用 D 或 d 表示)。星形联结是把三相绕组的三个首端 A、B、C 引出,把三个尾端 X、Y、Z 联结在一起作为中点,如图 2-24(a)所示。三角形联结是把一相绕组的尾端和另一相绕组的首端相连,顺次联结成一个闭合的三角形回路,最后把首端 A、B、C 引出,有两种联结顺序,如图 2-24(b)(c)所示。

对于电力变压器,无论是高压绕组还是低压绕组,我国电力变压器标准规定,只采用星形联结或三角形联结。

国产电力变压器常用 Y,yn;Y,d 和 YN,d 三种联结组,前面的大写字母表示高压绕组的联结方法,后面的小写字母表示低压绕组的联结方法,N(或 n)表示有中点引出的情况。

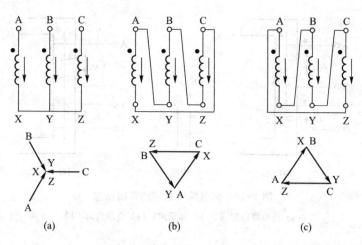

图 2-24　三相绕组联结方法

（a）星形联结　（b）（c）三角形联结

2.3.2.2　联结组号及标准联结组

如果把两台变压器或多台变压器并联运行，除了要知道一、二次绕组的联结方法外，还要知道一、二次绕组的线电动势之间的相位。联结组就是用来表示一、二次绕组电动势相位关系的一种方法。

（1）单相变压器的联结组号。 由于变压器的一、二次绕组有同一磁通交链，故一、二次电动势有着相对极性。例如在某一瞬间某一端为正电位，在低压绕组上也必定有一端的电位为正，人们把这两个正极性相同的对应端称为同名端，在绕组旁边用符号"●"或"＊"表示，本书中用"●"。不管绕组的绕向如何，同名端总是客观存在的，如图 2-25 所示。由于绕组的首端、末端标志是人为规定的，若规定电动势的正方向为自首端指向末端，当采用不同标志方法时，一、二次绕组电动势间有两种可能的相位差。

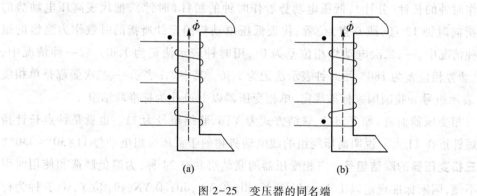

图 2-25　变压器的同名端

（a）绕组绕向相同　（b）绕组绕向不同

若把同名端标志为相同的首端标志，即把标有同极性端符号"●"的一端作为首端，则二次电动势 $\dot{E}_{ax}$ 与一次电动势 $\dot{E}_{AX}$ 同相位，如图 2-26 所示。

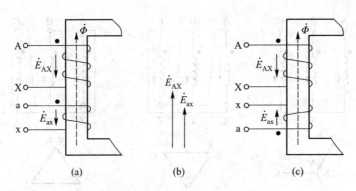

图 2-26　同名端为相同的首端标志
（a）绕组绕向相同　（b）相量图　（c）绕组绕向不同

若把同名端标志为相异的首端标志,即把一次绕组标有"●"的一端作为首端,在二次绕组标有"●"的一端作为末端,则二次电动势 $\dot{E}_{ax}$ 与一次电动势 $\dot{E}_{AX}$ 反相位,如图 2-27 所示。

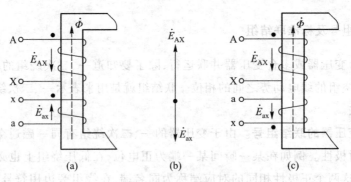

图 2-27　同名端为相异的首端标志
（a）绕组绕向相同　（b）相量图　（c）绕组绕向不同

为了形象地表示一、二次电动势相量的相位差,电力系统通常采用时钟表示法。把高压电动势看作时钟的长针（分针）,低压电动势看作时钟的短针（时针）,把代表高压电动势的长针固定指向时钟 12 点（或 0 点）位置,代表低压电动势的短针所指的时数作为绕组的组号。前一种情况中,一、二次电动势相位差为 0°,用时钟表示法记为 I,i0。后一种情况中,一、二次电动势相位差为 180°,用时钟表示法记为 I,i6。其中 I,i 表示一、二次侧都是单相绕组,0 和 6 表示组号。我国国家标准规定,单相变压器以 I,i0 作为标准联结组。

对于三相变压器而言,如 Y,d11,联结方式为 Y,d,联结组号为 11。也就是钟点长针指在 12 点,短针指在 11 点。说明高压绕组的线电动势超前于低压绕组电动势 11×30°＝330°。

（2）三相变压器的联结组号。三相变压器的联结组共有 24 种,为避免制造和使用时引起混乱和不便,国家标准规定以① Y,yn0;② Y,d11;③ YN,d11;④ YN,y0;⑤ Y,y0 五种为标准联结组。高、低压绕组为星形联结时,联结组号选 0;高压绕组为星形联结,低压绕组为三角形联结时,联结组号选用 11。前三种标准联结组最为常用。Y,yn0 联结组的二次侧可引出中线,成为三相四线制,用于配电变压器时可兼供动力和照明负载。Y,d11 联结组用于二次侧电压超过 400 V 的线路中,此时变压器有一侧接成三角形联结,对运行有利。YN,d11 联结组主要用于高压输电线路中,使电力系统的高压侧可以接地。

三相变压器的联结组号用一、二次绕组的线电动势相位差表示,它不仅与绕组的联结方法有关,也与绕组的表示方法有关。

a. Y,y 联结组。

Y,y 联结组有多种可能接法。如图 2-28(a)所示,图中同极性端有相同的首端标志,一、二次相电动势同相位,一次线电动势 $\dot{E}_{AB}$ 与二次线电动势 $\dot{E}_{ab}$ 也同相位,因此标定为 Y,y0。如图 2-28(b)所示,图中的同极性端有相异的首端标志,一次线电动势与二次线电动势反相,因此标定为 Y,y6。

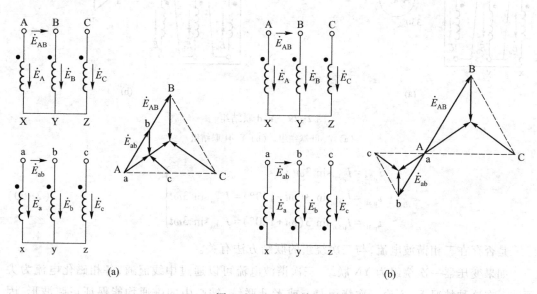

图 2-28 Y,y 联结组

(a) Y,y0 联结组 (b) Y,y6 联结组

b. Y,d 联结组。

在 Y,d 联结组中,d 有两种联结方式,如图 2-29 所示。在图 2-29(a)中,$\dot{E}_{ab}$ 滞后 $\dot{E}_{AB}$ 330°,属于 Y,d11 联结组。在图 2-29(b)中,$\dot{E}_{ab}$ 滞后 $\dot{E}_{AB}$30°,属于 Y,d1 联结组。

此外,三相变压器还可以接成 D,y 或 D,d。

联结组号的特点:(1) 当一次侧标法不变,二次侧标法依次向右移动,联结组号增加4。(2) 对于 Y,y 和 D,d 联结组,变换二次侧标法可得到六种偶数组号;对于 Y,d 和 D,y 联结组,变换二次侧标法可得到六种奇数组号。

2.3.3 三相变压器的励磁电流和电动势波形

单相变压器空载运行时,由于磁路饱和,磁化电流是尖顶波。磁化电流中除基波分量以外,还包含各奇次谐波,其中三次谐波最为重要。在三相系统中,三次谐波电流在时间上同相位,即

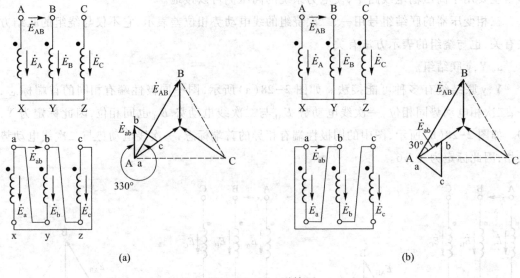

图 2-29   Y,d 联结组

（a）Y,d11 联结组   （b）Y,d1 联结组

$$
\left.
\begin{aligned}
i_{\mu 3A} &= I_{\mu 3m} \sin 3\omega t \\
i_{\mu 3B} &= I_{\mu 3m} \sin 3(\omega t - 120°) = I_{\mu 3m} \sin 3\omega t \\
i_{\mu 3C} &= I_{\mu 3m} \sin 3(\omega t + 120°) = I_{\mu 3m} \sin 3\omega t
\end{aligned}
\right\}
\qquad (2-60)
$$

是否存在三相谐波电流,与三次绕组的联结方法有关。

如果变压器一次绕组为 YN 联结,三次谐波电流可以通过中线流通,各相磁化电流为尖顶波。在这种情况下,不论二次绕组是 y 或者 d 联结,铁心中的磁通均能保证正弦波形,因此,相电动势也为正弦波形。

如果变压器一次绕组为 Y 联结,三次谐波电流则不能流通。以下着重分析三次谐波电流不能流通所产生的影响。

对于 Y,y 联结的三相变压器组,因一次绕组为 Y 联结,显然励磁电流中所必需的三次谐波电流分量不能流通,磁化电流减去三次谐波分量后近似为正弦波形。在这种情况下,借助作图法求得的磁通波形近似为平顶波,如图 2-30(a)所示。把磁通波形分解成基波磁通和各次谐波磁通,在各次谐波磁通中三次谐波磁通幅度最大,影响也最大,以下着重分析三次谐波磁通的影响。图 2-30(a)中只画出了基波磁通和三次谐波磁通。由基波磁通感应基波电动势 e_1,频率为 f_1,相位滞后于 Φ_1 $90°$。由三次谐波磁通感应三次谐波电动势 e_3,频率为 $f_3 = 3f_1$,相位上滞后于 Φ_3 $90°$(在三次谐波标尺上量度)。把 e_1 和 e_3 逐点相加,合成的电动势是一尖顶波,如图 2-30(b)所示。电动势最高振幅等于基波振幅与三次谐波振幅之和,使相电动势波形畸变。但是畸变程度又取决于磁路系统。三相变压器组的各相有独立磁路,三次谐波磁通与基波磁通有相同磁路,其磁阻较小,因此 Φ_3 较大;加之 $f_3 = 3f_1$,所以三次谐波电动势相当大,其振幅可达到基波振幅的 $50\% \sim 60\%$,导致电动势波形畸变,所产生的过电压有可能危害线圈绝缘。因此,三相变压器组不能接成 Y,y 联结。

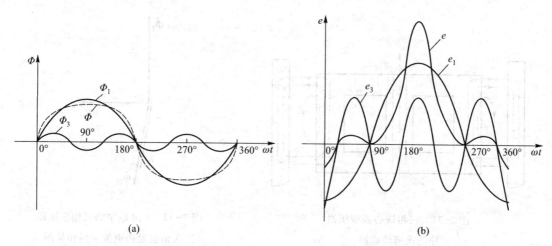

图 2-30 三相变压器铁心中的磁通波形和绕组中的电动势波形（Y,y 联结组）

(a) 磁通波形　(b) 电动势波形

需要指出，虽然相电动势中包含三次谐波电动势，但因二次绕组是 y 联结，故线电动势中不包含三次谐波电动势。

对于三相铁心式变压器，由于主磁路为三相星形磁路，故同大小、同相位的各相三次谐波磁通不能沿铁心磁路闭合，只能通过油和油箱壁形成闭合磁路，如图 2-31 中虚线所示。由于这条磁路的磁阻较大，限制了三次谐波磁通，使绕组内的三次谐波电动势变得很小，此时相电动势可认为接近于正弦波形。另一方面，三次谐波磁通经过油箱壁等钢制构件时，将在其中引起涡流杂散损耗。由此可见，三相铁心式变压器可以采用 Y,y 联结，但其容量不宜过大，一般限制在 1 800 kV·A 以下。

对于 D,y 联结的三相变压器，由于一次绕组为三角形联结，三次谐波励磁电流 i_{03} 可以在变压器一次侧三相绕组中流通，励磁电流 i_0 为尖顶波，主磁通 Φ、相电动势 e 波形呈正弦波。

对于 Y,d 联结的三相变压器，由于一次绕组为星形联结，三次谐波励磁电流 i_{03} 无法在变压器一次侧三相绕组中流通，励磁电流 i_0 为正弦波，主磁通为平波。由于平顶波磁通中含有三次谐波磁通 Φ_3，二次绕组将产生滞后于 $\dot{\Phi}_3$ 相位 90° 的感应电动势 $\dot{E}_{23}$，如图 2-32 所示。$\dot{E}_{23}$ 在三角形联结的二次绕组内产生环流 $\dot{I}_{23}$（近纯感性），$\dot{I}_{23}$ 滞后于 $\dot{E}_{23}$ 约 90°。$\dot{I}_{23}$ 产生的磁通 $\dot{\Phi}_{23}$ 近似抵消 $\dot{\Phi}_3$，故合成磁通、相电动势波形近似为正弦波。但二次绕组因有环流，所以增加了额外铜损耗。

综上所述，在三相变压器中，一次绕组或二次绕组中只要有一个接成三角形联结，就能保证相主磁通和相电动势波形接近正弦波，以避免波形畸变。超高压/大容量电力变压器，常加一个三角形联结的第三绕组，以提供三次谐波励磁电流的通路，改善电动势波形。

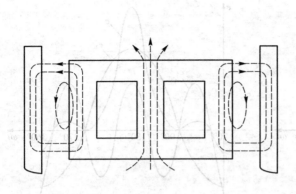
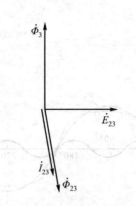

图 2-31　三相铁心式变压器　　　　　图 2-32　Y,d 联结的三相变压器
中三次谐波磁路　　　　　　　　三次谐波励磁电流去磁相量图

2.3.4　变压器的并联运行

变压器的并联运行,通俗地讲,就是将变压器的一次绕组接到公共电源上,二次绕组并联在一起向外供电。

变压器的并联运行可以减少备用容量,提高供电的可靠性,解决单台变压器供电不足的困难,并可根据负载变化来调整投入运行的变压器台数,以提高运行的效率。

2.3.4.1　变压器的理想并联运行

变压器有不同的容量和结构形式。当变压器并联运行时,它们的一次绕组都接至一个公共电压 $\dot{U}_1$ 上,二次绕组并联连接,因而有共同的二次电压 $\dot{U}_2$。也就是说,它们的一、二次侧有相同的电压。

理想的并联是指:

(1) 空载时,各变压器相应的二次电压必须相等且同电位。此时并联的各个变压器内部不会产生环流。

(2) 在有负载时,各变压器所分担的负载电流应该与它们的容量成正比,实现负载的合理分配。如此,各变压器均可同时达到满载状态,使全部装置容量获得最大程度应用。

(3) 各变压器的负荷电流都应同相位,则总的负荷电流便是各负载电流的代数和。当总的负载电流为一定值时,每台变压器所分担的负载电流均为最小,因而每台变压器的铜损耗为最小,运行较为经济。

2.3.4.2　理想的并联运行的条件

在什么条件下才能实现上述的理想状态?

（1）**各变压器的额定电压和电压变比应相等**。如果各台变压器的电压变比不同,则图 2-33 中的二次电压大小不等,会在二次绕组回路内产生环流,占据变压器的容量,增加损耗。这种现象是我们不希望出现的,至少应将环流限制在一定范围内。为此,要求并联运行的变压器的电压变比之差不得大于平均电压变比的 5%。

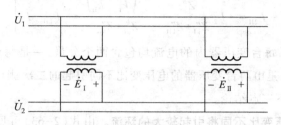

图 2-33　变压器并联运行

（2）**各变压器的联结组号相同**。如果联结组号不同,则二次侧的相位不同,在三相变压器中线电动势相位不同,至少差 30°,会产生很大环流,因此,联结组号必须相同。

（3）**各变压器的短路阻抗标幺值相等、阻抗角相等**。这个条件关系到各台变压器分配是否合理的问题。

2.3.4.3　变压器并联运行分析

现以两台变压器并联运行为例来说明。设两台变压器的联结组号相同但变压比不相等,第一台变压器变压比为 k_I,第二台变压器变压比为 k_{II},且 $k_I < k_{II}$,其中下标 I 和 II 分别表示变压器 I 和变压器 II。在三相对称运行时,可取两台变压器中对应的任一相来分析。设两台变压器二次电流 $\dot{I}_{2I}$、$\dot{I}_{2II}$ 和负载电流 $\dot{I}_L$ 以及电压 $\dot{U}_2$ 的方向,画出并联运行时的简化等效电路,如图 2-34 所示。

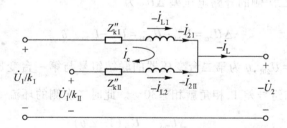

图 2-34　变压器并联运行时变比不等的简化等效电路

由图可知
$$\frac{\dot{U}_1}{k_I} = -\dot{U}_2 - \dot{I}_{2I} Z''_{kI}, \quad \frac{\dot{U}_1}{k_{II}} = -\dot{U}_2 - I_{2II} Z''_{kII} \tag{2-61}$$

$$\dot{I}_2 = \dot{I}_{2I} + \dot{I}_{2II} \tag{2-62}$$

把式(2-61)中的两式相减,再代入式(2-62),整理后可得

$$-\dot{I}_{2\mathrm{I}} = -\dot{I}_2\frac{Z''_{k\mathrm{II}}}{Z''_{k\mathrm{I}}+Z''_{k\mathrm{II}}} + \frac{\dot{U}_1\left(\dfrac{1}{k_\mathrm{I}}-\dfrac{1}{k_\mathrm{II}}\right)}{Z''_{k\mathrm{I}}+Z''_{k\mathrm{II}}} = -\dot{I}_{\mathrm{LI}}+\dot{I}_\mathrm{c} \left.\begin{array}{c}\\\\\\\\\end{array}\right\}$$

$$\left.-\dot{I}_{2\mathrm{II}} = -\dot{I}_2\frac{Z''_{k\mathrm{I}}}{Z''_{k\mathrm{I}}+Z''_{k\mathrm{II}}} - \frac{\dot{U}_1\left(\dfrac{1}{k_\mathrm{I}}-\dfrac{1}{k_\mathrm{II}}\right)}{Z''_{k\mathrm{I}}+Z''_{k\mathrm{II}}} = -\dot{I}_{\mathrm{LII}}-\dot{I}_\mathrm{c}\right\} \tag{2-63}$$

由式(2-63)可见,每台变压器内的电流均包含两个分量,一是每台变压器所分担的负载电流$-\dot{I}_{\mathrm{LI}}$和$-\dot{I}_{\mathrm{LII}}$,二是由两台变压器的电压变比不同引起的二次侧环流$\dot{I}_\mathrm{c}$。

由此可以得到以下三点结论。

(1) 变压器的电压变比不同将引起较大的环流。由式(2-63)可见,由电压变比不同引起的环流$\dot{I}_\mathrm{c}$为

$$\dot{I}_\mathrm{c} = \frac{\dot{U}_1\left(\dfrac{1}{k_\mathrm{I}}-\dfrac{1}{k_\mathrm{II}}\right)}{Z''_{k\mathrm{I}}+Z''_{k\mathrm{II}}} \tag{2-64}$$

两台变压器因电压变比不相等,环流$\dot{I}_\mathrm{c}$在两台变压器内部流动(一次侧和二次侧都有),其值与二次侧引起的开路电压差$\dot{U}_1\left(\dfrac{1}{k_\mathrm{I}}-\dfrac{1}{k_\mathrm{II}}\right)$成正比,与两台变压器的短路阻抗之和$Z''_{k\mathrm{I}}+Z''_{k\mathrm{II}}$成反比;环流$\dot{I}_\mathrm{c}$与负载的大小无关,只要电压变比$k_\mathrm{I}\neq k_\mathrm{II}$,即使在空载时,两台变压器内部也会出现环流,且由于变压器的短路阻抗很小,就算电压变比相差不大,也会引起较大的环流。

(2) 对于三相变压器,当电压变比相等,但联结组号不相同时,也将引起较大的环流。因为此时两台变压器二次侧的开路电压差$\Delta\dot{U}_{20}$为

$$\Delta\dot{U}_{20} = \dot{U}_{20\mathrm{I}} - \dot{U}_{20\mathrm{II}} = \dot{U}_{20} - \dot{U}_{20}\angle\theta \tag{2-65}$$

式(2-65)中$\dot{U}_{20} = \dot{U}_{20\mathrm{I}}$,$\theta$为第二台变压器的联结组号与第一台变压器的联结组号所不同而形成的相角(联结组号差1,相角就相差30°)。此时二次侧的环流$\dot{I}_\mathrm{c}$为

$$\dot{I}_\mathrm{c} = \frac{\Delta\dot{U}_{20}}{Z''_{k\mathrm{I}}+Z''_{k\mathrm{II}}} = \frac{\dot{U}_{20}(1-\angle\theta)}{Z''_{k\mathrm{I}}+Z''_{k\mathrm{II}}} \tag{2-66}$$

假设联结组号相差1,二次侧空载的电压值将达到$|U_{20}(1-\angle 30°)| = 0.518U_{20}$,此时环流将很大,有将变压器烧毁的危险。

由上面分析可见,为了达到理想并联运行的第一个要求,并联变压器的电压变比应当相等,对于三相变压器来说,还要求联结组号必须相同。

(3) 并联变压器所分担的负载电流标幺值与短路阻抗的标幺值成反比。若并联的两台变压器的电压变比相等,联结组号也相同,则两台变压器中的环流为零,只剩下负载分量,如图 2-35 所示。由式(2-63)可知,此时两台变压器所担负的负载电流分别为

$$-\dot{I}_{\mathrm{LI}}=-\dot{I}_{2\mathrm{I}}=-\dot{I}_{2}\frac{Z''_{\mathrm{kII}}}{Z''_{\mathrm{kI}}+Z''_{\mathrm{kII}}},\qquad -\dot{I}_{\mathrm{LII}}=-\dot{I}_{2\mathrm{II}}=-\dot{I}_{2}\frac{Z''_{\mathrm{kI}}}{Z''_{\mathrm{kI}}+Z''_{\mathrm{kII}}} \tag{2-67}$$

由此可得

$$\frac{\dot{I}_{\mathrm{LI}}}{\dot{I}_{\mathrm{LII}}}=\frac{Z''_{\mathrm{kII}}}{Z''_{\mathrm{kI}}} \tag{2-68}$$

式(2-68)说明,在并联变压器之间,负载电流按其短路阻抗呈反比例分配。一般来讲,由于两台变压器的额定电流并不相等,所以应使 $\dot{I}_{\mathrm{LI}}$ 和 $\dot{I}_{\mathrm{LII}}$ 按各变压器额定电流的大小呈比例地分配,即使 $\dfrac{\dot{I}_{\mathrm{LI}}}{I_{\mathrm{NI}}}=\dfrac{\dot{I}_{\mathrm{LII}}}{I_{\mathrm{NII}}}$,也就是使 $\dot{I}^{*}_{\mathrm{LI}}=\dot{I}^{*}_{\mathrm{LII}}$,这样才合理。

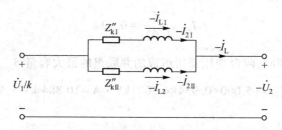

图 2-35　变压器并联运行时短路阻抗标幺值不等的简化等效电路

把式(2-68)的左右两边均乘以 $I_{\mathrm{NII}}/I_{\mathrm{NI}}$,并考虑到两台并联的变压器具有同样的额定电压,可得用标幺值表示时负载电流的分配为

$$\frac{\dot{I}^{*}_{\mathrm{LI}}}{\dot{I}^{*}_{\mathrm{LII}}}=\frac{Z^{*}_{\mathrm{kII}}}{Z^{*}_{\mathrm{kI}}} \tag{2-69}$$

式(2-69)中负载电流和短路阻抗的标幺值,均以各变压器自身的额定值作为基值。式(2-69)说明,并联变压器所分担的负载电流标幺值与短路阻抗标幺值成反比。

实际并联运行时,变压器的联结组号必须相同,电压变比偏差要严格控制(应小于±5%),短路阻抗的标幺值不应相差太大(不大于10%),阻抗角则允许有一定的差别。

例 2-5　有两台额定电压相同的变压器并联运行,若其额定容量分别为 $S_{\mathrm{NI}}=5\,000\ \mathrm{kV\cdot A}$, $S_{\mathrm{NII}}=6\,300\ \mathrm{kV\cdot A}$,短路阻抗为 $|Z^{*}_{\mathrm{kI}}|=0.07$,$|Z^{*}_{\mathrm{kII}}|=0.075$,不计阻抗角的差别。试计算:(1)两台变压器的电压变比相差 0.5% 时的空载环流;(2)联结组号和电压变比均相同时的并联组的最大容量(不计短路阻抗角的差别)。

解　(1)设以第一台变压器的额定容量 S_{NI} 作为基值。当电压变比相差不大时,从式(2-64)可以导出,以第一台变压器的额定电流作为基值时,环流的标幺值 $\dot{I}^{*}_{\mathrm{c}}$ 为

$$\dot{I}^{*}_{\mathrm{c}}=\frac{\dot{I}_{\mathrm{c}}}{I_{2\mathrm{NI}}}=\frac{\dot{U}_{1}\left(\dfrac{1}{k_{\mathrm{I}}}-\dfrac{1}{k_{\mathrm{II}}}\right)k_{\mathrm{I}}}{U_{1\mathrm{N}\varphi}\left(Z^{*}_{\mathrm{kI}}+\dfrac{S_{\mathrm{NI}}}{S_{\mathrm{NII}}}Z^{*}_{\mathrm{kII}}\right)}=\frac{\dot{U}^{*}_{1}\Delta k^{*}}{Z^{*}_{\mathrm{kI}}+\dfrac{S_{\mathrm{NI}}}{S_{\mathrm{NII}}}Z^{*}_{\mathrm{kII}}}$$

式中,Δk^{*} 为电压变比的相对误差,$\Delta k^{*}=\dfrac{k_{\mathrm{II}}-k_{\mathrm{I}}}{k_{\mathrm{II}}}$;$\dfrac{S_{\mathrm{NI}}}{S_{\mathrm{NII}}}Z^{*}_{\mathrm{kII}}$ 为换算到基值容量 S_{NI} 时的第二台变

压器的短路阻抗标幺值。由题意可知，$\Delta k^* \approx 0.005$，故环流的标幺值 I_c^* 为

$$I_c^* \approx \frac{0.005}{0.07+\dfrac{5\ 000}{6\ 300} \times 0.075} = 0.038\ 6$$

即环流为第一台变压器额定电流的 3.86%。

（2）两台变压器所负担的负载电流标幺值 $\dot{I}_{\mathrm{I}}^*$ 和 $\dot{I}_{\mathrm{II}}^*$ 之比为

$$\frac{I_{\mathrm{I}}^*}{I_{\mathrm{II}}^*} = \left| \frac{Z_{k\mathrm{II}}^*}{Z_{k\mathrm{I}}^*} \right| = \frac{0.075}{0.070} = 1.071$$

由于第一台变压器的短路阻抗标幺值较小，故先达到满载。当 $I_{\mathrm{I}}^* = 1$ 时

$$I_{\mathrm{II}}^* = \frac{1}{1.071} = 0.934$$

不计阻抗角的差别时，两台变压器所组成的并联组的最大容量 $S_{\max}$ 为

$$S_{\max} = (5\ 000+0.934 \times 6\ 300)\,\mathrm{kV \cdot A} = 10\ 884\ \mathrm{kV \cdot A}$$

*2.4   三相变压器的不对称运行

这里讨论的三相变压器的不对称运行是指变压器的一次侧接在大容量恒压的三相对称电网上，变压器的二次侧接三相不对称负载。这是变压器实际运行时可能出现的情况。

分析三相变压器以及旋转电机的不对称运行常用的方法是"对称分量法"。

2.4.1   对称分量法

所谓对称，应满足下列条件：

（1）各相量的幅值必须相等。

（2）相邻两相量之间的相位差必须相等，其相角为

$$\varphi = \frac{2\pi k}{m} \tag{2-70}$$

式中，m 为相数；k 为任意整数。

在三相系统中，任一组不对称电压或电流相量都可以按一定的方法分解为零序、正序和负序三组对称分量；反之，三组零序、正序和负序对称分量叠加，可得一组不对称的相量。下面以电流为例加以说明。

2.4.1.1   零序分量 $\dot{I}_{A0}$、$\dot{I}_{B0}$、$\dot{I}_{C0}$（取 $k=0$，则 $\varphi=0$）

零序分量如图 2-36（a）所示，它们是同相位的，即

$$\dot{I}_{A0} = \dot{I}_{B0} = \dot{I}_{C0} \tag{2-71}$$

2.4.1.2 正序对称分量

正序分量如图 2-36(b)所示,它们的相位关系有

$$\left.\begin{array}{l} \dot{I}_{B+} = \dot{I}_{A+} \mathrm{e}^{-\mathrm{j}120°} = \alpha^2 \dot{I}_{A+} \\ \dot{I}_{C+} = \dot{I}_{A+} \mathrm{e}^{+\mathrm{j}120°} = \alpha \dot{I}_{A+} \end{array}\right\} \tag{2-72}$$

式中,α 为运算符号,$\alpha = \mathrm{e}^{+\mathrm{j}120°} = \cos 120° + \mathrm{j}\sin 120°$。

2.4.1.3 负序对称分量 $\dot{I}_{A-}$、$\dot{I}_{B-}$、$\dot{I}_{C-}$(取 $k = -1$,则 $\varphi = -2\pi/3$)

负序分量如图 2-36(c)所示,它们的相位关系有

$$\left.\begin{array}{l} \dot{I}_{B-} = \alpha \dot{I}_{A-} \\ \dot{I}_{C-} = \alpha^2 \dot{I}_{A-} \end{array}\right\} \tag{2-73}$$

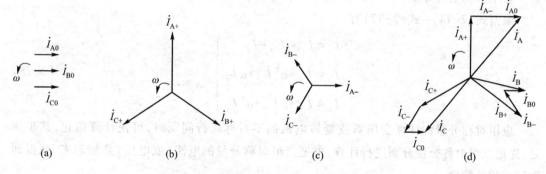

图 2-36 三相不对称相量及其各对称分量

(a) 零序分量　(b) 正序分量　(c) 负序分量　(d) 合成不对称相量

将这三组对称分量叠加,结果得一组不对称相量,如图 2-36(d)所示。它们的相位关系有

$$\left.\begin{array}{l} \dot{I}_A = \dot{I}_{A0} + \dot{I}_{A+} + \dot{I}_{A-} \\ \dot{I}_B = \dot{I}_{B0} + \dot{I}_{B+} + \dot{I}_{B-} \\ \dot{I}_C = \dot{I}_{C0} + \dot{I}_{C+} + \dot{I}_{C-} \end{array}\right\} \tag{2-74}$$

反之,根据式(2-74),由一组不对称相量,也可求得各组对称分量为

$$\left.\begin{array}{l} \dot{I}_{A0} = \dfrac{1}{3}(\dot{I}_A + \dot{I}_B + \dot{I}_C) \\ \dot{I}_{A+} = \dfrac{1}{3}(\dot{I}_A + \alpha \dot{I}_B + \alpha^2 \dot{I}_C) \\ \dot{I}_{A-} = \dfrac{1}{3}(\dot{I}_A + \alpha^2 \dot{I}_B + \alpha \dot{I}_C) \end{array}\right\} \tag{2-75}$$

则

$$\left.\begin{array}{l} \dot{I}_{B0} = \dot{I}_{A0} \\[2mm] \dot{I}_{B+} = \alpha^2 \dot{I}_{A+} \\[2mm] \dot{I}_{B-} = \alpha \dot{I}_{A-} \end{array}\right\} \qquad (2-76)$$

及

$$\left.\begin{array}{l} \dot{I}_{C0} = \dot{I}_{A0} \\[2mm] \dot{I}_{C+} = \alpha \dot{I}_{A+} \\[2mm] \dot{I}_{C-} = \alpha^2 \dot{I}_{A-} \end{array}\right\} \qquad (2-77)$$

于是,对于任意一组不对称的三相电流,同样可分解成三组对称分量:

零序系统电流分量 $\dot{I}_{a0}, \dot{I}_{b0}, \dot{I}_{c0}$

正序系统电流分量 $\dot{I}_{a+}, \dot{I}_{b+}, \dot{I}_{c+}$

负序系统电流分量 $\dot{I}_{a-}, \dot{I}_{b-}, \dot{I}_{c-}$

根据式(2-74)~式(2-77)有

$$\left.\begin{array}{l} \dot{I}_a = \dot{I}_{a0} + \dot{I}_{a+} + \dot{I}_{a-} \\[2mm] \dot{I}_b = \dot{I}_{a0} + \alpha^2 \dot{I}_{a+} + \alpha \dot{I}_{a-} \\[2mm] \dot{I}_c = \dot{I}_{a0} + \alpha \dot{I}_{a+} + \alpha^2 \dot{I}_{a-} \end{array}\right\} \qquad (2-78)$$

应用对称分量法计算变压器或旋转电机的不对称运行问题时,可使计算简化,其步骤是:先把三组对称分量分别进行计算,再把三组对称分量的电流(或电压)叠加起来,就得到实际三相的数值。

对称分量法依据的是叠加原理,因此,只能用于具有线性参数的电路中。在非线性电路中,必须采用近似的线性化的假设,才能得出近似结果,否则可能误差很大。

2.4.2 Y,yn 联结的三相变压器的单相短路

这里以 Y,yn 联结的三相变压器的单相短路为例,说明如何运用对称分量法解不对称运行的问题。图 2-37 是 Y,yn 联结的三相变压器单相对中线短路的线路图。

变压器一次侧外施对称三相电压,假设二次侧 a 相对中线短路,其余两相开路。这时,二次侧各相电流为

$$\left.\begin{array}{l} \dot{I}_a = \dot{I}_k \\[2mm] \dot{I}_b = 0 \\[2mm] \dot{I}_c = 0 \end{array}\right\} \qquad (2-79)$$

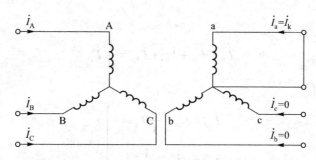

图 2-37　Y,yn 联结的三相变压器单相对中线短路的线路图

式中,$\dot{I}_k$ 为变压器二次侧 a 相短路电流。

运用对称分量法,在 A 相二次侧有

$$\left.\begin{aligned}\dot{I}_{a0} &= \frac{1}{3}(\dot{I}_a + \dot{I}_b + \dot{I}_c) = \frac{1}{3}\dot{I}_k \\ \dot{I}_{a+} &= \frac{1}{3}(\dot{I}_a + \alpha\dot{I}_b + \alpha^2\dot{I}_c) = \frac{1}{3}\dot{I}_k \\ \dot{I}_{a-} &= \frac{1}{3}(\dot{I}_a + \alpha^2\dot{I}_b + \alpha\dot{I}_c) = \frac{1}{3}\dot{I}_k\end{aligned}\right\} \tag{2-80}$$

在 A 相一次侧由于无中线,故在一次侧无零序电流,忽略励磁电流时,有

$$\left.\begin{aligned}\dot{I}_{A0} &= 0 \\ \dot{I}_{A+} &= -\frac{1}{k}\dot{I}_{a+} = -\frac{1}{3k}\dot{I}_k \\ \dot{I}_{A-} &= -\frac{1}{k}\dot{I}_{a-} = -\frac{1}{3k}\dot{I}_k\end{aligned}\right\} \tag{2-81}$$

式中,k 为变压器每相电压变比。则

$$\dot{I}_A = \dot{I}_{A0} + \dot{I}_{A+} + \dot{I}_{A-} = -\frac{2}{3k}\dot{I}_k \tag{2-82}$$

在 B 相二次侧有

$$\left.\begin{aligned}\dot{I}_{b0} &= \dot{I}_{a0} = \frac{1}{3}\dot{I}_k \\ \dot{I}_{b+} &= \alpha^2\dot{I}_{a+} = \frac{1}{3}\alpha^2\dot{I}_k \\ \dot{I}_{b-} &= \alpha\dot{I}_{a-} = \frac{1}{3}\alpha\dot{I}_k\end{aligned}\right\} \tag{2-83}$$

在 B 相一次侧有

$$\left.\begin{aligned}\dot{I}_{B0} &= 0 \\ \dot{I}_{B+} &= -\frac{1}{k}\dot{I}_{b+} = -\frac{1}{3k}\alpha^2\dot{I}_k \\ \dot{I}_{B-} &= -\frac{1}{k}\dot{I}_{b-} = -\frac{1}{3k}\alpha\dot{I}_k\end{aligned}\right\} \tag{2-84}$$

则

$$\dot{I}_{\mathrm{B}} = \dot{I}_{\mathrm{B0}} + \dot{I}_{\mathrm{B+}} + \dot{I}_{\mathrm{B-}} = \frac{1}{3k}\dot{I}_{\mathrm{k}} \tag{2-85}$$

在 C 相二次侧有

$$\left. \begin{array}{l} \dot{I}_{c0} = \dot{I}_{a0} = \dfrac{1}{3}\dot{I}_{\mathrm{k}} \\[2mm] \dot{I}_{c+} = \alpha\,\dot{I}_{a+} = \dfrac{1}{3}\alpha\,\dot{I}_{\mathrm{k}} \\[2mm] \dot{I}_{c-} = \alpha^{2}\dot{I}_{a-} = \dfrac{1}{3}\alpha^{2}\dot{I}_{\mathrm{k}} \end{array} \right\} \tag{2-86}$$

在 C 相一次侧有

$$\left. \begin{array}{l} \dot{I}_{\mathrm{C0}} = 0 \\[2mm] \dot{I}_{\mathrm{C+}} = -\dfrac{1}{k}\dot{I}_{c+} = -\dfrac{1}{3k}\alpha\,\dot{I}_{\mathrm{k}} \\[2mm] \dot{I}_{\mathrm{C-}} = -\dfrac{1}{k}\dot{I}_{c-} = -\dfrac{1}{3k}\alpha^{2}\dot{I}_{\mathrm{k}} \end{array} \right\} \tag{2-87}$$

则

$$\dot{I}_{\mathrm{C}} = \dot{I}_{\mathrm{C0}} + \dot{I}_{\mathrm{C+}} + \dot{I}_{\mathrm{C-}} = \frac{1}{3k}\dot{I}_{\mathrm{k}} \tag{2-88}$$

可见,一次侧三相电流也是不对称的。并且,因为无中线,故三相电流在任意瞬间的相量和总为零。

$$\dot{I}_{\mathrm{A}} + \dot{I}_{\mathrm{B}} + \dot{I}_{\mathrm{C}} = -\frac{2}{3k}\dot{I}_{\mathrm{k}} + \frac{1}{3k}\dot{I}_{\mathrm{k}} + \frac{1}{3k}\dot{I}_{\mathrm{k}} = 0 \tag{2-89}$$

由于一次侧无中线导致一次侧无零序电流,故二次侧零序电流将在铁心中产生一组各相相位相同、大小相等的零序磁通 $\dot{\Phi}_{a0}$、$\dot{\Phi}_{b0}$、$\dot{\Phi}_{c0}$。零序磁通应与零序电流同相位,而零序电流与 $\dot{I}_{\mathrm{k}}$ 是同相的。

在短路前,二次侧各相电动势 $\dot{E}_{a}$、$\dot{E}_{b}$、$\dot{E}_{c}$ 为一组对称三相系统,铁心中的磁通 $\dot{\Phi}_{a}$、$\dot{\Phi}_{b}$、$\dot{\Phi}_{c}$ 也为一组对称三相系统。以 A 相来看,$\dot{E}_{a}$ 滞后 $\dot{\Phi}_{a}$ 90°;如略去相对很小的短路电阻 R_{k},那么变压器绕组可看作纯电抗性质,则短路电流 $\dot{I}_{\mathrm{k}}$ 将滞后 $\dot{E}_{a}(\approx -\dot{U}_{\mathrm{A}}')$ 90°,因此 $\dot{I}_{\mathrm{k}}$ 与 $\dot{\Phi}_{a}$ 反相。这样,零序磁通 $\dot{\Phi}_{a0}$ 与 $\dot{\Phi}_{a}$ 反相,起去磁作用。零序磁通对应在二次侧中感应出一组各相相位相同、大小相等的零序电动势 $\dot{E}_{a0}$、$\dot{E}_{b0}$、$\dot{E}_{c0}$,零序电动势滞后于零序磁通 90°。相应地,$\dot{E}_{a0}$ 与 $\dot{E}_{a}$ 反相,由于三相各对称分量中共有零序磁能存在于铁心中,短路电流中正序及负序分量因一、二次侧磁动势平衡而只形成漏磁通,所以,短路后二次侧总感应电动势 $\sum\dot{E}_{a}$、

$\sum \dot{E}_b$、$\sum \dot{E}_c$ 应分别为短路前各相电动势相量 $\dot{E}_a$、$\dot{E}_b$、$\dot{E}_c$ 与零序电动势相量 $\dot{E}_{a0}$、$\dot{E}_{b0}$、$\dot{E}_{c0}$ 之和,图 2-38 是 Y,yn 联结的三相变压器单相短路时的相量图。

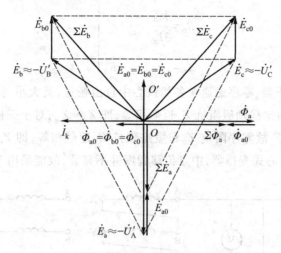

图 2-38 Y,yn 联结的三相变压器单相短路时的相量图

由图 2-38 可见,在短路的 a 相中,总电动势减少,即 $\sum \dot{E}_a < \dot{E}_a$;而在开路的 b、c 相中,总电动势升高,即 $\sum \dot{E}_b > \dot{E}_b$,$\sum \dot{E}_c > \dot{E}_c$,这可能导致开路的绕组因电压过高而击穿损坏。图 2-38 中,变压器的外施线电压三角形的几何中点 O 向上移动到 O',致使 a 相的相电压降低,而 b 相和 c 相的相电压升高,此种现象称为中点位移。对于三相变压器组,由于零序主磁通沿铁心闭合,磁路磁导很大,很小的零序电流可产生相当大的零序磁通,故变压器带不对称负载时中点位移严重;对于三相铁心式变压器,由于磁路不独立,零序磁通无法完全通过铁心而闭合,只能取道磁阻很大的漏磁路径,故中点位移不严重。

二次侧各相的零序电流相位相同、大小相等,令其等于 $\dot{I}_{00}$,即

$$\dot{I}_{a0} = \dot{I}_{b0} = \dot{I}_{c0} = \frac{1}{3} \dot{I}_k = \dot{I}_{00} \tag{2-90}$$

二次侧各相零序电流对应的磁通和电动势亦将是等值同相的,令其分别等于 $\dot{\Phi}_{00}$ 和 $\dot{E}_{00}$,即

$$\dot{\Phi}_{a0} = \dot{\Phi}_{b0} = \dot{\Phi}_{c0} = \dot{\Phi}_{00} \tag{2-91}$$

$$\dot{E}_{a0} = \dot{E}_{b0} = \dot{E}_{c0} = \dot{E}_{00}$$

中点位移的程度将依零序电动势即零序磁通的大小而定,而零序电动势可看作是零序电流在零序阻抗 Z_0 上的电压降,即有

$$\dot{E}_{00} = -\dot{I}_{00} Z_0 \approx -j \dot{I}_{00} X_0 \tag{2-92}$$

式中,Z_0 为零序阻抗,$Z_0 = R_0 + jX_0 \approx jX_0$;$X_0$ 为零序电抗;R_0 为零序电阻。

U_{00} 为外施的一单相交流电压,以模拟零序电流的路径来得出零序阻抗。根据电压表 Ⓥ、电流表 Ⓐ 及功率表 ⓦ 测得的一组读数 U_{00}、I_{00}、p_{00},如图 2-39 所示,可计算出

$$\left.\begin{array}{l} |Z_0| = \dfrac{U_{00}}{3I_{00}} \\[3mm] R_0 = \dfrac{p_{00}}{3I_{00}^2} \\[3mm] X_0 = \sqrt{|Z_0|^2 - R_0^2} \end{array}\right\} \tag{2-93}$$

对于三相组式变压器,零序磁通在各相铁心中自由畅通,其大小与外施电压 U_1 有关,在外施 U_{1N} 下得到的 Z_0 与空载励磁阻抗 Z_m 近似相等,即 $Z_0 \approx Z_m$;对于三相铁心式变压器,零序磁通只能取道漏磁路径,故零序阻抗 Z_0 和短路阻抗 Z_k 近似相等,即 $Z_0 \approx Z_k$,对于容量小于 1 800 kV·A 的三相铁心式变压器,中点位移程度并不显著,故能采用 Y,yn 联结组。

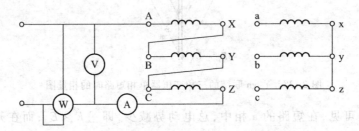

图 2-39   测量零序阻抗的线路图

2.5   特殊变压器

在电力系统和工农业生产中,除大量采用双绕组变压器外,还常采用多种特殊用途的变压器。它们功能独特,用于特定的场合。本章介绍常用的自耦变压器、三绕组变压器和仪用互感器的工作原理和特点。

2.5.1   自耦变压器

2.5.1.1   结构特点

普通的双绕组变压器,一、二次侧独立分开,一次绕组匝数为 N_1,二次绕组匝数为 N_2,二者之间只有磁的联系,而无电的联系,如图 2-40(a)所示。自耦变压器,其二次绕组是一次绕组的一部分,如图 2-40(b)所示,如果整个绕组的匝数 $N_{ab} = N_1$,抽头 c 以下部分的匝数 $N_{cb} = N_2$,则该自耦变压器可起到与图 2-40(a)中的双绕组变压器同样的变压作用。

在图 2-40(b)中,cb 称为绕组的公共段,ac 称为绕组的串联段。在实际自耦变压器中,ac 和 cb 两段绕组也像双绕组变压器一、二次绕组一样套在铁心柱上,如图 2-40(c)所示。

两段绕组串联在一起作为一次绕组,靠近铁心的一段作为二次绕组。显然一、二次绕组之间除有磁的联系外还有电的联系。

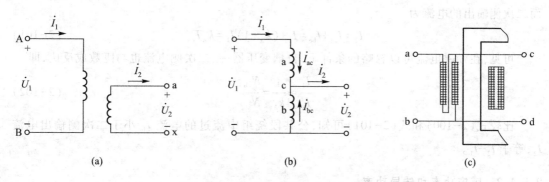

图 2-40　双绕组变压器与自耦变压器

(a) 无电联系的双绕组变压器　(b) 有电联系的自耦变压器　(c) 自耦变压器

2.5.1.2　电压、电流关系

(1) 电压关系。以降压变压器为例,当一次绕组接交流电源时,在铁心中将产生最大值为 Φ_m 的正弦交变磁通,它在一次绕组中产生的感应电动势为

$$E_1 = E_{ab} = 4.44 f N_{ab} \Phi_m \qquad (2-94)$$

而在二次绕组(即公共段)中的感应电动势为

$$E_2 = E_{cb} = 4.44 f N_{cb} \Phi_m \qquad (2-95)$$

$$\frac{E_1}{E_2} = \frac{N_{ab}}{N_{cb}} = k_A \qquad (2-96)$$

式中,k_A 为自耦变压器的变比。

像分析双绕组变压器时一样,如忽略一、二次侧中较小的漏阻抗压降,则有 $U_1 \approx E_1$, $U_2 \approx E_2$。可见,自耦变压器一、二次侧的电压变比也近似地与匝数成正比,即串联段上的电压为

$$\frac{U_1}{U_2} \approx \frac{E_1}{E_2} = \frac{N_{ab}}{N_{cb}} = k_A \qquad (2-97)$$

$$U_{ac} = U_1 - U_2 = (k_A - 1) U_2 \qquad (2-98)$$

(2) 电流关系。为简化分析,忽略较小的励磁电流。根据磁动势平衡,串联段电流所产生的磁动势与公共段电流所产生磁动势应相互抵消为零,即

$$\dot{I}_{ac} N_{ac} + \dot{I}_{bc} N_{cb} = 0$$

这就要求 $\dot{I}_{ac}$ 与 $\dot{I}_{bc}$ 同相位,且有

$$I_{ac} N_{ac} = I_{bc} N_{cb} \qquad (2-99)$$

式中,I_{ac} 为一次侧的输入电流 I_1。

由于 $N_{ac} = N_{ab} - N_{cb}$,所以公共段中流入的电流为

$$I_{bc} = \frac{N_{ab} - N_{cb}}{N_{cb}} I_1 = (k_A - 1) I_1 \tag{2-100}$$

而二次侧输出的电流为

$$I_2 = I_{ac} + I_{bc} = I_1 + (k_A - 1) I_1 = k_A I_1 \tag{2-101}$$

可见,在励磁电流可以忽略的条件下,自耦变压器一、二次侧电流也与匝数成反比,即

$$\frac{I_1}{I_2} \approx \frac{1}{k_A} = \frac{N_{cb}}{N_{ab}} \tag{2-102}$$

比较式(2-100)和式(2-101)可知,公共段绕组中流过的电流 I_{bc} 小于二次侧输出电流 I_2,等于 $I_2 - I_1$。

2.5.1.3 感应功率和传导功率

在普通双绕组变压器中,能量的传递全部经过磁路由电磁感应来完成,即二次侧得到的电功率全部为感应功率。在自耦变压器中,一部分能量通过电磁感应传递,具体表现为 ac 和 bc 两段绕组中的磁动势平衡;另一部分能量则直接由电源传递到负载。由此说明,负载同时得到两部分电功率,前者为感应功率,后者为传导功率。

变压器二次侧输出的视在功率为

$$S_2 = U_2 I_2 = U_2 I_{ac} + U_2 I_{bc} = U_2 I_1 + U_2 I_{bc} \tag{2-103}$$

式中,I_{ac} 为一次侧电流 I_1,它流过串联段绕组 ac 后,直接流到负载中,如图 2-41 所示,与 I_{ac} 对应的输出功率 $U_2 I_1$ 为传导功率。

由于 $I_{ac} = I_1 = \dfrac{1}{k_A} I_2$,所以传导功率与整个输出功率之比为

$$\frac{U_2 I_{ac}}{U_2 I_2} = \frac{1}{k_A} \tag{2-104}$$

当 I_1 通过串联段 ac 时,在公共段 cb 中将产生感应电流 I_{bc},其大小取决于两段间的磁动势平衡。在忽略励磁电流的条件下,其值为

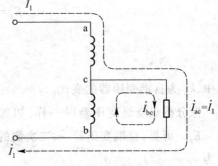

图 2-41 自耦变压器的电流路径

$$I_{bc} = (k_A - 1) I_1 = \frac{k_A - 1}{k_A} \times I_2 = \left(1 - \frac{1}{k_A}\right) I_2 \tag{2-105}$$

与 I_{bc} 对应的输出功率 $U_2 I_{bc}$ 为感应功率,它与整个输出功率的比值为

$$\frac{U_2 I_{bc}}{U_2 I_2} = 1 - \frac{1}{k_A} \tag{2-106}$$

由式(2-104)和式(2-106)可知,当自耦变压器的变比 k_A 增大时,传导功率变小,感应功率变大。

2.5.1.4 自耦变压器的优、缺点和应用范围

(1) 主要优点。

a. 节省材料。自耦变压器串联段 ac 中的电流与双绕组变压器一次侧 AX 中的电流相同,所以它们所用导线的截面积相等,两者的用铜(或铝)量 G 正比于导线的长度,也就是正比于绕组的匝数,即

$$\frac{G_{ac}}{G_{AX}} = \frac{N_{ac}}{N_1} = \frac{N_{ab} - N_{cb}}{N_{ab}} = 1 - \frac{1}{k_A} \tag{2-107}$$

自耦变压器公共段 cb 与双绕组变压器二侧 ax 的匝数相等,二者的用铜(或铝)量 G 与它们的导线截面积成正比,而导线的截面积是由它所通过电流的大小决定,所以

$$\frac{G_{cb}}{G_{ax}} = \frac{I_{bc}}{I_2} = 1 - \frac{1}{k_A} \tag{2-108}$$

由式(2-107)和式(2-108)可知,自耦变压器绕组所用材料比同容量的双绕组变压器节省 $\frac{1}{k_A}$。而 $\frac{1}{k_A}$ 恰是传导功率在整个功率中所占的比例,这说明绕组的材料用量只取决于感应功率的大小。

b. 效率高。比较自耦变压器串联段 ac 与双绕组变压器一次侧 AX 中的铜损耗,它们的比值为

$$\frac{p_{CuCb}}{p_{CuAX}} = \frac{I_1^2 R_{ac}}{I_1^2 R_1} = \frac{N_{ac}}{N_1} = \frac{N_{ab} - N_{cb}}{N_{ab}} = 1 - \frac{1}{k_A} \tag{2-109}$$

再比较自耦变压器公共段 cb 与双绕组变压器二次侧 ax 中的铜损耗,二者的电阻与导线截面成反比,也就是与流过其中的电流成反比,所以有

$$\frac{p_{Cucb}}{p_{Cuax}} = \frac{I_{bc}^2 R_{cb}}{I_2^2 R_2} = \frac{I_{bc}^2 I_2}{I_2^2 I_{bc}} = \frac{I_{bc}}{I_2} = \frac{I_2 - I_1}{I_2} = 1 - \frac{1}{k_A} \tag{2-110}$$

式(2-109)和式(2-110)表明,自耦变压器铜损耗的减小与其材料的节省具有相同的比率。k_A 越小,铜损耗越小,效率越高。

c. 电压变化率小。由于自耦变压器的短路阻抗 Z_{kA} 比同量的双绕组变压器小,所以在运行时电压变化率较小。

(2) 主要缺点。

a. 一、二次侧有电的联系。在故障情况下,自耦变压器二次绕组与其连接的各种设备都有可能经受到全部高压,这就提高了对它们的绝缘要求。变比 k_A 越大,这个缺点就越突出。另外,当自耦变压器一侧遭受过电压时立即波及另一侧,故其过电压保护比双绕组变压器复杂。

b. 短路电流大。由于自耦变压器的短路阻抗较小,所以在发生短路时会产生比双绕组变压器更大的电流。

(3) 适用场合。

根据上面的分析可以看出,自耦变压器只有在变比较小时其优点才显著,而在变比较大

时其第一个缺点更突出。因此自耦变压器主要用于变比较小的场合。

在实验室中,大量使用可调的自耦变压器作为可变电压的电源。为限制交流电动机的起动电流,也广泛采用三相自耦变压器来降低起动时的电压。

2.5.2　三绕组变压器

2.5.2.1　用途

在电力系统中,常常需要通过变压器把三种电压级不同的电网联系起来,有时发电厂产生的电能需要同时向两个电压不同的高压电网输出。在上述情况下可采用一台三绕组的变压器来代替两台变比不同的双绕组变压器。一台三绕组变压器与它所代替的两台双绕组变压器相比,其主要特点是材料用量少、总体积变小、成本降低。特别是在将两个二次侧输出的高峰错开时,一次侧的容量就可比两二次侧的容量之和小很多。另外,这样替换后还可使发电厂和变电所的设备简化,维护、管理方便,因此,三绕组变压器在电力系统中得到广泛的使用。

2.5.2.2　结构的特点

三绕组变压器的磁路系统与双绕组变压器相同,只是在每个铁心柱上同心地安放着三个绕组,即高压绕组(1)、中压绕组(2)和低压绕组(3)。对于升压变压器,为了使漏磁场分布均匀,漏电抗分配合理,保证有较好的电压变化率和运行性能,把低压绕组(3)由里层移至中间,如图 2-42(a)所示。对于降压变压器,从绝缘的角度考虑,高压绕组(1)总是放在最外层,而低压绕组(3)应放在最里面,如图 2-42(b)所示。

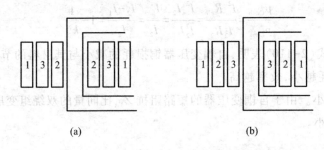

图 2-42　三绕组变压器的绕组分布图
(a) 升压变压器　(b) 降压变压器

根据国家标准规定,三相三绕组变压器的标准联结组为 YN,yn0,d11 和 YN,yn0,y0 两种。

2.5.2.3　绕组容量的配合关系

根据电力系统运行的实际需要,三绕组变压器中三个绕组的容量可以设计成相等的,也可以不相等。变压器的额定容量是指三相绕组中容量最大的一个绕组的容量。按国际标准规定,三相绕组的容量配合关系有下列三种,见表2-2。

表2-2　国标规定的三相绕组的容量配合关系

绕组	容量配合		
高压绕组	100%	100%	100%
中压绕组	100%	50%	100%
低压绕组	50%	100%	100%

在实际运作中,有时需向某一个二次侧多输出些功率,而向另一个二次侧少输出些功率。无论两个二次侧输出如何变动,只要两个二次侧电流都不超过各自的额定值,两个二次侧电流折算至一次侧的相量和不超过一次侧额定电流,都属于变压器的正常运作。

2.5.2.4　基本电磁关系

以降压变压器为例,图2-43所示为其电磁关系示意图。

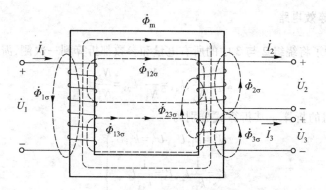

图2-43　降压变压器电磁关系示意图

(1)磁动势平衡关系。一次侧的磁动势$\dot{I}_1 N_1$在抵消二次侧磁动势$\dot{I}_2 N_2$和$\dot{I}_3 N_3$之后,保持一定的励磁磁动势$\dot{I}_m N_1$,以保证主磁通最大值$\dot{\Phi}_m$基本不变。磁动势平衡方程为

$$\dot{I}_1 N_1 - \dot{I}_2 N_2 - \dot{I}_3 N_3 = \dot{I}_m N_1 \tag{2-111}$$

除以一次侧匝数N_1,得

$$\dot{I}_1 - \dot{I}_2' - \dot{I}_3' = \dot{I}_m \tag{2-112}$$

式中,$\dot{I}_2'$为$\dot{I}_2$折算到一次侧的值,$\dot{I}_2' = \dfrac{N_2}{N_1}\dot{I}_2 = k_{12}I_2$;$\dot{I}_3'$为$\dot{I}_3$折算到一次侧的值,$\dot{I}_3' = \dfrac{N_3}{N_1}\dot{I}_3 = k_{13}I_3$。

当忽略励磁电流I_m时,则有

$$\dot{I}_1 + \dot{I}_2' + \dot{I}_3' = 0 \tag{2-113}$$

（2）电压平衡关系。 由图 2-43 可见，在三绕组变压器中，除主磁通 $\dot{\Phi}_m$ 和各绕组的自漏磁通 $\dot{\Phi}_{1\sigma}$、$\dot{\Phi}_{2\sigma}$、$\dot{\Phi}_{3\sigma}$ 外，还有与每两个绕组交链的互漏磁通 $\dot{\Phi}_{12\sigma}$、$\dot{\Phi}_{13\sigma}$、$\dot{\Phi}_{23\sigma}$。互漏磁通由每两个绕组中的电流共同产生，它与两个绕组交链，并在这两个绕组中都产生感应电动势。对于三绕组变压器，如果像对双绕组变压器那样列电压方程，将由于互漏磁通感应电动势的存在，使分析变得十分困难。这就必须采用每一绕组的自感系数与各绕组的互感系数作为基本参数，建立各绕组的电压平衡方程。设 L_1、L_2、L_3 为各绕组的自感系数；$M_{12}=M_{21}$ 为 1 与 2 绕组间的互感系数；$M_{13}=M_{31}$ 为 1 与 3 绕组间的互感系数；$M_{23}=M_{32}$ 为 2 与 3 绕组间的互感系数。

按图 2-43 所示的电压、电流正方向，可列出

$$\left.\begin{aligned}
\dot{U}_1 &= R_1\dot{I}_1 + \mathrm{j}\omega L_1\dot{I}_1 - \mathrm{j}\omega M_{12}\dot{I}_2 - \mathrm{j}\omega M_{13}\dot{I}_3 \\
-\dot{U}_2 &= R_2\dot{I}_2 + \mathrm{j}\omega L_2\dot{I}_2 - \mathrm{j}\omega M_{12}\dot{I}_1 + \mathrm{j}\omega M_{23}\dot{I}_3 \\
-\dot{U}_3 &= R_3\dot{I}_3 + \mathrm{j}\omega L_3\dot{I}_3 - \mathrm{j}\omega M_{13}\dot{I}_1 + \mathrm{j}\omega M_{23}\dot{I}_2
\end{aligned}\right\} \tag{2-114}$$

式中，1 与 2 之间及 1 与 3 之间的互感抗压降取负号，这是因为 $\dot{I}_2$、$\dot{I}_3$ 的流入端与 $\dot{I}_1$ 的流入端不是同极性端。

2.5.2.5 折算及等效电路

（1）折算。 为了将绕组 2 与 3 中的所有电量和参数都折算到一次侧，需使用三个变比，即

$$k_{12}=\frac{N_1}{N_2}, \quad k_{13}=\frac{N_1}{N_3}, \quad k_{23}=\frac{N_2}{N_3} \tag{2-115}$$

a. 电量与电阻的折算。其折算式分别为

$$\left.\begin{aligned}
U_2' &= k_{12}U_2, \quad U_3' = k_{13}U_3 \\
I_2' &= \frac{1}{k_{12}}I_2, \quad I_3' = \frac{1}{k_{13}}I_3 \\
R_2' &= k_{12}^2 R_2, \quad R_3' = k_{13}^2 R_3
\end{aligned}\right\} \tag{2-116}$$

b. 自感系数的折算。因为 L_2 正比于 N_2^2，L_3 正比于 N_3^2，而折算后的 L_2' 和 L_3' 都应成正比于 N_1^2，所以有

$$L_2' = k_{12}^2 L_2, \quad L_3' = k_{13}^2 L_3 \tag{2-117}$$

c. 互感系数的折算。因为 M_{12} 正比于 $N_1 N_2$，M_{13} 正比于 $N_1 N_3$，M_{23} 正比于 $N_2 N_3$，而折算后的 M_{12}'、M_{13}'、M_{23}' 都应成正比于 N_1^2，所以有

$$\left.\begin{aligned}
M_{12}' &= \frac{N_1^2}{N_1 N_2}M_{12} = k_{12}M_{12} \\[2mm]
M_{13}' &= \frac{N_1^2}{N_1 N_3}M_{13} = k_{13}M_{13} \\[2mm]
M_{23}' &= \frac{N_1^2}{N_2 N_3}M_{23} = k_{12}k_{13}M_{23}
\end{aligned}\right\} \tag{2-118}$$

d. 折算后的电压方程式。将式(2-114)中的第二式乘以 k_{12}，第三式乘以 k_{12}，可得

$$\left.\begin{array}{l}\dot{U}_1=R_1\dot{I}_1+j\omega L_1\dot{I}_1-j\omega M'_{12}\dot{I}'_2-j\omega M'_{13}\dot{I}'_3\\-\dot{U}'_2=R'_2\dot{I}'_2+j\omega L'_2\dot{I}'_2-j\omega M'_{12}\dot{I}_1+j\omega M'_{23}\dot{I}'_3\\-\dot{U}'_3=R'_3\dot{I}'_3+j\omega L'_3\dot{I}'_3-j\omega M'_{13}\dot{I}_1+j\omega M'_{23}\dot{I}'_2\end{array}\right\} \quad (2\text{-}119)$$

（2）等效电路。由式(2-119)可求得绕组1到绕组2的电压降 $\Delta\dot{U}_{12}=\dot{U}_1-\dot{U}'_2$ 和绕组1到绕组3的电压降 $\Delta\dot{U}_{13}=\dot{U}_1-\dot{U}'_3$。考虑到 $\dot{I}_1-\dot{I}'_2-\dot{I}'_3=0$，在 $\Delta\dot{U}_{12}$ 表达式中用 $\dot{I}_1-\dot{I}'_2$ 代替 $\dot{I}'_3$，在 $\Delta\dot{U}_{13}$ 表达式中用 $\dot{I}_1-\dot{I}'_3$ 代替 $\dot{I}'_2$，于是得

$$\left.\begin{array}{l}\dot{U}_1-\dot{U}'_2=[R_1+j\omega(L_1-M'_{12}-M'_{13}+M'_{23})]\dot{I}_1+[R'_2+j\omega(L'_2-M'_{12}-M'_{23}+M'_{13})]\dot{I}'_2\\\dot{U}_1-\dot{U}'_3=[R_1+j\omega(L_1-M'_{12}-M'_{13}+M'_{23})]\dot{I}_1+[R'_3+j\omega(L'_3-M'_{13}-M'_{23}+M'_{12})]\dot{I}'_3\end{array}\right\} (2\text{-}120)$$

如令

$$\left.\begin{array}{l}X_1=\omega(L_1-M'_{12}-M'_{13}+M'_{23})\\X'_2=\omega(L'_2-M'_{12}-M'_{23}+M'_{13})\\X'_3=\omega(L'_3-M'_{13}-M'_{23}+M'_{12})\end{array}\right\} \quad (2\text{-}121)$$

则式(2-120)可简化为

$$\left.\begin{array}{l}\dot{U}_1-\dot{U}'_2=(R_1+jX_1)\dot{I}_1+(R'_2+jX'_2)\dot{I}'_2\\\dot{U}_1-\dot{U}'_3=(R_1+jX_1)\dot{I}_1+(R'_3+jX'_3)\dot{I}'_3\end{array}\right\} \quad (2\text{-}122)$$

式中，X_1、X'_2、X'_3 称为三个绕组的等效电抗。由于式(2-121)等号右端的四个电抗都包含着主磁场的作用，且两加两减，所以等效电抗具有漏感抗的性质，为不变的常数。

根据式(2-122)可画出三绕组变压器的等效电路，如图2-44所示。

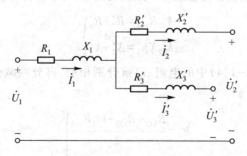

图2-44　三绕组变压器的等效电路

2.5.2.6 参数的测定

为了测定三个绕组的电阻和等效电抗，可做三个短路试验。

（1）电压加至绕组1，绕组2短路，绕组3开路。接线图与等效电路如图2-45(a)所示。测量 U_{k12}、I_{k12} 和 p_{k12}，可计算得

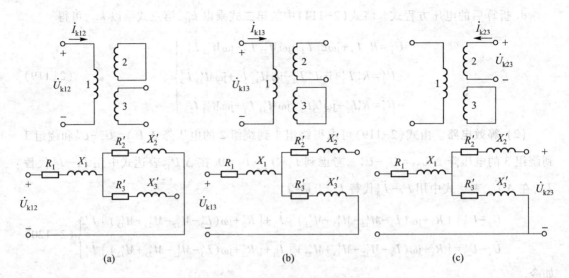

图 2-45   三绕组变压器的短路试验

（a）绕组 3 开路   （b）绕组 2 开路   （c）绕组 1 开路

$$\left.\begin{array}{l} R_{k12} = R_1 + R'_2 \\ X_{k12} = X_1 + X'_2 \end{array}\right\}\qquad(2\text{-}123)$$

（2）加电压至绕组 1，绕组 3 短路，绕组 2 开路。 如图 2-45（b）所示，测量 U_{k13}、I_{k13} 和 p_{k13}，可计算得

$$\left.\begin{array}{l} R_{k13} = R_1 + R'_3 \\ X_{k13} = X_1 + X'_3 \end{array}\right\}\qquad(2\text{-}124)$$

（3）电压加至绕组 2，绕组 3 短路，绕组 1 开路。 如图 2-45（c）所示，测量 U_{k23}、I_{k23} 和 p_{k23}，可计算出 R_{k23} 和 X_{k23}。但它们都是在绕组 2 上测得的值，为了折算到绕组 1，还要乘以 k_{12}^2，即有

$$\left.\begin{array}{l} k_{12}^2 R_{k23} = R'_2 + R'_3 \\ k_{12}^2 X_{k23} = X'_2 + X'_3 \end{array}\right\}\qquad(2\text{-}125)$$

将式（2-123）和式（2-124）中的电阻、电抗分别相加，再分别减去式（2-125）中的电阻、电抗，可得

$$\left.\begin{array}{l} R_1 = \dfrac{R_{k12} + R_{k13} - k_{12}^2 R_{k23}}{2} \\[3mm] X_1 = \dfrac{X_{k12} + X_{k13} - k_{12}^2 X_{k23}}{2} \end{array}\right\}\qquad(2\text{-}126)$$

同理可得

$$\left.\begin{array}{l} R'_2 = \dfrac{R_{k12} + k_{12}^2 R_{k23} - R_{k13}}{2} \\[3mm] X'_2 = \dfrac{X_{k12} + k_{12}^2 X_{k23} - X_{k13}}{2} \end{array}\right\}\qquad(2\text{-}127)$$

$$\left.\begin{aligned} R'_3 &= \frac{R_{k13}+k_{12}^2 R_{k23}-R_{k12}}{2} \\ X'_3 &= \frac{X_{k13}+k_{12}^2 X_{k23}-X_{k12}}{2} \end{aligned}\right\} \qquad (2\text{-}128)$$

例 2-6　有一台三相三绕组变压器,容量为 50 000 kV·A/50 000 kV·A/25 000 kV·A, 额定电压为 110 kV/38.5 kV/11 kV,绕组联结组为 Yn,yn0,d11。试验数据见表 2-3(表中电流指接电源绕组中的电流相对于该绕组额定电流的百分比)。试求忽略励磁支路的简化等效电路的各参数。

表 2-3　试 验 数 据

试验		绕组			电压/%	电流/%	短路损耗/kW
		高压	中压	低压			
短路	1	加电源	短路	开路	10.5	100	350
	2	加电源	开路	短路	8.75	50	80
	3	开路	加电源	短路	3.25	50	63.75

解

$$I_{1N}=\frac{S_N}{\sqrt{3}\,U_{1N}}=\frac{50\,000}{\sqrt{3}\times110}\ \text{A}=262.44\ \text{A}$$

$$I_{2N}=\frac{S_N}{\sqrt{3}\,U_{2N}}=\frac{50\,000}{\sqrt{3}\times38.5}\ \text{A}=749.83\ \text{A}$$

$$R_{k12}=\frac{p_{k12}/3}{I_{k12}^2}=\frac{350\times10^3}{3\times(100\%\times262.44)^2}\ \Omega=1.69\ \Omega$$

$$|Z_{k12}|=\frac{U_{k12}/\sqrt{3}}{I_{k12}}=\frac{10.5\%\times U_{1N}}{\sqrt{3}\times100\%\times I_{1N}}=\frac{11\,550}{\sqrt{3}\times262.44}\ \Omega=25.4\ \Omega$$

$$X_{k12}=\sqrt{|Z_{k12}|^2-R_{12}^2}=\sqrt{25.4^2-1.69^2}\ \Omega=25.3\ \Omega$$

$$|Z_{k13}|=\frac{U_{k13}/\sqrt{3}}{I_{k13}}=\frac{8.75\%\times U_{1N}}{\sqrt{3}\times50\%\times I_{1N}}=\frac{9\,625}{\sqrt{3}\times131.22}\ \Omega=42.35\ \Omega$$

$$R_{k13}=\frac{p_{k13}/3}{I_{k13}^2}=\frac{80\times10^3}{3\times(50\%\times262.44)^2}\ \Omega=1.55\ \Omega$$

$$X_{k13}=\sqrt{|Z_{k13}|^2-R_{13}^2}=\sqrt{42.35^2-1.55^2}\ \Omega=42.32\ \Omega$$

$$k_{12}^2|Z_{k23}|=\left[\frac{U_{1N}/\sqrt{3}}{U_{2N}/\sqrt{3}}\right]^2\times\frac{U_{k23}/\sqrt{3}}{I_{k23}}$$

$$=\left(\frac{U_{1N}}{U_{2N}}\right)^2\times\frac{3.25\%\times U_{2N}}{\sqrt{3}\times50\%\times I_{2N}}=\frac{110^2\times0.032\,5\times38\,500}{38.5^2\times\sqrt{3}\times374.92}\ \Omega$$

$$=15.73\ \Omega$$

$$k_{12}^2 R_{k23} = \left(\frac{U_{1N}}{U_{2N}}\right)^2 \times \frac{p_{k23}/3}{I_{k23}^2} = \frac{110^2 \times 63\ 750}{38.5^2 \times 3 \times 374.92^2}\ \Omega = 1.23\ \Omega$$

$$k_{12}^2 X_{k23} = \sqrt{(k_{12}^2 |Z_{k23}|)^2 - (k_{12}^2 R_{k23})^2} = \sqrt{15.73^2 - 1.23^2}\ \Omega = 15.68\ \Omega$$

$$R_1 = \frac{1}{2}(R_{k12} + R_{k13} - k_{12}^2 R_{k23}) = \frac{1}{2}(1.69 + 1.55 - 1.23)\ \Omega = 1.005\ \Omega$$

$$R_2' = \frac{1}{2}(R_{k12} + k_{12}^2 R_{k23} - R_{k13}) = \frac{1}{2}(1.69 + 1.23 - 1.55)\ \Omega = 0.685\ \Omega$$

$$R_3' = \frac{1}{2}(R_{k13} + k_{12}^2 R_{k23} - R_{k12}) = \frac{1}{2}(1.55 + 1.23 - 1.69)\ \Omega = 0.545\ \Omega$$

$$X_1 = \frac{1}{2}(X_{k12} + X_{k13} - k_{12}^2 X_{k23}) = \frac{1}{2}(25.3 + 42.32 - 15.68)\ \Omega = 25.97\ \Omega$$

$$X_2' = \frac{1}{2}(X_{k12} + k_{12}^2 X_{k23} - X_{k13}) = \frac{1}{2}(25.3 + 15.68 - 42.32)\ \Omega = -0.67\ \Omega$$

$$X_3' = \frac{1}{2}(X_{k13} + k_{12}^2 X_{k23} - X_{k12}) = \frac{1}{2}(42.32 + 15.68 - 25.3)\ \Omega = 16.35\ \Omega$$

2.5.3　仪用互感器

互感器分电压互感器和电流互感器两种,它们的基本作用原理与变压器相同。使用互感器有两个目的:一是使测量和保护电路与高压电网隔离,以保证工作人员和设备的安全;二是将高电压和大电流变换为低电压与小电流,以便于测量和为各种继电保护装置提供控制信号。为了使用上的方便,电压互感器的二次侧额定电压都统一设计为 100 V;电流互感器的二次侧额定电流都统一设计为 5 A 或 1 A。

2.5.3.1　电压互感器

图 2-46 所示为电压互感器接线图。高压绕组并接于被测系统,低压绕组接测量仪表或继电器的电压线圈。如需同时接数个线圈,则应将它们并联在二次侧上。由于电压线圈的阻抗很大,所以电压互感器工作时接近于变压器的空载运行状态。

与普通变压器相比,电压互感器的主要作用不是传递功率,而是准确地改变电压,即要求二次侧电压 $\dot{U}_2$ 在大小和相位上能准确地代表一次侧电压 $\dot{U}_1$。变压器一、二次侧电压与匝数成正比的结论是在忽略一、二次侧漏阻抗的条件下得出的。电压互感器工作时,$I_2 \approx 0$,为减小误差,电压互感器在设计时应当注意以下两点:

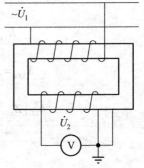

图 2-46　电压互感器接线图

（1）尽量减小空载电流 I_0，为此铁心应采用磁导率高的硅钢片，并使磁路不饱和，磁通密度一般取 0.6~0.8 T。

（2）减小一、二次侧的漏阻抗，为此在绕组安排上应最大限度地减小它们间的漏磁通；另外，绕组的导线不能太细，以保证有较小的内阻。

电压互感器在使用时还应注意以下两点：

（1）二次侧所接的电压线圈不能太多，否则将有不可忽略的 I_2，并使 I_1 大于 I_0，势必造成较大的电压误差和相位误差。

（2）当一次侧绝缘损坏时，可能使铁心和二次侧带高压电，为了保证人员和设备的安全，铁心和二次侧的一端应可靠接地。

2.5.3.2 电流互感器

图 2-47 所示为电流互感器接线图。一次侧串接于被测系统，二次侧接测量仪表或继电器的电流线圈。如需同时接数个线圈，则应将它们串联在二次侧上。由于电流线圈的阻抗微小，所以电流互感器工作时，接近于变压器的短路状态。

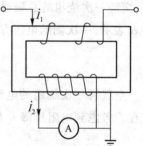

为了将大电流变换为小电流，电流互感器二次侧的匝数较多，而一次侧的匝数较少，有时只有一匝。变压器一、二次侧电流与匝数成反比的结论是在忽略励磁电流的条件下得出的。为了使二次侧电流 i_2 能在大小和相位上更准确地反映一次侧电流 i_1，必须尽量减小电流互感器的励磁电流。因此，电流互感器在设计时应考虑以下两点：

图 2-47　电流互感器接线图

（1）减小铁心中的磁通密度，使其比在电压互感器中更低，通常取 0.08~0.1 T。

（2）尽量减小绕组的漏抗和电阻，因为绕组的漏抗大，将使一次侧的端电压升高，进而引起磁通和励磁电流的增加。

电流互感器在使用时还应注意以下三点：

（1）二次侧所接电流线圈的数量不能超过规定的允许值。如串联线圈过多，将使二次侧端电压升高，并引起一次侧端电压升高，进而使磁通和励磁电流增大。

（2）在运行中绝对不允许二次侧开路。因为在正常运行时，由于二次侧电流的去磁作用，铁心中的磁通很小；而当二次侧开路时，一次侧电流全部成为励磁电流，使铁心中磁通急剧增大，引起铁心严重过热。另外，在匝数较多的二次侧将感生很高的电压，这不仅可能造成绝缘的损坏，还可能危及操作人员的安全。

（3）为了操作人员和设备的安全，铁心和二次侧的一端应可靠接地。

*2.6   变压器的暂态运行

变压器的暂态问题主要有过电流和过电压两类。过电流现象主要有变压器空载投入电网和二次侧突然短路时的状态;而过电压现象则是输电线路遭雷击或合闸、拉闸时,变压器将处于瞬变状态。瞬变状态的持续时间虽然很短,却可能损伤变压器,因此有必要研究产生过电流和过电压的原因及其预防措施。

2.6.1   变压器的空载合闸

当变压器二次侧开路、一次侧投入电网时,一次绕组的电阻和匝数分别用 R_1 和 N_1 来表示,交链一次绕组的总磁通用 Φ 表示,电源电压的幅值用 U_m 表示,投入瞬间电压的初相角用 α 表示,一次侧的电压方程可写为

$$i_1 R_1 + N_1 \frac{d\Phi}{dt} = U_m \cos(\omega t + \alpha) \tag{2-129}$$

空载时一次绕组的电流 i_1 与 Φ 之间为非线性关系,所以式(2-129)是一个非线性微分方程。考虑到电阻降 $i_1 R_1$ 相对很小,用 Φ 来表示 i_1,$i_1 = N_1 \Phi / L_1$,则式(2-129)可改写成

$$N_1 \frac{R_1}{L_1}\Phi + N_1 \frac{d\Phi}{dt} = U_m \cos(\omega t + \alpha) \tag{2-130}$$

式中,L_1 为一次绕组的自感,若近似认为 $L_1 \approx$ 常数,则式(2-130)是一个以磁通量 Φ 作为求解变量的常系数线性微分方程,具有解析解。解由稳态分量 Φ' 和瞬变分量 Φ'' 两部分组成,即

$$\Phi = \Phi' + \Phi'' = \Phi_m \cos(\omega t + \alpha - \theta) + A e^{-\frac{R_1}{L_1}t} \tag{2-131}$$

式中,磁通稳态分量的幅值为

$$\Phi_m = \frac{U_m}{\sqrt{(\omega N_1)^2 + \left(N_1 \frac{R_1}{L_1}\right)^2}} = \frac{U_m}{N_1 \sqrt{\omega^2 + \left(\frac{R_1}{L_1}\right)^2}} \approx \frac{U_m}{2\pi f N_1}$$

式中,θ 为磁通与电源电压的相位差,$\theta = \arctan(\omega L_1 / R_1) \approx 90°$;瞬变分量的幅值 A 由初始条件确定。

设投入电源(即 $t=0$)时,铁心内有剩磁 Φ_r,代入式(2-131)可得

$$A = \Phi_r - \Phi_m \cos(\alpha - \theta) \approx \Phi_r - \Phi_m \sin\alpha \tag{2-132}$$

将 A 代回到式(2-131),最后可得

$$\Phi \approx \Phi_m \sin(\omega t + \alpha) + (\Phi_r - \Phi_m \sin\alpha) e^{-\frac{R_1}{L_1}t} \tag{2-133}$$

由式(2-133)可见,如果投入瞬间初相角 $\alpha = -90°$,则投入时磁通的稳态分量为 $-\Phi_m$,瞬

变分量的幅值为 $\varPhi_\mathrm{m}+\varPhi_\mathrm{r}$。如果不计瞬变分量的衰减，此时铁心中的最大磁通值可能达到 $2\varPhi_\mathrm{m}+\varPhi_\mathrm{r}$，铁心将高度饱和，瞬态励磁电流达到正常值的 $80\sim100$ 倍，或额定电流的 $4\sim6$ 倍，这是一种最不利的情况，如图 2-48 所示，电流波形如图 2-49 所示。

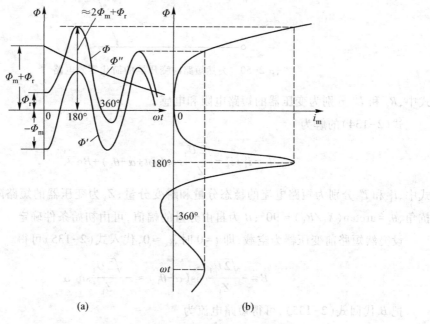

图 2-48　在 $\alpha=-90°$ 下空载投入时一次侧的瞬态电流

（a）磁通随时间的变化　（b）由磁通确定励磁电流

事实上，随着时间的推移，瞬变分量将逐步衰减，衰减的速度取决于时间常数 $T_1=L_1/R_1$。一般小型变压器的电阻较大，T_1 较小，故合闸的冲击电流经过几个周波就达到稳态值；大型变压器的电阻较小，T_1 较大，衰减过程较慢，可达几秒以上，使一次线路过电流保护装置动作，引起跳闸。因此，大型变压器在投入电源时，常在一次绕组中串入一个电阻，来减少冲击电流的幅值并加快其衰减，投入后再切除该电阻。

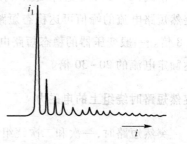

图 2-49　在 $\alpha=-90°$ 下空载投入时
一次侧的瞬态励磁电流的波形

2.6.2　变压器的暂态短路

当变压器的一次侧接具有额定电压的电流，二次侧发生突然短路时，励磁电流将远远小于短路电流，可忽略不计，因此可用简化等效电路来研究，如图 2-50 所示。此时变压器的电压方程为

$$R_\mathrm{k} i_\mathrm{k}+L_\mathrm{k}\frac{\mathrm{d}i_\mathrm{k}}{\mathrm{d}t}=\sqrt{2}\,U_1\cos(\omega t+\alpha) \qquad (2\text{-}134)$$

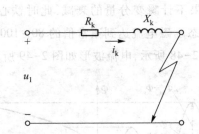

图 2-50 突然短路时变压器的简化等效电路

式中,R_k 和 L_k 分别为变压器的短路电阻和电感。

式(2-134)的解为

$$i_k = i'_k + i''_k = \frac{\sqrt{2}\,U_1}{Z_k}\cos(\omega t + \alpha - \theta_k) + Be^{-\frac{R_k}{L_k}t} \tag{2-135}$$

式中,i'_k 和 i''_k 分别为短路电流的稳态分量和瞬变分量;Z_k 为变压器的短路阻抗;θ_k 为短路阻抗角,$\theta_k = \arctan(X_k/R_k) \approx 90°$;$B$ 为自由分量的幅值,可由初始条件确定。

设突然短路前变压器为空载,即 $t = 0$ 时,$i_k \approx 0$,代入式(2-135)可得

$$B = -\frac{\sqrt{2}\,U_1}{Z_k}\cos(\alpha - \theta_k) \approx -\frac{\sqrt{2}\,U_1}{Z_k}\sin\alpha \tag{2-136}$$

把 B 代回式(2-135),可得短路电流为

$$i_k \approx -\frac{\sqrt{2}\,U_1}{Z_k}\sin(\omega t + \alpha) - \frac{\sqrt{2}\,U_1}{Z_k}\sin\alpha\, e^{-\frac{R_k}{L_k}t} \tag{2-137}$$

由式(2-137)可见,在最不利的情况($\alpha = 90°$)下短路时,如果不计瞬变分量 i''_k 的衰减,突然短路电流的峰值可达稳态短路电流 i'_k 峰值的两倍;考虑瞬变分量的衰减时,可达 1.2~1.8 倍。一般变压器的稳态短路电流约为额定电流的 12~20 倍,故突然短路电流的峰值可达额定电流的 20~30 倍。

突然短路时绕组上的电磁力

突然短路时,一次和二次绕组中的大电流与漏磁场相互作用,将产生与电流平方成正比的强大电磁力作用在绕组上,可使绕组损坏。

绕组所受电磁力的方向,可由左手定则确定。漏磁场可分解为轴向分量 B_a 和径向分量 B_r,分布示意如图 2-51(a)所示。轴向磁场与绕组内的电流作用将产生径向电磁力 f_r,径向磁场与电流作用将产生轴向电磁力 f_a,如图 2-51(b)所示。径向电磁力 f_r 将使高压绕组受到张力作用,低压绕组受到压力作用;轴向电磁力 f_a 将使高、低压绕组都受到压力作用。

漏磁场的轴向分量通常远大于径向分量,故径向电磁力比轴向电磁力大很多,即 $f_r \gg f_a$。由于圆筒形绕组能承受较大的径向力而不变形,故轴向电磁力的危害性常常更大,它将使绕组变形而坍塌。因此变压器各绕组之间、绕组与铁轭之间、各线饼之间都要配置牢固的支持,保证有足够的机械强度,保证绕组在突然短路时能经受电磁力的冲击。

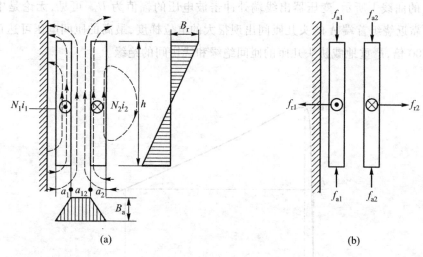

图 2-51　二绕组变压器的漏磁场和绕组上所受的电磁力

(a) 漏磁场　(b) 绕组上的电磁力

2.6.3　变压器的过电压现象

2.6.3.1　过电压现象分析

变压器的过电压可分成操作过电压和大气过电压两类。操作过电压是由发电厂、变电站的合闸、拉闸或系统短路所引起的;大气过电压是输电线路遭受雷击、带电云层在输电线上产生静电感应和放电所引起的。由于大气过电压的性质比较特殊,且过电压倍数较高(可达额定电压的 8~12 倍),对变压器的危害较大,所以这里只介绍大气过电压现象和防护措施。

当输电线直接遭受雷击时,雷云所带的大量电荷通过放电路径落在输电线上,这些自由电荷向输电线两端传播,形成了高压雷电冲击波。雷电波的传播速度接近于光速,只有几十微秒的持续时间,波头(即电压由零上升到最大值的时间)只有几微秒,如图 2-52 所示。如果把雷电波的波头部分看作为一个高频正弦波的起始四分之一段,则上述冲击波到达变压器出线端时,相当于在变压器的端点加上了一个高频电压。因此在分析变压器的过电压现象时,必须考虑匝间、线饼之间、高低压绕组之间以及绕组和铁心(对地)之间的电容。此时变压器将成为一个具有电阻、电感和电容的分布参数电路,如图 2-53 所示。当冲击波刚刚到达电压时,由于频率很高,ωL 很大,$1/\omega C$ 很小,所以绝大部分电流将从高压绕组的匝间电容 C'_t 和对地电容 C'_Fe 中流过,流过绕组的电流接近于 0;此外,由于低压绕组靠近铁心,它的对地电容 C'_Fe 较大,容抗很小,故可近似认为低压绕组接地。于是在雷电波冲击的初始时期,可用仅含电容的链形电路作为高压绕组的等效电路,如图 2-54 所示。由于存在等效对地电容 C'_Fe,当冲击波袭来时,每个匝间电容 C'_t 中通过的电流都不相等;因此沿绕组高度方向的电压分布也是不均匀。在绕组的中点孤立和接地两种情况下,沿绕组的初始电压分布如

图 2-55 中的曲线 1 所示,变压器出线端处冲击波电压的幅值为 U。可见,无论是中点孤立还是接地,靠近绕组首端 A 的头几匝间出现很大的电位梯度,最高的匝间电压可达正常工况下的 50～200 倍,严重地威胁头几匝的匝间绝缘和线饼间的绝缘。

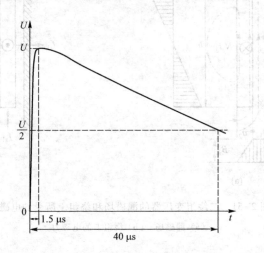

图 2-52　冲击电压波

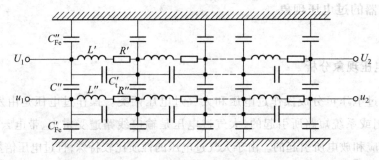

图 2-53　过电压时变压器的等效电路

当冲击波的高频效应逐步减退时,绕组电感的作用将逐步显示出来;此时等效电路中 LC 回路将引发电磁振荡。振荡过程中绕组上受到的电压分布如图 2-55 中的曲线 3 所示,在中点孤立时绕组的末端处,中心接地时绕组的首端附近,其对地绝缘(主绝缘)可受到比雷电波峰值 U 还要高的电压。当电磁振荡衰减完毕时,绕组沿高度方向的电压将按绕组的阻抗重新分布,将是一条直线,如图 2-55 中的曲线 2 所示。

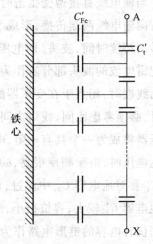

图 2-54　高压绕组的链形电容电路

2.6.3.2　变压器的过电压保护

为了防止绕组绝缘在过电压时被击穿,变压器的外部可装设避雷器来加以保护;内部可以采用以下两种方法加以保护。

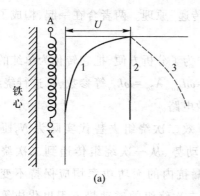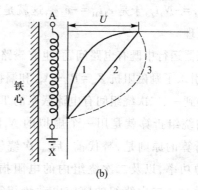

图 2-55　沿高压绕组的电压分布

（a）中点孤立时　（b）中点接地时

（1）加强绝缘。除加强高压绕组的对地绝缘外，为了承受初始电压分布不均匀所引起的较高匝间电压，还可以加强首端和末端附近部分线匝的绝缘，如图 2-56 所示。

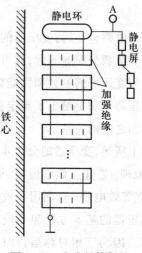

图 2-56　电容补偿保护

（2）增大匝间电容。分析表明，匝间电容 C_t' 比对地电容 C_{Fe}' 越大，初始电压分布就越均匀，电位梯度也越小。过去常用加装静电环或静电屏的电容补偿法来增大匝间电容；由于制造工艺复杂，效果有限，现在已用得不多。目前，在 110 kV 级以上的大型变压器中，广泛采用纠结式结构线圈，能显著增大线饼之间的电容。

本 章 小 结

本章首先介绍了变压器的基本工作原理，导出了变压器的基本方程和等效电路，对单台运行和两台变压器并联运行时的运行性能进行了分析，然后阐述了三相变压器的磁路和联结方法，并对三相变压器的不对称运行进行了分析，最后介绍了三绕组变压器和自耦变压器等特殊变压器的工作原理。

分析变压器工作原理的基本理论是电磁感应定律，一、二次绕组间的能量传递以磁场作为媒介。变压器的物理模型是一个一、二次侧具有不同匝数的两绕组铁心耦合电路。设铁心中的主磁通为 Φ，根据电磁感应定律，一、二次绕组内的感应电动势为 $e_1 = -N_1 \dfrac{\mathrm{d}\Phi}{\mathrm{d}t}$，$e_2 = -N_2 \dfrac{\mathrm{d}\Phi}{\mathrm{d}t}$，于是 $\dfrac{e_1}{e_2} = \dfrac{N_1}{N_2}$，这就是"变压"原理。设一次电流的负载分量为 i_{1L}，由磁动势平衡关系

可知 $N_1 i_{1L} = -N_2 i_2$, 于是 $e_1 i_{1L} = -e_2 i_2$, 这就是"功率传递"原理。两者合在一起,构成了变压器的工作原理。

变压器运行中既有电路问题,也有磁路问题。为了分析方便,把它转化为单纯的电路问题,因而引入了励磁阻抗 $Z_m = R_m + jX_m$ 和漏抗 $X_{1\sigma} = \omega L_{1\sigma}$, $X_{2\sigma} = \omega L_{2\sigma}$ 等参数,再进行绕组折算,就可以得到一、二次绕组间有电流联系的 T 形等效电路。

所谓绕组折算就是用一个虚拟的 N_1 匝的等效二次绕组去替代实际为 N_2 匝的二次绕组。折算的原则是,替代前、后二次绕组的磁动势、从一次绕组传递到二次绕组的有功和无功功率,以及二次绕组内的电阻损耗和漏抗内的无功功率均应保持不变。绕组折算以后,一、二次绕组的感应电动势相等,一、二次绕组的磁动势方程也化成等效的电流间的关系,所以就计算而言,可以把一、二次电路连接起来,形成一个统一的 T 形等效电路。T 形等效电路是一个无源四端网络,所以可以用空载和短路两组试验来确定其参数。

等效电路建立后,变压器的各种性能,例如单台运行时的电压调整率、效率,并联运行时的环流和负载分配等问题,都可以用等效电路来计算和确定。为使计算简便和"免于折算",并对所用变压器的参数和性能数据是否正常做出判断,工程上广泛采用了标幺值。

变压器铭牌上给出了额定容量、额定电压、额定电流以及额定频率等,应了解它们的定义及它们之间的关系。

综上所述,变压器的分析步骤大体为:① 建立物理模型,说明变压器"变压"和"功率传递"的原理;② 建立数学模型,即建立变压器的基本方程;③ 从基本方程出发,通过绕组折算,建立等效电路;④ 利用等效电路来研究各种运行问题。

变压器的基本方程和等效电路虽然是在单相情况下导出的,但是对于三相变压器同样适用。因为三相对称运行时,可以任取出三相中某一相作为单相问题来研究。对于三相变压器,有两个问题需要作为专门问题来研究,一个是三相联结组的组号问题(即一、二次线电压之间的相位关系问题),此问题涉及两台三相变压器能否并联运行;另一个问题是三相绕组的联结和三相铁心的结构,看它能否阻断励磁电流中的三次谐波和铁心中的三次谐波磁通,此问题涉及一、二次相电压的波形和绕组是否会出现过电压,所以也要认真对待。

三相变压器的一、二次绕组,可以接成星形联结,也可以接成三角形联结。三相变压器一、二次绕组对应线电动势(或电压)间的相位关系与绕组绕向、标志和三相绕组的联结方式有关,其相位差均为 30° 的倍数,通常用时钟表示法来表明其联结组别,共有 12 个组别。为了产生和使用方便,规定了标准联结组。

在变压器和交流电机中,不对称运行的分析常采用对称分量法,即把不对称的三相电压或电流用对称分量法分解为对称的正序分量系统、负序分量系统和零序分量系统,再分别对各对称分量系统作用下的运行情况进行分析,然后把各分量系统的分析结果叠加起来,便得到不对称运行时总的分析结果。

三绕组变压器的分析方法与两绕组变压器类似,其特点是由于有第三绕组,所以漏磁通中出现了自漏磁通和互漏磁通,使 T 形等效电路中出现了自漏抗和互漏抗,导致计算复杂化。如果忽略励磁电流,则具有互感电抗的星形电路可以化成无互感电抗的等效星形电路,并得到三绕组变压器的简化等效电路,供工程计算使用。此时等效电路中的等效漏抗,将是一些纯计算量。

自耦变压器是两绕组变压器的一种特殊联结方式,其特点是一、二次绕组之间具有电的联系。因此自耦变压器传递的功率中,除感应功率外,还有传导功率,所以自耦变压器所用材料比较节省。另外,由于有电的联系,所以低压侧的绝缘水平要按高压侧来考虑,以保证安全。

习　题

2-1　变压器的一、二次额定电压都是如何定义的?

2-2　简述变压器折算的目的及原则。

2-3　试画出变压器带纯阻性负载时的简化电路图和相量图。

2-4　变压器空载试验的步骤是什么?为什么变压器的空载损耗可近似看成铁心损耗,而短路损耗可近似看成铜损耗?

2-5　变压器的阻抗电压 u_k 对变压器的运行性能有哪些影响?

2-6　变压器的电压调节率的大小与哪些因素有关?

2-7　为什么三相变压器组不能采用 Y,y 联结,而三相铁心式变压器又可采用 Y,y 联结?

2-8　为什么变压器一、二次绕组电流与匝数成反比,只有在满载或接近满载时才成立,空载时不成立?

2-9　变压器空载运行时,一次绕组加额定电压,这时一次绕组电阻 R_1 很小,为什么空载电流 I_0 不大?如将它接在同电压(仍为额定值)的直流电源上,会如何?

2-10　变压器运行时产生最大效率应满足什么条件?

2-11　变压器并联运行的最理想情况有哪些?怎样才能达到最理想的情况?哪一个条件要求绝对严格?

2-12　为什么采用自耦变压器时希望它的变比不要太大?

2-13　电流互感器二次绕组为什么不许开路?电压互感器二次绕组为什么不许短路?

2-14　有一台单相变压器,额定容量为 $S_N = 250 \text{ kV·A}$,额定电压 $U_{1N}/U_{2N} = 10 \text{ kV}/0.4 \text{ kV}$。试计算一、二次绕组的额定电流。

2-15　三相变压器额定容量为 500 kV·A,额定电压为 $10 \text{ kV}/0.4 \text{ kV}$,额定频率为 50 Hz,Y,d 联结,为 $\cos \varphi_2 = 0.9$ 的感性负载供电,满载时二次绕组的电压为 380 V。求:(1) 满载时一、二次绕组的额定电流;(2) 输出的有功功率。

2-16　三相变压器额定容量为 20 kV・A,额定电压为 10 kV/0.4 kV,额定频率为 50 Hz,Y,y0 联结,高压绕组匝数为 3 300。试求:(1)变压器高压侧和低压侧的额定电流; (2)低压绕组的匝数。

2-17　有一台单相变压器,额定电压 $U_{1N}/U_{2N}=35$ kV/6 kV,铁心柱有效截面积为 1 120 cm^2,铁心最大磁感应强度 $B_m=1.45$ T。试计算一、二次绕组的匝数和变压器变比。

2-18　一台单相变压器,$S_N=50$ kV・A,$U_{1N}/U_{2N}=10$ 000 V/230 V,$R_1=40$ Ω,$X_{1\sigma}=60$ Ω,$R_2=0.02$ Ω,$X_{2\sigma}=0.04$ Ω,$R_m=2$ 400 Ω,$X_m=12$ 000 Ω。当该变压器作降压变压器向外供电时,二次电压 $U_2=215$ V,$I_2=180$ A,功率因数 $\cos\varphi_2=0.8$(感性)。试画出 T 形等效电路,并用基本方程求该变压器的 I_0 和 I_1。

2-19　一台单相变压器,$S_N=20$ 000 kV・A,$U_{1N}/U_{2N}=127$ kV/11 kV,$f_N=50$ Hz。$R_1=R_2'=3.22$ Ω,$X_{1\sigma}=X_{2\sigma}'=29.15$ Ω,$R_m=3$ 040 Ω,$X_m=32$ 200 Ω,负载阻抗 $Z_L=4.6+j3.45$ Ω。求一次侧加额定电压时二次侧的电流、电压和负载功率因数。

2-20　有一台单相变压器,$S_N=630$ kV・A,$U_{1N}/U_{2N}=35$ kV/6.6 kV,$f_N=50$ Hz。空载试验与稳态短路试验数据如题 2-20 表所示。

题 2-20 表

实验名称	电压加于	电压	电流	功率
空载试验	低压侧	6.6 kV	5.1 A	3.8 kW
短路试验	高压侧	2.27 kV	17.2 A	9.5 kW

(1)求折算到高压侧的励磁阻抗及短路阻抗;(2)假定 $R_1=R_2'$,$X_{1\sigma}=X_{2\sigma}'$,绘出 T 形等效电路。

2-21　一台三相变压器,Y,d11 联结。$S_N=5$ 600 kV・A,$U_{1N}/U_{2N}=10$ kV/6.3 kV。在低压侧做空载试验,测得 $U_0=6$ 300 V,$I_0=7.4$ A,$p_0=6$ 800 W;在高压侧做短路试验,测得 $U_k=550$ V,$I_k=324$ A,$p_k=18$ 000 W。(1)求变压器等效电路的 R_m、X_m、$|Z_m|$ 和 R_k、X_k、$|Z_k|$;(2)利用简化等效电路求 $\cos\varphi_2=0.8$(滞后)时二次侧 U_2 和电压调整率 ΔU。

2-22　三相变压器,$S_N=100$ kV・A,$U_{1N}/U_{2N}=6$ kV/0.4 kV,$R_{k(75\,℃)}^*=0.024$,$X_k^*=0.050$ 4,$p_0=0.6$ kW,$p_{k(75\,℃)}=2.4$ kW,求额定负载时 $\cos\varphi=0.8$(滞后)的额定电压调整率和效率,以及最大效率和对应的负载电流。

2-23　某变电所有两台额定电压相同的变压器并联运行,若其额定容量分别为 $S_{NI}=3$ 200 kV・A,$S_{NII}=5$ 600 kV・A,额定电压均为 $U_{1N}/U_{2N}=35$ kV/6.3 kV,且 Y,y0 联结,$u_{kI}=6.9\%$,$u_{kII}=7.5\%$。试计算:(1)两台变压器并联运行时,当输出的总负载为 8 000 kV・A 时,两台变压器分别分担的容量;(2)两台变压器并联运行时,在任何一台变压器不过载的情况下,输出的最大容量及其容量利用率。

2-24 判断题 2-24 图中变压器的联结组别。

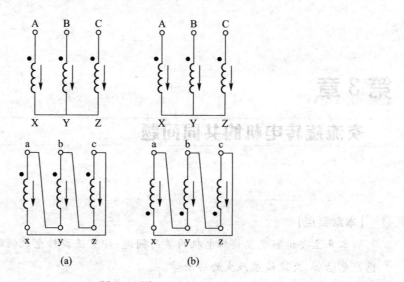

题 2-24 图

第3章

交流旋转电机的共同问题 ∎

【本章要点】

　　本章主要讲解交流旋转电机的共同问题，即交流旋转电机的绕组，交流旋转电机的感应电动势，交流绕组产生的磁动势。

　　本章内容是学习后续异步电机和同步电机的重要基础，要求学生理解并重点掌握交流绕组的基本概念、结构原理、旋转磁场及转速，对交流绕组感应的电动势和交流绕组产生的磁动势的基波能进行定性定量分析计算。

　　交流旋转电机可分为两大类，即同步电机和异步电机。这两类电机的转子结构、工作原理、励磁方式和性能虽然有所不同，但定子结构及其所发生的电磁过程、机电能量转换的机理和条件却是相同的，可以采用统一的观点来研究。

　　本章在了解交流电机的基本工作原理和交流电机对交流绕组的基本要求的前提下，介绍了交流绕组的组成原理和三相对称绕组的绕制方法，给出绘制定子绕组展开图的相关计算与步骤；依次研究了正弦磁场下交流绕组的感应电动势，感应电动势中的高次谐波，通有正弦电流时单相绕组和对称三相绕组的磁动势，磁动势中的高次谐波。这些问题统称为交流旋转电机的共同问题。

3.1　交流旋转电机的绕组

　　交流电机主要分为同步电机和异步电机两类。虽然他们的转子结构、工作原理、励磁方式和运行特性有所不同，但定子结构及其所发生的电磁过程、机电能量转换的机理和条件却是相同的，存在许多共性问题，如定子的交流绕组、交流绕组感应的电动势和交流绕组产生的磁动势等，可以归并到一起进行研究。为了更好地理解共性问题，首先介绍交流电机的基本工作原理。

3.1.1　交流电机的工作原理

3.1.1.1　同步发电机的基本工作原理

同步发电机由定子和转子两部分组成,定、转子间有气隙,如图 3-1(a)所示。定子上有 AX、BY、CZ 三相绕组,为简便计,设它们在定子内圆周空间对称嵌放,彼此相差 120°,每相绕组的匝数相等,仅由一个线圈构成。转子磁极上装有励磁绕组,由直流励磁形成 N、S 一对磁极。

当原动机拖动转子逆时针方向恒速旋转时,在气隙中形成一个时变的磁场,该磁场磁感应强度 B 的基波沿气隙圆周 α 正弦分布,如图 3-1(b)所示。其中曲线 1 表示图示转子位置瞬间($t=0$)的磁感应强度分布情况,曲线 2 则表示经过 Δt,转子位移了 $\Delta\alpha$ 后气隙磁感应强度的变化,显然,随着转子匀速转动,气隙中形成一个对应方向的旋转磁场。

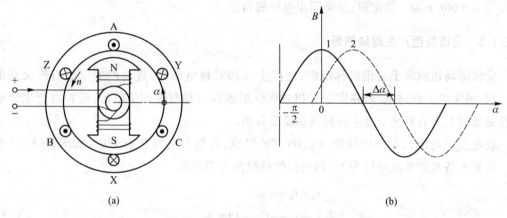

图 3-1　同步发电机及气隙旋转磁场

(a)同步发电机工作原理　(b)气隙磁感应强度分布基波波形

旋转磁场不断切割定子每相绕组,并在其中感应电动势。电动势的大小按 $e=Blv$ 计算,方向按右手定则确定。以 A 相绕组为例,此时导体位于磁极轴线上,感应电动势最大,方向如图 3-1(a)所示。转子转过 90°,磁极轴线位于水平位置,A 相绕组不再切割磁场,感应电动势为零。转子继续旋转,A 相导体再次位于磁极轴线,但磁极反向,感应电动势达到反向最大。由于气隙磁通密度按正弦规律分布,定子绕组感应电动势随时间按正弦规律变化,见图 3-2。

由于三相绕组匝数相等结构相同,在空间互差 120°,当旋转磁场依次切割 A 相、B 相和 C 相绕组时,定子三相感应电动势大小相等、相位彼此差 120°,相序为 A-B-C,由发电机转子转向决定。把定子三相绕组接成星形或三角形联结,便可输出三相交流电。

一对磁极掠过导体,导体电动势就变化一个周期。若每秒有 p 对磁极掠过导体,则导体电动势变化频率 $f=p$。若转子磁极对数为 p,转子转速为 n_1(单位为 r/min),则导体电动势频率为

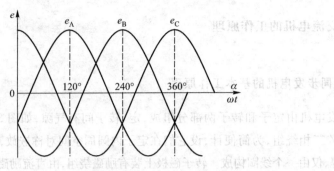

图3-2 三相电动势波形图($\alpha = \omega t$)

$$f = \frac{pn_1}{60} \tag{3-1}$$

式(3-1)表达了同步电机的转速 n_1 和电网频率 f 之间的关系,当电网频率一定时,电机的转速 $n_1 = 60f/p$ 为一恒定值,这是同步电机的特点。

3.1.1.2 交流绕组产生旋转磁场

旋转磁场切割定子三相对称绕组,能产生三相对称电动势,进而产生三相对称交变电流,此为磁生电。反过来,若在定子三相对称绕组通以三相对称交变电流,能否也产生合成旋转磁场呢? 下面就这个电生磁问题做简要分析。

设定子绕组由三个单匝线圈 AX、BY、CZ 组成,各绕组空间互差120°,如图3-3(a)所示。设通入各相的电流幅值为 I_m,则他们的瞬时值可表示为

$$i_A = I_m \cos \omega t$$
$$i_B = I_m \cos(\omega t - 120°) \tag{3-2}$$
$$i_C = I_m \cos(\omega t - 240°)$$

电流波形如图3-3(b)。假设电流为正时,从绕组首端(A、B、C)流出,尾端(X、Y、Z)流入,否则相反。下面选定四个特定瞬间,研究三相电流产生合成磁场的情况。在 $\omega t = 0°$ 瞬时,由图3-3(b)知,$i_A = I_m, i_B = i_C = -I_m/2$,此时各绕组导体边电流方向如图3-4(a)所示,根据右手螺旋法则可以判定其合成磁场的磁极数和磁极轴线位置。设磁力线出转子入定子为磁场的 N 极,反之为 S 极,则容易得出合成磁场的磁极数为 2($p=1$),磁极轴线与 A 相绕组轴线重合。同理,研究时间增加,分别考察 $\omega t = 120°$、$\omega t = 240°$ 和 $\omega t = 360°$ 的瞬时合成磁场,如图3-4(b)(c)(d)所示,其磁极对数不变,磁极轴线分别移位 B 相、C 相和 A 相绕组的轴线方向,即各绕组通入的对称电流变化一个周期,气隙合成磁场逆时针旋转一周。

上述分析说明:

(1)三相对称电流流经三相对称绕组时,在气隙建立一个圆形旋转磁场。

(2)电流变化一周,两极磁场旋转一圈,若电流频率为 f,则旋转磁场转速为 $n_1 = 60f$。

(3)当某一相绕组的电流达到正幅值时,旋转磁场磁极轴线与该相绕组轴线重合。

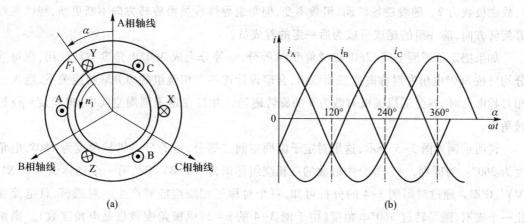

图3-3 交流电机定子三相对称绕组与三相对称电流波形

(a) 三相对称组结构示意图 (b) 三相对称电流波形

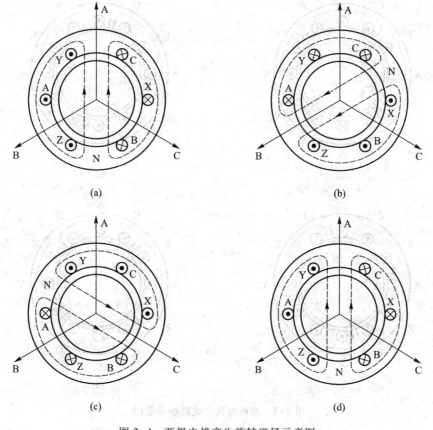

图3-4 两极电机产生旋转磁场示意图

(a) $\omega t = 0°, i_A = I_m, i_B = i_C = -I_m/2$ (b) $\omega t = 120°, i_B = I_m, i_A = i_C = -I_m/2$

(c) $\omega t = 240°, i_C = I_m, i_B = i_A = -I_m/2$ (d) $\omega t = 360°, i_A = I_m, i_B = i_C = -I_m/2$

图 3-4 示例的是磁极对数为 1 的情况,其实合成磁场的磁极数等于定子内圆周上相邻导体组数,这些相邻导体组具有相反的电流方向。观察图 3-4 不同瞬时的情况可知,组数为

2,故磁极数为 2。随着磁场转动,组数不变,但每组导体成员沿旋转方向不断更新,规律是顺着旋转方向,前一组的尾成员成为后一组的首成员。

如果把定子圆周空间(360°机械角度)p 等分,每等分当成 360°电角度空间使用,则每等分均可按 360°电角度对称嵌放三相绕组,合理设计这些三相绕组的串并联接线关系,通入三相对称电流时,就会形成磁极对数为 p 的旋转磁场。并且在定子圆周空间中,电角度=$p×$机械角度。

说明示例如图 3-5 所示,这里对定子圆周空间二等分,每等分占机械角度为 180°,电角度为 360°。为区别,一个等分中嵌放的三相绕组标识为 AX、BY、CZ,另一个则标识为 A′X′、B′Y′、C′Z′。通过对图例 3-4 的分析可知,每个对称三相绕组能够产生一对磁极,且电流变化一个周期,磁场转过 360°电角度(由于图 3-4 的 $p=1$,机械角度数也是电角度数)。则两个对称三相绕组共产生 2 对磁极,即 $p=2$。电流变化一个周期,磁场转过 $1/p$ 圆周。

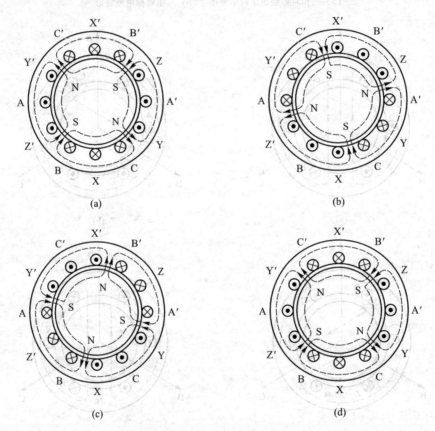

图 3-5　四极电机合成磁场示意图
(a)$\omega t=0°$　(b)$\omega t=120°$　(c)$\omega t=240°$　(d)$\omega t=360°$

设合成磁场转速为 n_1(单位为 r/min),电流频率为 f,则有

$$n_1=\frac{60f}{p} \tag{3-3}$$

式(3-3)与式(3-1)是一致的。n_1 也称为交流电机的同步转速。

利用定子对称绕组通对称电流产生旋转磁场,是交流电动机工作的基础。

3.1.1.3　异步电动机的基本工作原理

从定子结构上看,异步电动机与同步电机是一样的,只是转子不同。图 3-6 是笼型异步电动机的工作原理示意图。转子外圆周槽内嵌放导体,沿圆周均匀分布,导体两端用短路环连接,形成一个个闭合绕组。当定子对称绕组通入对称交流电流时,在定、转子之间的气隙形成同步转速的旋转磁场。设磁场磁极对数为1,方向逆时针,磁力线切割转子导体并在其中产生感应电动势,方向如图 3-6 所示。因为是闭合绕组,转子导体内流过电流,电流的有功分量与电动势同相位。由电磁力定律可知,载流导体在磁场中会受到电磁力的作用,作用力的方向用左手定则判定,见图 3-6。转子上导体受到的电磁力形成一个逆时针方向的电磁转矩 T_e,使转子跟着旋转磁场逆时针旋转。若转子

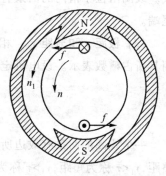

图 3-6　笼型异步电动机的
工作原理示意图

轴上带机械负载,电磁转矩将克服负载转矩而做功,输出机械功率,实现从电能到机械能的转换。

异步电动机不可能达到同步转速,否则转子导体与旋转磁场之间没有相对切割运动,在转子导体中就不能产生感应电动势,也就不可能产生电磁转矩。因此,异步电动机转速与同步转速之间总是存在差异,异步电机的名称即由此而来,也是它和同步电机的基本区别。

3.1.2　交流绕组的基本概念

交流电机定子铁心中放置的是交流绕组。交流绕组应具有两个主要功能:一是当绕组流过交流电流时,产生幅值大、波形好(正弦波形)的合成磁动势,以激励电机工作所要求的旋转磁场;二是当与旋转磁场作用时,能感应出幅值大、波形好的电动势。

3.1.2.1　对交流绕组的基本要求

(1) 在一定的导体数下,获得较大的基波电动势和基波磁动势。

(2) 电动势和磁动势波形力求接近正弦波,为此要求它们的谐波分量要小。

(3) 三相绕组应对称,即各相绕组的结构相同,阻抗相等,空间位置互差 120°电角度。

(4) 用材省、绝缘性能好、机械强度高和散热条件好。

(5) 制造工艺简单,维修方便。

3.1.2.2　关于交流绕组的基本术语

(1) 电角度与机械角度。 电机圆周在几何上分为 360°,这种角度称为机械角度。但从电磁观点看,若磁场在空间按正弦分布,则导体掠过一对磁极,在其中感应电动势也按正弦

变化一周,即经过 360°电角度,因此一对磁极占有的空间是 360°电角度。所以

$$电角度 = p×机械角度 \tag{3-4}$$

(2) 元件(或线圈)。组成绕组的单元是线圈,也称元件,它由一匝或多匝导线串联而成。线圈由位于槽内的两条有效边和端接部分组成,有两根引出线,一根称首端,另一根称尾端。

(3) 极距 τ 和节距 y_1。相邻异性磁极轴线之间沿定子内圆周跨过的距离称极距,可以用其所占槽数表示。设电机定子槽数为 Z,极对数为 p,则

$$\tau = \frac{Z}{2p} \tag{3-5}$$

一个线圈的两条有效边所跨定子内圆周的距离称为节距,用所跨槽数计算。$y_1 = \tau$ 称为整距,$y_1 < \tau$ 称为短距,$y_1 > \tau$ 称为长距。交流电机通常用短距或整距线圈。

(4) 槽距角 α。定子内圆相邻两槽间跨过的电角度。由于定子内圆所占总电角度数为 $p×360°$,所以有

$$\alpha = \frac{p×360°}{Z} \tag{3-6}$$

(5) 相带。若要形成 p 对磁极的旋转磁场,需要将定子圆周空间 p 等分。每等分为 360°电角度空间,对称嵌放一组三相绕组,形成一对磁极。所以,为了确保三相绕组对称,每对磁极下每相绕组所占区域的电角度应相等,或每个磁极下每相绕组所占区域的电角度应相等。这里所说的区域就是相带。考虑到一对磁极占电角度为 360°,一个磁极为 180°,于是若按每对磁极划分相带,则称为 120°相带(360°/3),若按每个磁极划分,则称为 60°相带(180°/3)。一般三相交流电机的绕组多采用 60°相带,分布更均匀,性能更好。

(6) 每极每相槽数 q。每个磁极下每相绕组所占的槽数,它指的是每个相带所对应的定子槽数。设定子的相数为 m_1,则

$$q = \frac{Z}{2pm_1} \tag{3-7}$$

(7) 槽电动势星形图。由槽距角的定义可知,相邻两槽空间上互差 α 电角度。它实际表示相邻两槽中的导体电动势在时间上互差 α 电角度。若将所有槽内的导体电动势相量画出来,便获得槽电动势星形图。图 3-7 给出了 $Z = 24$,$2p = 4$ 时交流绕组的槽电动势星形图。

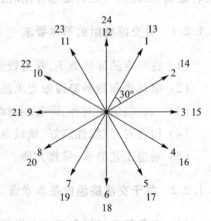

槽电动势星形图反映了所有定子槽内导体所产生的感应电动势之间的相位关系,利用它可以很方便地对称分配三相绕组各元件边对应嵌放的槽号。

图 3-7　交流绕组的槽电动势星形图

3.1.2.3 交流绕组的分类

（1）绕组按相数分为单相、两相、三相和多相绕组。

（2）绕组按槽内有效边层数分为单层和双层绕组。

（3）绕组按每极每相槽数是否为整数分为整数槽和分数槽绕组。

3.1.3 三相单层绕组

所谓单层绕组是指一个槽内仅放置一个线圈边。单层绕组结构简单、嵌线方便,其缺点是不能像双层绕组那样灵活地选择线圈节距来削弱谐波电动势和磁动势,因而波形不如双层绕组。单层绕组主要用于 10 kW 以下的小型交流电机和单相异步电机的定子绕组中。

按照线圈形状和端部连接方式的不同,单层绕组又分为同心式绕组、链式绕组和交叉式绕组。下面以一台 $2p = 4$, $Z = 24$ 的电机为例具体说明三相单层分布绕组的分配与联结规律。具体步骤如下。

（1）计算槽距角。

$$\alpha = \frac{p \times 360°}{Z} = \frac{2 \times 360°}{24} = 30°$$

（2）画出槽电动势星形图。 根据槽距角画出槽电动势星形图如图 3-8 所示。

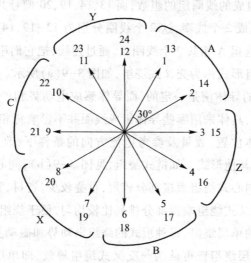

图 3-8　槽电动势星形图相带的划分

（3）按 60° 划分相带。 计算极距和每极每相槽数分别为

$$\tau = \frac{Z}{2p} = \frac{24}{2 \times 2} = 6$$

$$q = \frac{Z}{2pm_1} = \frac{24}{4 \times 3} = 2$$

根据槽电动势星形图和上述数值,将所有槽电动势相量均分成6个相带,如图3-8所示。因为 $q=2$,每相带有2个槽。对称分配给三相绕组,使它们空间互差120°电角度。其中标明A、X的相带里的槽都属于A相,标明B、Y的相带里的槽都属于B相,标明C、Z的相带里的槽都属于C相。由于 $p=2$,定子内圆周被均分成2个360°电角度空间,每个空间对应一对磁极,如表3-1所示。其中编号为1~12的槽为一个360°电角度空间,编号为13~24的槽为另一个360°电角度空间。在槽电动势星形图上对称分配相带,能同时在 p 个360°电角度空间分配三相绕组各元件边槽号。

表 3-1   绕组磁极相带及槽号对应关系

第1对磁极	极性	N_1			S_1		
	槽号	1,2	3,4	5,6	7,8	9,10	11,12
相带		A	Z	B	X	C	Y
第2对磁极	槽号	13,14	15,16	17,18	19,20	21,22	23,24
	极性	N_2			S_2		

(4) 画出绕组展开图。按照槽电动势相量的分配,1、2、7、8、槽号共4根导体属于一对磁极下(360°电角度空间)的A相绕组,可组成2个线圈。若取线圈的节距为整距,即 $y_1 = \tau = 6$,则这2个线圈分别为1-7、2-8,把它们彼此串联,构成一个线圈组1-7-2-8,即每相在每极下由 q 个线圈串联组成的线圈组的组数;而13、14、19、20槽号共4根导体属于另一对磁极下的A相绕组,又可组成2个线圈,这2个线圈分别为13-19、14-20,将它们组成另一个线圈组13-19-14-20。这里A相共2个线圈组,通过连线,把它们串联组成一相绕组。按这一方式所获得的单层绕组形式称为交叉式绕组,如图3-9(a)所示。

考虑到A相所分配的导体槽是一定的,而导体感应电动势和产生磁动势主要跟导体位置、数量和电流方向有关,具体采用哪些导体组成线圈并不影响每相绕组的电动势和磁动势大小,因此,在不改变导体位置、数量及参考电流方向的条件下,改变线圈的圈边组合及连线,可以获得单层绕组的其他形式。如链式绕组,见图3-9(b);同心式绕组,见图3-9(c)。链式绕组端接部分短。同心式绕组短接部分较短,重叠较少,省材,利于散热,但线圈大小不等,绕组绕制较困难。交叉式绕组端接部分排列比较均匀,便于绕组绕制和散热。

无论采用何种形式的单层绕组,每种形式的绕组电动势和磁动势都是相等的。因此,从总体上看,所有形式的单层绕组皆可认为与交叉式绕组等效,即单层绕组是整距分布绕组,线圈组数等于极对数。

(5) 确定绕组的并联支路数。图3-9中,一相绕组共有2个线圈组,这2个线圈组仅联成一条支路。其实也可以根据需要将它们串并联成2条支路,甚至4条支路(仅适合于链式绕组)。对于实际交流绕组,具体支路数 a 的多少取决于电机的额定值和所选择导体的线径。支路数越多,额定电压越低,额定电流越大。

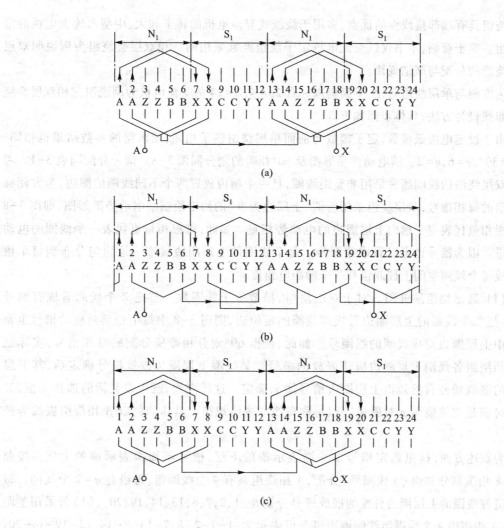

图 3-9　定子 A 相单层绕组展开图

(a) 交叉式绕组　(b) 链式绕组　(c) 同心式绕组

考虑到图形简洁清晰,图 3-9 仅给出了 A 相绕组的接线图,其他两相绕组可按照相同的方法绘出。

3.1.4　三相双层绕组

双层绕组是指定子上每个槽内放置两个线圈边,每个线圈边占一层。按对称要求必然是一个上层圈边和一个下层圈边构成一个线圈。鉴于一个线圈有两个线圈边,所以定子槽可嵌放的线圈总数等于定子槽数,线圈数比单层绕组多一倍。双层绕组的优点是可以灵活选择节距,有利于改善定子绕组的磁动势和电动势波形,使其接近正弦。双层绕组主要用于功率在 10 kW 以上的三相交流电机中。

按照线圈形状和端部接线方式的不同,双层绕组可分为双层叠绕组和双层波绕组。双层波绕组具有端部接线少的优点,多用于绕线式异步电机的转子和大、中型水轮发电机的定子绕组。鉴于篇幅,本书仅以交流电机定子绕组经常采用的三相双层叠绕组为例说明双层分布绕组的分配与联结规律。

为方便与单层绕组对比,下面仍以一台 $2p=4,Z=24$ 的交流电机为例说明三相双层叠绕组的布线设计方法,具体步骤如下。

由于设定电机磁极数,定子槽数与前面单层绕组例子相同,则求得的参数结果也相同,即 $\alpha=30°,\tau=6,q=2$。槽电动势星形图及 60° 相带的划分同图 3-8。槽号分配同表 3-1。考虑到双层绕组的线圈通常采用非整距线圈,且一个槽内放置两个不同线圈的圈边,为方便确定绕组的每相槽号,双层绕组采用所谓“上层边为准”的约定绘制槽电动势星形图,即图 3-8 中每根相量代表定子槽内上层圈边的电动势相量。如此,每根相量也代表一个线圈的电动势相量。因为槽号也可以看成线圈号。每个线圈的上层圈边被唯一地均匀分布到每个槽中。故每个线圈空间上彼此错开一个槽距电角度。

(1) 画出绕组展开图。 对于双层绕组,槽数等于线圈数。若把 Z 个线圈看成有编号线圈,把每个线圈的上层圈边看成该线圈的定位边,则图 3-8 中每个相量对应的槽号也是该槽中上层圈边对应线圈的线圈号。如此,根据 60° 划分相带所分配的每相槽号,实际也是每相绕组各线圈上层圈边应该嵌放的槽号。某线圈上层圈边嵌放槽号确定后,其下层圈边的嵌放槽号自然地由上层圈边槽号加 y_1 确定。这样嵌线,既可以灵活的选择 y_1 值,又能同时满足交流绕组 p 对磁极三相对称布线的嵌线规律。具体的仍以 A 相绕组嵌线为例讨论。

为叙述方便,这里约定槽号加一撇表示槽的下层,槽号不加撇表示槽的上层。按照图 3-8 相带划分和槽号(线圈号)分配,A 相绕组共有 4 个线圈组,每组有 $q=2$ 个线圈。每线圈组每线圈的上层圈边分配的嵌放槽号分别是:1、2,7、8,13、14,19、20。(1)若采用整距线圈,A 相绕组 4 个线圈组线圈圈边组合可表示为:1-7-2-8,7-13-8-14,13-19-14-20,19-1-20-2,绕组展开图如图 3-10(a)。图中实线表示的线圈边位于定子槽的上层,虚线表示的线圈边位于定子槽的下层。(2)若采用短距线圈,比如要求 $y_1=5\tau/6=5$,按照“上层边为准”的约定,各线圈组上层圈边的槽号不变,仅将各下层槽号向左移动一个槽距,即下层圈边槽号减 1,即满足 $y_1=5$ 的设计要求。如此 A 相绕组 4 个线圈组线圈圈边组合成为:1-6-2-7,7-12-8-13,13-18-14-19,19-24-20-1,绕组展开图如图 3-10(b)所示。

对于双层绕组,每相线圈组数等于磁极数,它是单层绕组的两倍。

(2) 确定绕组的并联支路数。 图 3-10 是按支路数 $a=1$ 绘制的连接线,还可以表示为图 3-11(a)。若保持每相邻线圈组间线圈上层圈边电流方向相反规律不变,可以通过改变接线来改变支路数。如 $a=2$ 的一种接线方法如图 3-11(b)所示。由于双层绕组的每相线圈组组数为 $2p$,故并联支路数最多是 $a=2p$。

图 3-10 和图 3-11 仅给出了 A 相绕组的接线图,其他两相绕组可按照相同的方法绘出。

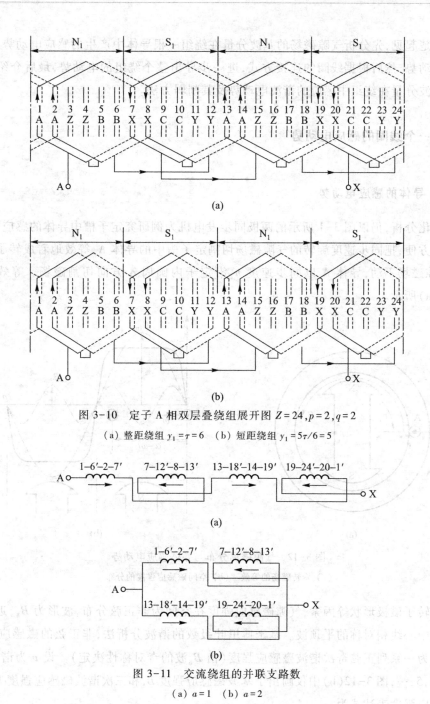

图 3-10　定子 A 相双层叠绕组展开图 $Z=24, p=2, q=2$

（a）整距绕组 $y_1 = \tau = 6$　（b）短距绕组 $y_1 = 5\tau/6 = 5$

图 3-11　交流绕组的并联支路数

（a）$a=1$　（b）$a=2$

3.2　交流旋转电机的感应电动势

当交流电机气隙中存在旋转磁场时,它既切割定子绕组,也切割转子绕组,并在这些绕组中产生感应电动势。本节将讨论旋转磁场切割交流绕组,在绕组中产生感应电动势的情况。为清楚起见,先分析气隙磁场的基波分量在绕组一根导体中产生的感应电动势,再导出线圈的电动势,然后根据线圈的连接方式,进一步导出整个绕组的电动势,最后介绍旋转磁场高次谐波分量在绕组中感应的谐波电动势及其削弱方法。

3.2.1   一个线圈的感应电动势

3.2.1.1   导体的感应电动势

为简化分析,仍以图 3-1 所示的两极同步发电机为例研究定子槽中导体的感应电动势。为了分析方便,把同步速度旋转的气隙磁场切割定子槽中的导体 A,等效地看成转子磁极不动,或气隙磁场不动,导体 A 以同步速度 n_1 沿定子内圆周 α 方向切割磁场。等效情况如图 3-12(a)所示。

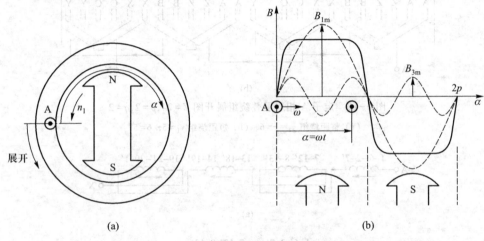

(a)　　　　　　　　　　　　　(b)

图 3-12   气隙磁场分布与导体感应电动势

(a)旋转磁场的等效　(b)空间磁感应强度的分布

由于转子磁极形状等因素,气隙磁感应强度在空间为非正弦分布,波形为 B_δ,近似为一个与磁极中心线相对称的平顶波。基于傅里叶级数的谐波分析法,非正弦的磁感应强度 B_δ 可以分解为一系列正弦奇次谐波磁感应强度(由 B_δ 波的奇对称性决定)。设 ν 为谐波次数,则 $\nu = 1, 3, 5, \cdots$,图 3-12(b)中仅画出了基波磁感应强度 B_1 和三次谐波磁感应强度 B_3。ν 次谐波磁感应强度表达式为

$$B_\nu = B_{m\nu} \sin \nu\alpha \tag{3-8}$$

式中,$B_{m\nu}$ 为 ν 次谐波磁感应强度的幅值。$\nu = 1$ 的谐波也称为基波。

设 $t = 0$ 时,导体位于极间将要进入 N 极的位置,转子旋转的角频率为 ω,当时间为 t 时,导体转过 α 角,$\alpha = \omega t$,利用式(3-8)得基波磁感应强度在 A 导体中的感应电动势为

$$e_1 = B_1 l v = B_{m1} l v \sin \omega t = \sqrt{2} E_{c1} \sin \omega t \tag{3-9}$$

式中，l 为导体的有效长度，单位为 m；v 为导体切割基波磁感应强度的速度，单位为 m/s；E_{c1} 为导体基波电动势的有效值，单位为 V。

由此可见，若气隙磁场为正弦分布，恒速旋转，则定子导体中的感应电动势是随时间正弦变化的交流电动势。

由图 3-12 可知，导体掠过一对磁极时，基波磁感应强度交变一周，根据式(3-9)，导体感应的基波电动势也交变一个周期。若转子有 p 对磁极，则转子每旋转一周，定子导体中的基波电动势将交变 p 个周期。设转子每分钟的转数为 n_1，则导体中感应基波电动势的频率（单位为 Hz）应为

$$f_1 = \frac{pn_1}{60} \tag{3-10}$$

根据式(3-9)，导体基波电动势的有效值 $E_{c1} = B_{m1}lv/\sqrt{2}$，由于 $v = \pi D_1 n_1/60$，其中 D_1 为定子半径，且极距 $\tau = \pi D_1/2p$；把 v 代入 E_1，可得

$$E_{c1} = \frac{B_{m1}l}{\sqrt{2}} 2\tau f_1 = \sqrt{2} f_1 B_{m1} \tau l$$

当磁感应强度按正弦分布时，每极基波磁通 $\Phi_1 = \frac{2}{\pi} B_{m1} \tau l$，故

$$E_{c1} = \frac{\pi}{\sqrt{2}} \Phi_1 f_1 = 2.22 \Phi_1 f_1 \tag{3-11}$$

3.2.1.2 整距线圈的电动势

对 $y_1 = \tau$ 的整距线圈，若一条有效边 A 位于 N 极轴线，则另一条有效边 X 必然位于 S 极轴线，所以感应的基波电动势大小相等，相位互差一个极距电角度，即 180°，如图 3-13 所示。根据图中电动势参考正方向的假定，单匝整距线圈所感应的基波电动势相量为

$$\dot{E}_{c1} = \dot{E}_{cA1} - \dot{E}_{cX1}$$

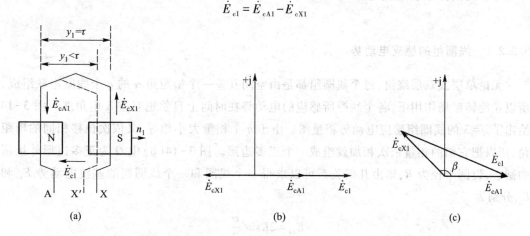

图 3-13 线圈基波电动势相位关系图

(a) 线圈边的空间位置 (b) 整距线圈电动势相量图 (c) 短距线圈电动势相量图

有效值为

$$E_{c1} = 2E_{cA1} = 4.44f_1\Phi_1$$

考虑到每个线圈由 N_y 匝组成,因此,整距线圈所感应的基波电动势为

$$E'_{y1} = N_y E_{c1} = 4.44f_1 N_y \Phi_1 \qquad (3-12)$$

3.2.1.3　短距线圈的电动势

对 $y_1 < \tau$ 的短距线圈,如图 3-13 中线圈边 A 和线圈边 X′组成的单匝线圈。设此时两导体边上所感应的电动势相位互差 β,因为 $\tau:\pi = y_1:\beta$,所以相位互差 $\beta = \dfrac{y_1}{\tau}\pi$,小于 $180°$。其相量图如图 3-13(c)所示。根据电动势正方向的假定,单匝短距线圈所感应的基波电动势相量为 $\dot{E}_{c1} = \dot{E}_{cA1} - \dot{E}_{cX'1}$,有效值为

$$E_{c1} = 2E_{cA1}\sin\frac{\beta}{2} = 2E_{cA1}\sin\left(\frac{y_1}{\tau}90°\right) = 4.44f_1\Phi_1 k_{y1} \qquad (3-13)$$

其中

$$k_{y1} = \sin\left(\frac{y_1}{\tau}90°\right) \qquad (3-14)$$

式中,k_{y1} 为交流绕组的基波短距系数。显然,对于 $y_1 < \tau$ 的短距线圈,则 $k_{y1} < 1$;对于 $y_1 = \tau$ 的整距线圈,则 $k_{y1} = 1$。对于 N_y 匝组成的短距线圈,其基波电动势为

$$E_{y1} = 4.44f_1 k_{y1} N_y \Phi_1 \qquad (3-15)$$

比较式(3-12)和式(3-15)容易看出,线圈短距会使所感应的电动势有效值有所降低,相当于线圈的有效匝数由 N_y 降至 $N_y k_{y1}$。当取式(3-15)中的 $k_{y1} = 1$ 时可以得到式(3-12),故式(3-15)为线圈基波电动势有效值的通式。

3.2.2　交流分布绕组的感应电动势

3.2.2.1　线圈组的感应电动势

无论单层或双层绕组,每个线圈组都是由空间互差一个槽距角 α 的 q 个线圈串联组成,所以在旋转磁场作用下,各个线圈所感应的电动势在时间上自然也互差 α 电角度。图 3-14 给出了 $q = 3$ 的线圈组感应电动势相量图。由于 q 个相量大小相等,又依次位移相同的槽距角,所以把它们的相量依次相加就组成一个正多边形。图 3-14(b)中 O 为正多边形外接圆的圆心,设圆半径为 R,则由几何关系可以求得一个线圈和一个线圈组的基波电动势 E_{y1} 和 E_{q1} 分别为

$$E_{y1} = 2R\sin\frac{\alpha}{2}$$

$$E_{q1} = 2R\sin\frac{q\alpha}{2}$$

两式相除有

$$\frac{E_{q1}}{E_{y1}} = \frac{\sin\dfrac{q\alpha}{2}}{\sin\dfrac{\alpha}{2}} = q\left(\frac{\sin\dfrac{q\alpha}{2}}{q\sin\dfrac{\alpha}{2}}\right) = qk_{q1}$$

进而得

$$E_{q1} = k_{q1}qE_{y1} \tag{3-16}$$

其中

$$k_{q1} = \frac{\sin\dfrac{q\alpha}{2}}{q\sin\dfrac{\alpha}{2}} \tag{3-17}$$

式中，k_{q1} 为交流绕组的基波分布系数，其物理意义为 q 个线圈电动势的相量和与代数和之比。

式（3-16）表明，由于组成线圈组的各线圈采用分布而不是集中绕组，整个线圈组的电动势不是代数和而是相量和，导致线圈组所感应的基波电动势有所降低，相当于线圈的有效匝数由 qN_y 降至 $k_{q1}qN_y$ 匝。

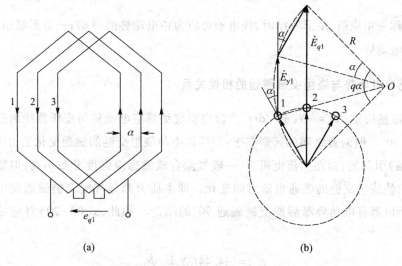

图 3-14　线圈组（$q=3$）的合成电动势

（a）分布线圈　（b）基波电动势相量图

将式（3-15）代入式（3-16）得一个线圈组所产生的感应电动势的有效值为

$$E_{q1} = 4.44f_1(qN_y)(k_{q1}k_{y1})\Phi_1 = 4.44f_1(qN_y)k_{w1}\Phi_1 \tag{3-18}$$

其中

$$k_{w1} = k_{y1}k_{q1} \tag{3-19}$$

式中，k_{w1} 为基波绕组系数，它表示同时考虑短距及分布影响时，线圈组电动势应打的折扣。

k_{y1}、k_{q1} 和 k_{w1} 均小于 1。

3.2.2.2 相绕组的感应电动势和三相绕组线电动势

由于每相绕组是由同一相中的线圈组串、并联构成的,所以相绕组电动势等于相电路中任意一条支路串联线圈组电动势相量和。一般情况下,每条支路中的线圈组都是按电动势同相相加关系串联接线的,故它们大小相等,相位相同,向量和也是代数和。对于单层绕组,每条支路由 p/a 个线圈组串联而成,对于双层绕组,每条支路由 $2p/a$ 个线圈组串联而成。所以每相绕组电动势为

单层绕组
$$E_{\varphi1} = 4.44f_1 \frac{p}{a}(qN_y)k_{w1}\Phi_1$$

双层绕组
$$E_{\varphi1} = 4.44f_1 \frac{2p}{a}(qN_y)k_{w1}\Phi_1$$

以上两式中,$\frac{p}{a}(qN_y)$ 和 $\frac{2p}{a}(qN_y)$ 分别表示单层绕组和双层绕组每相每条支路的总串联匝数 N_1,这样就可以得到绕组相电动势的一般表达式:

$$E_{\varphi1} = 4.44f_1N_1k_{w1}\Phi_1 \tag{3-20}$$

对于对称三相绕组,星形联结时,线电动势应为相电动势的 $\sqrt{3}$ 倍;三角形联结时,线电动势就等于相电动势。

3.2.2.3 感应电动势与绕组交链磁通的相位关系

根据电磁感应定律 $e=-N(\mathrm{d}\Phi/\mathrm{d}t)$,交流电机绕组感应电动势与变压器绕组感应电动势均滞后磁通90°。但两者之间的区别在于:变压器中与绕组交链的磁通变化是由主磁通随时间变化(脉振)引起的;而在交流电机中,一般气隙合成磁感应强度分布不变,但随时间相对于绕组旋转,使绕组交链的磁通也随时间变化。即本质上都是绕组交链磁通发生变化而感应电动势,所以都有电动势滞后所交链磁通90°的结论。如此,式(3-20)对应的相量表达式为

$$\dot{E}_{\varphi1} = -\mathrm{j}4.44f_1N_1k_{w1}\dot{\Phi}_1 \tag{3-21}$$

式(3-20)和式(3-21)与变压器绕组电动势计算公式相似,只不过交流电机因为采用短距和分布绕组,故等效匝数需要折扣一个 k_{w1} 而已。

例3-1 有一台三相同步发电机,$2p=2$,转速 $n=3\,000$ r/min,定子槽数 $Z=60$,绕组为双层、星形联结,线圈节距 $y_1=0.8\tau$,每相总串联匝数 $N_1=20$,主极磁场在气隙中正弦分布,基波磁通量 $\Phi_1=1.504$Wb。试求主极磁场在定子绕组内感应电动势的下列数据:(1)频率;(2)绕组的短距系数和分布系数;(3)基波相电动势和线电动势。

解 (1)电动势的频率为

$$f_1 = \frac{pn_1}{60} = \frac{1 \times 3\,000}{60} \text{ Hz} = 50 \text{ Hz}$$

（2）由于 $q = \frac{Z}{2pm} = \frac{60}{2 \times 3} = 10$，$\alpha = \frac{p \times 360°}{Z} = \frac{1 \times 360°}{60} = 6°$，于是绕组的短距系数和分布系数为

$$k_{y1} = \sin\left(\frac{y_1}{\tau} 90°\right) = \sin(0.8 \times 90°) = 0.951$$

$$k_{q1} = \frac{\sin \dfrac{q\alpha}{2}}{q\sin \dfrac{\alpha}{2}} = \frac{\sin \dfrac{10 \times 6°}{2}}{10 \times \sin \dfrac{6°}{2}} = 0.955$$

$$k_{w1} = k_{y1}k_{q1} = 0.951 \times 0.955 = 0.908$$

（3）基波相电动势和线电动势为

$$E_{\varphi 1} = 4.44 f_1 N_1 k_{w1} \Phi_1 = 4.44 \times 50 \times 20 \times 0.908 \times 1.504 \text{ V} = 6\,063.4 \text{ V}$$

$$E_{l1} = \sqrt{3} E_{\varphi 1} = \sqrt{3} \times 6\,063.4 \text{ V} \approx 10\,502 \text{ V}$$

3.2.3　高次谐波电动势及其削弱方法

在交流电机中，由于主磁极形状、铁心磁路饱和以及定、转子齿槽的影响，气隙磁感应强度分布往往不是正弦波，而近似平顶波，如图 3-12(b) 所示。它可以被分解为在空间按正弦分布的基波及一系列奇次谐波，由波形图可知，ν 次谐波的磁极对数 p_ν 为基波的 ν 倍，极距 τ_ν 为基波的 $1/\nu$，且所有的谐波磁场均随主磁极一起以同步速度 n_1 在空间推移，所以对于谐波电动势有

$$p_\nu = \nu p, \quad \tau_\nu = \frac{\tau}{\nu}, \quad n_\nu = n_1 \tag{3-22}$$

3.2.3.1　高次谐波电动势

谐波磁感应强度随主磁极一起旋转，在定子绕组中感应谐波电动势 E_ν，设谐波电动势的频率为 f_ν，根据式（3-22），仿照与式（3-10）类似的推导，得

$$f_\nu = \frac{p_\nu n_\nu}{60} = \frac{\nu p n_1}{60} = \nu f_1 \tag{3-23}$$

仿照与式（3-6）类似的推导，得 ν 次谐波的槽距角为

$$\alpha_\nu = \frac{p_\nu \times 360°}{Z} = \frac{\nu p \times 360°}{Z} = \nu \alpha \tag{3-24}$$

仿照与式（3-20）类似的推导，得

$$E_{\varphi\nu} = 4.44 f_\nu N_1 k_{w\nu} \Phi_\nu \tag{3-25}$$

式中,Φ_ν 为 ν 次谐波磁场的磁通量,用 ν 次谐波磁场的幅值、极距和电枢的有效长度 l 表示时,有

$$\Phi_\nu = \frac{\pi}{2} B_\nu \tau_\nu l \qquad (3-26)$$

$k_{w\nu}$ 为 ν 次谐波的绕组系数,有

$$k_{w\nu} = k_{y\nu} k_{q\nu} \qquad (3-27)$$

其中,ν 次谐波的短距系数和分布系数分别为

$$k_{y\nu} = \sin\left(\frac{y_1}{\tau_\nu} 90°\right) = \sin\left(\nu \frac{y_1}{\tau} 90°\right) \qquad (3-28)$$

$$k_{q\nu} = \frac{\sin\dfrac{q\alpha_\nu}{2}}{q\sin\dfrac{\alpha_\nu}{2}} = \frac{\sin\left(\nu\dfrac{q\alpha}{2}\right)}{q\sin\left(\nu\dfrac{\alpha}{2}\right)} \qquad (3-29)$$

当算出各次谐波电动势有效值后,可求得相电动势有效值为

$$E_\varphi = \sqrt{E_{\varphi1}^2 + E_{\varphi3}^2 + E_{\varphi5}^2 + \cdots} \qquad (3-30)$$

3.2.3.2 削弱谐波电动势的方法

谐波电动势的存在使发电机的电动势波形畸变,电机本身杂散损耗增大,温升增高,效率下降;使异步电动机产生有害的附件转矩,引起震动与噪声,运行性能变差;高次谐波电流在输电线引起谐振,产生过电压,并对邻近通信线路产生干扰。为此,应将谐波电动势减至最小。

(1) 三相绕组采用 Y 或 D 联结消除三次谐波。三次谐波相电动势在相位上彼此互差 $3 \times 120° = 360°$ 电角度,即它们大小相等,相位相同。在 Y 联结的电路中,由于线电动势等于两个相关相电动势之差,结果为零,即线电动势中不存在三次谐波。发电机绕组多采用 Y 联结。

在 D 联结的电路中,三次谐波电动势在闭合环路中产生环流 $\dot{I}_3$,其值为 $\dot{I}_3 = \dfrac{3\dot{E}_{\varphi3}}{3Z_3} = \dfrac{\dot{E}_{\varphi3}}{Z_3}$,并在绕组内产生电压降,则三次谐波线电动势 $\dot{E}_{l3} = \dot{E}_{\varphi3} - \dot{I}_3 Z_3 = 0$,其中 Z_3 为相绕组三次谐波阻抗。可见,对于三相对称系统,线电动势中不存在三次及其 3 的倍数次谐波。但 D 联结中的三次谐波环流会使损耗增加,效率降低,温升变高,故发电机绕组很少采用 D 联结。

(2) 采用短距绕组。适当选择线圈节距,使得某一次谐波的短距系数为零或使得某些谐波短距系数接近零,从而削弱指定的谐波电动势。例如,要消除 ν 次谐波,只要使

$$k_{y\nu} = \sin\left(\nu \frac{y_1}{\tau} 90°\right) = 0$$

即使

$$\nu\,\frac{y_1}{\tau}90° = k×180° \quad \text{或} \quad y_1 = \frac{2k}{\nu}\tau \quad (k=1,2,\cdots) \tag{3-31}$$

理论上,式(3-31)中的 k 可选为任意整数;但从尽可能不削弱基波的角度考虑,应选用接近于整距的短节距,即使 $2k=\nu-1$,此时

$$y_1 = \frac{\nu-1}{\nu}\tau \tag{3-32}$$

若按式(3-32)选择线圈节距,可以消除 ν 次谐波。谐波次数越高,谐波磁场幅值越小,相应的谐波电动势也越小。由于三相绕组的线电压间已不存在三次谐波,所以选择三相绕组节距时,主要考虑如何削弱五、七次谐波。例如选择 $y_1 = \frac{4}{5}\tau$,可以消除五次谐波,而选择 $y_1 = \frac{5}{6}\tau$ 时,由式(3-28)可以算出 $k_{y5}=k_{y7}=0.259$,即五、七次谐波电动势均被削弱掉 3/4。

(3) 采用分布绕组。 线圈组分布嵌放后,基波分布系数小于1,但很接近1,而谐波分布系数却远小于1,故即使线圈组基波电动势略有下降,但线圈组谐波电动势被大大削弱。由式(3-29)可知, q 值越大,抑制谐波电动势效果越好。但 q 值增大,意味着总槽数增加,将使电机成本提高。通过计算可知,当 $q>6$ 时,分布系数的下降已不太明显,因此现代交流电机一般都选用 $2 \leqslant q \leqslant 6$。

(4) 改善主磁极形状。 改善磁极的极靴外形(凸极同步电机)或励磁绕组的分布范围(隐极同步电机),使气隙磁感应强度在空间接近正弦分布。

3.3 交流绕组产生的磁动势

交流电机定子绕组均匀分布在定子内表面,其中的电流随时间交变。因此,定子绕组所建立的磁动势既按一定的规律沿空间分布,又是随时间变化的,是时间与空间的函数。3.1节定性分析了三相对称绕组通以三相对称电流产生旋转磁场的基本原理,本节将从理论上进一步讨论交流绕组通以交流电流所产生磁动势的基本规律,进而给出分析 m 相交流绕组产生合成磁动势规律的数学方法。为使讨论循序渐进,先分析整距线圈的磁动势,然后分析整距和短距线圈组 q 个线圈的磁动势,再分析一相绕组的磁动势,三相绕组合成磁动势,最后讨论高次谐波磁动势。为简化分析,做以下假设。

(1) 定、转子铁心的磁导率 $\mu_{Fe}=\infty$,即认为铁心内的磁位降可以忽略不计。

(2) 定、转子之间的气隙均匀,即气隙磁阻为常数。

(3) 槽内电流集中在槽中心处。

3.3.1   交流电机定子单相绕组的脉振磁动势

3.3.1.1   整距线圈产生的磁动势

图 3-15 中的 AX 表示匝数为 N_y 的整距线圈。当在线圈中通入电流 i_c 时,线圈所对应的磁动势为 $N_y i_c$。由该磁动势产生的磁场为两极,磁力线如图 3-15 中的闭合虚线所示。在闭合磁路中,磁力线穿过气隙两次。根据前面假设,磁位降全部消耗在两个气隙上,故每个气隙上所作用的磁动势为 $N_y i_c/2$。

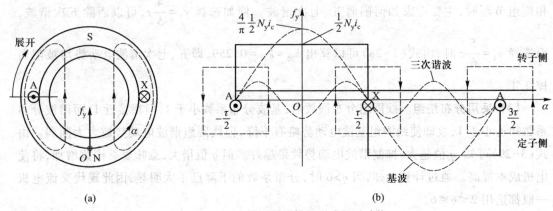

图 3-15   一个整距载流线圈形成的磁动势

(a) 磁场分布   (b) 磁动势沿气隙的分布

为建立坐标系,假设定子铁心可沿内表面拉直。取线圈 AX 的轴线为坐标原点,沿定子铁心内表面的空间电角度 α 为横坐标,取线圈磁动势的大小为纵坐标。规定电流从尾端 X 流入、首端 A 流出为正;磁动势从定子入转子的方向为正,反之为负,则某一瞬时单个线圈所产生的磁动势为偶对称矩形波,如图 3-15(b)所示。气隙磁动势也可写为

$$f_y = \begin{cases} \dfrac{1}{2}N_y i_c, & -\dfrac{\tau}{2} \leqslant x \leqslant \dfrac{\tau}{2} \\[3mm] -\dfrac{1}{2}N_y i_c, & \dfrac{\tau}{2} \leqslant x \leqslant \dfrac{3\tau}{2} \end{cases} \tag{3-33}$$

设线圈内的电流为

$$i_c = \sqrt{2}I_c \cos \omega t$$

则

$$f_y(x,t) = \begin{cases} \dfrac{\sqrt{2}}{2}N_y I_c \cos \omega t, & -\dfrac{\tau}{2} \leqslant x \leqslant \dfrac{\tau}{2} \\[3mm] -\dfrac{\sqrt{2}}{2}N_y I_c \cos \omega t, & \dfrac{\tau}{2} \leqslant x \leqslant \dfrac{3\tau}{2} \end{cases} \tag{3-34}$$

$$= F_{ym} \cos \omega t$$

式中，$F_{ym}=\dfrac{\sqrt{2}}{2}N_yI_c$，$F_{ym}$ 为通入最大电流幅值时，矩形波磁动势的幅值，单位为 A。

随着时间的推移，矩形波磁动势的幅值会随着余弦变化的电流而正负交替变化，但磁动势的位置却不会发生变化。这种位置不变、幅值正负交替变化的磁动势称为脉振磁动势，脉振磁动势所产生的磁场称为脉振磁场。

对于多极电机，如图 3-16 所示的两组整距线圈形成四极磁场的情况，可以看出，四极情况是二极情况的周期重复，所以只要把二极情况分析清楚，即可推广到四极和其他多极的情况。

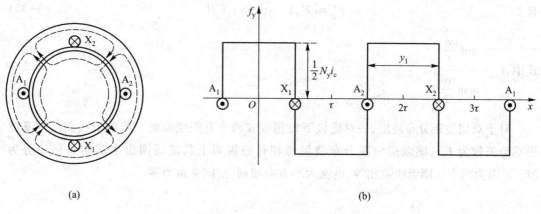

图 3-16　两组整距载流线圈形成四极磁动势

（a）磁场分布　（b）磁动势沿气隙的分布

将矩形波磁动势按傅里叶级数进行分解，由于矩形波对纵轴和横轴对称，分解后只有奇次的余弦波，即

$$f_y(x,t)=F_{ym}(x)\cos\omega t=f_{y1}+f_{y3}+f_{y5}+\cdots$$

$$=\left[F_{y1}\cos\left(\frac{\pi}{\tau}x\right)+F_{y3}\cos\left(\frac{3\pi}{\tau}x\right)+F_{y5}\cos\left(\frac{5\pi}{\tau}x\right)+\cdots\right]\cos\omega t$$

其中，对基波有
$$F_{y1}=\frac{1}{\tau}\int_0^{2\tau}F_{ym}(x)\cos\left(\frac{\pi}{\tau}x\right)dx=\frac{4}{\pi}\frac{\sqrt{2}}{2}N_yI_c=0.9N_yI_c \tag{3-35}$$

对高次谐波有
$$F_{y\nu}=\pm\frac{1}{\nu}0.9N_yI_c \tag{3-36}$$

故
$$f_y(x,t)=0.9N_yI_c\left[\cos\left(\frac{\pi}{\tau}x\right)-\frac{1}{3}\cos\left(\frac{3\pi}{\tau}x\right)+\frac{1}{5}\cos\left(\frac{5\pi}{\tau}x\right)+\cdots\right]\cos\omega t \tag{3-37}$$

以下主要分析基波磁动势与磁场，对于磁动势中的高次谐波，将在 3.3.4 节中做进一步讨论。

3.3.1.2　整距分布线圈组产生的磁动势

考虑到交流电机定子绕组采用分布绕组,每个线圈组中相邻两个线圈的空间间隔为槽距角 α,各线圈匝数相等,因串联关系电流也相等,因此,所产生的磁动势大小相等,空间互差 α 角,如图 3-17 所示。采用与 3.2.2 节线圈组电动势计算完全相同的方法,引入分布系数 k_{q1} 来计及线圈分布的影响,可得单个整距线圈组所产生的基波磁动势为

$$f'_{q1}(x,t) = qk_{q1}f_{y1}(x,t) = 0.9qN_y k_{q1} I_c \cos\left(\frac{\pi}{\tau}x\right)\cos\omega t$$

且
$$F'_{q1} = qF_{y1}k_{q1} = 0.9qN_y k_{q1} I_c \tag{3-38}$$

式中,$k_{q1} = \dfrac{\sin\dfrac{q\alpha}{2}}{q\sin\dfrac{\alpha}{2}}$。

对于双层整距分布绕组,一对磁极下每相嵌放两个整距线圈组。若单个线圈组的基波磁动势矢量为 F_{q1},则双层整距分布绕组每相每磁极对下载流线圈组生成的总磁动势为 $2F_{q1}$。因为两个线圈组匝数相等,电流大小方向相同,空间夹角为零。

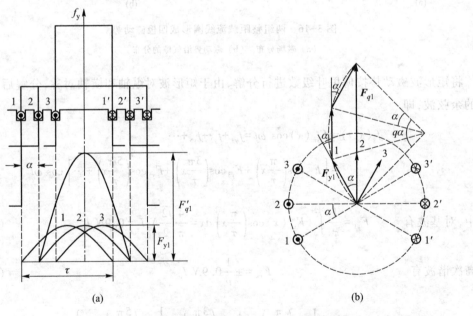

(a)　(b)

图 3-17　一个载流整距线圈组($q=3$)形成的磁动势

(a) 合成磁动势波和基波合成磁动势波形图　(b) 基波合成磁动势相量图

3.3.1.3　短距分布线圈组产生的磁动势

交流电机常用的双层绕组都是采用短距的分布绕组。图 3-18 所示为 $q=3$,$\tau=9$,$y_1=7$

的双层短距分布绕组。一对磁极下嵌放了一相绕组的两个线圈组,它们首尾端组合是 $A_上$-$A_下$和 $X_上$-$X_下$。考虑到磁动势的大小和波形仅取决于槽中导体分布情况以及导体中的电流,而与线圈端接方式无关。故在不改变槽中导体及电流的情况下,仅改变端接线,可把两个短距线圈组等效变换成两个整距线圈组,即新的首尾端组合是 $A_上$-$X_上$和 $A_下$-$X_下$。设两个整距线圈组的基波磁动势空间矢量分别为 $\boldsymbol{F}_{q上}$和 $\boldsymbol{F}_{q下}$,则它们大小相等,空间错开 $\beta = \dfrac{\tau-y_1}{\tau}180°$电角度。其合成磁动势为它们的矢量和,由图 3-18(b)可得

$$\boldsymbol{F}_{q1} = \boldsymbol{F}_{q上} + \boldsymbol{F}_{q下}$$

也就是

$$
F_{q1} = 2F_{q上}\cos\frac{\beta}{2} = 2F_{q上}\cos\left(\frac{\tau-y_1}{\tau}90°\right)
$$

$$
= 2F'_{q1}\sin\left(\frac{y_1}{\tau}90°\right) = 2F'_{q1}k_{y1} \tag{3-39}
$$

式(3-39)说明,因为采用短距,每相每磁极对下载流线圈组生成的总磁动势有所下降,与整距比较,需要折扣一个短距系数 k_{y1}。

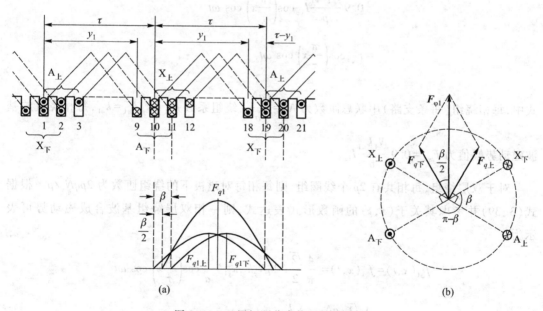

图 3-18　双层短距分布绕组的磁动势

(a) 双层短距分布绕组槽内导体布置和上、下层导体基波磁动势　(b) 磁动势矢量图

3.3.1.4　单相绕组产生的磁动势

导出了线圈和线圈组的磁动势计算公式后,便可以推导出单相绕组所产生合成磁动势的计算公式。需要说明的是,磁动势不仅是时间函数,而且呈空间分布,各对磁极分别有各自的磁路,占有不同的空间位置。把不同空间位置的各对磁极磁动势合并起来是没有物理

意义的。所以,单相绕组所产生的合成磁动势并不是指单相绕组的所有安匝数,而是指该相绕组在每对磁极下产生的磁动势。

单相绕组在每对磁极下产生的磁动势就等于每对磁极下该相所有线圈组所产生的磁动势,即式(3-38)和式(3-39)分别表示了单相单层绕组和单相双层绕组产生的基波磁动势。为了方便计算,上述表达式要用每相绕组串联总匝数 N_1 和相电流 $I_{1\varphi}$ 来表示,所以需要对式(3-38)和式(3-39)作参数代换。

对于单层绕组,每相共有 p 个线圈组,因此,每相每对磁极下的绕组匝数为 pqN_y/p。假定每相绕组的并联支路数为 a,则每个线圈(或支路)所流过的电流为 $I_{1\varphi}/a$,这里 $I_{1\varphi}$ 为每相绕组的电流有效值。根据式(3-38),一相单层绕组基波合成磁动势可表示为

$$f_{\varphi1}(x,t)=f_{q1}(x,t)=\frac{4}{\pi}\frac{\sqrt{2}}{2}(qN_yk_{q1})\frac{I_{1\varphi}}{a}\cos\left(\frac{\pi}{\tau}x\right)\cos\omega t$$

$$=\frac{4}{\pi}\frac{\sqrt{2}}{2}\left(\frac{aN_1}{p}k_{q1}\right)\frac{I_{1\varphi}}{a}\cos\left(\frac{\pi}{\tau}x\right)\cos\omega t$$

$$=0.9\frac{N_1k_{w1}}{p}I_{1\varphi}\cos\left(\frac{\pi}{\tau}x\right)\cos\omega t \qquad (3-40)$$

$$=F_{\varphi1}\cos\left(\frac{\pi}{\tau}x\right)\cos\omega t$$

式中,每相绕组(每条支路)串联总匝数为 $N_1=\dfrac{pqN_y}{a}$,绕组系数 $k_{w1}=k_{y1}k_{q1}=k_{q1}$,每相绕组的基波磁动势幅值为 $F_{\varphi1}=0.9\dfrac{N_1k_{w1}}{p}I_{1\varphi}$。

对于双层绕组,每相共有 $2p$ 个线圈组,则每相每对磁极下的绕组匝数为 $2pqN_y/p$。根据式(3-39)并考虑其关于 (x,t) 的函数形式表达式,则一相双层绕组基波合成磁动势可表示为

$$f_{\varphi1}(x,t)=f_{q1}(x,t)=\frac{4}{\pi}\frac{\sqrt{2}}{2}(2qN_yk_{q1}k_{y1})\frac{I_{1\varphi}}{a}\cos\left(\frac{\pi}{\tau}x\right)\cos\omega t$$

$$=\frac{4}{\pi}\frac{\sqrt{2}}{2}\left(\frac{aN_1}{p}k_{w1}\right)\frac{I_{1\varphi}}{a}\cos\left(\frac{\pi}{\tau}x\right)\cos\omega t \qquad (3-41)$$

$$=0.9\frac{N_1k_{w1}}{p}I_{1\varphi}\cos\left(\frac{\pi}{\tau}x\right)\cos\omega t$$

$$=F_{\varphi1}\cos\left(\frac{\pi}{\tau}x\right)\cos\omega t$$

式中,每相绕组(每条支路)串联总匝数为 $N_1=\dfrac{2pqN_y}{a}$,每相绕组的基波磁动势幅值为 $F_{\varphi1}=$

$0.9\dfrac{N_1 k_{w1}}{p} I_{1\varphi}$。

令 $\alpha = \dfrac{\pi}{\tau} x$，式（3-41）简写为

$$f_{\varphi 1}(\alpha, t) = F_{\varphi 1} \cos \alpha \cos \omega t \tag{3-42}$$

对于 ν 次谐波，每相绕组的合成磁动势为

$$f_{\varphi \nu}(\alpha, t) = F_{\varphi \nu} \cos(\nu \alpha) \cos \omega t$$

其中，每相绕组所产生的基波磁动势幅值为

$$F_{\varphi \nu} = 0.9 \frac{1}{\nu} \frac{N_1 k_{w\nu}}{p} I_{1\varphi} \tag{3-43}$$

根据以上分析，不论电机绕组是单层还是双层，是整距还是短距，单相基波磁动势具有相同形式的表达式。形同单个线圈所产生的磁动势为脉振磁动势。据此可以归纳如下特性：

（1）单相绕组通以单相交流电流所产生的磁动势为脉振磁动势，该磁动势空间按余弦规律分布，且有固定不变的位置，波幅随时间按余弦规律脉振。振动频率等于通电电流频率。

（2）单相绕组基波磁动势幅值与该相绕组的轴线重合。

（3）谐波次数越高，对应谐波磁动势幅值越小。

3.3.2 单相脉振磁动势的分解

根据三角公式

$$\cos A \cos B = \frac{1}{2} \cos(A-B) + \frac{1}{2} \cos(A+B)$$

可将单相绕组通入单相交流电产生的基波脉振磁动势 $f_{\varphi 1}(\alpha, t)$ 的表达式（3-42）分解为两个三角式之和，

$$\begin{aligned} f_{\varphi 1}(\alpha, t) &= \frac{1}{2} F_{\varphi 1} \cos(\omega t - \alpha) + \frac{1}{2} F_{\varphi 1} \cos(\omega t + \alpha) \\ &= f_{\varphi +}(\alpha, t) + f_{\varphi -}(\alpha, t) \end{aligned} \tag{3-44}$$

其中，

$$f_{\varphi +}(\alpha, t) = \frac{1}{2} F_{\varphi 1} \cos(\omega t - \alpha) \tag{3-45}$$

$$f_{\varphi -}(\alpha, t) = \frac{1}{2} F_{\varphi 1} \cos(\omega t + \alpha) \tag{3-46}$$

下面讨论式（3-44）中两个磁动势分量的性质。

先讨论式（3-45）所示的磁动势分量，它有两个变量：一个是空间电角度 α，一个是时间

电角度 ωt，为了能用图形表示这个式子，先固定一个自变量，例如让时间电角度等于常数，研究该磁动势在空间的分布情况。然后再给出另一个时间电角度，观察该磁动势空间分布的变化情况。以此类推，如图 3-19 所示。其中实线和虚线分别表示 $\omega t = 0$ 和 $\omega t = \beta$ 两个时刻的磁动势分量波形图。

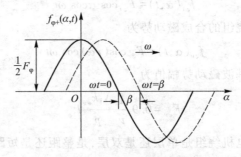

图 3-19   沿 $+\alpha$ 方向移动的磁动势波

比较图 3-19 中的实线和虚线可以看出，$f_{\varphi+}(\alpha, t)$ 的幅值不变，空间分布规律不变，但经过一定时间 $\omega t = \beta$ 后，磁动势波形沿 $+\alpha$ 方向前移了 β 电角度。因此，形如式（3-45）的磁动势为一幅值恒定、空间正弦分布的行波，亦即沿定子内圆周 $+\alpha$ 方向旋转的旋转磁动势。该旋转磁动势的角速度可通过波形上任意一点对时间的变化求得。如取幅值点，则由式（3-45）得 $\cos(\omega t - \alpha) = 1$，亦即 $\alpha = \omega t$。对该式两边求导，便可求得波幅的移动速度为

$$\frac{\mathrm{d}\alpha}{\mathrm{d}t} = \omega$$

上式表示磁动势旋转的角速度与电流的角频率相等，即电流在时间上经过 β 电角度的变化期间，磁动势恰在空间移过 β 电角度，可见两者时空同步。通常转速以 r/min 表示，即 $2\pi f_1 = \omega = \dfrac{p \times 2\pi}{60} n_1$，于是有

$$n_1 = \frac{60 f_1}{p} \tag{3-47}$$

式（3-47）与式（3-3）完全相同，称为同步速度，完整地说是基波旋转磁场的转速。

对于式（3-46）所示的磁动势分量表达式，由于 $+\alpha = -(-\alpha)$，故可以看成是在式（3-45）中把 α 方向取反变换而来的。所以，其磁动势波与式（3-45）表示的磁动势波有完全相同的性质，只是旋转方向相反。

以上分析说明，式（3-44）的物理意义是：一个脉振磁动势可以分解为两个大小相等，转速相同，旋转方向相反的旋转磁动势。磁动势波上任何一点在旋转时的轨迹是个圆，故它们亦被称为是圆形旋转磁动势。

用空间矢量来表示空间按余弦规律分布的磁动势会给分析带来方便，有助于理解一个脉振磁动势分解为两个旋转磁动势的物理意义。把式（3-45）和式（3-46）表示的两个旋转磁动势分别用空间矢量 $\boldsymbol{F}_+$ 和 $\boldsymbol{F}_-$ 表示，它们的矢量和 $\boldsymbol{F}$ 便是脉振磁动势 $F_{\varphi 1} \cos \alpha \cos \omega t$ 的空间

矢量。如图 3-20 所示，在任何瞬间，F_+ 位于 $\alpha = \omega t$ 处，而 F_- 恰与 F_+ 对称地出现在 $-\alpha = \omega t$ 处。当 $\omega t = 0$ 时，$\alpha = 0$，矢量 F_+ 和 F_- 位于 $\alpha = 0$ 处，此时合成的脉振磁动势幅值为最大，等于 F_+ 和 F_- 的代数和。当 $\omega t = 90°$ 时，矢量 F_+ 位于 $\alpha = 90°$ 位置，而矢量 F_- 位于 $\alpha = -90°$ 处，两矢量互差 $180°$，合成脉振磁动势幅值为零。若用函数式验证，注意到磁动势旋转的角速度与电流的角频率相等，把此刻 $\alpha = \omega t = 90°$ 代入式（3-42）得 $f_\varphi(\alpha, t) = 0$，以此类推，由图 3-20 可见，矢量 F_+ 与 F_- 以相同的角速度向相反的方向旋转，任何瞬间它们的合成磁动势 F 的空间位置是固定不变的，总是位于绕组的轴线处。因此，常称绕组的轴线为磁轴或相轴。

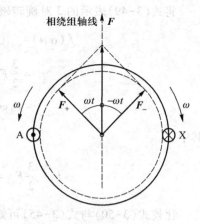

图 3-20 用空间矢量表示的两个旋转磁动势

3.3.3 三相绕组的基波合成旋转磁动势

在分析了单相绕组通以单相交流电流产生脉振磁动势的基础上，下面讨论三相对称绕组通以三相对称电流所产生合成磁动势的情况。

3.3.3.1 解析法

设 A、B、C 三相对称绕组分别通以下列三相对称电流：

$$i_A = I_m \cos \omega t$$
$$i_B = I_m \cos(\omega t - 120°)$$
$$i_C = I_m \cos(\omega t - 240°)$$

取 A 相绕组的轴线作为坐标原点，沿 A→B→C 方向为空间电角度 α 的正方向，参见图 3-3，α 正方向设为圆周逆时针方向。考虑到三相对称绕组空间互差 $120°$ 电角度，则根据式（3-42）得 A、B、C 三相对称绕组每相所产生的基波磁动势分别为

$$f_{A1}(\alpha, t) = F_{\varphi1} \cos \alpha \cos \omega t$$
$$f_{B1}(\alpha, t) = F_{\varphi1} \cos(\alpha - 120°) \cos(\omega t - 120°) \tag{3-48}$$
$$f_{C1}(\alpha, t) = F_{\varphi1} \cos(\alpha - 240°) \cos(\omega t - 240°)$$

利用三角式 $\cos A \cos B = \dfrac{1}{2} \cos(A-B) + \dfrac{1}{2} \cos(A+B)$ 可以将式（3-48）中 3 个脉振磁动势分解成 3 对旋转磁动势：

$$f_{A1}(\alpha, t) = \frac{1}{2} F_{\varphi1} \cos(\omega t - \alpha) + \frac{1}{2} F_{\varphi1} \cos(\omega t + \alpha)$$

$$f_{B1}(\alpha, t) = \frac{1}{2} F_{\varphi1} \cos(\omega t - \alpha) + \frac{1}{2} F_{\varphi1} \cos(\omega t + \alpha - 240°)$$

$$f_{C1}(\alpha, t) = \frac{1}{2} F_{\varphi1} \cos(\omega t - \alpha) + \frac{1}{2} F_{\varphi1} \cos(\omega t + \alpha - 120°) \tag{3-49}$$

将式(3-49)表示的 3 对旋转磁动势相加得三相基波合成磁动势为

$$f_1(\alpha, t) = f_{A1}(\alpha, t) + f_{B1}(\alpha, t) + f_{C1}(\alpha, t)$$
$$= \frac{3}{2} F_{\varphi 1} \cos(\omega t - \alpha) \tag{3-50}$$
$$= F_1 \cos(\omega t - \alpha)$$

其中,

$$F_1 = \frac{3}{2} F_{\varphi 1} = \frac{3}{2} \times 0.9 \frac{N_1 k_{w1}}{p} I_{\varphi 1} = 1.35 \frac{N_1 k_{w1}}{p} I_{\varphi 1} \tag{3-51}$$

比较式(3-50)与式(3-45)可知,三相基波合成磁动势是一个正向圆形旋转磁动势,它的幅值为每相脉振磁动势振幅的 3/2 倍,转速为同步速度,其计算如式(3-47)。

根据式(3-50)可知,三相基波合成磁动势的幅值出现在 $\omega t - \alpha = 0$ 处,即幅值的位置随时间改变而移动。当 $\omega t = 0$ 时,A 相电流为最大值,合成磁动势的幅值出现在 $\alpha = 0$ 处,即 A 相绕组的轴线上;当 $\omega t = 120°$ 时,B 相电流为最大值,合成磁动势的幅值出现在 $\alpha = 120°$ 处,即 B 相绕组的轴线上;同理,C 相电流为最大值时的情况也一样。于是得出结论:当某相电流达到最大时,三相基波合成磁动势的幅值恰好位于该相绕组的轴线上。

若 B、C 两相的通电相序对调,即令

$$i_A = I_m \cos \omega t$$
$$i_B = I_m \cos(\omega t - 240°)$$
$$i_C = I_m \cos(\omega t - 120°)$$

按照上述解析法,式(3-46)变成

$$f_{A1}(\alpha, t) = F_{\varphi 1} \cos \alpha \cos \omega t$$
$$f_{B1}(\alpha, t) = F_{\varphi 1} \cos(\alpha - 240°) \cos(\omega t - 240°) \tag{3-52}$$
$$f_{C1}(\alpha, t) = F_{\varphi 1} \cos(\alpha - 120°) \cos(\omega t - 120°)$$

三相基波合成磁动势变为

$$f_1(\alpha, t) = \frac{3}{2} F_{\varphi 1} \cos(\omega t + \alpha) = F_1 \cos(\omega t + \alpha) \tag{3-53}$$

比较式(3-53)与式(3-50),并考虑对式(3-46)的讨论可知,相序改变后,三相基波合成磁动势性质不变,只是转向变反,即沿 $-\alpha$ 或 A→C→B 相序方向旋转。由此可见,三相基波合成磁动势的旋转方向总是依次由相位超前相指向相位滞后相。改变绕组的通电相序即可以改变合成磁动势的转向。

3.3.3.2　空间矢量图法

三相基波合成磁动势的性质也可以用直观的图解法进行分析,在 3.1.1 节介绍交流绕组产生旋转磁场基本概念时,用的就是一种时-空相量图法。本节介绍另一种描述三相基波合成磁动势的图解法。

注意式(3-49),它是把对称三相绕组的三相脉振磁动势分解成三对正、负序旋转磁动势的表达式。为清楚起见,把式(3-49)的第1式重新写为

$$f_{A1}(\alpha,t) = \frac{1}{2}F_{\varphi 1}\cos(\omega t-\alpha) + \frac{1}{2}F_{\varphi 1}\cos(\omega t+\alpha)$$
$$= f_{A+}(\alpha,t) + f_{A-}(\alpha,t) \tag{3-54}$$

若用时空矢量表示三相三对旋转磁动势的瞬时空间位置,则如图 3-21 所示。其中,F_{A+} 和 F_{A-} 表示 A 相的正序、负序旋转磁动势,其余相以此类推。F_1 表示三相基波合成磁动势。图 3-21 给出了 $\omega t = 0$ 时刻三相基波磁动势的情况。由图可见,无论任何时刻,三相反转的负序旋转磁动势总是大小相等、相位互差 120° 电角度,其合成磁动势为零;而三相正序旋转磁动势无论任何瞬间总是大小相等、相位相同,故三相基波磁动势的叠加结果为每相磁动势幅值的 3/2 倍。很显然,这一基波合成磁动势为圆形旋转磁动势,转速与正序旋转磁动势相同。

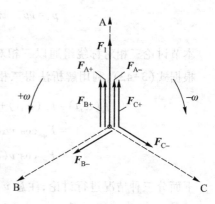

图 3-21　三相基波合成磁动势的
旋转矢量描述

3.3.3.3　气隙磁动势的一般情况

关于气隙磁动势推广到一般情况,用上述类似的数学方法可以证明。

m 相对称绕组流过 m 相对称电流,产生的基波合成磁动势为圆形旋转磁动势,其幅值为每相脉振磁动势振幅的 $m/2$ 倍,其转速(基波分量)仍为同步速度 $n_1 = 60f_1/p$,其他性质均与三相系统的旋转磁动势相同。

如果绕组对称,而电流不对称,则产生的基波合成磁动势在一般情况下为椭圆形旋转磁动势。此磁动势在旋转过程中,幅值的轨迹为一椭圆。椭圆形旋转磁动势可以分解为两个转向相反、转速相同、幅值不等的圆形旋转磁动势分量,其合成磁动势的最大幅值(即椭圆长轴)为正、反向磁动势两者幅值之和,最小值(即椭圆短轴)为正、反向磁动势两者幅值之差,旋转方向视正向和反向磁动势哪个较强而定。转速在一周内是不均匀的,合成磁动势幅值大时转速慢,幅值小时转速快。

椭圆形旋转磁动势是气隙磁动势最一般的情况,当其正转磁动势分量与反转磁动势分量幅值相等时为脉振磁动势,当正转磁动势分量或反转磁动势分量中有一个为零时为圆形旋转磁动势。

*3.3.4   三相合成磁动势的高次谐波

单相交流绕组产生的磁动势为脉振磁动势,其空间分布实际上是非正弦的畸形波,参见图 3-15 和图 3-17。磁动势除了空间基波分量外,还存在空间谐波分量。由于磁动势的幅值按通电电流频率振动,故各次谐波分量有相同的振动频率。对于磁动势的 ν 次谐波有

$$p_\nu = \nu p, \quad \tau_\nu = \frac{\tau}{\nu}, \quad \alpha_\nu = \nu\alpha, \quad f_\nu = f_1 \tag{3-55}$$

本节讨论三相对称绕组通以三相对称电流所产生磁动势中各次空间谐波的性质。

根据式(3-42),利用解析法得三相 ν 次谐波的合成磁动势为

$$
\begin{aligned}
f_\nu(\alpha, t) &= f_{A\nu}(\alpha, t) + f_{B\nu}(\alpha, t) + f_{C\nu}(\alpha, t) \\
&= F_{\varphi\nu} \cos \nu\alpha\cos \omega t + F_{\varphi\nu} \cos \nu(\alpha - 120°)\cos(\omega t - 120°) + \\
&\quad F_{\varphi\nu} \cos \nu(\alpha - 240°)\cos(\omega t - 240°)
\end{aligned}
\tag{3-56}
$$

下面分三种情况进行讨论,注意 ν 只能是奇数。

(1) 当 $\nu = 3k(k=1,3,5,\cdots)$ 时,将 $\nu = 3k(k=1,3,5,\cdots)$ 代入式(3-56)得

$$f_\nu(\alpha, t) = 0 \tag{3-57}$$

式(3-57)表明,对称的三相合成磁动势中不存在三次及 3 的倍数次谐波。

(2) 当 $\nu = 6k-1(k=1,3,5,\cdots)$,即 $\nu = 5,11,17,\cdots$时,将 $\nu = 6k-1(k=1,3,5,\cdots)$ 代入式(3-56)得

$$f_\nu(\alpha, t) = \frac{3}{2}F_{\varphi\nu}\cos(\omega t + \nu\alpha) \tag{3-58}$$

式(3-58)表明,此时三相合成磁动势是一个与基波合成磁动势方向相反、幅值为 $\frac{3}{2}F_{\varphi\nu}$、转速为

$$n_\nu = \frac{60f_\nu}{p_\nu} = \frac{60f_1}{\nu p} = \frac{n_1}{\nu} \tag{3-59}$$

的圆形旋转磁动势。

(3) 当 $\nu = 6k+1(k=1,3,5,\cdots)$,即 $\nu = 7,13,19,\cdots$时,将 $\nu = 6k+1(k=1,3,5,\cdots)$ 代入式(3-56)得

$$f_\nu(\alpha, t) = \frac{3}{2}F_{\varphi\nu}\cos(\omega t - \nu\alpha) \tag{3-60}$$

式(3-60)表明,此时三相合成磁动势是一个与基波合成磁动势方向相同、幅值为 $\frac{3}{2}F_{\varphi\nu}$、转速

为 $n_\nu = \dfrac{n_1}{\nu}$ 的圆形旋转磁动势。

综上所述,三相对称绕组通以三相对称电流除了产生以同步速度运行的圆形基波旋转磁动势外,还会产生与基波旋转磁动势方向相同或相反、转速为 $\dfrac{n_1}{\nu}$ 的谐波磁动势。

谐波磁动势带来的危害与谐波电动势相同,削弱的方法也一样,即采用适当的短距和分布绕组,利用绕组系数 $k_{w\nu}$ 来削弱甚至消除某些影响大的谐波分量。通常,采取了削弱谐波的措施后,气隙中高次谐波磁动势的影响可以忽略不计。

本 章 小 结

本章研究了三相交流绕组的组成原理和联结规律、交流绕组的感应电动势和磁动势,这些都是交流电机理论中的共同问题,也是以后研究感应电机和同步电机原理的基础。

三相绕组的构成原则是力求获得较大的基波电动势和基波磁动势,尽量削弱谐波电动势和谐波磁动势。要保证三相对称,还应考虑节省材料和制造方便。

沿定子内圆周划分的机械角度是一个空间概念,电角度则是一个时域概念。两者因为定子上嵌放交流绕组而获得关联关系,即一对磁极所占有的空间角度与相关交变电量一个周期的电角度($360°$)相对应。若定子内圆周划分成 p 对磁极,则拥有的电角度为 $p \times 360°$。

三相对称绕组空间互差 $120°$,指的是电角度,不是机械角度。只有当 $p = 1$ 时,两者才碰巧相等。

槽电动势星形图是分析绕组的一种最基本的方法。利用它来划分各相所属槽号,然后按电动势相加原则联结绕组。

电动势和磁动势由基波和一系列谐波组成,基波成分对电机性能有益,是我们研究的重点。谐波使电机性能变坏,应尽可能削弱。采用短距与分布绕组是削弱谐波最有效的方法。

在正弦分布磁场下相绕组电动势的计算公式和变压器绕组电动势的计算公式类似,只是由于电机采用短距和分布绕组,因而公式要多乘一个绕组系数。

单相绕组产生的磁动势是脉振磁动势,其幅值在空间位置固定不动,幅值大小随时间按余弦规律变化,其变化频率与电源频率相同。一个脉振磁动势可以分解为两个转向彼此相反、转速相同的旋转磁动势,旋转磁动势的转速为同步速度,幅值相等,为脉振磁动势振幅幅值的二分之一。

三相对称绕组通以三相对称电流产出的合成基波磁动势是圆形旋转磁动势,转速为同步速度 $n_1 = 60f_1/p$,转向依通电相序从超前相转向滞后相,幅值等于每相脉振基波磁动势振幅的 $3/2$ 倍,幅值位置与电流达到最大相的绕组轴线重合。旋转磁动势空间移动的电角度等于电流变化的时间角度。

　　m 相对称绕组通以 m 相非对称电流将产生椭圆形旋转磁动势,这是气隙磁动势最一般的情况。椭圆形旋转磁动势可以分解成正向、反向两个同速旋转磁动势分量。两个分量若幅值不同则合成磁动势为椭圆形旋转磁动势;若幅值相等则合成磁动势为脉振磁动势;若其中一个分量幅值为零则合成磁动势为圆形旋转磁动势。

　　需要指出的是:在研究交流绕组的磁动势和电动势时,要注意它们之间的异同点。两者均是同一绕组中发生的电磁现象,因此绕组的短距、分布同样影响电动势和磁动势的大小与波形,这是共同点。电动势只是时间的函数,而磁动势既是时间的函数也是空间的函数,这是两者的不同之处。

　　在讨论相绕组谐波电动势和谐波磁动势时,对于 ν 次谐波都有

$$p_\nu = \nu p, \quad \tau_\nu = \frac{\tau}{\nu}, \quad \alpha_\nu = \nu\alpha$$

这是非正弦波分解成傅里叶级数波时基波与 ν 次谐波之间的固有关系,所以是相同的。但对于电动势的 ν 次谐波有

$$n_\nu = n_1, \quad f_\nu = \nu f_1$$

对于磁动势的 ν 次谐波有

$$f_\nu = f_1, \quad n_\nu = \frac{n_1}{\nu}$$

上述两个参数的关系又是不同的。引起这种差别的主要原因是,导致两者非正弦的起因不同。相电动势非正弦是由旋转主磁极(或气隙合成磁场)这个"切割"源的"平顶"非正弦引起的。其各次谐波分量都"搭载"在同一个"平顶"波上,故有相同的转速,进而导出 $f_\nu = \nu f_1$ 的关系;而相绕组磁动势非正弦是因为其脉振磁动势分布波形为非正弦的"畸形"波,其各次谐波分量都随这个"畸形"波一起按通电频率振动,故都有相同的频率,进而导出 $n_\nu = n_1/\nu$ 的关系。

　　最后解释一下"旋转磁场"的物理本质。m 相对称绕组通以 m 相对称电流会产生圆形旋转磁场,指的是定子内圆周空间每对磁极下,磁通密度 B 分布的形态(如余弦形态)会发生移动(或旋转),而不是 B 本身会旋转。气隙中各点的 B 只能发生正负方向和疏密强弱的变化,并不能沿圆周方向移动。而 m 相对称绕组通以 m 相对称电流在气隙空间产生的磁场变化规律,整体上正好形成了磁感应强度分布形态的移动规律,就如同具有同样磁极的转子沿一定方向旋转在气隙空间形成的磁感应强度变化规律一样。

习　　题

　　3-1　凸极同步电机转子表面气隙磁通密度分布的波形是怎样的? 转子表面某一点的磁感应强度大小随时间变化吗? 定子表面某一点的磁感应强度大小随时间变化吗?

　　3-2　当电机磁极对数 $p=1$ 时,一个整距线圈的两个边在空间相距多少电角度和多少

机械角度？如果 $p=3$，情况又如何？

3-3 有一单层三相绕组，$Z_1=24, 2p=4, a=2$，绘出其槽电动势星形图和支路数 $a=1$ 的 A 相链式绕组展开图。

3-4 有一单层三相绕组，$Z_1=36, 2p=4$，绘出其槽电动势星形图和 A 相交叉式绕组展开图。

3-5 有一双层三相绕组，$Z_1=24, 2p=4, a=2$，采用短距主要削弱五次和七次谐波，试绘出：(1) 槽电动势星形图，并标出 60° 相带分相情况；(2) 三相叠绕组展开图。

3-6 有一台交流电机，$Z_1=36, y_1=\frac{7}{9}\tau, 2p=4, a=1$，试绘出：(1) 槽电动势星形图；(2) A 相双层迭绕组展开图。

3-7 试述短距系数和分布系数的物理意义，并说明为什么这两系数总是小于或等于 1。

3-8 说明单层绕组中，每相串联匝数 N_1 和下列参数是什么关系：每个线圈的匝数 N_y、每极每相槽数 q、磁极对数 p、并联支路数 a。在双层绕组中这种关系是怎样的？

3-9 削弱谐波的方法有哪些？试说明理由。

3-10 为什么短距绕组电动势一般小于整距绕组电动势？为什么分布绕组电动势小于集中绕组电动势？交流绕组为什么不采用集中绕组？

3-11 为什么对称三相绕组线电动势中不存在三次及 3 的倍数次谐波？为什么同步发电机三相绕组多采用 Y 联结而不采用三角形联结，而变压器却希望有一侧按三角形联结呢？

3-12 一台 50 Hz 的交流电机，今通入 60 Hz 的三相对称交流电流，设电流大小不变，此时基波合成磁动势的幅值大小、转速和转向将如何变化？

3-13 一台 50 Hz 的同步电机，以同步速度旋转，定子绕组产生的五、七次谐波磁动势在定子绕组中感应的电动势的频率分别是多少？

3-14 单相磁动势具有什么性质？它的振幅如何计算？

3-15 为什么说交流绕组产生的磁动势既是时间的函数，又是空间的函数？试以三相绕组合成磁动势的基波来说明。

3-16 有一台三相交流电机接于 $f_1=50$ Hz 电网上运行，每相感应电动势为 $E_{\varphi 1}=350$ V，定子绕组每相串联匝数为 $N_1=312$，绕组系数为 $k_{w1}=0.96$，求每极磁通量 Φ。

3-17 三相双层绕组，$Z_1=36, 2p=2, y_1=14, N_y=1, f_1=50$ Hz，$\Phi_1=2.63$Wb，$a=1$。试求绕组基波相电动势。

3-18 一台三相同步发电机，$f_1=50$ Hz，$n_N=1\,500$ r/min，定子采用双层短距分布绕组，$q=3, y_1/\tau=8/9$，每相串联匝数为 $N_1=108$，Y 联结，每极磁通量为 $\Phi_1=1.015\times10^{-2}$ Wb，$\Phi_5=0.24\times10^{-2}$ Wb，$\Phi_7=0.09\times10^{-2}$ Wb，试求：(1) 电机的磁极数；(2) 定子槽数；(3) 绕组系数 k_{w1}、k_{w5}、k_{w7}；(4) 相电动势 $E_{\varphi 1}$、$E_{\varphi 5}$、$E_{\varphi 7}$。

3-19 一台汽轮发电机，$P_N=6\,000$ kW，$U_N=6.3$ kV，$\cos\varphi=0.8, 2p=2$，Y 联结，额定频率为 50 Hz，双层叠绕组，$Z_1=36, N_1=72, y_1=15, f=50$ Hz，$I=I_N$。试求：(1) 单相绕组产生的

基波磁动势幅值;(2)三相绕组产生的合成磁动势的基波幅值。

3-20　有一台交流电机,$2p=4$,定子为双层叠绕组,$Z_1=36$,$y_1=\dfrac{7}{9}\tau$,每相串联匝数 $N_1=96$,在绕组中接入频率为 50 Hz、$I=35$ A 的对称三相电流。试求三相绕组产生的合成磁动势的基波幅值。

第4章

异步电机

【本章要点】

　　本章通过分析转子静止和运行时三相异步电动机内部的磁动势和磁场,导出异步电动机的基本方程、等效电路和相量图,分析其功率、转矩和转差率之间的内部关系;介绍三相异步电动机参数测定和单相异步电动机。

　　本章要求学生理解三相异步电动机运行时的电磁过程,掌握三相异步电动机的等效电路及相量图,功率与转矩、转矩与转差率的关系,了解异步电动机参数的测定方法。

　　三相异步电机主要用作电动机,拖动各种生产机械。在工业应用中,异步电动机可以拖动风机、泵、压缩机、中小型轧钢设备、各种金属切削机床、轻工机械、矿山机械等。在农业应用中,异步电动机用作拖动水泵、脱粒机、粉碎机以及其他农副产品的加工机械等。在民用电器中,电扇、洗衣机、电冰箱、空调机等均由单相异步电动机拖动。总之,异步电动机应用范围广,是现代社会生产、生活过程中不可缺少的动力设备。

　　异步电动机的主要优点为:结构简单、制造容易、价格低廉、运行可靠、坚固耐用、运行效率较高和维修方便。缺点是功率因数较差,异步电动机运行时必须从电网里吸收滞后无功功率,其功率因数总小于1。

　　异步电动机运行时,定子绕组接到交流电源上,转子绕组自身短路,由于电磁异步,在转子绕组中产生感应电动势、电流,从而产生电磁转矩,故异步电动机又叫感应电动机。

　　异步电动机的种类很多,从不同角度划分有不同的分类法:

　　(1) 按定子相数分有单相异步电动机、两相异步电动机和三相异步电动机。

　　(2) 按转子结构分有绕线式异步电动机和笼型异步电动机。笼型异步电动机又包括单笼型异步电动机、双笼型异步电动机和深槽异步电动机。

4.1　三相异步电机的基本理论

4.1.1　三相异步电机的结构及额定值

4.1.1.1　结构

异步电动机的定子由定子铁心、定子绕组、转子铁心、转子绕组、机座、轴承、风扇和端盖等部分组成,如图 4-1 所示。定子铁心是主磁路的一部分。为了减少励磁电流和旋转磁场在铁心中产生的涡流和磁滞损耗,铁心由厚 0.5 mm 的硅钢片叠成。容量较大的电动机,硅钢片两面涂以绝缘漆作为片间绝缘。小型定子铁心用硅钢片叠装、压紧成为一个整体后固定在机座内;中型和大型定子铁心由扇形冲片拼成。在定子铁心内圆,均匀地冲有许多形状相同的槽,用以嵌放定子绕组。小型异步电机通常采用半闭口槽和由高强度漆包线绕成的单层绕组,线圈与铁心之间垫有槽绝缘。半闭口槽可以减少主磁路的磁阻,使励磁电流减少,但嵌线较不方便。中型异步电机通常采用半开口槽。大型高压异步电机都用开口槽,以便于嵌线。为了得到较好的电磁性能,中、大型异步电机都采用双层短距绕组。

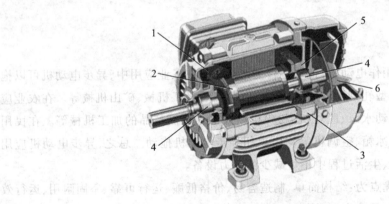

图 4-1　异步电动机结构图

1. 定子　2. 转子　3. 机座　4. 轴承　5. 端盖　6. 风扇

转子由转子铁心、转子绕组和转轴组成。转子铁心也是主磁路的一部分,一般由厚 0.5 mm 的硅钢片叠成,固定在转轴或转子支架上。整个转子的外表呈圆柱形。转子绕组分为笼型和绕线式两类。

(1) 笼型转子。 笼型绕组是一个自行闭合的绕组,它由插入每个转子槽中的导条和两端的环形端环构成,如果去掉铁心,整个绕组形如一个"圆笼",因此称为笼型绕组,如图 4-2 所示。为节约用铜和提高生产率,小型笼型电机一般都用铸铝转子;对中、大型电机,由于铸铝质量不易保证,故采用铜条插入转子槽内,再在两端焊上端环的结构。

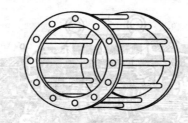

图 4-2　笼型绕组

笼型异步电机由于结构简单、制造方便,是一种经济、耐用的电机,所以应用非常广泛。图 4-3 所示为一台小型笼型异步电动机的结构图。

图 4-3　笼型异步电动机结构图

1. 前端盖　2. 转子铁心　3. 转子绕组　4. 定子铁心　5. 定子绕组

6. 机座　7. 后端盖　8. 出线盒　9. 风扇　10. 风罩

(2) 绕线式转子。绕线式转子的槽内嵌有用绝缘导线组成的三相绕组,绕组的三个出线端接到设置在转轴上的三个集电环上,再通过电刷引出,如图 4-4 所示。这种转子的特点是,可以在转子绕组中接入外加电阻,以改善电动机的起动和调速性能。

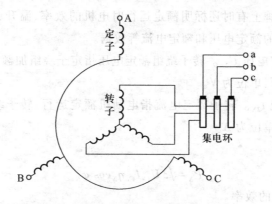

图 4-4　绕线式异步电动机接线示意图

与笼型转子相比较,绕线式转子结构稍复杂,价格稍贵,因此只在要求起动电流小、起动转矩大,或需要调速的场合下使用。图 4-5 所示为一台绕线式异步电动机的结构。

为减少励磁电流、提高电机的功率因数,异步电动机的气隙选得较小,中、小型电机的气隙一般为 $0.2\sim 2$ mm。

图 4-5   绕线式异步电动机结构图

1. 端盖   2. 轴承   3. 转子   4. 转子绕组   5. 定子   6. 定子绕组   7. 出线盒   8. 集电环

4.1.1.2   额定值

(1) 额定功率 P_N。 额定功率指电动机在额定状态下运行时,轴端输出的机械功率,单位为 kW。

(2) 额定电压 U_{1N}。 额定电压指电机在额定状态下运行时,定子绕组应加的线电压,单位为 V。

(3) 额定电流 I_{1N}。 额定电流指电机在额定电压下运行,输出功率达到额定功率时,流入定子绕组的线电流,单位为 A。

(4) 额定频率 f_N。 额定频率指加于定子边的电源频率,我国工频规定为 50 Hz。

(5) 额定转速 n_N。 额定转速指电机在额定状态下运行时转子的转速,单位为 r/min。

(6) 额定功率因数 $\cos \varphi_N$。 额定功率因数指电动机在额定运行时定子侧的功率因数。

除上述数据外,铭牌上有时还标明额定运行时电机的效率、温升、定额等。对绕线式电机,还常标出转子绕组的额定电压和额定电流等数据。

(7) 转子绕组额定电压 U_{2N}。 转子绕组额定电压指定子绕组加额定电压、转子绕组开路时的集电环间的线电压,单位为 V。

(8) 转子额定电流 I_{2N}。 转子额定电流指电动机额定运行、转子绕组短路状态下,集电环之间流过的线电流,单位为 A。

根据铭牌数据有

$$P_N = \sqrt{3}\, U_{1N} I_{1N} \eta_N \cos \varphi_N \qquad (4-1)$$

式中, η_N 为异步电动机的效率。

电动机的输入功率为

$$P_1 = \sqrt{3}\, U_{1N} I_{1N} \cos \varphi_N \qquad (4-2)$$

4.1.1.3   主要系列

国产电动机型号由汉语拼音字母和阿拉伯数字组成,如图 4-6 所示,大写汉语拼音字母表示电动机的类型、结构特征和使用范围,数字表示设计序号和规格。其中 Y 系列为笼型三相异步电动机,YR 系列为绕线式三相异步电动机。

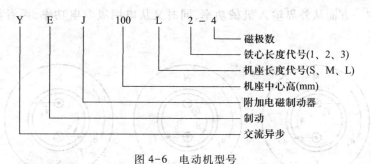

图 4-6 电动机型号

例 4-1 已知三相异步电动机的额定数据:$P_N = 60\ \text{kW}$, $U_N = 380\ \text{V}$, $n_N = 577\ \text{r/min}$, $\cos\varphi_N = 0.77$, $\eta_N = 89\%$, $p = 5$,试求该异步电动机的额定输入功率、额定电流、额定输出转矩和同步转速。

解 额定输入功率为
$$P_1 = \frac{P_N}{\eta_N} = \frac{60 \times 10^3}{0.89}\ \text{kW} = 67.4\ \text{kW}$$

额定电流为
$$I_{1N} = \frac{P_1}{\sqrt{3}\,U_N\cos\varphi_N} = \frac{67.4 \times 10^3}{\sqrt{3} \times 380 \times 0.77}\ \text{A} = 133\ \text{A}$$

额定输出转矩为
$$T_{2N} = 9\,550\,\frac{P_N}{n_N} = 9.55 \times \frac{60 \times 10^3}{577}\ \text{N·m} = 993.1\ \text{N·m}$$

同步转速为
$$n_1 = \frac{60 f_1}{p} = \frac{60 \times 50}{5}\ \text{r/min} = 600\ \text{r/min}$$

4.1.2 三相异步电机的三种运行状态

异步电机是利用电磁异步原理,通过定子的三相电流产生旋转磁场,并与转子绕组中的异步电流相互作用产生电磁转矩,以进行能量转换。正常情况下,异步电机的转子转速总是略低或略高于旋转磁场的转速(同步转速)。旋转磁场的转速 n_1 与转子转速 n 之差称为转差,转差 Δn 与同步转速 n_1 的比值称为转差率,用 s 表示,

$$s = \frac{n_1 - n}{n_1} \tag{4-3}$$

转差率是表征异步电机运行状态的一个基本变量。

当异步电机的负载发生变化时,转子的转速和转差率将随之变化,使转子导体中的电动势、电流和电磁转矩发生相应的变化,以适应负载的需要。按照转差率的正负和大小,异步电机有电动机、发电机和电磁制动三种运行状态,如图 4-7 所示。

若由机械或其他外因使转子逆着旋转磁场方向旋转($n < 0$),则转差率 $s > 1$。此时转子导体切割气隙磁场的相对速度方向与电动机状态时的相同,故转子导体中的异步电动势和电

流的有功分量与电动机状态时的同方向,如图 4-7(a)所示,电磁转矩方向亦与图 4-7(b)中相同。但由于转子转向改变,故对转子而言,此电磁转矩表现为制动转矩。此时电机处于电磁制动状态,它一方面从外界输入机械功率,同时又从电网吸取电功率,两者都变成电机内部的损耗。

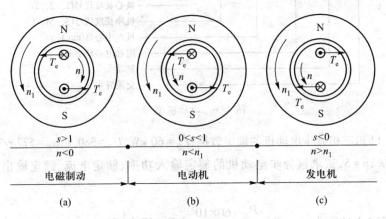

图 4-7 异步电机的三种运行状态

当转子转速低于旋转磁场的转速时($n_1>n>0$),转差率 $0<s<1$。设定子三相电流所产生的气隙旋转磁场为逆时针转向,按右手定则,即可确定转子导体切割气隙磁场后异步电动势的方向,如图 4-7(b)所示。由于转子绕组是短路的,故转子导体中有电流流过。转子异步电流与气隙磁场相互作用,将产生电磁力和电磁转矩;按左手定则,电磁转矩的方向与转子转向相同,即电磁转矩为驱动性质的转矩。此时电机从电网输入功率,通过电磁异步,由转子输出机械功率,电机处于电动机状态。

若电机用原动机驱动,使转子转速高于旋转磁场转速($n>n_1$),则转差率 $s<0$。此时转子导体中的异步电动势以及电流的有功分量将与电动机状态时相反,因此电磁转矩的方向将与旋转磁场和转子转向两者相反,如图 4-7(c)所示,即电磁转矩为制动性质的转矩。为使转子持续以高于旋转磁场的转速旋转,原动机的驱动转矩必须克服制动的电磁转矩;此时转子从原动机输入机械功率,通过电磁异步由定子输出电功率,电机处于发电机状态。

例 4-2 有一台 50 Hz 的异步电动机,其额定转速 $n_N=730$ r/min,试求该机的额定转差率。

解 已知额定转速为 730 r/min,因额定转速略低于同步转速,故知该机的同步转速为 750 r/min,磁极数 $2p=8$。于是,额定转差率 s_N 为

$$s_N=\frac{n_1-n_N}{n_1}=\frac{750-730}{750}=0.027$$

4.2 三相异步电动机的运行原理

4.2.1 三相异步电动机的磁场、主磁通、漏磁通和漏抗

4.2.1.1 磁场和主磁通

电动机空载时,电动机转速接近同步转速。这时,$n \approx n_1$,$s \approx 0$,转子电流 $i_2 \approx 0$。当定子三相对称绕组接三相对称交流电,在定子绕组中流过空载电流 i_0,i_0 在气隙中产生三相基波合成旋转磁动势 $\boldsymbol{F}_0$,$\boldsymbol{F}_0$ 以同步转速 $n_1 = 60f_1/p$ 旋转。空载运行时,$\boldsymbol{F}_0$ 基本上等于气隙主磁场的励磁磁动势 $\boldsymbol{F}_m$,由 $\boldsymbol{F}_m$ 产生的主磁通同时切割定、转子绕组,在定、转子绕组中产生感应电动势 e_1(下标 1 表示定子)、e_2(下标 2 表示转子)。空载时的定子电流 i_0 近似等于励磁电流 i_m。$\boldsymbol{F}_m$ 生成主磁通 $\dot{\boldsymbol{\Phi}}_m$。$\dot{\boldsymbol{\Phi}}_m$ 和转子电流相互作用产生电磁转矩,使转子顺着旋转气隙磁场方向转动起来。

主磁通 $\dot{\boldsymbol{\Phi}}_m$ 是通过气隙并同时与定、转子绕组相交链的磁通,它经过的磁路(称为主磁路)包括气隙、定子齿、定子轭、转子齿、转子轭等五部分,如图 4-8 所示。

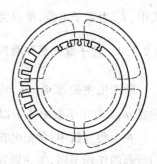

若主磁路的磁化曲线用一条线性化的磁化曲线来代替,则主磁通 $\dot{\boldsymbol{\Phi}}_m$ 将与产生它的励磁电流 $\dot{I}_m$ 成正比,可认为 $\dot{E}_m$ 与 $\dot{I}_m$ 之间具有下列关系:

$$\dot{E}_1 = -\dot{I}_m Z_m = -\dot{I}_m (R_m + jX_m) \qquad (4-4)$$

图 4-8 异步电动机
主磁通磁路

式中,Z_m 称为励磁阻抗,单位为 Ω,它是表征主磁路的磁化特性和铁心损耗的一个综合参数;X_m 称为励磁电抗,单位为 Ω,它是表征主磁路的等效电抗;R_m 称为励磁电阻,单位为 Ω,它是表征铁心损耗的一个等效电阻。和其他电抗相似,励磁电抗与主磁路磁导成正比。由于异步电动机存在气隙,故主磁路磁导较小,励磁电抗也较小,在同一定子电压下,励磁电流就越大。

4.2.1.2 定子漏磁通和漏抗

除产生主磁通 $\dot{\boldsymbol{\Phi}}_m$ 外,定子电流还同时产生仅与定子绕组交链而不进入转子的定子漏磁通 $\dot{\boldsymbol{\Phi}}_{1\sigma}$。根据所经路径的不同,定子漏磁通又可分为槽漏磁通、端部漏磁通和谐波漏磁通等三部分,图 4-9(a)和(b)分别为槽漏磁通和端部漏磁通的示意图。虽然气隙中的高次谐波磁场也通过气隙,但是与主磁场在转子中所产生的电动势和电流的频率互不相同;另一方面,高次谐波磁场将在定子绕组中感应谐波频率的电动势,其效果与定子漏磁通相类似,因此通常将其作为定子漏磁通的一部分来处理,称为谐波漏磁通。

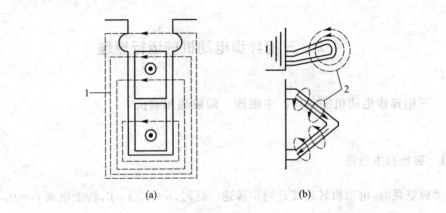

(a)　　　　　　　　　(b)

图 4-9　定子漏磁通

（a）槽漏磁通　（b）端部漏磁通

1. 槽漏磁通　2. 端部漏磁通

定子漏磁通 $\dot{\Phi}_{1\sigma}$ 将在定子绕组中感生漏磁电动势 $\dot{E}_{1\sigma}$。把 $\dot{E}_{1\sigma}$ 作为负漏抗压降来处理，可得

$$\dot{E}_{1\sigma} = -j \dot{I}_1 X_{1\sigma} \tag{4-5}$$

式中，$\dot{I}_1$ 为定子电流，单位为 A；$X_{1\sigma}$ 为定子一相的漏磁电抗，简称定子漏抗，单位为 A。

4.2.1.3　转子漏磁通和漏抗

除产生主磁通 $\dot{\Phi}_{m}$ 外，转子电流还同时产生仅与转子绕组交链而不进入定子的转子漏磁通 $\dot{\Phi}_{2\sigma}$，与定子漏磁通相似，转子漏磁通也包含槽漏磁通、端部漏磁通和谐波漏磁通。

在工程分析中，常把电机内的磁通分成主磁通和漏磁通两部分来处理，这是因为：① 它们所起的作用不同，主磁通在电机中产生电磁转矩，直接关系到能量转换，而漏磁通并不直接具有此作用；② 这两种磁通所经磁路不同，主磁路是一个非线性磁路，受磁饱和的影响较大，而漏磁磁路主要通过空气闭合，受饱和的影响较小。把两者分开处理，使电机的分析更加方便。

4.2.2　转子静止时的三相异步电动机的运行

当异步电动机定子绕组接三相对称电源时，定、转子绕组中都有电流流过，在气隙中产生以同步转速 n_1 旋转的合成磁场，而转子绕组电流与气隙磁场产生作用于转子的电磁转矩，使电动机以异步速度 n 旋转，拖动负载。电动机带负载运行，由于电机轴和负载的惯性作用，因此要经过由静止到稳定运行的起动过程，本小节讨论电动机起动瞬间（$s=1$）的运行情况，接线如图 4-10 所示，定、转子空间排列次序一致，各物理量的正方向如图中所示。

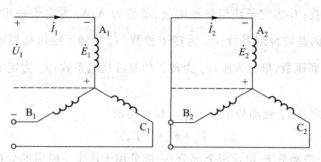

图 4-10　异步电动机起动瞬间接线图

4.2.2.1　电磁关系

根据异步电动机运行原理,起动瞬间电动机的电磁关系如图 4-11 所示。

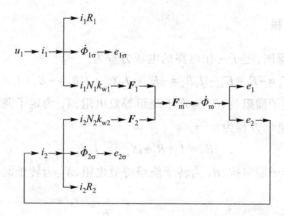

图 4-11　异步电动机起动瞬间电磁关系图

4.2.2.2　磁动势平衡方程

异步电动机起动瞬间,转子转速 $n = 0$,转差率 $s = 1$,旋转磁场以同步转速 n_1 切割转子绕组,在转子绕组中产生感应电动势 $\dot{E}_2$ 为

$$\dot{E}_2 = -\mathrm{j}4.44f_1N_2k_{w2}\dot{\Phi}_m \tag{4-6}$$

从而在转子三相绕组中产生对称的转子电流 $\dot{I}_2$,继而产生合成的转子基波旋转磁动势 $\boldsymbol{F}_2$。由于笼型电机定子磁极对数 p_1 感应转子磁极对数 p_2,绕线式电机磁极对数 p_2 设计为定子磁极对数 p_1,即 $p_1 = p_2 = p$,故转子旋转磁动势 $\boldsymbol{F}_2$ 相对于转子的转速为 $n_2 = 60f_2/p$。起动瞬间,转子静止,故转子电流频率 $f_2 = f_1$,所以 $n_2 = n_1$。由于转子电流由旋转磁场感生,所以定、转子电流相序一致,那么定子电流产生的合成定子基波旋转磁动势 $\boldsymbol{F}_1$ 与转子旋转磁动势 $\boldsymbol{F}_2$ 同速、同向,在空间的一前一后同步旋转,故可以合成气隙合成磁动势 $\boldsymbol{F}_m$ 为

$$\boldsymbol{F}_1 + \boldsymbol{F}_2 = \boldsymbol{F}_m \tag{4-7}$$

即

$$\frac{m_1}{2} \times 0.9\frac{N_1k_{w1}}{p}\dot{I}_1 + \frac{m_2}{2} \times 0.9\frac{N_2k_{w2}}{p}\dot{I}_2 = \frac{m_1}{2} \times 0.9\frac{N_1k_{w1}}{p}\dot{I}_m \tag{4-8}$$

式中，m_1 为定子相数；$\dot{I}_1$ 为定子绕组每相电流，单位为 A；N_1 为定子一相绕组串联匝数，单位为匝；k_{w1} 为定子的基波绕组系数；m_2 为转子相数；$\dot{I}_2$ 为转子绕组每相电流，单位为 A；N_2 为转子一相绕组串联匝数，单位为匝；k_{w2} 为转子的基波绕组系数；$\dot{I}_m$ 为定子绕组每相励磁电流，单位为 A。

式(4-7)即为定、转子磁动势平衡方程。也可写成

$$\boldsymbol{F}_1 = \boldsymbol{F}_m + (-\boldsymbol{F}_2) \tag{4-9}$$

式(4-9)表明，定子磁动势 $\boldsymbol{F}_1$ 包含两个部分：一部分用于产生主磁通的分量 $\boldsymbol{F}_m$，另一部分是与 $\boldsymbol{F}_2$ 大小相等、方向相反的以抵消转子磁动势对主磁通影响的分量 $-\boldsymbol{F}_2$。

式(4-8)也可以写为

$$\frac{m_1}{2} \times 0.9 \frac{N_1 k_{w1}}{p} \dot{I}_1 = \frac{m_1}{2} \times 0.9 \frac{N_1 k_{w1}}{p} \dot{I}_m - \frac{m_2}{2} \times 0.9 \frac{N_2 k_{w2}}{p} \dot{I}_2 \tag{4-10}$$

4.2.2.3　电压平衡方程

根据电磁关系示意图，定子一相电路的电压方程为

$$\dot{U}_1 = -\dot{E}_1 - \dot{E}_{1\sigma} + \dot{I}_1 R_1 = -\dot{E}_1 + \mathrm{j}\dot{I}_1 X_{1\sigma} + \dot{I}_1 R_1 = -\dot{E}_1 + \dot{I}_1 Z_1 \tag{4-11}$$

式中，$Z_1 = R_1 + \mathrm{j}X_{1\sigma}$ 为定子漏阻抗，R_1 为定子绕组等效电阻，$X_{1\sigma}$ 为定子漏电抗。

转子一相电路的电压方程为

$$\dot{E}_2 = \dot{I}_2 (R_2 + \mathrm{j}X_{2\sigma}) = \dot{I}_2 Z_2 \tag{4-12}$$

式中，$Z_2 = R_2 + \mathrm{j}X_{2\sigma}$ 为转子漏阻抗，R_2 为转子绕组等效电阻，$X_{2\sigma}$ 为转子漏电抗。该漏阻抗可另表示为

$$Z_2 = R_2 + \mathrm{j}X_{2\sigma} = \frac{\dot{E}_2}{\dot{I}_2} \tag{4-13}$$

并定义转子回路漏阻抗功率因数角为

$$\varphi_2 = \arctan \frac{X_{2\sigma}}{R_2} \tag{4-14}$$

4.2.3　转子旋转时的三相异步电动机的运行

电动机带负载运行时，电动机转子的转速为 n，而气隙旋转磁场的转速为同步转速 n_1，两者之间有相对运动，相对转速为 $\Delta n = n_1 - n = sn_1 (n < n_1)$，$0 < s \leqslant 1$，那么旋转磁场以 Δn 的相对转速切割转子绕组，在转子中产生的感应电动势为 $\dot{E}_{2s}$，电流为 $\dot{I}_{2s}$，漏电抗为 $X_{2\sigma s}$。

4.2.3.1　电磁关系

三相异步电动机带负载稳定运行时，电动机的电磁关系如图 4-12 所示。

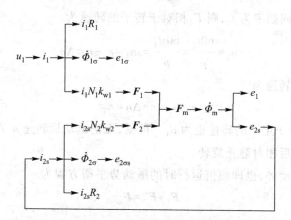

图 4-12　异步电动机带负载稳定运行电磁关系图

4.2.3.2　转子各量与转差率的关系

对于异步电动机,转子与定子有相同的磁极对数和相数,所以,在转子回路中产生的感应电动势频率为

$$f_2=\frac{p\Delta n}{60}=\frac{p(n_1-n)}{60}=\frac{n_1-n}{n_1}\times\frac{pn_1}{60}=sf_1 \tag{4-15}$$

与转子频率有关的转子感应电动势、转子电抗、转子电流、转子功率因数与转差率之间的关系如下。

(1)　转子感应电动势 E_{2s}。 转子电路中的感应电动势为

$$\dot{E}_{2s}=4.44f_2N_2k_{w2}\dot{\Phi}_m=s\dot{E}_2 \tag{4-16}$$

电动机额定运行时,额定转差率一般在 $s_N=0.015\sim0.06$,所以负载运行时,转子电流频率很低,感应电动势也很小。

(2)　转子电抗 $X_{2\sigma s}$。 转子电抗为

$$X_{2\sigma s}=\omega_2L_2=2\pi f_2L_2=2\pi sf_1L_2=sX_{2\sigma} \tag{4-17}$$

(3)　转子电流 I_{2s}。 转子电流为

$$\dot{I}_{2s}=\frac{\dot{E}_{2s}}{R_2+jX_{2\sigma s}}=\frac{s\dot{E}_2}{R_2+jsX_{2\sigma}} \tag{4-18}$$

(4)　转子功率因数 $\cos\varphi_{2s}$。 转子功率因数为

$$\cos\varphi_{2s}=\frac{R_2}{\sqrt{R_2^2+(sX_{2\sigma})^2}} \tag{4-19}$$

4.2.3.3　定、转子磁动势平衡方程

电动机带负载运行时,定子旋转磁动势的转速为 n_1,转子的转速为 n,转子感应电动势 $\dot{E}_{2s}$ 的频率为 $f_2=sf_1$,由于转子电流 $\dot{I}_{2s}$ 也是三相对称电流,故在转子上感生旋转磁动势 F_2,

该磁动势与转子电流同频率为 f_2，则 $\boldsymbol{F}_2$ 相对于转子的转速为

$$n_2 = \frac{60f_2}{p} = \frac{60sf_1}{p} = sn_1 = n_1 - n = \Delta n \tag{4-20}$$

$\boldsymbol{F}_2$ 相对于定子的转速为

$$n + n_2 = n + \Delta n = n_1 \tag{4-21}$$

而定子磁动势 $\boldsymbol{F}_1$ 相对于定子的转速也为 n_1。可见，无论电动机转速 n 为何值，磁动势 $\boldsymbol{F}_1$、$\boldsymbol{F}_2$ 同速、同方向、一前一后相对静止旋转。

气隙中的合成磁动势，也即幅值运行时的磁动势平衡方程为

$$\boldsymbol{F}_1 + \boldsymbol{F}_2 = \boldsymbol{F}_m \tag{4-22}$$

该式也可写成

$$\boldsymbol{F}_1 = \boldsymbol{F}_m + (-\boldsymbol{F}_2) \tag{4-23}$$

式(4-23)说明，负载时定子磁动势 $\boldsymbol{F}_1$ 分成两部分，一部分为产生主磁通的励磁磁动势 $\boldsymbol{F}_m$，另一部分为抵消转子磁动势的负载分量 $-\boldsymbol{F}_2$。

例 4-3 有一台 50 Hz、三相四极的感应电动机，若转子的转差率 $s = 0.05$，试求：(1) 转子电流的频率；(2) 转子磁动势相对于转子的转速；(3) 转子磁动势在空间的转速。

解 (1) 转子电流的频率为

$$f_2 = sf_1 = 0.05 \times 50 \text{ Hz} = 2.5 \text{ Hz}$$

(2) 转子磁动势相对于转子的转速为

$$n_2 = \frac{60f_2}{p} = \frac{60 \times 2.5}{2} \text{ r/min} = 75 \text{ r/min}$$

(3) 转子转速为

$$n = n_1(1-s) = \frac{60f_1}{p}(1-s) = \frac{60 \times 50}{2}(1-0.05) \text{ r/min} = 1\ 425 \text{ r/min}$$

转子磁动势在空间的转速为

$$n + n_2 = (1\ 425 + 75) \text{ r/min} = 1\ 500 \text{ r/min}$$

可见转子磁动势在空间的转速为同步转速。

4.2.3.4 转子反应

负载时转子磁动势的基波对气隙磁场的影响，称为转子反应。转子反应有两个作用。一个作用是使气隙磁场的大小和空间相位发生变化，从而引起定子感应电动势和定子电流发生变化。所以和双绕组变压器相类似，异步电动机带负载以后，定子电流中除励磁分量 I_m 以外，还将出现一个补偿转子磁动势的"负载分量"，即 I_{1L}。

$$\dot{I}_1 = \dot{I}_m + \dot{I}_{1L} \tag{4-24}$$

负载分量 I_{1L} 所产生的磁动势 $\boldsymbol{F}_{1L}$ 与转子磁动势 $\boldsymbol{F}_2$ 大小相等、方向相反，以保持气隙内的主磁通基本不变，即

$$\boldsymbol{F}_{1L} = -\boldsymbol{F}_2 \tag{4-25}$$

由于负载分量 I_{1L} 的出现,异步电动机将从电源吸取一定的电功率。

转子磁动势的另一个作用是它与主磁场相互作用,产生所需要的电磁转矩,以带动轴上的机械负载,这两个作用合在一起,体现了通过电磁感应作用,实现机电能量转换的机理。

4.2.4 三相异步电动机转子侧各物理量的折算

由于定、转子频率不同,绕组相数和有效匝数亦不同,故定、转子电路无法联在一起。二者通过磁耦合进行联系,为得到定、转子统一的等效电路,必须把转子频率变换为定子频率,转子绕组的相数、有效匝数变换为定子的相数和有效匝数,即进行频率折算和绕组折算。

4.2.4.1 频率折算

频率折算的目的是把两个不同频率的电路转换成统一频率的电路。由前面分析已知,转子不转时,转子电路中的频率与定子电路频率相同,所以转子频率折算的方法为:用一个等效的静止转子代替实际转动的转子。频率折算原则为:保持转子磁动势 $\boldsymbol{F}_2$ 的大小不变($\dot{I}_2$ 大小不变);$\boldsymbol{F}_1$ 与 $\boldsymbol{F}_2$ 之间的空间相位差不变($\dot{I}_2$ 的相位不变),也就是 $\boldsymbol{F}_2$ 对 $\boldsymbol{F}_1$ 的影响不变。

频率折算后转子电流为

$$\dot{I}_{2s}=\frac{\dot{E}_{2s}}{R_2+\mathrm{j}X_{2\sigma s}}=\frac{s\dot{E}_2}{R_2+\mathrm{j}sX_{2\sigma}}=\frac{\dot{E}_2}{\dfrac{R_2}{s}+\mathrm{j}X_{2\sigma}}=\dot{I}_2 \qquad (4-26)$$

式中,$\dot{I}_{2s}$、$\dot{E}_{2s}$、$X_{2\sigma s}$ 分别为异步电动机负载时转子的每相电流、电动势和漏电抗,频率为 f_2;$\dot{I}_2$、$\dot{E}_2$、$X_{2\sigma}$ 分别为异步电动机转子静止时转子的每相电流、电动势和漏电抗,频率为 f_1。

频率折算后转子回路功率因数角(阻抗角)为

$$\varphi_{2s}=\arctan\frac{X_{2\sigma s}}{R_2}=\arctan\frac{sX_{2\sigma}}{R_2}=\arctan\frac{X_{2\sigma}}{\dfrac{R_2}{s}}=\varphi_2 \qquad (4-27)$$

式(4-26)和式(4-27)表明,只要用 R_2/s 代替 R_2,就可使转子电流的大小和相位保持不变,即转子磁动势的大小和空间相位保持不变,实现用静止的转子电路代替实际旋转的转子电路。电阻 R_2/s 称为等效静止转子电阻,也可表示为

$$\frac{R_2}{s}=R_2+\frac{1-s}{s}R_2 \qquad (4-28)$$

式中,$\dfrac{1-s}{s}R_2$ 为附加电阻,单位为 Ω。

频率折算后,转子回路电阻由两部分组成:一部分是一相转子绕组的实际电阻 R_2,通过电流时会产生转子电路的铜损耗 $m_2I_2^2R_2$;另一部分是附加电阻 $\dfrac{1-s}{s}R_2$,电流通过时产生

虚拟损耗 $m_2 I_2^2 \dfrac{1-s}{s} R_2$，这部分损耗在实际转子中并不存在，但表征实际转动的转子总机械功率。

4.2.4.2 绕组折算

为把定子和转子的相数、有效匝数变换成相同相数、有效匝数，需要进行绕组折算。所谓绕组折算，就是用一个与定子绕组的相数 m_1、有效匝数 $N_1 k_{w1}$ 完全相同的等效转子绕组，代替相数为 m_2、有效匝数为 $N_2 k_{w2}$ 的实际转子绕组。绕组折算原则为：保持折算前、后电动机磁动势平衡关系不变，即 $\boldsymbol{F}_2$ 的大小、相位以及与 $\boldsymbol{F}_1$ 之间的空间位置不变。

（1）转子电动势折算。 折算前转子电动势为

$$E_2 = 4.44 f_1 N_2 k_{w2} \dot{\Phi}_m$$

折算后转子电动势为

$$E_2' = 4.44 f_1 N_1 k_{w1} \dot{\Phi}_m$$

则转子电动势折算值为

$$E_2' = \frac{N_1 k_{w1}}{N_2 k_{w2}} E_2 = k_e E_2 = E_1 \tag{4-29}$$

式中，$k_e = \dfrac{N_1 k_{w1}}{N_2 k_{w2}}$ 为电动势比。

（2）转子电流折算。 根据折算前、后转子磁动势保持不变的原则，应有

$$\frac{m_1}{2} \times 0.9 \frac{N_1 k_{w1}}{p} I_2' = \frac{m_2}{2} \times 0.9 \frac{N_2 k_{w2}}{p} I_2$$

转子电流折算值为

$$I_2' = \frac{m_2 N_2 k_{w2}}{m_1 N_1 k_{w1}} I_2 = \frac{1}{k_i} I_2 \tag{4-30}$$

式中，$k_i = \dfrac{m_1 N_1 k_{w1}}{m_2 N_2 k_{w2}}$ 为电流比。因此，定、转子电流之间存在 $\dot{I}_1 = \dot{I}_m + (-\dot{I}_2')$。

（3）转子电路阻抗、漏电抗折算。 由式（4-29）、式（4-30）得

$$Z_2' = R_2' + jX_{2\sigma}' = \frac{\dot{E}_2'}{\dot{I}_2'} = \frac{k_e \dot{E}_2}{\frac{1}{k_i}\dot{I}_2} = k_e k_i \frac{\dot{E}_2}{\dot{I}_2} = k_e k_i Z_2 = k_e k_i (R_2 + jX_{2\sigma})$$

因此，转子电阻、电抗、漏阻抗的折算值分别为

$$\begin{cases} R_2' = k_e k_i R_2 \\ X_{2\sigma}' = k_e k_i X_{2\sigma} \\ Z_2' = k_e k_i Z_2 \end{cases} \tag{4-31}$$

从式（4-29）和式（4-30）可见，折算前、后转子的总视在功率保持不变，即

$$m_1 E_2' I_2' = m_1 E_2 I_2 \tag{4-32}$$

从式(4-30)和式(4-31)可知,折算前、后转子的铜损耗和漏磁场储能亦保持不变,即

$$\begin{cases} m_1 R_2' I_2'^2 = m_2 R_2 I_2^2 \\ \dfrac{1}{2} m_1 X_{2\sigma}' I_2'^2 = \dfrac{1}{2} m_2 X_{2\sigma} I_2^2 \end{cases} \tag{4-33}$$

归纳起来,绕组折算时,转子电动势和电压应乘以 k_e,转子电流应除以 k_i,转子电阻和漏抗则应乘以 $k_e k_i$,折算前、后转子的总视在功率、有功功率、转子的铜损耗和漏磁场储能均保持不变。

4.2.5 三相异步电动机的等效电路及相量图

图 4-13 所示为频率和绕组折算后异步电动机的定、转子的耦合电路图。

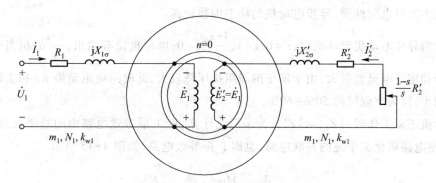

图 4-13　频率、绕组折算后异步电动机的定、转子电路图

4.2.5.1 等效电路

经过频率折算和绕组折算,异步电动机的电压方程和磁动势方程变为

$$\begin{cases} \dot{U}_1 = -\dot{E}_1 + \dot{I}_1 (R_1 + jX_{1\sigma}) = -\dot{E}_1 + \dot{I}_1 Z_1 \\ -\dot{E}_1 = \dot{I}_m (R_m + jX_m) = \dot{I}_m Z_m \\ \dot{I}_1 = \dot{I}_m + (-\dot{I}_2') \\ \dot{E}_1 = \dot{E}_2' \\ \dot{E}_2' = \dot{I}_2' (R_2'/s + jX_{2\sigma}') \end{cases} \tag{4-34}$$

根据式(4-34),即可画出异步电动机的 T 形等效电路,如图 4-14 所示。

下面对该 T 形等效电路进行分析:

(1) 从等效电路可见,异步电动机空载运行时,转子转速接近于同步转速,$n \approx n_1$,$s \approx 0$,$\dfrac{1-s}{s} R_2' \to \infty$,等效电路中的转子回路相当于开路,此时转子电流 $\dot{I}_2' \approx 0$,$\dot{I}_1 \approx \dot{I}_m$,定子电流基本上是励磁电流,异步电动机的功率因数很低。

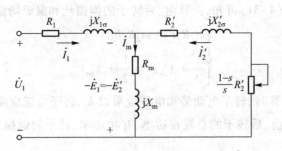

图 4-14   异步电动机 T 形等效电路

（2）当电动机加上负载时，转差率增大，R_2'/s 减小，使转子和定子电流增大。当额定负载运行时，$n \approx n_\mathrm{N}$，$s = s_\mathrm{N}$，$R_2' \gg X_{2\sigma}'$，而 $I_2' = \dfrac{E_2'}{\sqrt{(R_2'/s)^2 + X_{2\sigma}'^2}}$。此时，转子电流 I_2' 主要由 $\dfrac{R_2'}{s}$ 决定，转子电路基本上呈电阻性质，异步电动机的功率因数较高。

（3）当异步电动机起动瞬时，$n = 0$，$s = 1$，$\dfrac{1-s}{s} R_2' = 0$，电动机没有输出，$\dfrac{1-s}{s} R_2'$ 相当于短路，此时转子和定子电流都很大；由于定子的漏阻抗压降较大，此时感应电动势 $\dot{E}_1$ 和主磁通 $\varPhi_\mathrm{m}$ 将显著减小，仅为空载时的 50% ~ 60%。

电动机正常工作时，$|Z_1| \ll |Z_2'|$，为了简化计算，将 T 形等效电路中的励磁支路左移到输入端，使电路简化成单纯的并联电路，也即 Γ 形等效电路，如图 4-15 所示。

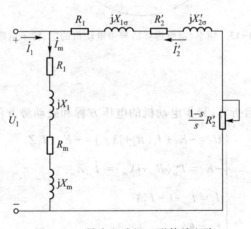

图 4-15   异步电动机 Γ 形等效电路

4.2.5.2   相量图

根据式（4-34）或 T 形等效电路，可作异步电动机相对应的时-空相量图，如图 4-16 所示。作相量图时，一般以主磁通作为参考相量，取 $\dot{\varPhi}_\mathrm{m} = \varPhi_\mathrm{m} \angle 0°$，$\dot{I}_\mathrm{m}$ 超前 $\dot{\varPhi}_\mathrm{m}$ 铁心损耗角 α_Fe，$\dot{E}_1$、$\dot{E}_2'$ 滞后 $\dot{\varPhi}_\mathrm{m}$ 90°，然后根据定、转子电压平衡方程绘制相量图。

图中下方为转子的相量图;上右方为磁动势方程的相量图,上左方为定子侧相量图。

从等效电路和相量图可见,异步电动机的定子电流 $\dot{I}_1$ 总是滞后于电源电压 $\dot{U}_1$,异步电动机对电网而言为感性负载。这是因为产生气隙中主磁场和定、转子的漏磁场都要从电源输入一定的感性无功功率;磁化电流越大,定、转子漏抗越大,电机的功率因数就越低。

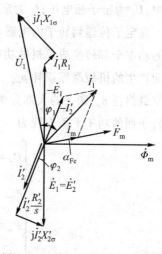

图 4-16　异步电动机时空相量图

这里应当注意,由等效电路算出的所有定子侧的量均为电机中的实际量,而转子电动势、电流则是折算值而不是实际值。由于折算是在有功功率不变的条件下进行的,所以用折算值算出的转子有功功率、损耗和转矩均与实际值相同。

等效电路是分析和计算异步电动机性能的主要工具。在给定参数和电源电压的情况下,若已知转差率 s,从图 4-14 可见,定子和转子电流应为

$$\begin{cases} \dot{I}_1 = \dfrac{\dot{U}_1}{Z_1 + \dfrac{Z_m Z_2'}{Z_m + Z_2'}} \\[4mm] \dot{I}_2' = -\dot{I}_1 \dfrac{Z_m}{Z_m + Z_2'} \\[4mm] \dot{I}_m = \dot{I}_1 \dfrac{Z_2'}{Z_m + Z_2'} \end{cases} \qquad (4-35)$$

式中,Z_1 为定子的漏阻抗,单位为 Ω;Z_2' 为转子的等效阻抗,单位为 Ω。

4.2.6　三相异步电动机的功率和转矩

本节将用等效电路来分析异步电动机的功率关系,并给出功率平衡方程和转矩方程。

4.2.6.1　功率平衡方程和转换效率

由等效电路可见,异步电动机稳定运行时,从电源输入的电功率 P_1,其中一小部分将消耗在定子绕组的电阻上,变成铜损耗 p_{Cu1};一小部分将消耗于定子铁心,变为铁心损耗 p_{Fe};余下的大部分功率将通过气隙旋转磁场的耦合,从定子通过气隙传送到转子,这部分功率称为电磁功率,用 P_e 表示,那么定子侧的功率平衡方程为

$$\begin{cases} P_1 = p_{Fe} + p_{Cu1} + P_e \\ P_1 = m_1 U_1 I_1 \cos \varphi_1 = 3 U_1 I_1 \cos \varphi_1 \\ p_{Fe} = m_1 I_m^2 R_m = 3 I_m^2 R_m \\ p_{Cu1} = m_1 I_1^2 R_1 = 3 I_1^2 R_1 \end{cases} \qquad (4-36)$$

式中，U_1 为定子相电压；I_1 为定子相电流；$\cos\varphi_1$ 为定子功率因数；R_1 为定子电阻。

在定子传递到转子的电磁功率 P_e 中，一部分功率消耗在转子绕组的电阻上，即 p_{Cu2}，剩下的功率全部转换成总机械功率，用 P_m 表示。总机械功率中一小部分为消耗在电动机因转动而产生的机械摩擦损耗 p_{mec}，一小部分为其他原因产生的附加损耗 p_{ad}，这两部分损耗统称为空载损耗 p_0；剩下的大部分为电动机轴上输出的机械功率，用 P_2 表示。根据以上分析，可知转子侧的功率平衡方程为

$$\begin{cases} P_e = m_1 E_2' I_2' \cos\varphi_2 = 3 E_2' I_2' \cos\varphi_2 = 3 I_2'^2 \dfrac{R_2'}{s} \\[2mm] p_{Cu2} = m_1 I_2'^2 R_2' = 3 I_2'^2 R_2' = s P_e \\[2mm] P_m = P_e - p_{Cu2} = 3 I_2'^2 \dfrac{1-s}{s} R_2' = (1-s) P_e \\[2mm] P_2 = P_m - p_{mec} - p_{ad} \\[2mm] p_0 = p_{mec} + p_{ad} \end{cases} \qquad (4-37)$$

式中，$\cos\varphi_2$ 为转子功率因数；R_2' 为转子电阻。

对于附加损耗 p_{ad}，一般根据经验估算，对于大型一般电动机约为 $0.5\%P_N$，对于中、小型异步电动机一般为 $1\% \sim 3\%P_N$。正常运行时，转差率很小，转子铁心中磁通的变化频率很低，通常仅为 $1 \sim 3$ Hz，所以转子铁心损耗一般可略去不计。

式（4-37）说明：传送到转子的电磁功率 P_e 中，s 部分变为转子铜损耗，$(1-s)$ 部分转换为机械功率。由于转子铜损耗等于 sP_e，故称为转差功率。

异步电动机的功率传送过程可用如图 4-17 所示的功率流图来表示。

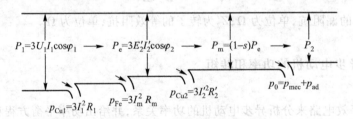

图 4-17 异步电动机功率流图

三相异步电动机的效率为

$$\eta = \frac{P_2}{P_1} \times 100\% = \frac{P_1 - \sum p}{P_1} \times 100\% = \left(1 - \frac{\sum p}{P_2 + \sum p}\right) \times 100\% \qquad (4-38)$$

式中，$\sum p$ 为异步电动机的总损耗，$\sum p = p_{Cu1} + p_{Fe} + p_{Cu2} + p_0$。

4.2.6.2 转矩方程

异步电动机的电磁转矩 T_e 为总机械功率 P_m 除以转子机械角速度 Ω，即

$$\frac{P_m}{\Omega} = \frac{P_2}{\Omega} + \frac{p_0}{\Omega}$$

则转矩平衡方程为

$$T_e = T_2 + T_0 \tag{4-39}$$

式中，$T_2 = P_2/\Omega$ 为电动机轴上的输出转矩，单位为 $N \cdot m$；$T_0 = p_0/\Omega$ 为与机械损耗和杂散损耗所对应的空载转矩，单位为 $N \cdot m$。

各转矩也可分别表示为

$$\begin{cases} T_e = \dfrac{P_m}{\Omega} = \dfrac{(1-s)P_e}{(1-s)\Omega_1} = \dfrac{P_e}{\Omega_1} = 9.55\dfrac{P_e}{n_1} = 9.55\dfrac{P_m}{n} \\[3mm] T_2 = \dfrac{P_2}{\Omega} = 9.55\dfrac{P_2}{n} \\[3mm] T_0 = \dfrac{p_0}{\Omega} = 9.55\dfrac{p_0}{n} \end{cases} \tag{4-40}$$

式中，$\Omega_1 = \dfrac{2\pi n_1}{60}$ 为同步机械角速度。

例 4-4 有一台三相四极感应电动机，额定频率为 50 Hz，$U_N = 380$ V，Y 联结，$\cos\varphi_N = 0.83$，$R_1 = 0.35\ \Omega$，$R_2' = 0.34\ \Omega$，$s_N = 0.04$，机械损耗与附加损耗之和为 288 W。设 $I_{1N} = I_{2N}' = 20.5$ A，求此电动机额定运行时的输出功率、电磁功率、电磁转矩和负载转矩。

解 总机械功率为 $P_m = m_1 I_{2N}'^2 \dfrac{1-s}{s} R_2' = 3\times20.5^2\times\dfrac{1-0.04}{0.04}\times0.34\ \text{W} = 10\ 288\ \text{W}$

输出功率为 $P_2 = P_m - (p_{mec}+p_{ad}) = 10\ 288 - 288\ \text{W} = 10\ 000\ \text{W}$

电磁功率为 $P_e = \dfrac{P_m}{1-s} = \dfrac{10\ 288}{1-0.04}\ \text{W} = 10\ 716\ \text{W}$

同步转速为 $n_1 = \dfrac{60f_1}{p} = \dfrac{60\times50}{2}\ \text{r/min} = 1\ 500\ \text{r/min}$

额定转速为 $n_N = (1-s)n_1 = (1-0.04)\times1\ 500\ \text{r/min} = 1\ 440\ \text{r/min}$

电磁转矩为 $T_e = \dfrac{P_e}{\Omega_1} = \dfrac{P_e}{2\pi\dfrac{n_1}{60}} = \dfrac{10\ 716\times60}{2\pi\times1\ 500}\ \text{N}\cdot\text{m} = 68.26\ \text{N}\cdot\text{m}$

或 $T_e = \dfrac{P_m}{\Omega} = \dfrac{10\ 288}{2\pi\times\dfrac{1\ 440}{60}}\ \text{N}\cdot\text{m} = 68.26\ \text{N}\cdot\text{m}$

负载转矩为 $T_2 = \dfrac{P_2}{\Omega} = \dfrac{10\ 000}{2\pi\times\dfrac{1\ 440}{60}}\ \text{N}\cdot\text{m} = 66.35\ \text{N}\cdot\text{m}$

例 4-5 一台三相感应电动机，$P_N = 7.5$ kW，额定电压 $U_N = 380$ V，定子三角形联结，频率为 50 Hz。额定负载运行时，定子铜损耗为 474 W，铁心损耗为 231 W，机械损耗为 45 W，附加损耗为 37.5 W，已知 $n_N = 960$ r/min，$\cos\varphi_N = 0.824$，试计算转子电流频率、转子铜损耗、定子电流和电机效率。

解 转差率为 $s = \dfrac{n_1 - n}{n_1} = \dfrac{1\,000 - 960}{1\,000} = 0.04$

转子电流频率为 $f_2 = sf_1 = 0.04 \times 50 \text{ Hz} = 2 \text{ Hz}$

总机械功率为 $P_{\text{m}} = P_2 + p_{\text{mec}} + p_{\text{ad}} = (7\,500 + 45 + 37.5)\text{ W} \approx 7\,583 \text{ W}$

电磁功率为 $P_e = \dfrac{P_{\text{m}}}{1-s} = \dfrac{7\,583}{1-0.04}\text{ W} = 7\,899 \text{ W}$

转子铜损耗为 $p_{\text{Cu2}} = sP_e = 0.04 \times 7\,899 \text{ W} = 316 \text{ W}$

定子输入功率为 $P_1 = P_e + p_{\text{Cu1}} + p_{\text{Fe}} = (7\,899 + 474 + 231)\text{ W} = 8\,604 \text{ W}$

定子线电流为 $I_1 = \dfrac{P_1}{\sqrt{3}\,U_{\text{N}}\cos\varphi_{\text{N}}} = \dfrac{8\,604}{\sqrt{3} \times 380 \times 0.824}\text{ A} = 15.86 \text{ A}$

电动机效率为 $\eta = \dfrac{P_2}{P_1} = \dfrac{7\,500}{8\,604} = 87.2\%$

4.2.7 三相异步电动机的电磁转矩

由前面分析可知,电磁转矩表达式为 $T_e = \dfrac{P_{\text{m}}}{\Omega} = \dfrac{P_e}{\Omega_1}$。该式表明:电磁转矩既可用机械功率算出,也可用电磁功率算出。用机械功率求电磁转矩时,应除以转子的机械角速度 Ω;用电磁功率求电磁转矩时,由于电磁功率是通过气隙旋转磁场传送到转子的,则应除以旋转磁场同步角速度 Ω_1。

考虑到 $P_e = m_1 E_2' I_2' \cos\varphi_2$,$E_2' = \sqrt{2}\,\pi f_1 N_1 k_{\text{w1}} \Phi_{\text{m}}$,$I_2' = \dfrac{m_2 N_2 k_{\text{w2}}}{m_1 N_1 k_{\text{w1}}} I_2$,$\Omega_1 = \dfrac{2\pi f_1}{p}$,则由电磁转矩表达式可得

$$T_e = \frac{1}{\sqrt{2}} p m_2 N_2 k_{\text{w2}} \Phi_{\text{m}} I_2 \cos\varphi_2 = C_{\text{T}} \Phi_{\text{m}} I_2 \cos\varphi_2 \tag{4-41}$$

式中,$C_{\text{T}} = \dfrac{1}{\sqrt{2}} p m_2 N_2 k_{\text{w2}}$ 为电动机电磁转矩常数。

式(4-41)说明,电磁转矩与气隙主磁通量 Φ_{m} 和转子电流的有功分量成正比;增加转子电流的有功分量,可使电磁转矩增大。

异步电动机的输出特性主要体现在转矩和转速上。在电源为额定电压的情况下,电磁转矩与转差率的关系 $T_e = f(s)$ 称为转矩-转差率特性,或 T_e-s 特性,该特性是异步电动机最主要的特性。

4.2.7.1 转矩-转差率特性

已知电磁转矩为

$$T_e = \frac{P_e}{\Omega_1} = \frac{m_1}{\Omega_1} I_2'^2 \frac{R_2'}{s}$$

由 Γ 形等效电路可求得转子电流为

$$\dot{I}_2' = -\frac{\dot{U}_1}{Z_1 + Z_2'} = -\frac{\dot{U}_1}{\left(R_1 + \dfrac{R_2'}{s}\right) + j(X_{1\sigma} + X_{2\sigma}')}$$

将转子电流的模值代入电磁转矩 T_e,可得

$$T_e = \frac{m_1 p U_1^2 \dfrac{R_2'}{s}}{2\pi f_1 \left[\left(R_1 + \dfrac{R_2'}{s}\right)^2 + (X_{1\sigma} + X_{2\sigma}')^2\right]} \tag{4-42}$$

把不同的转差率 s 代入式(4-42),算出对应的电磁转矩 T_e,便可得到转矩-转差率特性曲线,如图 4-18 所示。图中 $0<s<1$ 的范围是电动机状态,$s<0$ 的范围为发电机状态。

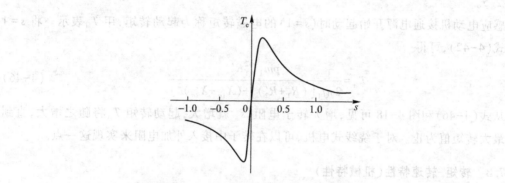

图 4-18 异步电动机转矩-转差率特性曲线

4.2.7.2 最大转矩和起动转矩

从图 4-17 可知,T_e-s 曲线有一个最大值 T_{max}。令 $dT_e/ds = 0$,即可求出产生 T_{max} 时的转差率 s_m。

$$s_m = \pm \frac{R_2'}{\sqrt{R_1^2 + (X_{1\sigma} + X_{2\sigma}')^2}} \tag{4-43}$$

s_m 称为临界转差率。将 s_m 代入式(4-42),可得最大电磁转矩为

$$T_{max} = \pm \frac{m_1 p U_1^2}{4\pi f_1 \left[\pm R_1 + \sqrt{R_1^2 + (X_{1\sigma} + X_{2\sigma}')^2}\right]} \tag{4-44}$$

式中,正号对应于电动机状态,负号对应于发电机状态。

当 $R_1 \ll X_{1\sigma} + X_{2\sigma}'$ 时,s_m 和 T_{max} 可近似地写成

$$
\begin{cases}
s_{\mathrm{m}} \approx \pm \dfrac{R_2'}{X_{1\sigma} + X_{2\sigma}'} \\[4mm]
T_{\max} = \pm \dfrac{pm_1 U_1^2}{4\pi f_1 (X_{1\sigma} + X_{2\sigma}')}
\end{cases}
\qquad (4\text{-}45)
$$

从式(4-45)可见：

(1) 异步电动机的最大转矩与电源电压的平方成正比，与定、转子漏抗之和近似成反比。

(2) 最大转矩的大小与转子电阻值无关，临界转差 s_{m} 则与转子电阻 R_2' 成正比，即 R_2' 增大时，s_{m} 增大，但 $T_{\max}$ 保持不变，此时 T_{e}-s 曲线的最大值将向 $s=1$ 的方向偏移，如图 4-19 所示。

电动机的最大转矩与额定转矩之比称为过载能力，用 k_{m} 表示 $k_{\mathrm{m}} = T_{\max}/T_{\mathrm{N}}$。如果负载的制动转矩大于最大转矩，电动机就会停转。为保证电动机不因短时过载而停转，通常 $k_{\mathrm{m}} = 1.6 \sim 2.5$。

感应电动机接通电源开始起动时($s=1$)的电磁转矩称为起动转矩，用 T_{st} 表示。将 $s=1$ 代入式(4-42)，可得

$$
T_{\mathrm{st}} = \frac{pm_1 U_1^2 R_2'}{2\pi f_1 \left[(R_1 + R_2')^2 + (X_{1\sigma} + X_{2\sigma}')^2 \right]}
\qquad (4\text{-}46)
$$

从式(4-46)和图 4-18 可见，增大转子电阻，s_{m} 就增大，起动转矩 T_{st} 将随之增大，直到达到最大转矩值为止。对于绕线式电机，可以在转子中接入外加电阻来实现这一点。

4.2.7.3 转矩-转速特性(机械特性)

把转矩-差率曲线 $T_{\mathrm{e}} = f(s)$ 的横、纵坐标对调，并利用 $n = (1-s)n_1$ 把转差率转换为对应的转速 n，就可以得到转矩-转速特性 $n = f(T_{\mathrm{e}})$，如图 4-20 所示。

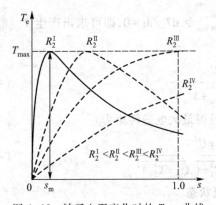
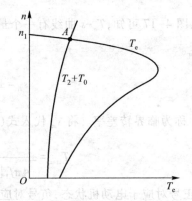

图 4-19 转子电阻变化时的 T_{e}-s 曲线   图 4-20 异步电动机转矩-转速特性曲线

把电动机的转矩-转速特性 $n = f(T_{\mathrm{e}})$ 和负载特性 $n = f(T_2 + T_0)$ 画在一起，在交点处(图 4-20 中的 A 点)电动机的电磁转矩与负载转矩相平衡，该点即为电动机的运行点。

例 4-6 一台三相感应电动机,额定功率 $P_N = 4$ kW,额定电压 $U_N = 380$ V,三角形联结,额定转速 $n_N = 1\ 442$ r/min,定、转子的参数如下: $R_1 = 4.47\ \Omega$, $R_2' = 3.18\ \Omega$, $R_m = 11.9\ \Omega$, $X_{1\sigma} = 6.7\ \Omega$, $X_{2\sigma}' = 9.85\Omega$, $X_m = 6.7\ \Omega$。试求在额定转速时的电磁转矩、最大转矩、起动电流和起动转矩。

解 转差率为
$$s = \frac{n_1 - n}{n_1} = \frac{1\ 500 - 1\ 442}{1\ 500} = 0.038\ 7$$

额定转速时的电磁转矩为

$$T_e = \frac{1}{\Omega_1} \frac{3U_1^2 \dfrac{R_2'}{s}}{\left(R_1 + \dfrac{R_2'}{s}\right)^2 + (X_{1\sigma} + X_{2\sigma}')^2}$$

$$= \frac{1}{\dfrac{2\pi \times 1\ 500}{60}} \frac{3 \times 380^2 \times \dfrac{3.18}{0.038\ 7}}{\left(4.47 + \dfrac{3.18}{0.038\ 7}\right)^2 + (6.7 + 9.85)^2}\ \text{N} \cdot \text{m} = 29.14\ \text{N} \cdot \text{m}$$

最大转矩为

$$T_{max} = \frac{1}{\Omega_1} \frac{3U_1^2}{2\left[R_1 + \sqrt{R_1^2 + (X_{1\sigma} + X_{2\sigma}')^2}\right]}$$

$$= \frac{1}{\dfrac{2\pi \times 1\ 500}{60}} \frac{3 \times 380^2}{2\left[4.47 + \sqrt{4.47^2 + (6.7 + 9.85)^2}\right]}\ \text{N} \cdot \text{m} = 63.77\ \text{N} \cdot \text{m}$$

起动电流为

$$I_{st} = \frac{U_1}{\sqrt{(R_1 + R_2')^2 + (X_{1\sigma} + X_{2\sigma}')^2}}$$

$$= \frac{380}{\sqrt{(4.47 + 3.18)^2 + (6.7 + 9.85)^2}}\ \text{A} = 20.84\ \text{A}$$

起动线电流为
$$I_{lst} = \sqrt{3}\ I_{st} = \sqrt{3} \times 20.84\ \text{A} = 36.05\ \text{A}$$

起动转矩为
$$T_{st} = \frac{1}{\Omega_1} \frac{3U_1^2 R_2'}{(R_1 + R_2')^2 + (X_{1\sigma} + X_{2\sigma}')^2}$$

$$= \frac{1}{\dfrac{2\pi \times 1\ 500}{60}} \frac{3 \times 380^2 \times 3.18}{(4.47 + 3.18)^2 + (6.7 + 9.85)^2}\ \text{N} \cdot \text{m} = 26.39\ \text{N} \cdot \text{m}$$

例 4-7 一台四极笼型异步电动机, $P_N = 200$ kW, $U_{1N} = 380$ V,定子三角形联结,定子额定电流 $I_{1N} = 234$ A,频率为 50 Hz,定子铜损耗为 5.12 kW,转子铜损耗为 2.85 kW,铁心损耗为 3.8 kW,机械损耗为 0.98 kW,附加损耗为 3 kW, $R_1 = 0.034\ 5\ \Omega$, $X_m = 5.9\ \Omega$,产生最大转矩时 $X_{1\sigma} = 0.202\ \Omega$, $R_2' = 0.022\ \Omega$, $X_{2\sigma}' = 0.195\ \Omega$,起动时由于磁路饱和集肤效应的影响, $X_{1\sigma} = $

$0.137\ 5\ \Omega$，$R_2' = 0.071\ 5\ \Omega$，$X_{2\sigma}' = 0.11\ \Omega$。试求：（1）额定负载下的转速、电磁转矩和效率；（2）最大转矩倍数（即过载能力）和起动转矩倍数。

（注：异步电动机起动时，随着转子电流频率变化，转子导条断面电流分量分布不均匀，电流密度由导体中心向表面逐渐增加，大部分电流沿导体表面流动，这种物理现象称为集肤效应。）

解 （1）电磁功率为

$$P_e = P_N + p_{Cu2} + p_{mec} + p_{ad}$$
$$= (200 + 2.85 + 0.98 + 3)\ kW$$
$$= 206.83\ kW$$

$$s = \frac{p_{Cu2}}{P_e} = \frac{2.85}{206.83} = 0.013\ 8$$

$$n_1 = \frac{60 \times 50}{2}\ r/min = 1\ 500\ r/min$$

所以

$$n_N = n_1 \times (1-s) = 1\ 479\ r/min$$

$$T_e = \frac{P_e}{\Omega_1} = \frac{206.83 \times 10^3}{\frac{2\pi}{60} \times 1\ 500}\ N \cdot m = 1\ 316.7\ N \cdot m$$

$$P_1 = P_e + p_{Cu1} + p_{Fe} = (206.83 + 5.12 + 3.8)\ kW = 215.75\ kW$$

$$\eta_N = \frac{P_2}{P_1} \times 100\% = \frac{200}{215.75} \times 100\% = 92.7\%$$

（2）最大转矩为

$$T_{max} = \frac{m_1 p\ U_1^2}{4\pi f_1 \left[R_1 + \sqrt{R_1^2 + (X_{1\sigma} + X_{2\sigma}')^2} \right]}$$

$$= \frac{3 \times 2 \times 380^2}{4\pi \times 50 \times \left[0.034\ 5 + \sqrt{0.034\ 5^2 + (0.202 + 0.195)^2} \right]}\ N \cdot m = 3\ 186.3\ N \cdot m$$

$$T_N = \frac{P_N}{\frac{2\pi}{60}n_N} = \frac{60 \times 200 \times 1\ 000}{2\pi \times 1\ 479}\ N \cdot m = 1\ 292\ N \cdot m$$

所以最大转矩倍数（即过载能力）为

$$k_m = \frac{T_{max}}{T_N} = \frac{3\ 186.3}{1\ 292} = 2.46$$

起动转矩为

$$T_{st} = \frac{m_1 p\ U_1^2 R_2'}{2\pi f_1 \left[(R_1 + R_2')^2 + (X_{1\sigma} + X_{2\sigma}')^2 \right]}$$

$$= \frac{3 \times 2 \times 380^2 \times 0.071\ 5}{2\pi \times 50 \times \left[(0.034\ 5 + 0.071\ 5)^2 + (0.137\ 5 + 0.11)^2 \right]}\ N \cdot m = 2\ 721.8\ N \cdot m$$

所以起动转矩倍数为

$$k_{st} = \frac{T_{st}}{T_N} = \frac{2\,721.8}{1\,292} = 2.1$$

4.2.8　三相异步电动机的工作特性

三相异步电动机定子侧从电网吸收的电能经机电能量转换后变换成机械能,机械能通过转轴输出给机械负载。不同的机械负载对电动机有不同的要求。为满足特定机械负载而设计、制造的电机为专用电机。有些通用机械负载对电动机无特殊要求,对于这些通用产品,国家有关部门规定了一些性能指标,以满足用户需要。

4.2.8.1　性能指标

为保证异步电动机运行可靠、使用经济,国家标准对电动机的主要性能指标做出了具体规定。标志电动机工作性能的主要指标有:额定效率、额定功率因数、起动转矩倍数、起动电流倍数和电机的过载能力。

(1) 额定效率。电动机效率定义为输出功率 P_2 与输入功率 P_1 之比,从使用的角度看,要求电动机的效率高,在同样负载的条件下,电动机效率高就省电。在技术标准中规定了三相异步电动机在额定功率时的额定效率 η_N。

(2) 额定功率因数。任何感性负载,除了从电源中吸收有功功率外,还必须从电源中吸收滞后无功功率。三相异步电动机的功率因数小于1。技术标准中规定了三相异步电动机的额定功率因数 $\cos\varphi_N$ 的值。

(3) 起动转矩倍数。电动机应有足够大的起动转矩,否则拖动机械负载时,无法起动。因此,电动机在额定电压下起动时,技术标准规定了三相异步电动机的起动转矩倍数值。

(4) 起动电流倍数。三相异步电动机在定子加额定电压起动瞬间,转子绕组感应很高的电动势和产生很大的电流,定子电流也很大,这时的定子电流称为起动电流。如果起动电流太大,会使输电线路的阻抗压降增大,降低了电网电压,影响其他用户用电,同时也会影响电动机本身的寿命和正常使用。因此,电动机在额定电压下起动时,不应超过技术标准规定的起动电流倍数。

(5) 过载能力。三相异步电动机的最大电磁转矩代表了电动机所能拖动的最大负载能力。实际运行时,由于某种原因,短时间内负载突然增大,只要不超过最大转矩,电动机仍能维持运行,不会停转。因此,电动机在额定电压下运行时,其过载倍数应不小于技术标准规定的数值。

4.2.8.2　工作特性

异步电动机的工作特性,能反映异步电动机的运行情况,是合理选择、使用电动机的依据。异步电动机的工作特性是指异步电动机在额定电压 U_{1N} 和额定频率 f_{1N} 运行时,电动机转子转速 n、电磁转矩 T_e、定子电流 I_1、定子侧功率因数 $\cos \varphi_1$、效率 η 与转子输出功率 P_2 的关系曲线。下面分别加以说明。

(1) 转速特性 $n=f(P_2)$。电动机的转速为 $n=n_1(1-s)$,空载时 $P_2=0$,转差率 $s=0$,转子转速非常接近于同步转速 n_1。随着负载的增大,转速 n 降低,为使电磁转矩足以克服负载转矩,转子电流 I_2' 将增大,转差率 s 也增大。转速特性 $n=f(P_2)$ 是一条略微下降的曲线,如图 4-21 中曲线 1 所示。通常额定负载时转差率为 $s=2\%\sim5\%$,即额定转速比同步转速低 $2\%\sim5\%$。

(2) 定子电流特性 $I_1=f(P_2)$。电动机的定子电流为 $\dot{I}_1=\dot{I}_m+(-\dot{I}_2')$,空载时转子转速 $n=n_1$,转差率 $s\approx0$,转子电流 $I_2'\approx0$,定子电流几乎全部为励磁电流 I_m;随着负载的增大,转速 n 下降,转子电流 I_2' 增大,于是定子电流 I_1 将随之增大,以补偿转子电流所产生磁动势的影响,维持磁动势平衡。定子电流特性 $I_1=f(P_2)$ 如图 4-21 中曲线 2 所示,为一条由 I_m 开始逐渐上升的曲线。

(3) 定子功率因数特性 $\cos \varphi_1=f(P_2)$。从等效电路可见,异步电动机是一个感性电路,所以异步电动机的功率因数恒小于 1,且滞后。

空载运行时,定子电流基本上是励磁电流(其主要成分是无功的磁化电流),所以功率因数很低,为 $0.1\sim0.2$。随着负载的增加,输出的机械功率增加,定子电流中的有功分量也增大,于是电动机的功率因数逐渐提高,通常在额定负载附近,功率因数将达到其最大值。若负载继续增大,由于转差率较大,转子等效电阻 R_2'/s 和转子功率因数 $\cos \varphi_2$ 下降得较快,故定子功率因数 $\cos \varphi_1$ 又重新下降,如图 4-21 中曲线 3 所示。

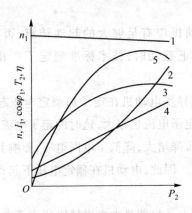

图 4-21　三相异步电动机的工作特性
1. $n=f(P_2)$　2. $I_1=f(P_2)$　3. $\cos \varphi_1=f(P_2)$　4. $T_e=f(P_2)$　5. $\eta=f(P_2)$

(4) 电磁转矩特性 $T_e=f(P_2)$。稳态运行时,电磁转矩 T_e 为

$$T_e=T_2+T_0=\frac{P_2}{\Omega}+T_0$$

空载转矩 T_0 可认为不变,从空载到额定负载之间电动机的转速变化很小,电磁转矩随

着 P_2 的增大而增大。输出转矩特性 $T_e = f(P_2)$ 如图 4-21 中曲线 4 所示。

（5）效率特性 $\eta = f(P_2)$。 异步电动机在从空载到负载运行的过程中，主磁通 Φ_m 和转速 n 变化较小，所以铁心损耗 p_{Fe} 和机械损耗 p_{mec} 变化很小，这两种损耗之和为异步电动机的不变损耗；定、转子铜损耗 p_{Cu} 与负载电流平方成正比，随着负载变化而变化，为异步电动机的可变损耗。

空载运行时，输出功率 $P_2 = 0$，效率 $\eta = 0$；随着负载的增大，效率也增大，达到峰值后，随着负载的增大，效率反而下降。效率特性 $\eta = f(P_2)$ 如图 4-21 中曲线 5 所示。

异步电动机的最大效率通常发生在 $(0.8 \sim 1.1)P_N$ 这一范围内，额定效率 η_N 在 76% ~ 94% 之间，容量越大，η_N 一般就越高。异步电动机的效率和功率因数都在额定负载附近达到最大值，故选用电动机时应使电动机的容量与负载相匹配，以使电动机经济、合理和安全地使用。

4.2.8.3　工作特性的求取

（1）直接负载法。 先用空载试验测出电动机的铁心损耗、机械损耗，并用电桥测出定子电阻，再进行负载试验。

负载试验是在电源电压 $U_1 = U_{1N}$、频率 $f_1 = f_{1N}$ 的条件下进行的。改变电动机的负载，分别记录不同负载下定子的输入功率、定子电流和转差，由此即可算出不同负载下电动机的输出功率、转速、功率因数和效率等。

直接负载法主要适用于中、小型异步电动机。对于大容量异步电动机，在制造厂或现场进行负载试验均有一定困难（需要有一套恒压电源和一个合适的负载，还要有一套测试设备），因此常常利用等效电路，由电机的参数算出其工作特性和运行数据。

（2）由参数算出电动机的主要运行数据。 在参数已知的情况下（根据试验或设计值），给定转差率 s，根据 T 形等效电路，即可算出定、转子电流和励磁电流[见式（4-35）]，定、转子铜损耗，电磁功率，转子的机械功率，电磁转矩和输入功率。若已知机械损耗和杂耗，可进一步算出输出功率和电动机的效率。

在分析异步电动机的性能时，通常应算出：① 额定点的全部数据；② 最大转矩值；③ 起动电流和起动转矩值。计算额定点的数据时，可先假定一个额定转差率 s_N，然后看算出的输出功率是否等于额定功率，如果不等，可利用输出功率近似正比于转差率这一关系，重新假定一个额定转差率进行重算，直到输出功率等于额定功率为止。最大转矩和起动转矩可用式（4-44）和式（4-46）算出，为得到较为准确的值，式中的漏抗应当用对应于 $s = s_m$ 和 $s = 1$ 时的漏抗值代入。

*4.2.9　三相异步电动机参数的测定

异步电动机的参数可以用空载试验和起动（短路）试验来确定。

4.2.9.1 空载试验

空载试验的目的是确定电动机的励磁参数 R_m、X_m 以及铁心损耗 p_{Fe} 和机械损耗 p_{mec}。试验时,异步电动机定子通过调压器接三相交流电源,转子轴上不带任何负载,加额定电压使电动机运行在空载状态,稳定一段时间后,电动机的机械损耗达到稳定值,然后调节调压器改变定子电压的大小,使定子端电压从 $(1.1\sim1.2)U_{1N}$ 逐步下调至 $0.3U_{1N}$ 左右,使电动机的转速有明显的变化,每次记录电动机的端电压 U_1、空载电流 I_0、空载损耗 p_0 和电动机转速 n,即可得到电动机的空载特性 $p_0=f(U_1)$,$I_0=f(U_1)$,如图 4-22 所示。

空载时,转速 $n\approx n_1$,转子电流 $I_2\approx0$,转子铜损耗 $p_{Cu2}\approx0$,电动机的三相输入功率全部用以克服定子铜损耗 p_{Cu1}、铁心损耗 p_{Fe}、转子机械损耗 p_{mec} 和杂散损耗 p_{ad},所以从空载损耗 p_0 减去定子铜损耗 p_{Cu1},即得铁心损耗 p_{Fe}、机械损耗 p_{mec} 和杂散损耗 p_{ad} 之和,即

$$p_0'=p_0-p_{Cu1}=p_0-m_1I_0^2R_1=p_{Fe}+p_{mec}+p_{ad} \tag{4-47}$$

由于铁心损耗 p_{Fe} 基本上与端电压的平方成正比,机械损耗 p_{mec} 则仅与转速有关而与端电压的高低无关;铁心损耗 p_{Fe} 和杂散损耗 p_{ad} 与磁通的二次方成正比,即与 U_1^2 成正比。为了从 p_0' 中分离机械损耗,作 $p_0'=f(U_1^2)$ 曲线,如图 4-23 所示。将图中的曲线延长并与纵坐标轴相较于 O' 点,在通过 O' 点作与横坐标轴的平行线,将与电压无关的机械损耗从 p_0' 中分离,虚线之上是 $p_{Fe}+p_{ad}$,虚线之下是 p_{mec}。若想精确测得励磁参数,还需将铁心损耗 p_{Fe} 和杂散损耗 p_{ad} 分离,由于杂散损耗 p_{ad} 非常小,可近似认为 $p_0-p_{Cu1}-p_{mec}=p_{Fe}+p_{ad}\approx p_{Fe}$。

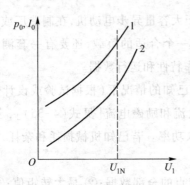

图 4-22 电动机空载特性图
1. $p_0=f(U_1)$ 2. $I_0=f(U_1)$

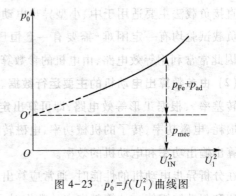

图 4-23 $p_0'=f(U_1^2)$ 曲线图

根据 $U_1=U_{1N}$ 测得的空载试验数据 $(p_0、I_0)$ 计算空载阻抗参数,有

$$\begin{cases} X_0=\dfrac{U_{1N}}{I_0} \\[2mm] R_0=\dfrac{p_0-p_{mec}}{3I_0^2} \\[2mm] X_0=\sqrt{|Z_0|^2-R_0^2} \end{cases} \tag{4-48}$$

电动机空载运行时,转速 $n\approx n_1$,转差率 $s=0$,转子可认为开路,于是根据 T 形等效电

路,有

$$\begin{cases} X_m = X_0 - X_{1\sigma} \\ R_m = R_0 - R_1 \\ |Z_m| = \sqrt{R_m^2 + X_m^2} \end{cases} \tag{4-49}$$

式中,R_1 为定子电阻,可用电桥测得;$X_{1\sigma}$ 为定子漏电抗,可从起动试验测得。

4.2.9.2 起动试验

起动(短路)试验的目的是确定感应电动机的漏阻抗。试验是在转子起动情况($s=1$)下进行的。起动试验可测得短路参数(R_k、X_k、Z_k)和定、转子铜损耗。试验时,调节试验电压,从 $U_1 \approx 0.4U_{1N}$ 开始,逐渐加压,直到电流为额定值为止(对小型电动机,若条件具备,最好从 $U_1 \approx 0.9U_{1N} \sim 1.0U_{1N}$ 做起),然后逐步降低电压,每次记录定子的端电压 U_k、定子电流 I_k 和短路损耗 p_k。根据试验数据绘出短路特性,$I_k = f(U_k)$,$p_k = f(U_k)$,如图 4-24 所示。

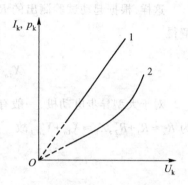

图 4-24 短路特性 $I_k, P_k = f(U_k)$
1. $p_k = f(U_k)$ 2. $I_k = f(U_k)$

由于电机起动,机械损耗 $p_{mec} = 0$,铁心损耗和杂散损耗都很小,可忽略,则输入功率都消耗在定、转子电阻上。根据起动试验数据,可求出起动时的阻抗(即短路阻抗)Z_k、电阻 R_k 和电抗 X_k。

$$\begin{cases} |Z_k| = \dfrac{U_k}{I_k} \\ R_k = \dfrac{p_k}{3I_k^2} \\ X_k = \sqrt{|Z_k|^2 - R_k^2} \end{cases} \tag{4-50}$$

根据 T 形等效电路,若不计铁心损耗(即认为 $R_m = 0$),可得短路阻抗为

$$Z_k = R_1 + jX_{1\sigma} + \frac{jX_m(R_2' + jX_{2\sigma}')}{R_2' + j(X_m + X_{2\sigma}')} = R_k + jX_k$$

于是

$$\begin{cases} R_k = R_1 + R_2' \dfrac{X_m^2}{R_2'^2 + (X_m + X_{2\sigma}')^2} \\ X_k = X_{1\sigma} + X_m \dfrac{R_2'^2 + X_{2\sigma}'^2 + X_{2\sigma}'X_m}{R_2'^2 + (X_m + X_{2\sigma}')^2} \end{cases} \tag{4-51}$$

进一步假设 $X_{1\sigma} = X_{2\sigma}'$,并利用 $X_0 = X_{1\sigma} + X_m = X_{2\sigma}' + X_m$,式(4-51)可改写为

$$\begin{cases} R_k = R_1 + R_2' \dfrac{(X_0 - X_{1\sigma})^2}{R_2'^2 + X_0^2} \\[4mm] X_k = X_{1\sigma} + (X_0 - X_{1\sigma}) \dfrac{R_2'^2 + X_{1\sigma} X_0}{R_2'^2 + X_0^2} \end{cases} \tag{4-52}$$

由式(4-52)中的第 2 式得 $\dfrac{X_0 - X_k}{X_0} = \dfrac{(X_0 - X_{1\sigma})^2}{R_2'^2 + X_0^2}$，带入第 1 式得

$$R_2' = (R_k - R_1) \frac{X_0}{X_0 - X_k} \tag{4-53}$$

这样，根据起动试验测出的 R_k 和 X_k 以及空载试验测出的 X_0，即可确定 R_2'。此外，还可解得

$$X_{1\sigma} = X_{2\sigma}' = X_0 - \sqrt{\frac{X_0 - X_k}{X_0}(R_2'^2 + X_0^2)} \tag{4-54}$$

对于大型异步电动机，一般有 $|Z_m| \gg |Z_{2\sigma}'|$，起动时励磁电流可略去不计，此时可近似认为 $R_k \approx R_1 + R_2'$，$X_k \approx X_{1\sigma} + X_{2\sigma}'$，故

$$R_2' \approx R_k - R_1$$

$$X_{1\sigma} \approx X_{2\sigma}' \approx \frac{X_k}{2} \tag{4-55}$$

在正常工作范围内，定、转子的漏抗基本为一常数。但当高转差时(例如在起动时)，定、转子电流将比额定值大很多，此时漏磁磁路中的铁磁部分将达到饱和，从而使总的漏磁磁阻变大、漏抗变小。因此，起动时定、转子的漏抗值(饱和值)将比正常工作时小 15% ~ 35%，故在进行起动试验时，应力求测得 $I_k = I_{1N}$，$I_k = (2 \sim 3)I_{1N}$ 和 $U_k = U_{1N}$ 三处的数据，然后分别算出不同饱和程度时的漏抗值。计算工作特性时，采用不饱和值；计算起动特性时，采用饱和值；计算最大转矩时，采用对应于 $I_k = (2 \sim 3)I_{1N}$ 时的漏抗值。这样可使计算结果接近于实际情况。

例 4-8　有一台三相感应电动机，额定频率为 50 Hz，额定电压为 380 V，三角形联结，其空载和短路数据如下：空载试验时 $U_0 = U_N = 380$ V，$I_0 = 21.2$A，$p_0 = 1.34$kW，$R_1 = 0.4$ Ω；短路试验时 $U_k = 110$ V，$I_k = 66.8$ A，$p_k = 4.14$ kW；已知机械损耗为 100 W，$X_{1\sigma} = X_{2\sigma}'$，求该电机的 T 形等效电路参数。

解　由空载损耗求得铁心损耗为

$$p_{Fe} = p_0 - m R_1 I_0^2 - p_{mec}$$

$$= \left[1.34 \times 10^3 - 3 \times 0.4 \times \left(\frac{21.2}{\sqrt{3}}\right)^2 - 100 \right] \text{W} = 1\ 060 \text{ W}$$

励磁电阻为　　　　　　$R_m = \dfrac{p_{Fe}}{m I_0^2} = \dfrac{1\ 060}{3 \times \left(\dfrac{21.2}{\sqrt{3}}\right)^2} \Omega = 2.36 \ \Omega$

空载总电抗为
$$X_0 = X_m + X_{1\sigma} = \frac{U_0}{I_0} = \frac{380}{\left(\frac{21.2}{\sqrt{3}}\right)} \Omega = 31 \ \Omega$$

由短路试验求得以下数据。

短路阻抗为
$$|Z_k| = \frac{U_k}{I_k} = \frac{110}{\left(\frac{66.8}{\sqrt{3}}\right)} \Omega = 2.85 \ \Omega$$

短路电阻为
$$R_k = \frac{p_k}{3I_k^2} = \frac{4.14 \times 10^3}{3 \times \left(\frac{66.8}{\sqrt{3}}\right)^2} \Omega = 0.928 \ \Omega$$

短路电抗为
$$X_k = \sqrt{|Z_k|^2 - R_k^2} = \sqrt{2.85^2 - 0.928^2} \ \Omega = 2.69 \ \Omega$$

转子电阻为
$$R_2' = (R_k - R_1)\frac{X_0}{X_0 - X_k}$$

$$= \left[(0.928 - 0.4) \times \frac{31}{31 - 2.69}\right] \Omega = 0.578 \ \Omega$$

转子漏抗为
$$X_{2\sigma}' = X_{1\sigma} = X_0 - \sqrt{\frac{X_0 - X_k}{X_0}(R_2'^2 + X_0^2)}$$

$$= \left[31 - \sqrt{\frac{31 - 2.69}{31} \times (0.578^2 + 31^2)}\right] \Omega = 1.37 \ \Omega$$

励磁电抗为
$$X_m = X_0 - X_{1\sigma} = (31 - 1.37) \ \Omega = 29.63 \ \Omega$$

*4.2.10　笼型转子的相数、磁极数

前面以绕线式转轴为例分析推导出异步电动机的等效电路,该电路同样适用于笼型异步电动机,但由于笼型转子是由许多导条通过两端环并联组成的,其磁极数、相数与绕线转子有所不同。

4.2.10.1　笼型转子的磁极数

气隙磁场以同步转速 n_1 旋转,而转子转速为 n,并与磁场同向,那么气隙磁场切割笼型转子的相对速度为 $\Delta n = n_1 - n$,在转子导条中感应出电动势 e_{2s},其大小与切割它的气隙磁通密度 B_δ 成正比,B_δ 沿圆周按正弦规律分布,如图 4-25 所示。这时,位于最大磁通密度下的导条中感应出的电动势最大,而位于磁通密度为零下的导条中感应出的电动势为零。也就是说,不同导条中的感应电动势瞬时值与磁通密度一样,在空间按正弦规律分布。设转子漏电抗 X_{2s} 为零,则转子电流 i_{2s} 与感应电动势 e_{2s} 同相位,电流瞬时值在空间也按正弦规律分布,

转子电流所产生的转子磁动势的磁极对数必然与定子磁极对数相同,即 $p_1 = p_2 = p$。因此,笼型转子与定子绕组的极对数总是保持一致,笼型转子本身无固定磁极数,是按气隙旋转磁场的磁极数来确定的。

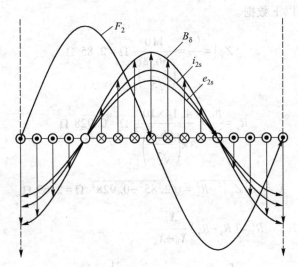

图4-25　笼型异步电动机磁极对数示意图

4.2.10.2　笼型转子的相数

笼型转子每槽安放一根导条,转子导条数与转子槽数 Z_2 相等。相邻两导条相差的槽距角为 $\alpha_2 = \dfrac{p \times 360°}{Z_2}$,每根导条在气隙磁场中的位置不同,导条中产生的电流、时间相位也不同。在交流电动机中,每相绕组中的电流相位应该相同,所以认为每根导条构成一相,笼型转子相数与转子槽数相等,即有 $m_2 = Z_2$。每相绕组匝数为 $N_2 = \dfrac{1}{2}$。因每相绕组只有一根导条,不存在短距和分布问题,所以绕组系数 $k_{w1} = 1$。

4.3　单相异步电动机

单相异步电动机就是指用单相交流电源供电的异步电动机。单相异步电动机具有结构简单、成本低、噪声小、运行可靠等优点,因此,广泛应用在家用电器、电动工具、自动控制系统等领域。单相异步电动机与同容量的三相异步电动机比较,前者的体积较大,运行性能较差。因此,单相异步电动机一般只用于制成小容量的电动机,我国该类现有产品的功率为几瓦到几千瓦。

4.3.1　单相异步电动机的结构及分类

单相异步电动机主要由固定不动的定子和旋转的转子两部分组成,定、转子之间有气隙。通常定子上有两相绕组,一相为主绕组 m(工作绕组),另一相为辅助绕组 a(起动绕组),两绕组在空间相位上相差90°电角度。定子大多采用单层同心式绕组,为了削弱定子绕组的谐波,也可采用双层绕组或正弦绕组。转子为结构简单的笼型绕组。单相异步电动机的结构示意图和基本接线图如图 4-26 所示。

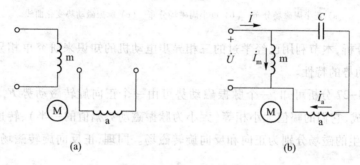

图 4-26　单相异步电动机

（a）结构示意图　（b）基本接线图

单相异步电动机与三相异步电动机主要不同在于:三相异步电动机的定、转子绕组以及三相绕组的电压、电流一般都是对称的,工作时气隙磁场是圆形旋转磁场,而单相异步电动机的绕组以及绕组的电压、电流一般是不对称的,工作时气隙磁场是椭圆形旋转磁场。

单相异步电动机根据起动方法或运行方式的不同,可以分为以下几类:

（1）单相电阻分相起动异步电动机;

（2）单相电容分相起动异步电动机;

（3）单相电容运转异步电动机;

（4）单相电容起动和运转异步电动机;

（5）单相罩极式异步电动机。

4.3.2　单相异步电动机的磁场及机械特性

4.3.2.1　一相定子绕组通电的异步电动机

一相定子绕组通电的异步电动机就是指单相异步电动机定子上的主绕组 m(工作绕组)通电,即起动绕组中流过的电流 $\dot{I}_a=0$。当主绕组外加单相交流电后,在定子气隙中就产生一个脉振磁场,该磁场振幅位置在空间固定不变,大小随时间做正弦规律变化,如图 4-27所示。

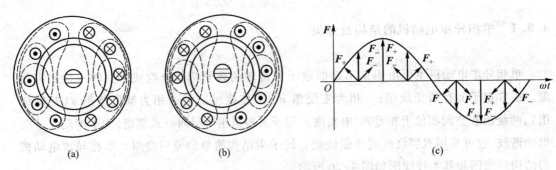

图 4-27 单相绕组通电时的脉振磁场

(a) 正半周磁场分布 (b) 负半周磁场分布 (c) 脉振磁动势变化曲线

为了便于分析,本节利用已经学过的三相异步电动机的知识来研究单相异步电动机,首先研究脉振磁动势的特性。

通过对图 4-27 分析可知,一个脉振磁动势可由一个正向旋转磁动势 F_+ 和一个反向旋转磁动势 F_- 组成,它们的幅值大小相等(大小为脉振磁动势幅值的一半)、转速相同、转向相反,由磁动势产生的磁场分别为正向和反向旋转磁场。同理,正反向旋转磁场合成一个脉振磁场。

4.3.2.2 单相异步电动机的机械特性

单相异步电动机单绕组通电后产生的脉振磁场,可以分解为正、反向旋转的两个旋转磁场。因此,电动机的电磁转矩是由两个旋转磁场产生的电磁转矩合成的。当电动机旋转后,正、反向旋转磁场产生电磁转矩 T_+、T_- 的机械特性变化与三相异步电动机的相同,如图 4-28 所示。

图 4-28 中的曲线 1 和曲线 2 分别表示 $T_+ = f(s_+)$,$T_- = f(s_-)$ 的特性曲线,它们的转差率为

$$s_+ = \frac{n_1 - n}{n_1}, \quad s_- = \frac{n_1 - (-n)}{n_1} = 2 - s$$

曲线 3 表示单相单绕组异步电动机机械特性。当 T_+ 为拖动转矩,T_- 为制动转矩时,其机械特性具有下列特点:

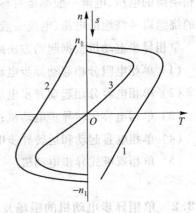

图 4-28 单相感应电动机的 T-s 曲线

1. $T_+ = f(s_+)$ 2. $T_- = f(s_-)$ 3. $T = f(s)$

(1) 当转子起动时,$n = 0$,$s_+ = s_-$,$T = T_+ + T_- = 0$,表明单相异步电动机一相绕组通电时无起动转矩,不能自行起动。

(2) 旋转方向不固定时,由外力矩确定旋转方向,并一经起动,就会继续旋转。当 $n > 0$,$T > 0$ 时,机械特性在第一象限,电磁转矩属拖动转矩,电动机正转运行。当 $n < 0$,$T < 0$ 时机械特性在第三象限,T 仍是拖动转矩,电动机反转运行。

(3) 由于存在反向电磁转矩起制动作用,因此,单相异步电动机的过载能力、效率、功率

因数较低。

4.3.3 各类单相异步电动机

单相异步电动机不能自行起动,如果在定子上安放具有空间相位相差 90°的两套绕组,然后通入相位相差 90°的正弦交流电,那么就能产生一个像三相异步电动机那样的旋转磁场,实现自行起动。根据起动方法和运行方式不同,单相异步电动机可分为下面四种。

4.3.3.1 单相电阻分相起动异步电动机

单相电阻分相起动异步电动机的定子上嵌放了主、副两个绕组,如图 4-29 所示。两个绕组接在同一单相电源上,副绕组(辅助绕组)中串接一个离心式的起动开关。开关作用是当转速上升到 80%的同步转速时,断开副绕组,使电动机运行在只有主绕组工作的情况下。为了使起动时产生起动转矩,通常可采取两种方法:

(1)副绕组中串入适当电阻。

(2)副绕组采用的导线比主绕组截面细,匝数比主绕组少。

这样两相绕组阻抗就不同,促使通入两相绕组的电流相位不同,达到起动目的。

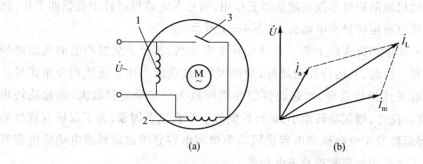

图 4-29　单相电阻分相起动异步电动机

(a)接线图　(b)相量图

1. 主绕组　2. 副绕组　3. 起动开关

由于电阻起动时,电流的相位移较小,小于 90°电角度,起动时,电动机的气隙中建立的是椭圆形旋转磁场,因此电阻分相式异步电动机起动转矩较小。

单相电阻分相起动异步电动机的转向由气隙旋转磁场方向决定,若要改变电动机转向,只要把主绕组或副绕组中任何一个绕组电源接线对调,就能改变气隙磁场,达到改变转向的目的。

4.3.3.2 单相电容分相起动异步电动机

单相电容分相起动异步电动机的电路如图 4-30 所示。

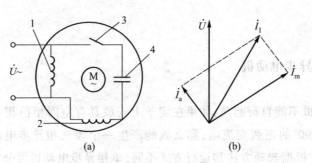

图 4-30 单相电容分相起动异步电动机

(a) 接线图 (b) 相量图

1. 主绕组 2. 副绕组 3. 起动开关 4. 电容器

从图中可以看出,当副绕组中串联一个电容器和一个开关时,如果电容器容量选择适当,则可以在起动时使通过副绕组的电流在时间和相位上超前主绕组电流 90° 电角度,这样在起动时就可以得到一个接近圆形的旋转磁场,从而有较大起动转矩。电动机起动后转速达到 75%~85% 同步转速时副绕组通过开关自动断开,主绕组进入单独稳定运行状态。

4.3.3.3 单相电容运转异步电动机

若单相异步电动机辅助绕组不仅在起动时起作用,而且在电动机运转中也长期工作,则这种电动机称为单相电容运转异步电动机,如图 4-31 所示。

单相电容运转异步电动机实际上是一台两相异步电动机,其定子绕组产生的气隙磁场较接近圆形旋转磁场。因此,其运行性能较好,功率因数、过载能力比普通单相分相式异步电动机好。电容器容量选择较重要,对起动性能和影响较大。如果电容量大,则起动转矩大,而运行性能下降。反之,则起动转矩小,运行性能好。综合以上因素,为了保证有较好的运行性能,单相电容运转异步电动机的电容比同功率单相电容分相起动异步电动机电容容量要小。起动性能不如单相电容起动异步电动机。

4.3.3.4 单相电容起动及运转异步电动机

如果想要单相异步电动机在起动和运行时都能得到较好的性能,则可以采用将两个电容并联后再与副绕组串联的接线方式,这种电动机称为单相电容起动和运转电动机,如图 4-32 所示。

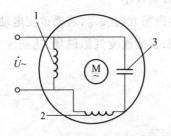

图 4-31 单相电容运转异步电动机

1. 主绕组 2. 副绕组 3. 电容器

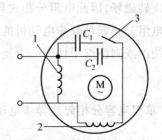

图 4-32 单相电容起动及运转电动机

1. 主绕组 2. 副绕组 3. 起动开关

图 4-32 中 C_1 为起动电容,容量较大;C_2 为运转电容,电容量较小。起动时 C_1 和 C_2 并联,总电容容量大,所以有较大的起动转矩,起动后,C_1 切除,只有 C_2 运行,因此电动机有较好的运行性能。对电容分相式、单相电容运转、单相电容起动及运转异步电动机,如果要改变电动机转向,只要使主绕组或副绕组的接线端对调,改变旋转磁场方向,即可改变电动机的转向。

--- 本 章 小 结 ---

本章详细介绍了异步电动机,异步电动机的定子由定子铁心和三相对称绕组组成。三相对称绕组流过三相对称电流,在气隙中产生圆形同步旋转磁场,其转速为 $n_1 = 60f_1/p$,转向由流入的电流相序决定,只要调换任意两相电源线,即可改变气隙旋转磁场方向,从而改变电动机的运行方向。

异步电动机运行时,转子和气隙旋转磁场存在转差,故在转子绕组中感应出电动势和电流,产生电磁转矩,使电动机转子旋转,可见转差率 s 是异步电动机的重要参量。通过频率和绕组折算,可得到反映实际运行电动机各量关系的等效电路,等效电路中的各种参数可通过空载试验和短路试验测得。与变压器一样,异步电动机的基本方程、等效电路、相量图是描述电动机负载运行时的基本电磁关系的重要工具。异步电动机的工作特性反映了异步电动机在额定电压、额定频率时的使用性能,是合理选择、使用电动机的重要参数。

本章还简单介绍了单相异步电动机基本工作原理。单相异步电动机就是指用单相交流电源供电的异步电动机。

--- 习　　题 ---

4-1　为什么异步电动机的转速一定低于同步转速,而异步发电机的转速一定要高于同步转速?如果没有外力,转子转速能够达到同步转速吗?

4-2　转差率 s 是如何定义的?异步电机的三种运行状况下转差率的范围分别是多少?

4-3　异步电动机由哪些部分组成?各有何功能?笼型转子与绕线式转子有何区别?

4-4　异步电动机的额定电压、额定电流和额定功率的含义是什么?

4-5　异步电动机等效电路中的 $\left(\dfrac{1-s}{s}\right)R_2'$ 代表什么含义?能否用电抗或电容代替?为什么?

4-6　异步电动机转速变化时,转子磁动势相对定子的转速是否改变?相对转子的转速是否改变?

4-7　绕线式异步电动机,若(1) 转子电阻增加;(2) 漏电抗增大;(3) 电源电压不变,但额定频率由 50 Hz 变为 60 Hz。这三种情况下最大转矩、起动转矩、起动电流会有什么变化？

4-8　三相异步电动机运行时，若负载转矩不变而电源电压下降 10%，对电机的同步转速 n_1、转子转速 n、主磁通 Φ_m、功率因数 $\cos\varphi_1$、电磁转矩 T_e 有何影响？

4-9　分析异步电动机时，为什么要进行频率折算和绕组折算？电压比与电流比有何不同？

4-10　异步电动机运行时，定子电流的频率是多少？由定子电流产生的旋转磁动势以什么速度切割定子和转子？由转子电流产生的旋转磁动势以什么速度切割定子和转子？两个旋转磁动势的相对运动速度有多大？

4-11　普通笼型异步电动机在额定电压下起动时，为什么起动电流很大，而起动转矩并不大？

4-12　异步电动机带负载运行，如果电源电压下降 20%，对最大转矩、起动转矩、转子电流、气隙磁通、转差率有何影响（设负载转矩不变）？

4-13　漏抗大小对异步电动机的起动电流、起动转矩、最大转矩、功率因数等有何影响？

4-14　异步电动机定子绕组与转子绕组之间没有直接的联系，为什么负载增加时，定子电流和输入功率会自动增加？

4-15　绕线式异步电机转子绕组的相数、磁极对数总是设计得与定子相同，笼型异步电机的转子相数、磁极对数又是如何确定的呢？与鼠笼导条的数量有关吗？

4-16　为什么单相绕组异步电动机起动时不会产生电磁转矩，一旦在外力作用下运转后电磁转矩却不再为零？

4-17　电容起动与运转式单相异步电动机能否反转？为什么？

4-18　一台三相异步电动机，$P_N=75$ kW，$n_N=975$ r/min，$U_N=3$ kV，$I_N=18.5$ A，$\cos\varphi_N=0.87$，$f_N=50$ Hz。试求电动机磁极数、额定转差率 s_N 和额定效率。

4-19　一台 50 Hz、八极的三相感应电动机，额定转差率为 $s_N=0.043$，该机的同步转速和额定转速是多少？当该机运行在 700 r/min 时，转差率是多少？当该机运行在 800 r/min 时，转差率是多少？当该机运行在起动时，转差率是多少？

4-20　一台三相异步电动机，$P_N=10$ kW，$n_N=1\,450$ r/min，$U_N=380$ V，三角形联结，$\cos\varphi_N=0.88$，$\eta_N=88\%$。试求电动机磁极数、额定电流和额定转矩。

4-21　一台三相异步电动机，$P_N=10$ kW，$U_N=380$ V，$n_N=1\,455$ r/min，定子三角形联结。$R_1=1.375\ \Omega$，$R_2'=1.047\ \Omega$，$R_m=8.34\ \Omega$，$X_{1\sigma}=2.43\ \Omega$，$X_{2\sigma}'=4.4\ \Omega$，$X_m=82.6\ \Omega$。额定负载时机械损耗 p_m 和附加损耗 p_{ad} 总和为 205 W。要求绘出 T 形等效电路，计算额定负载时的定子电流 I_1、功率因数 $\cos\varphi_1$、输入功率 P_1 和效率 η。

4-22　一台三相绕线式异步电动机，$2p=4$，$f_N=50$ Hz，$U_N=380$ V，$s=0.04$，定子 Y 联结。$R_1=0.45\ \Omega$，$X_{1\sigma}=2.45\ \Omega$，$N_1=200$ 匝，$k_{w1}=0.94$，$R_2=0.02\ \Omega$，$X_{2\sigma}=0.09\ \Omega$，$N_2=38$ 匝，$k_{w2}=0.96$，$R_m=4\ \Omega$，$X_m=24\ \Omega$。额定负载时机械损耗 p_m 和附加损耗 p_{ad} 总和为 250 W。要求计算定、转子之间的阻抗变比，绘出 T 形等效电路，计算额定负载时的输出功率 P_2、输入功率 P_1

和效率 η。

4-23　一台三相异步电动机,额定电压为 380 V,Y 联结,额定频率为 50 Hz,额定功率为 28 kW,额定转速为 950 r/min,额定负载时的功率因数为 0.88,定子铜损耗及铁心损耗共为 2.2 kW,机械损耗为 1.1 kW,忽略附加损耗,计算额定负载时的(1) 转差率 s;(2) 转子铜损耗 p_{Cu2};(3) 效率 η;(4) 定子电流 I_1;(5) 转子电流的频率 f_2。

4-24　一台三相异步电动机,额定电压 380 V,定子三角形联结,额定频率为 50 Hz,额定功率为 7.5 kW,额定转速为 960 r/min,额定负载时 cos φ_1 = 0.824,定子铜损耗为 474 W,铁心损耗为 231 W,机械损耗为 45 W,附加损耗为 37.5 W,试计算额定负载时,(1) 转差率 s;(2) 转子电流的频率 f_2;(3) 转子铜损耗 p_{Cu2};(4) 效率 η;(5) 定子电流 I_1。

4-25　一台三相四极 50 Hz 异步电动机,P_N = 75 kW,n_N = 1 450 r/min,U_N = 380 V,I_N = 160 A,定子 Y 联结。已知额定运行时,输出转矩为电磁转矩的 90%,$p_{Cu1}=p_{Cu2}$,p_{Fe} = 2.1 kW。试计算额定运行时的电磁功率 P_e、输入功率 P_1 和功率因数 cos φ_N。

4-26　一台三相异步电动机,P_N = 10 kW,U_N = 380 V,n_N = 1 455 r/min,R_1 = 1.375 Ω,R_2' = 1.047 Ω,R_m = 8.34 Ω,$X_{1\sigma}$ = 2.43 Ω,$X_{2\sigma}'$ = 4.4 Ω,X_m = 82.6 Ω,定子三角形联结。试计算:(1) 额定运行时的电磁转矩 T_e;(2) 电磁转矩最大的转速 n。

4-27　一台三相六极笼型异步电动机,额定电压 U_N = 380 V,额定转速 n_N = 957 r/min,额定频率 f_N = 50 Hz,定子 Y 联结,定子电阻 R_1 = 2.08 Ω,转子电阻 R_2' = 1.53 Ω,定子漏抗 $X_{1\sigma}$ = 3.12 Ω,转子漏抗 $X_{2\sigma}'$ = 4.4 Ω。试计算额定转矩 T_N、最大电磁转矩 T_{max} 及对应的转差率 s_m、过载能力 k_m。

4-28　一台四极笼型感应电动机,P_N = 200 kW,U_{1N} = 380 V,定子三角形联结,定子额定电流 I_{1N} = 234 A,频率为 50 Hz,定子铜损耗为 5.12 kW,转子铜损耗为 2.85 kW,铁心损耗为 3.8 kW,机械损耗为 0.98 kW,附加损耗为 3 kW,R_1 = 0.034 5 Ω,X_m = 5.9 Ω,产生最大转矩时 $X_{1\sigma}$ = 0.202 Ω,R_2' = 0.022 Ω,$X_{2\sigma}'$ = 0.195 Ω,起动时由于磁路饱和集肤效应的影响,$X_{1\sigma}$ = 0.137 5 Ω,R_2' = 0.071 5 Ω,$X_{2\sigma}'$ = 0.11 Ω。试求:(1) 额定负载下的转速 n_N、电磁转矩 T_e 和效率 η;(2) 最大转矩倍数(即过载能力)和起动转矩倍数。

4-29　设有一台 380 V、50 Hz、1 450 r/min、15 kW 的三角形联结的三相感应电动机,定子参数与转子参数如折算到同一边时可视作相等,$R_1=R_2'$ = 0.724 Ω,每相漏抗为每相电阻的 4 倍,R_m = 9 Ω,X_m = 72.4 Ω,并且电流增减时漏抗近似为常数。试求:(1) 在额定运行时的输入功率 P_1、电磁功率 P_e、全机械功率 P_m;(2) 最大电磁转矩 T_{max}、过载能力以及出现最大转矩时的转差率;(3) 为了在起动时得到最大转矩,在转子回路中应接入的每相电阻,并将其用转子电阻的倍数表示。

第5章

同步电机

【本章要点】

本章首先介绍同步电机的结构、冷却和励磁方式等内容,在此基础上研究三相同步电机在对称负载下稳定运行时电机内部的物理过程及其基本方程式、矢量图和等效电路,同步发电机的并网原理及基本操作,并网后有功功率及无功功率的调节;然后从同步发电机原理引申出三相同步电动机与补偿机,以及同步电动机功角特性;最后将同步发电机的不正常运行和三相忽然短路的物理过程作为选学内容进行讨论。本章所提供的分析方法和基本理论,也为研究电机各种运行方式以及解决有关工程实际问题提供理论基础。

本章要求学生掌握三相同步发电机工作原理、对称负载时的电枢反应与能量传递,理解同步发电机的特性、三相同步电动机工作原理,了解同步发电机的不正常运行和三相忽然短路。

同步电机是一种常用的交流电机,也是根据电磁感应定律工作的一种旋转电机。同步电机的特点是转子转速 n 与定子电流频率 f 间维持严格的关系,即 $n = \dfrac{60f}{p}$,使转子转速 n 等于旋转磁场的同步转速 n_1,转子与旋转磁场同步旋转。也就是,只要电网的频率不变,同步电机的转速就保持为常数。

根据电机可逆性原理,同步电机既可以作为发电机运行,也可以作为电动机或调相机运行,实际上同步电机是按不同要求,针对具体用途来进行设计的。现在,在全世界的发电站中发电量几乎全部是由交流同步发电机发出的。同步电机作为电动机时,可以调节其励磁电流来改善电网的功率因数。因此同步电动机多用作恒定转速要求的大功率设备的驱动装置。随着变频器的广泛使用,同步电动机的调速问题得到解决。此外,同步电机还可以用作同步调相机来使用。同步调相机是接在交流电网上空载运行状态的同步电动机,通过调节它的励磁电流发送或吸收电网无功功率,可以改善电力系统的供电质量。

5.1 同步电机的原理、结构及额定值

本节将介绍同步电机的基本原理、基本类型和结构、冷却和励磁方式以及额定值。

5.1.1 同步电机的基本原理

同步电机在定子铁心内圆均匀分布着槽,与异步电机定子结构相同,在槽中嵌放着三相对称绕组,如图 5-1 所示。同步电机的定子又称电枢。同步电机的转子与异步电机的转子不同,主要由磁极和励磁绕组组成,励磁绕组是靠外接直流电源供给励磁电流。正常稳定运行时,励磁绕组不感生电动势和电流。

同步发电机运行时,在励磁绕组上通入直流电流 I_{f0},产生转子主磁场。当原动机拖动转子旋转时,得到一个机械的旋转磁场。该磁场与定子有相对运动,切割定子绕组,感应出三相对称的交变电动势 e_{0A}、e_{0B}、e_{0C}。

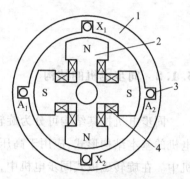

图 5-1　同步电机的基本原理图
1. 定子　2. 转子
3. 定子绕组　4. 转子绕组

$$\begin{cases} e_{0A}=E_m\sin\omega t \\ e_{0B}=E_m\sin(\omega t-120°) \\ e_{0C}=E_m\sin(\omega t-240°) \end{cases} \quad (5-1)$$

如果同步发电机接上负载,就有三相电流流过。此时,同步发电机将机械能转换为电能。

同步电动机是利用合成气隙磁场和转子磁场的相互作用,使转子随旋转磁场一起旋转。由于气隙磁场和转子磁场没有相对运动,同步电机的运行状态决定于这两个磁场的相对位置。当转子主磁场超前合成气隙磁场时,转子拖动着合成气隙磁场一起旋转,电机运行在发电机状态,原动机拖动电机转轴的转矩为驱动转矩 T_1,磁场产生的电磁转矩 T_e 和空载转矩 T_0 都是制动性质的;当转子主磁场滞后合成气隙磁场时,合成气隙磁场拖动着转子一起旋转,电机运行在电动机状态,电磁转矩 T_e 为驱动转矩,负载转矩 T_2 和空载转矩 T_0 为制动性质,如图 5-2 所示。当转矩平衡时,电机的转子和气隙磁场同步旋转,同步电机的同步转速 n_1 为

$$n_1=\frac{60f}{p} \quad (5-2)$$

式中,p 电机的磁极对数;f 电网的频率。

同步电机的转速恒等于同步转速,它与电网频率之间存在式(5-2)所示的严格关系,因此称为同步电机。在规定标准频率 $f=50\ \text{Hz}$、电机磁极对数 p 为整数的情况下,同步电机转速为一固定值。例如 $p=1$,$n=3\ 000\ \text{r/min}$;$p=2$,$n=1\ 500\ \text{r/min}$;$p=3$,$n=1\ 000\ \text{r/min}$ 等。

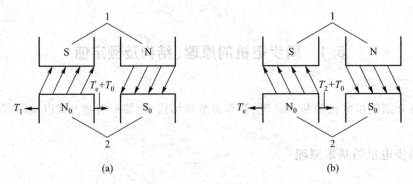

图 5-2   同步电机的运行状态

（a）发电机   （b）电动机

1. 电枢磁场   2. 主磁场

5.1.2   同步电机的结构

同步电机按其结构可分为旋转电枢式和旋转磁极式两种。目前旋转磁极式已成为同步电机的基本结构形式,应用于高压、中大容量的同步电机,旋转电枢式只用于小容量同步电机中。在旋转磁极式同步电机中,按照转子磁极形状的不同,同步电机又可分为隐极和凸极两种。隐极同步电机的转子呈圆柱形,形成的气隙是均匀的,由于其转速高达 3000 r/min,转子的机械强度高,能更好地固定转子绕组,此结构更为可靠、合理。凸极同步电机的转子磁极极弧下较小,而极间隙较大,形成的气隙是不均匀的,由于其转速较低,离心力较小,结构比较简单。同步发电机基本结构如图 5-3 所示。

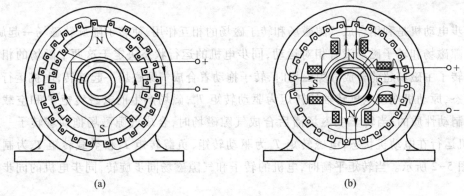

图 5-3   同步发电机基本结构

（a）隐极   （b）凸极

同步发电机一般采用汽轮机(或燃气轮机)和水轮机作为原动机;依靠汽轮机来拖动的发电机称为汽轮发电机,依靠水轮机来拖动的发电机称为水轮发电机。由于汽轮机转速快,火电站中的汽轮发电机一般都做成二极隐极结构。原子能电站的大型汽轮发电机一般采用四极隐极结构。图 5-4(a)为汽轮发电机组,包括汽轮机、隐极同步发电机和与其同轴的励磁机等。由于水轮机转速比较低,水轮机发电机一般都做成凸极结构,转速多数在每分钟几十转到几百转之间。图 5-4(b)为卧式水轮发电机组,包括水轮机、凸极同步发电机和励磁机等。同步电动机、同步调相机和由内燃机拖动的同步发电机一般都做成凸极结构,当然少数高速($2p=2$)同步电动机也会做成隐极结构。

(a)　　　　　　　　　　　　　　　(b)

图 5-4　发电机组

(a) 汽轮发电机组　(b) 卧式水轮发电机组

5.1.2.1　隐极同步发电机

隐极同步发电机由定子、转子、端盖和轴承等部件构成,其结构如图 5-5 所示。

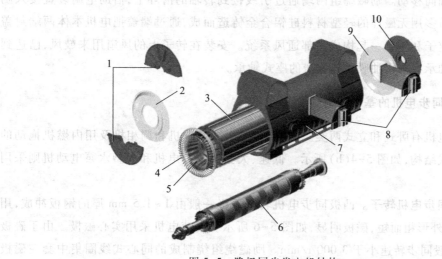

图 5-5　隐极同步发电机结构

1. 发电机励端外端盖　2. 发电机励端内端盖　3. 定子铁心　4. 冷却水管　5. 定子绕组
6. 转子　7. 机座　8. 冷却器　9. 发电机汽端内端盖　10. 发电机汽端外端盖

（1）定子。定子是由铁心、绕组、机座、端盖以及固定这些部分的其他结构件组成。定子铁心一般采用厚 0.5 mm 的硅钢片叠成,每叠厚 3~6 cm。叠与叠之间留有宽 0.8~1 cm 的通风槽。整个定子铁心被两端的非磁性压板和拉紧螺杆压紧成整体,固定在机座上。定子绕组是由嵌在定子铁心槽内的线圈按一定规律连接而成的,一般采用三相双层短距叠绕组。定子机座为钢板焊接结构,用于支撑定子铁心以及组成所需通风路径,它具有足够的刚度和强度,以承受加工、运输、起吊等力。

(2) 转子。由于汽轮机转速高,直径受离心力的影响,转子呈细长圆柱形,为卧式结构。转子本体长度与直径之比为 2~6,发电机容量越大,此比值越大。转子由转子铁心、励磁绕组、护环、中心环、滑环及风扇等部件组成。转子铁心是电机磁路的主要组成部件,一般采用整块的机械强度高、导磁性能好的合金钢锻成,与转轴锻成一个整体并进行高速旋转。

转子槽形一般做成开口槽,槽排列形式有平行式和辐射式两种,辐射式采用较多。励磁绕组安放在沿转子铁心表面的槽内。转子在一个极距内约有 1/3 部分没有开槽,称为大齿,大齿的中心实际就是磁极的轴线。剩余的 2/3 部分开了许多小槽,称作小齿。励磁绕组扁铜线绕成同心式线圈嵌放在这些小槽内。各线匝之间、线圈与铁心之间有绝缘。由于转子速度很高,励磁绕组被较高机械强度的槽楔压紧在槽里。

大容量汽轮发电机还在每一槽楔与转子导体之间放置一细长铜片,其两端接到转子两端的阻尼端环上,形成阻尼绕组。当电机负载不平衡或发生振荡时,阻尼绕组中感应出电流,以削弱负序旋转磁场和由其引起的转子杂散损耗及发热,并衰减振荡。

护环是一个由无磁性合金钢做成的厚壁金属圆筒,用来保护励磁绕组的端部,使励磁绕组紧密地压在护环和转轴之间,防止励磁绕组因离心力甩出。中心环用以支持护环,阻止励磁绕组端部沿轴向移动。励磁绕组两端通过引线接到转轴的滑环上,借助电刷装置接入励磁外电源。端盖多用无磁性的轻型材料硅铝合金铸造而成,通过端盖把电机本体两端封盖起来,与机座、定子和转子一起构成内部通风系统。安装在转子上的风扇用来鼓风,已达到冷却的目的。轴承都采用油膜液体润滑的座式轴承。

5.1.2.2　凸极同步电机的基本结构

凸极同步电机有卧式和立式两类。中、小容量水轮发电机和调相机及用内燃机拖动的发电机采用卧式结构,如图 5-4(b)所示。低速、大型水轮发电机和大型水泵电动机则采用立式结构。

(1) 凸极同步电机转子。凸极同步电机转子磁极一般由 1~1.5 mm 厚的钢板冲成,用铆钉装成一体,外形粗而短,磁极明显,如图 5-6 所示。高速电机采用实心磁极。由于磁极对数大于 1,一般同步转速小于 3 000 r/min。励磁绕组绕制成的同心式线圈集中套在磁极的极身上。大部分同步电机用扁线绕制励磁绕组,部分小容量的同步电机采用圆线绕制励磁绕组。磁轭由叠片叠成或铸钢铸成。在磁极极靴槽中插了许多铜条,铜条两端用短路环连接起来组成阻尼绕组。

(2) 立式水轮发电机的结构。由于水轮机的转速很低,因此转子磁极数较多,其直径较大,轴向长度较短,磁极外径和长度之比为 5~7,整个电机呈扁盘形。

推力轴承是水轮发电机的一个重要部件,它既要承受发电机转子的重量,还要承受水轮机转轮和流水轴向推力,总计可达几百吨到几千吨。根据推力轴承的位置不同,立式水轮发电机可分为悬式和伞式两种结构,如图 5-7 所示。

图 5-6　凸极同步电机转子

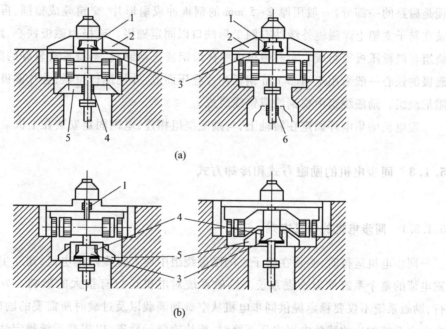

(a)

(b)

图 5-7　悬式和伞式结构

（a）悬式　（b）伞式

1. 上导轴承　2. 上机架　3. 推力轴承　4. 下导轴承　5. 下机架　6. 水轮机导轴承

　　悬式水轮发电机的推力轴承位于上机架,整个转子悬挂在推力轴承上旋转。悬式结构的优点是转子重心在推力轴承下方,机组运行稳定性好,并且推力轴承在发电机层,安装维护方便,轴承损耗小,适用于高水头电站;其缺点是推力轴承的负荷经上机架、定子机座传递给机组,所以要求上机架和机座强度要高,最后使机组长度增加和厂房高度增高。由发电机上机架上的上导轴承、水轮机上的导轴承和下机架的下导轴承构成的悬式结构称为三导轴承悬式结构。若取消了下导轴承和下机架,则构成两导轴承悬式结构。

　　伞式水轮发电机的推力轴承位于转子下方,转子被推力轴承托起来旋转。伞式结构的优点是能充分利用水轮机和发电机之间的空间,结构紧凑,降低厂房高度,节省电站的投资,适用于转速在 150 r/min 以下的低水头电站;其缺点是转子重心在推力轴承上方,机组稳定性差,另外推力轴承直径大,损耗大。具有上导轴承、下导轴承与推力轴承的伞式结构称为半伞型。若取消了上导轴承,则构成的两导轴承伞式结构称为全伞型。

水轮发电机定子外径小于 3 m 时,采用整圆定子;大于 3 m 时,为了便于运输,通常把定子分成二、四或六瓣制造,然后运到电站拼装成一个整体。定子绕组一般采用双层分数槽绕组,大容量水轮发电机为节省极间连接线,一般采用单匝波绕组。

水轮发电机转子由转轴、转子支架、磁轭和磁极组成。转轴是用来传递转矩的,并承受转动部分重量和水轮机轴向水推力,要求由高强度钢整体缎成,常做成空心,以减轻重量。转子支架是连接转轴和转子磁轭之间的部件。小容量电机的转子支架用铸钢或厚钢板组成;大容量水轮发电机的转子支架通常由轮毂和轮辐组成,有辐臂式、斜支臂无轴式等。磁轭是磁路的一部分,一般用厚 2~5 mm 的钢板冲成扇形片,交错叠成整圆,再用螺杆固紧安装在转子支架上。磁轭外缘冲有倒 T 形缺口以固定磁极。磁极由磁极铁心、励磁线圈、阻尼绕组与极靴压板等组成。实心磁极由整体锻钢或铸钢制成,本身具有较好的阻尼作用,叠片磁极的铁心一般采用 1~1.5 mm 钢板冲片叠压而成,并用螺杆拉紧,叠片磁极的极靴上装有阻尼绕组。励磁绕组由扁铜线或铝线绕成。

发电机的集电环固定在转轴上,与励磁绕组相连,电刷固定安装在上机架上。

5.1.3   同步电机的励磁方式和冷却方式

5.1.3.1   同步电机的励磁方式

同步电机运行时,必须在转子上的励磁绕组中通入直流励磁电流,建立主磁场。供给励磁电流的整个系统称为励磁系统。励磁系统对电机运行有很大的影响。为了保证正常运行,励磁系统不仅要稳定提供同步电机从空载到满载以及过载时所需要的励磁电流,还必须在电力系统发生故障使电网电压下降时,能快速强行励磁,以提高系统稳定性,另外,当同步电机内部发生短路故障时,应能快速灭磁。

励磁系统分为两大类,一类是直流励磁机励磁系统,另一类是交流整流励磁系统。

(1) 直流励磁机励磁。这种励磁方式属于传统励磁方式,如图 5-8 所示,是由装在同步电机转轴上的直流发电机供电,该直流发电机称为励磁机,一般采用并励发电机。为了使同步发电机的输出电压保持恒定,常在励磁电路中加进一个反映发电机负载电流的反馈分量,当负载增加时,励磁电流应相应增大,以补偿电枢反应和漏磁阻抗所引起的压降。这种励磁系统结构简单,励磁机只与原动机有关,与电网无直接关系,运行很可靠。为了提高强励磁时的电压上升速度,励磁机的励磁电流有时采用他励方式由另一台同轴连接的副励磁机供给。

(2) 静止交流整流器励磁。静止交流整流器励磁方式又分为自励式和他励式两种。

自励式交流整流器励磁方式将同步发动机输出端的交流电通过整流变压器和晶闸管整

流装置变成直流电供给同步发动机励磁使用,如图 5-9 所示。这种励磁方式在开始时必须使发动机的剩磁经整流变压器和整流装置进行自励,迅速建立起电压。这种励磁方式由于励磁系统静止,便于维护,反应速度快,对强励很有利;但是由于励磁取自电网,受电网运行的影响。目前这种励磁方式已广泛应用于中、小型同步发电机中。

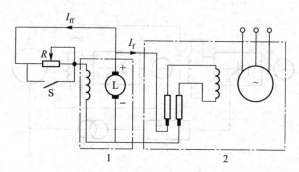

图 5-8 直流励磁机励磁方式

1. 励磁机 2. 同步发电机

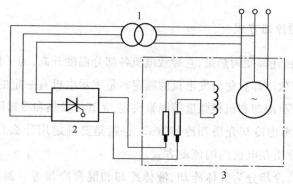

图 5-9 自励式交流整流器励磁方式

1. 整流变压器 2. 整流装置 3. 同步发电机

他励式交流整流器励磁是将同轴的交流励磁机发出的交流电经过静止硅整流器变成直流电后,再供给同步发电机的励磁绕组。这里的交流励磁机是一种小型同步发电机,它的励磁电流由交流副励磁机通过晶闸管整流装置整流后供给。副励磁机的励磁电流开始是由外部直流电源供给的,待建后改由自励恒压装置提供。为了保持同步发电机输出稳定的电压,晶闸管整流装置受反应电网实际运行情况的自动电压调整装置控制。这种励磁方式由于没有直流励磁机的换向问题,运行维护方便,技术性能好,广泛应用于大容量发电机机组上。

(3) 旋转交流整流器励磁。静止交流整流器励磁方式可以解决直流励磁机的换向器火花问题,但还存在滑环和电刷。如果把交流励磁机做成旋转电枢式同步发电机,并把它安放在同步发电机的转轴上,然后把硅整流器也固定在励磁机的电枢上使其一起旋转,这就组成了旋转整流器励磁系统,如图 5-10 所示。因为交流励磁的电枢、硅整流器以及同步电机的励磁绕组均装设在同一旋转体上,故不再需要集电环和电刷装置。大型同步发电机的励磁电流可达数千安培,如果通过集电环和电刷装置引入励磁电流,会引起集电环的严重发热,采用旋转整流器励磁,就很好地解决了这个问题。而且这种励磁方式运行比较可靠,维护方便,励磁结构简化,尤其适合于要求防燃、防爆的特殊场合。大、中容量的汽轮发电机、补偿机以及在特殊环境中的同步电动机大多采用旋转交流整流器励磁。这种励磁方式的缺点是转动部分的电压、电流不好测量。

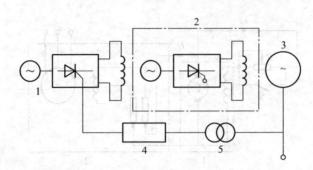

图 5-10　旋转交流整流器励磁方式
1. 副励磁机　2. 旋转部分　3. 同步发电机　4. 自动励磁调节器　5. 整流变压器

5.1.3.2　同步电机的冷却方式

电机运行中各种损耗都变为热量,它导致电机各部分温度升高,为了使温升不超过允许限度,必须对电机进行有效冷却。每台发电机的额定容量表示电机有一定的输出功率限度,这个限度由电机的发热情况、冷却和机械强度等因素决定,尤其以发热和冷却因素更为重要。

电机的冷却主要考虑冷却介质和冷却方式,也就是要确定用什么介质来带走电机里的生产热量,以及这些介质在电机内的流动方式。

按冷却介质不同,冷却分为气体冷却、液体冷却和混合冷却等。例如定子水内冷-转子氢内冷、双水内冷、氢内冷、氢外冷、空冷。

气体冷却是利用空气、氢气或其他气体作为冷却介质。大部分电机用空气冷却,但大型的、容量大于 5 MW 的汽轮发电机常用热容量较空气大的氢气冷却。一般来说,从空气冷却改为氢气冷却后,汽轮发电机转子绕组的温升可降低一半,电机容量可提高 20%~25%。液体冷却是利用水、油作为冷却介质。由于液体的热容量比气体大得多,因此用液体作为冷却介质比用气体要优越得多。例如将空气冷却的汽轮发电机改为水冷,其容量可以成倍提高。

电机按冷却方式不同可分为外部冷却和内部冷却。外部冷却时,冷却介质只与电机的铁心、绕组端部和机壳的外表接触,热量要先从内部传导至这些部位,然后再散给冷却介质。例如,典型的空气表面冷却汽轮发电机的通风系统是将风扇的冷风分三路送入电机,一路进入气隙直接冷却;一路通过定子端部、定子线圈端部和铁心两侧的结构,流进定子铁心通风道后再进入气隙;一路由转子绕组端部进入气隙。三路在气隙汇合后将热风经过定子铁心的另一个通风道排出。他扇冷却由专门的风扇或鼓风机通过管道供给,可以根据负载大小调节风扇转速,控制供给风量。

按冷却气体的更新程度,通风系统又分为开启式和密闭式。开启式通风系统是指进入电机的空气在使用后直接排入大气,开启式通风系统用于中、小型电机;水轮发电机的开启式通风系统吸入的空气经铁心通风沟、转子极间、气隙和绕组端部排出机外,适用于5 000 kW 以下的电机。密闭式通风系统指冷气体经过电机被加热,然后进入冷却器冷却后重新进入电机进行循环利用,密闭式通风系统用于大型电机,例如水轮发电机的闭路循环式通风系统。常用的闭路循环式通风系统又分为密闭轴、径通风系统,密闭单路径向通风系统和密闭双路径向通风系统等。

　　内部冷却时,多用氢气或水冷却介质进入发热体的空心导线内部,直接吸收发热体热量并带走热量。显然内部冷却效果比外部冷却好。氢内冷的定子线圈一般将氢气从线圈的一端送入,从另一端排出。双水内冷发电机的冷却水从外部水系统通过管道流入定子机座的进水环和转子进水支座,然后经绝缘管流入各线圈,吸收热量后,再经过绝缘水管汇总到机座的出水环和转子出水支座,排入电机外部水系统。

5.1.4　同步电机的额定值

　　同步电机的额定值有以下几种。

　　(1) 额定容量 S_N 或额定功率 P_N 或 Q_N。对同步发电机和电动机来说,额定容量 S_N 是指出线端的额定视在功率,单位为 kV·A 或 MV·A;额定功率 P_N 是发电机输出的额定有功功率,或指电动机轴上输出的有效机械功率,单位为 kW 或 MW;同步调相机额定容量 Q_N 是指出线端的额定无功功率,单位为 kvar 或 Mvar。

　　(2) 额定电压 U_N。是指额定运行时电机定子三相线电压,单位为 V 或 kV。

　　(3) 额定电流 I_N。是指额定运行时电机定子的线电流,单位为 A 或 kA。

　　(4) 额定功率因数 $\cos\varphi_N$。是指额定有功功率与额定视在功率的比值,即 $\cos\varphi_N = \dfrac{P_N}{S_N}$。

　　对于三相同步交流发电机来说,$P_N = \sqrt{3}\,U_N I_N \cos\varphi_N$。

　　对于三相同步交流电动机来说,$P_N = \sqrt{3}\,U_N I_N \cos\varphi_N \eta_N$。

　　其他额定值还有额定频率 f_N、额定转速 n_N、额定效率 η_N,额定励磁电压 U_{fN}、额定励磁电流 I_{fN}、额定温升等。

5.2　同步发电机的基本理论

5.2.1　同步发电机空载运行时的空载特性和时-空矢量图

5.2.1.1　空载特性

　　当同步发电机被原动机拖动到同步转速,转子绕组通入直流励磁电流,定子绕组开路时的状态称为空载运行。由于定子电枢电流为零,此时只有转子励磁电流单独在电机气隙建立励磁磁动势和产生气隙磁场。该磁场称为主磁场,又称空载磁场,是一个被原动机带动到同步转速的旋转磁场。主磁场中既交链转子,又经过气隙交链定子的磁通称为主磁通,其磁通密度波是沿气隙圆周空间分布的近似正弦波,忽略高次谐波,其基波每极磁通量用 Φ_0 表示。仅仅交链励磁绕组,不与定子绕组相交链的主极漏磁通不参与电机能量的转换。主磁通所经磁路称为主磁路。由于主磁路的磁阻小于漏磁路的磁阻,在磁极磁动势的作用下,主磁通远大于漏磁通。

当转子以同步转速 n_1 旋转时,主磁通切割定子绕组感应出频率为 $f = \dfrac{pn_1}{60}$ 的三相基波电动势,其有效值为

$$E_0 = 4.44 f N_1 k_{w1} \Phi_0 \tag{5-3}$$

式中,E_0 为基波电动势,单位为 V;k_{w1} 为基波电动势绕组系数;Φ_0 为磁极基波每极磁通,单位为 Wb。

由于定子电枢电流为零,同步发电机的电枢电压等于空载电动势 E_0。由式(5-3)可知,E_0 取决于空载气隙主磁通 Φ_0;Φ_0 又取决于励磁绕组的励磁磁动势或励磁电流 I_f。改变励磁电流 I_f,就可以改变主磁通 Φ_0,从而使励磁电动势 E_0 也发生变化。励磁电动势 E_0 与励磁电流 I_f 之间的关系称为同步电机的空载特性,即 $E_0 = f(I_f)$,如图 5-11 所示。空载特性的起始直线部分的延长线为气隙线。在频率不变时,励磁电动势 E_0 正比于主磁通 Φ_0,因此同步电机的空载特性可以由铁心的磁化曲线 $\Phi_0 = f(I_f)$ 直接得到。由于励磁磁动势 F_0 的大小正比于励磁电流 I_f,空载特性也可以改换适当比例尺后换为 $\Phi_0 = f(F_f)$ 的关系。空载特性是同步电机的基本特性,它与磁化曲线有本质上的内在关系。

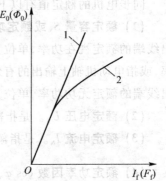

图 5-11   同步电机的空载特性
1. 气隙线   2. 空载特性

5.2.1.2   时-空矢量图

图 5-12 是同步发电机空载时的时-空矢量图。主磁极轴线为直轴,用 d 表示,两极之间的中线为交轴,用 q 表示。时间相量图是表示电流、电压在时间上的相位图。针对一相来说,这些时间相量都围绕一个固定的时间轴线,即时轴,以同步 ω_1 角速度旋转,其幅值在该轴线上的投影是它们的瞬时值。空间矢量图表示任何瞬间基波磁动势和磁通密度正幅值所在位置。如图 5-12(a)所示,励磁磁动势基波 $\boldsymbol{F}_{f1}$ 和由它产生的气隙磁通密度基波 $\boldsymbol{B}_{f1}$ 都为空间分布波,两者同相位,其正波幅均处在转子直轴正方向上,且与转子一起同步转速旋转。其相对应的空间矢量 $\boldsymbol{F}_{f1}$ 和 $\boldsymbol{B}_{f1}$ 见图 5-12(b),可以看出直轴与 $\boldsymbol{F}_{f1}$、$\boldsymbol{B}_{f1}$ 三者重合,并一起以同步电角速度 $\omega = 2\pi f$ 旋转。时-空矢量图就是将一相相绕组的轴线与时间轴线重合,把基波磁动势、磁通密度的空间矢量和该相的电动势、电流的相量画在一起的图。由于磁通密度

$\boldsymbol{B}_{f1}$ 与定子任意一相相交链的磁通 $\dot{\Phi}_0$ 是一个时间相量,相量 $\dot{\Phi}_0$ 与矢量 $\boldsymbol{B}_{f1}$ 重合。由 $\dot{\Phi}_0$ 感应出的该相的电动势相量 $\dot{E}_0$ 滞后于 $\dot{\Phi}_0$ 90°。

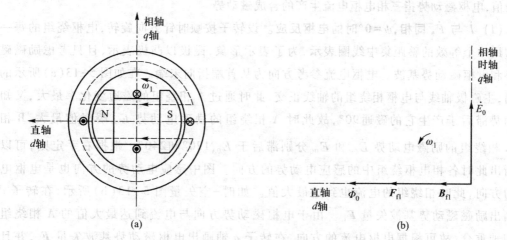

图 5-12 同步发电机空载时的时-空矢量图

(a) 空间磁路 (b) 时-空矢量图

5.2.2 对称负载时的电枢反应与能量转换

5.2.2.1 对称负载时的电枢反应

同步电机负载以后,定子电枢绕组中将流过对称三相电流,该电枢电流产生电枢磁动势及其相应的电枢磁场。电枢磁动势与励磁磁动势互相作用形成负载时气隙中的合成磁动势,共同建立负载时的气隙磁场。由于电枢磁动势的作用,使同步电机的气隙磁场与空载时的气隙磁场相比发生了显著的变化,对称负载时电枢磁动势基波对主磁极磁场基波的影响称为对称负载时的电枢反应。

对称三相绕组中流过三相对称负载电流时所产生的电枢磁动势的基波是一个以同步转速 n_1 旋转的磁动势波,即 $n_1 = \dfrac{60f}{p}$。由于设计电机时必须使电枢绕组磁极对数等于转子磁极对数,所以 $n = n_1 = \dfrac{60f}{p}$,即电枢磁动势基波转速与励磁磁动势转速或电机转子转速一定相等。又由于电枢磁动势基波的转向决定于电枢三相电流的相序,转子励磁磁动势基波的转向决定于转子磁极的转向,所以电枢磁动势基波的转向必定与转子的转向一致。因此,电枢磁动势基波与励磁磁动势基波同转速同转向,彼此在空间保持相对静止,共同建立稳定的气隙磁场,实现机电能量的转换。

不同的电枢电流产生不同的电枢磁动势,也就会使电枢磁动势与励磁磁动势的大小和在空间的相对位置不同,由此也将产生不同的电枢反应。同步发电机的负载性质取决于电枢磁动势基波与励磁磁动势基波的相对空间位置。这一相对位置与电枢电流 $\dot{I}$ 和励磁电动势 $\dot{E}_0$ 的相位差,即内功率因数角 ψ 有关。需要注意,除非特别说明,这里的所有电量均指一相的值,电枢磁动势指三相电枢电流生产的合成磁动势。

(1) $\dot{I}$ **与** $\dot{E}_0$ **同相,$\psi = 0°$时的电枢反应。** 设转子按顺时针方向旋转,电枢绕组的每一相均用一个等效的整距集中线圈表示,为了表示形象,磁极以凸极表示,且只考虑励磁磁动势和电枢磁动势基波。电枢电流参考方向为从首端指向末端。在如图 5-13(a)所示的瞬间,主磁极轴线与电枢相绕组的轴线正交,此时通过 A 相绕组的磁通变化率最大,又知电动势滞后于产生它的磁通90°,故此时 A 相绕组的励磁电动势 $\dot{E}_{0A}$ 瞬时值最大,B 相和 C 相绕组的励磁电动势 $\dot{E}_{0B}$ 和 $\dot{E}_{0C}$ 分别滞后于 $\dot{E}_{0A}$ 120°和240°。根据右手定则,可以判断出此时各相电枢绕组中的感应电动势的方向。图中感应电动势的方向也是电枢电流的方向,此时相绕组的电流也到达最大值。如时-空矢量图 5-13(b)所示,在转子 d 轴画出励磁磁动势基波矢量 F_{f1}。由于电枢磁动势方向与电流到达最大值的 A 相绕组的相轴重合,故可根据电枢电流的方向,在转子 q 轴画出电枢磁动势基波矢量 F_a,并且两个磁动势基波矢量和转子一起旋转。当 $\dot{I}$ 与 $\dot{E}_0$ 同相时,电枢磁动势 F_a 的轴线总是和转子磁极轴线 d 轴相差90°电角度,与转子的交轴或 q 轴重合,因此这种电枢反应称为交轴电枢反应。

显然,两个相差90°的空间矢量 F_{f1} 和 F_a 可用矢量相加得到气隙合成磁动势 F_δ,三个空间矢量和 d 轴、q 轴均以同步电角速度 $\omega = 2\pi f$ 旋转,但对于定子某一相的相轴和时轴是静止不动的。同步发电机带负载后由合成磁动势 F_δ 产生气隙磁场,而气隙合成磁动势与空载时的励磁磁动势的空间位置和大小均不相同。当 $\dot{I}$ 与 $\dot{E}_0$ 同相,内功率因数角为零时,电枢磁动势实质是一个滞后于励磁磁动势90°的交轴磁动势 F_{aq}。正是由于交轴电枢磁动势的出现,使气隙磁场发生了畸变。由图 5-13(b)可见,交轴电枢反应使合成磁场轴线位置从空载时的直轴处逆转向后移了一个锐角,幅值有所增加。

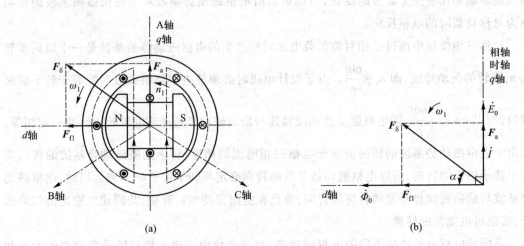

图 5-13　$\dot{I}$ 与 $\dot{E}_0$ 同相,$\psi = 0°$时的电枢反应

(a) 空间矢量图　(b) 时-空矢量图

（2）$\dot{I}$ 滞后 $\dot{E}_0$ 相位90°，$\psi = 90°$时的电枢反应。图 5-14 表示三相同步发电机定子电枢各相电流滞后各励磁电动势90°，即 $\dot{I}$ 滞后 $\dot{E}_0$ 相位90°，$\psi = 90°$时的电枢反应。图中标出了三相瞬时电流方向。当 A 相电枢电流到达最大值时，电枢磁动势基波矢量 F_a 的轴线与 A 相相轴重合。由于电枢电流 $\dot{I}$ 滞后励磁电动势 $\dot{E}_0$ 相位90°，$\dot{E}_0$ 又滞后主磁通 $\dot{\Phi}_0$ 90°，所以电枢磁动势 F_a 滞后于励磁磁动势180°电角度。此时空间矢量 F_{f1} 与 F_a 一直保持相位相反，均以同步转速旋转。在内功率因数角 $\psi = 90°$时，相差180°的 F_{f1} 和 F_a 进行矢量相加得到减弱的气隙合成磁动势 F_δ，即电枢磁动势 F_a 将削弱励磁磁动势 F_{f1} 建立合成磁场，电枢反应呈去磁作用。由于电枢磁动势 F_a 位于直轴上，所以电枢反应也可以称为直轴去磁反应。

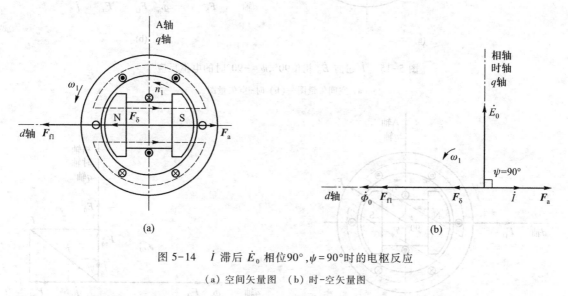

图 5-14　$\dot{I}$ 滞后 $\dot{E}_0$ 相位90°，$\psi = 90°$时的电枢反应

（a）空间矢量图　（b）时-空矢量图

（3）$\dot{I}$ 超前 $\dot{E}_0$ 相位90°，$\psi = -90°$时的电枢反应。图 5-15 表示三相同步发电机定子电枢各相电流超前各励磁电动势90°，即 $\dot{I}$ 超前 $\dot{E}_0$ 相位90°，$\psi = -90°$时的电枢反应。图中标出了三相瞬时电流方向。当 A 相电枢电流到达最大值时，电枢磁动势基波矢量 F_a 的轴线与 A 相相轴重合。由于电枢电流 $\dot{I}$ 超前励磁电动势 $\dot{E}_0$ 相位90°，$\dot{E}_0$ 又滞后主磁通 $\dot{\Phi}_0$ 90°，所以电枢磁动势 F_a 与励磁磁动势 F_{f1} 之间的电角度为0°。此时空间矢量 F_{f1} 与 F_a 一直保持相同相位，均以同步转速旋转。在内功率因数角 $\psi = -90°$时，同相的 F_{f1} 和 F_a 进行矢量相加得到增强的气隙合成磁动势 F_δ，即电枢磁动势 F_a 将加强励磁磁动势 F_{f1} 建立合成磁场，电枢反应呈增磁作用。由于电枢磁动势 F_a 也位于直轴上，所以电枢反应也可以称为直轴增磁反应。

（4）一般情况下，$0° < \psi < 90°$时的电枢反应。一般情况下，电枢电流 $\dot{I}$ 滞后于励磁电动势 $\dot{E}_0$ 一个锐角 ψ，$0° < \psi < 90°$，如图 5-16 所示。当 $\dot{I}$ 滞后 $\dot{E}_0 \psi$ 电角度时，$\dot{I}$ 也滞后 $\dot{\Phi}_0(90° + \psi)$ 电角度，电枢磁动势 F_a 滞后励磁磁动势 $F_{f1}(90° + \psi)$ 电角度，由图 5-16（b）的时-空矢量图可见，F_a 与 $\dot{I}$ 同相，$\dot{I}$ 滞后 $\dot{E}_0 \psi$ 电角度，$\dot{E}_0$ 滞后 F_{f1} 90°，同样可得出 F_a 滞后 $F_{f1}(90° + \psi)$ 电角度。将此时的电枢磁动势 F_a 分解为交轴和直轴两个分量，即

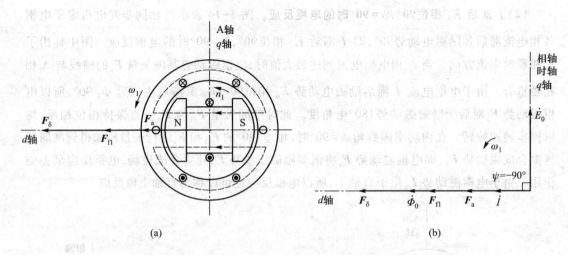

图 5-15　$\dot{I}$ 超前 $\dot{E}_0$ 相位90°，$\psi=-90°$时的电枢反应

(a) 空间矢量图　(b) 时-空矢量图

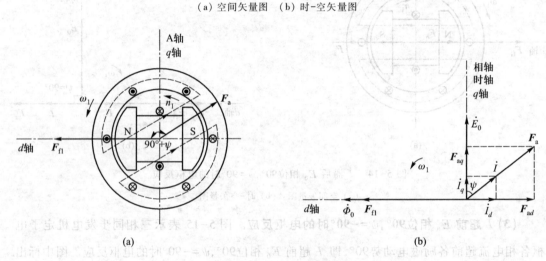

图 5-16　一般情况下，$0°<\psi<90°$时的电枢反应

(a) 空间矢量图　(b) 时-空矢量图

$$\boldsymbol{F}_a = \boldsymbol{F}_{ad} + \boldsymbol{F}_{aq} \tag{5-4}$$

$$F_{ad} = F_a \sin \psi \tag{5-5}$$

$$F_{aq} = F_a \cos \psi$$

式中，$\boldsymbol{F}_{ad}$ 为直轴电枢磁动势；F_{aq} 为交轴电枢磁动势。

每一相的电流 $\dot{I}$ 可分解为 $\dot{I}_d$ 和 $\dot{I}_q$ 两个分量，即

$$\dot{I} = \dot{I}_d + \dot{I}_q \tag{5-6}$$

$$I_d = I \sin \psi \tag{5-7}$$

$$I_q = I \cos \psi$$

式中，$\dot{I}_d$ 为 $\dot{I}$ 的直轴分量；$\dot{I}_q$ 为 $\dot{I}$ 的交轴分量。

　　$\dot{I}_q$ 与电动势 $\dot{E}_0$ 同相位,产生交轴电枢磁动势 F_{aq};$\dot{I}_d$ 滞后于电动势 $\dot{E}_0$90°,产生直轴电枢磁动势 F_{ad}。这时交轴分量 $\dot{I}_q$ 产生的电枢反应对气隙磁场起交轴电枢反应作用,使气隙合成磁场逆转向位移一个角度;而直轴分量 $\dot{I}_d$ 产生的电枢反应则对气隙磁场起去磁作用。

　　由此可见,时-空矢量图是分析交流电机的一个重要工具。利用时-空矢量图能很方便地从电流、电动势、磁通等时间矢量间的相位关系,直接求得电枢磁动势和励磁磁动势等空间矢量间的相位关系。

5.2.2.2　电枢反应与能量转换

　　同步发电机空载运行时不存在电枢反应,也不存在由转子到定子的能量传递。由于负载性质的不同,当发电机带负载后,电枢磁场对转子电流产生电磁力的情况也不同。图5-17(a)为交轴电枢磁场对转子电流产生电磁转矩的示意图。电磁转矩是制动性质的,它阻碍转子的旋转,由此 $\dot{I}_q$ 产生交轴磁场,可认为 $\dot{I}_q$ 是 $\dot{I}$ 的有功分量,其也对应电磁功率的有功电流分量。如果发电机要输出有功功率,原动机就必须克服由于 $\dot{I}_q$ 引起的交流电枢反应产生的转子制动转矩。输出的有功功率越大,$\dot{I}_q$ 越大,交轴电枢磁场越强,发电机所产生的制动转矩也就越大。这就要求原动机输入更大的驱动转矩,才能保持发电机的转速不变,稳定同步转速。图5-17(b)(c)所示为电枢电流的无功分量 $\dot{I}_d$,其对应电磁功率的无功电流分量。它产生的直轴电枢磁场与转子电流相互作用,所产生的电磁力不形成制动转矩,不妨碍转子的旋转。这说明发电机带纯感性或纯容性无功功率负载时,不需要原动机输入功率,但直轴电枢磁场对转子磁场起去磁作用或加磁作用,所以此时维持恒定电压所需的励磁电流必须有相应的增加或减少。

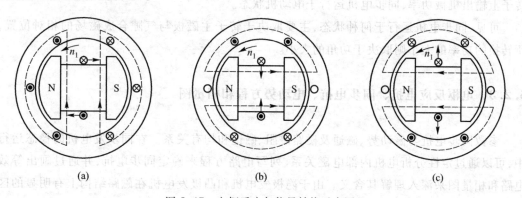

图 5-17　电枢反应与能量转换示意图

(a)交轴电枢磁场时　(b)直轴去磁电枢磁场时　(c)直轴增磁电枢磁场时

5.2.2.3　同步电机的运行状态

　　同步发电机带负载运行时,气隙合成磁动势滞后于励磁磁场一个空间角度 θ,称 θ 这个空间角度为功角。因此气隙合成磁场轴线也滞后于主磁极的轴线 θ 角度。如果气隙合成磁场用等效磁极来表示,同步发电机的运行状态如图5-18(a)所示,电机转子受到一个与其旋转方向相反的制动性质的电磁转矩作用,为保持转子以同步转速持续旋转,转子必须从原动机输入拖动转矩,与制动的电磁转矩相平衡,使发电机向负载输出电功率。

如果转子主磁极与气隙合成磁场的轴线重合,即功角 $\theta = 0°$,如图 5-18(b)所示,此时电磁转矩为零,电机内没有有功功率的转换,电机处于补偿机或理想空载状态。

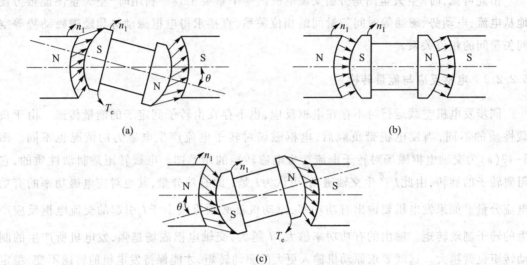

图 5-18　同步电机的运行状态

(a)发电机运行　(b)补偿机运行(理想空载)　(c)电动机运行

如果转子主磁场滞后于气隙合成磁场一个功角 θ,如图 5-18(c)所示,电机转子受到一个方向与其旋转方向相同的拖动性质的电磁转矩作用,此时定子电枢从电网吸收电功率,由转子上输出机械功率,同步电机运行于电动机状态。

可见,同步电机运行于何种状态,主要取决于转子主磁极与气隙合成磁场的相对位置,所转换的功率的大小则取决于功角的大小。

5.2.3　电枢反应电抗、同步电抗、电动势方程和相量图

参数同步电抗与磁动势、磁通及磁路磁阻、磁饱和均有关系。在同步发电机的稳态运行中,可以通过定性分析电机内部电磁关系、列写电路方程来确定同步电抗,并通过画出等效电路和相量图来深入理解其含义。由于隐极发电机和凸极发电机在磁路结构上有明显的区别,故产生了两种不同的分析方法,下面分别进行讲述。

5.2.3.1　隐极同步发电机的电动势方程、同步电抗

在分析了电枢反应的基础上,需要按不考虑饱和和考虑饱和两种情况,来导出对称负载下隐极同步发电机的电动势方程和相量图。

(1)不考虑饱和时。 不计饱和时,磁路可认为是线性的,利用叠加原理分别求出励磁磁动势 F_{f1} 和电枢磁动势 F_a 单独在磁路和电路中的作用,再把他们的分量叠加起来。定子每一

相产生的磁通和电动势,考虑到由电枢漏磁场引起的每一相的漏磁通 $\dot{\Phi}_\sigma$ 和漏电动势 $\dot{E}_\sigma$,可得如下关系。

$$U_f \to I_f \to F_{f1} \to \dot{\Phi}_0 \to \dot{E}_0$$

$$\dot{U} \to \dot{I} \to F_a \to \dot{\Phi}_a \to \dot{E}_a \Rightarrow \dot{E}_\delta = \dot{E}_0 + \dot{E}_a$$

$$\downarrow \to \dot{\Phi}_\sigma \to \dot{E}_\sigma$$

$$\downarrow \to R_a \dot{I}$$

其中, $\dot{U}$ 和 $\dot{I}$ 分别为一相绕组相电压和相电流; $\dot{\Phi}_a$ 和 $\dot{E}_a$ 分别是电枢磁动势产生的电枢磁通和电枢反应电动势; $\dot{\Phi}_\sigma$ 和 $\dot{E}_\sigma$ 分别是电枢绕组的漏磁通和漏电动势; R_a 是电枢每相绕组的电阻; $\dot{E}_\delta$ 是气隙合成旋转磁场产生的电枢合成电动势。

如果各电量的参考方向采用发电机惯量,那么由电枢任一相得出的电动势方程为

$$\dot{U} = \dot{E}_0 + \dot{E}_a + \dot{E}_\sigma - \dot{I}R_a \tag{5-8}$$

式中, $\dot{I}R_a$ 为电枢一相绕组的电阻压降。

根据电磁感应定律, $\dot{E}_0$、$\dot{E}_a$ 和 $\dot{E}_\sigma$ 分别滞后于产生它们的磁通 $\dot{\Phi}_0$、$\dot{\Phi}_a$ 和 $\dot{\Phi}_\sigma$ 90°相角。由电动势方程(5-8)可得与其相应的相量图和等效电路,见图5-19。图中画出与 $\dot{I}$ 同相的 F_a,因此该图实质是一个时-空矢量图。在忽略电枢铁心损耗时, $\dot{\Phi}_a$ 与 F_a 同相位,可见 $\dot{E}_a$ 滞后 $\dot{I}$ 90°相角。

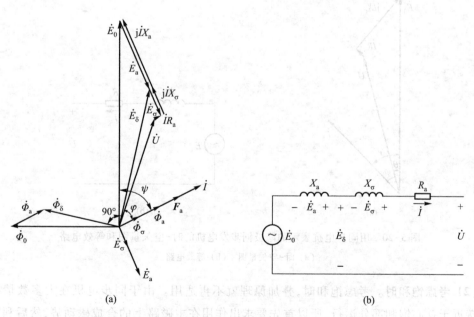

图5-19　不考虑饱和时隐极同步发电机的时-空矢量图和等效电路
(a) 时-空矢量图　(b) 等效电路

由于 $\dot{E}_a$ 正比于 $\dot{\Phi}_a$,不考虑饱和以及定子铁心损耗时, $\dot{\Phi}_a$ 正比于 F_a 和 $\dot{I}$,由此可见 $\dot{E}_a$ 也正比于 $\dot{I}$,在时间相位上 $\dot{E}_a$ 滞后 $\dot{I}$ 90°相角,因此 $\dot{E}_a$ 可以写成负漏抗压降的形式,即

$$\dot{E}_{a}=-\mathrm{j}\dot{I}X_{a} \tag{5-9}$$

式中，X_{a} 称为电枢反应电抗。

电枢反应电抗是对称负载下单位电流所感应的电枢反应电动势值，可理解为三相对称电流的合成电枢反应磁场所感应于某一相中的电动势与相电流的比值。它综合反映了三相对称电枢电流所产生的电枢反应磁场对于一相的影响。

同样，漏电动势 $\dot{E}_{\sigma}$ 亦可写为负漏抗压降的形式，即

$$\dot{E}_{\sigma}=-\mathrm{j}\dot{I}X_{\sigma} \tag{5-10}$$

另外，励磁磁通 $\dot{\Phi}_{0}$ 和电枢反应磁通 $\dot{\Phi}_{a}$ 的叠加，可以得到负载时气隙中的合成气隙磁通 $\dot{\Phi}_{\delta}$，气隙磁通在电枢反应内感应出气隙电动势 $\dot{E}_{\delta}$，即 $\dot{E}_{\delta}=\dot{E}_{0}+\dot{E}_{a}$。

由此式（5-8）便可改写成

$$\dot{U}=\dot{E}_{0}-\dot{I}R_{a}-\mathrm{j}\dot{I}X_{a}-\mathrm{j}\dot{I}X_{\sigma}=\dot{E}_{0}-\dot{I}(R_{a}+\mathrm{j}X_{t}) \tag{5-11}$$

式中，$X_{t}=X_{a}+X_{\sigma}$，称为同步电机的同步电抗。

同步电抗等于电枢反应电抗和定子漏抗之和，是表征对称稳态运行时电枢旋转磁场和电枢漏磁场的一个综合参数，是三相对称电枢电流所产生的全部磁通在某一相中所感应的总电动势 $\dot{E}_{a}+\dot{E}_{\sigma}$ 与相电流之间的比例常数。从电路的观点来看，隐极同步发电机就相当于励磁电动势 $\dot{E}_{0}$ 和同步阻抗 $Z_{t}=R_{a}+\mathrm{j}X_{t}$ 的串联电路，如图 5-20 所示。

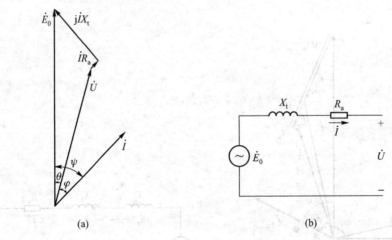

图 5-20   用同步电抗表示的隐极同步发电机的时-空矢量图和等效电路

(a) 时-空矢量图   (b) 等效电路

（2）考虑饱和时。考虑饱和时，叠加原理就不再适用。由于同步电机在大多数情况下都在接近于铁心饱和部分运行，所以首先要求出作用在主磁路上的合成磁动势，然后利用电机的磁化曲线或空载特性，找出负载时的气隙合成磁通 $\dot{\Phi}_{\delta}$ 和合成电动势 $\dot{E}_{\delta}$，再通过列写气隙合成电动势和气隙合成磁动势方程，将磁动势进行折算，并绘出考虑饱和时的时-空矢量图及其所配用的空载特性曲线，最后，在已知 U、I、φ 与有关数据的情况下，求出 $\dot{E}_{0}$。在同样励磁电流作用下，考虑饱和时所求得的 E_{0} 较不考虑饱和时的 E_{0} 小。

5.2.3.2　凸极同步发电机的电动势方程、同步电抗

凸极同步电机的气隙沿电枢圆周不均匀分布,极面下位置气隙小,磁阻小;两极之间气隙大,磁阻大。同样的电枢磁动势作用在气隙的不同位置,产生明显不同的电枢反应磁通,所对应的电枢电抗也不同。通常采用双反应理论来定量分析凸极同步发电机的电枢反应作用。

(1) 双反应理论。 凸极结构使得电机定、转子间气隙不均匀。凸极同步发电机的励磁绕组为集中绕组,产生的磁动势波形为矩形波,实际磁通密度波形为一平顶波,如图 5-21(a) 所示,图中 B_f 和 B_{f1} 分别为励磁磁场磁通密度及其基波磁场磁通密度幅值。图 5-21(b) 所示为按正弦规律分布的电枢磁动势的基波分量。如果电枢磁动势作用在直轴时,磁极轴线处电枢磁场最强,偏离主磁极轴线的两边电枢磁场逐渐减弱,极间电枢磁场很弱。如果同样的电枢磁动势作用在交轴之间的位置时,由于极间气隙较大,电枢磁场较弱,磁场呈马鞍形分布,如图 5-21(c) 所示,图中 B_{ad1} 和 B_{aq1} 分别是直轴和交轴电枢磁场的基波幅值。

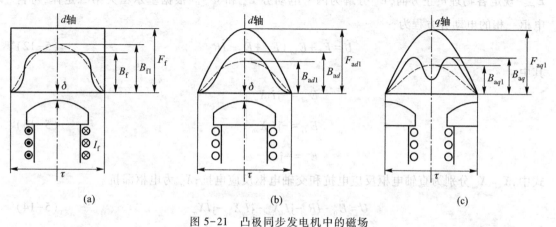

图 5-21　凸极同步发电机中的磁场
(a) 励磁磁场　(b) 直轴电枢磁场　(c) 交轴电枢磁场

由此看出,当电枢磁动势作用在直轴($\psi = 0°$)或交轴($\psi = 90°$)上时,电枢磁场波形是对称的,电枢反应易确定。在一般情况下,ψ 是一个任意角,电枢分布不对称,其形状和大小取决于 $\boldsymbol{F}_a$ 和 ψ 两个因素,用解析式无法表达。为此勃朗台提出:当电枢磁动势 $\boldsymbol{F}_a$ 的轴线既不和主磁极的直轴又不和主磁极的交轴重合时,可以把电枢磁动势 $\boldsymbol{F}_a$ 分解成直轴分量 $\boldsymbol{F}_{ad}$ 和交轴分量 $\boldsymbol{F}_{aq}$。分别求出直轴和交轴磁动势的电枢反应,然后再把它们的效果叠加起来,如图 5-22 所示。

(2) 不考虑饱和时。 在不考虑饱和时,利用双反应理论,可分别求出励磁磁动势、直轴和交轴电枢所产生的基波磁通及其感应电动势。

$$I_f \rightarrow F_{f1} \rightarrow \dot{\Phi}_0 \rightarrow \dot{E}_0$$

$$\nearrow \dot{I}_d \rightarrow F_{ad} \rightarrow \dot{\Phi}_{ad} \rightarrow \dot{E}_{ad} \Rightarrow \dot{E}_\delta = \dot{E}_0 + \dot{E}_{ad} + \dot{E}_{aq}$$

$$\dot{I} \rightarrow \dot{I}_q \rightarrow F_{aq} \rightarrow \dot{\Phi}_{aq} \rightarrow \dot{E}_{aq}$$

$$\searrow \dot{\Phi}_\sigma \rightarrow \dot{E}_\sigma$$

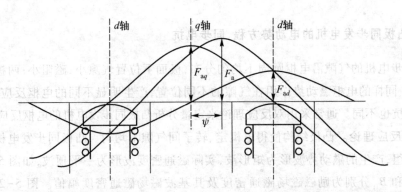

图 5-22   凸极同步电机的电枢磁动势分解为直轴分量和交轴分量

其中,励磁磁通 $\dot{\Phi}_0$ 感生励磁电动势 $\dot{E}_0$,直轴电枢反应磁通 $\dot{\Phi}_{ad}$ 感生直轴电枢反应电动势 $\dot{E}_{ad}$,交轴电枢反应磁通 $\dot{\Phi}_{aq}$ 感生交轴电枢反应电动势 $\dot{E}_{aq}$,定子漏磁通 $\dot{\Phi}_\sigma$ 感生漏电动势 $\dot{E}_\sigma$。规定各物理量正方向,$\dot{E}_a$ 分解为两个电动势 $\dot{E}_{ad}$ 和 $\dot{\Phi}_{aq}$。根据基尔霍夫第二定律,可得电枢一相的电动势方程为

$$\dot{U} = \dot{E}_0 + \dot{E}_{ad} + \dot{E}_{aq} + \dot{E}_\sigma - \dot{I}R_a \tag{5-12}$$

其中,

$$\left.\begin{aligned}
\dot{E}_{ad} &= -\mathrm{j}\dot{I}_d X_{ad} \\
\dot{E}_{aq} &= -\mathrm{j}\dot{I}_q X_{aq} \\
\dot{E}_\sigma &= -\mathrm{j}\dot{I} X_\sigma
\end{aligned}\right\} \tag{5-13}$$

式中,X_{ad}、X_{aq} 分别为直轴电枢反应电抗和交轴电枢反应电抗;X_σ 为电枢漏抗。

$$\dot{U} = \dot{E}_0 - \dot{I}R_a - \mathrm{j}\dot{I}_d X_{ad} - \mathrm{j}\dot{I}_q X_{aq} - \mathrm{j}\dot{I}X_\sigma \tag{5-14}$$

将式(5-6)代入式(5-14)得

$$\dot{U} = \dot{E}_0 - \dot{I}R_a - \mathrm{j}\dot{I}_d X_d - \mathrm{j}\dot{I}_q X_q \tag{5-15}$$

式中,X_d、X_q 分别为凸极同步发电机的直轴同步电抗和交轴同步电抗。

$$\left.\begin{aligned}
X_d &= X_{ad} + X_\sigma \\
X_q &= X_{aq} + X_\sigma
\end{aligned}\right\} \tag{5-16}$$

直轴和交轴同步电抗表征凸极发电机对称稳态运行时,直轴和交轴电枢反应和电枢漏磁对电路作用的综合参数。其对应的相量图如图 5-23 所示。

由于气隙不均匀,凸极同步发电机的两个同步电抗,由于 $X_{ad} > X_{aq}$,所以 $X_d > X_q$。

由于式(5-15)中电路参数 R_a、X_d、X_q 既不是串联关系,也不是并联关系,所以根据式(5-15)不能直接画出同步发电机的等效电路,即在已知 U、I、φ 和有关数据情况下,无法测出 $\dot{E}_0$、$\dot{I}$ 之间的夹角 ψ,也就无法把 $\dot{I}$ 分成 $\dot{I}_d$ 和 $\dot{I}_q$,致使整个相量图无法绘出。为此,假设一个虚拟电动势 $\dot{E}_Q$,令

$$\dot{E}_Q = \dot{E}_0 - \mathrm{j}\dot{I}_d(X_d - X_q) \tag{5-17}$$

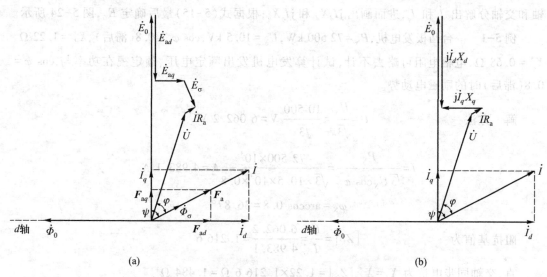

图 5-23　不考虑饱和时凸极同步发电机的相量图

（a）式（5-12）的相量图　　（b）式（5-15）的相量图

为了确定角 ψ，可以先对图 5-23 的相量图进行分析，如图 5-24 所示。从点 H 作垂直于 $\dot{I}$ 的线交 $\dot{E}_0$ 于点 Q，得到线段 HQ，不难看出线段 HQ 与相量 $\mathrm{j}\dot{I}_q X_q$ 间的夹角为 ψ，由式（5-6）、式（5-15）和式（5-17）得

$$\dot{U} = \dot{E}_Q - \dot{I}R_a - \mathrm{j}\dot{I}X_q \tag{5-18}$$

由此可以画出凸极同步发电机的等效电路，如图 5-25 所示。

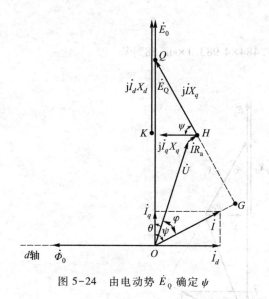

图 5-24　由电动势 $\dot{E}_Q$ 确定 ψ

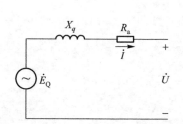

图 5-25　凸极同步发电机的等效电路

得出实际相量图的做法：首先选取电枢电压 $\dot{U}$ 为参考相量，假设负载为感性负载，画出滞后于 $\dot{U}$ 角度 φ 的 $\dot{I}$，由此画出 $\dot{I}R_a$ 和 $\mathrm{j}\dot{I}X_q$；根据式（5-18）画出 $\dot{E}_Q$，由此便确定了与 $\dot{E}_Q$ 同相位的 $\dot{E}_0$ 的方向，以及 $\dot{E}_0$、$\dot{I}$ 之间的夹角 ψ；由 $\dot{E}_0$ 的方向确定直轴和交轴的方向，沿直

轴和交轴分解出 $\dot{I}_d$ 和 $\dot{I}_q$,进而画出 $j\dot{I}_dX_d$ 和 $j\dot{I}_qX_q$;根据式(5-15)最后确定 $\dot{E}_0$,图 5-24 所示。

例 5-1　一台凸极发电机,$P_N=72\,500$ kW,$U_N=10.5$ kV,$\cos\varphi_N=0.8$(滞后),$X_d^*=1.22$ Ω,$X_q^*=0.68$ Ω,电枢电阻可略去不计,试计算发电机发出额定电压、额定视在功率与 $\cos\varphi=0.8$(滞后)时的励磁电动势。

解　方法一。
$$U=\frac{U_N}{\sqrt{3}}=\frac{10\,500}{\sqrt{3}}\text{ V}=6\,062.2\text{ V}$$

$$I=\frac{P_N}{\sqrt{3}\,U_N\cos\varphi_N}=\frac{72\,500\times10^3}{\sqrt{3}\times10.5\times10^3\times0.8}\text{A}=4\,983.1\text{ A}$$

$$\varphi_N=\arccos 0.8=36.87°$$

阻抗基值为　　$|Z_b|=\dfrac{U}{I}=\dfrac{6\,062.2}{4\,983.1}=1.216\,6$

直、交轴同步电抗为 $X_d=X_d^*|Z_b|=1.22\times1.216\,6$ Ω $=1.484$ Ω

$$X_q=X_q^*|Z_b|=0.68\times1.216\,6\text{ Ω}=0.827\text{ Ω}$$

根据相量图 5-26 可得

$$\tan\psi_N=\frac{U\sin\varphi_N+X_qI}{U\cos\varphi_N+R_aI}=\frac{6\,062.2\times\sin 36.87°+0.827\times4\,983.1}{6\,062.2\times0.8}=1.6$$

内功率因数角和功角分别为　$\psi_N=\arctan 1.6=58°$

$$\theta_N=\psi_N-\varphi_N=58°-36.87°=21.13°$$

由相量图可得

$$E_0=U\cos\theta_N+I_dX_d$$
$$=(6\,062.2\times\cos 21.13°+1.484\times4\,983.1\times\sin 58°)\text{ V}$$
$$=11\,925.8\text{ V}$$

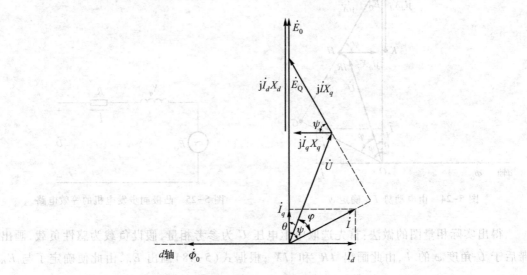

图 5-26　例 5-1 相量图

方法二。

$$\varphi_N = \arccos 0.8 = 36.87°$$

$$\tan \psi_N = \frac{U^* \sin \varphi + X_q^* I^*}{U^* \cos \varphi_N} = \frac{1 \times \sin 36.87° + 0.68 \times 1}{1 \times 0.8} = 1.6$$

$$\psi_N = \arctan 1.6 = 58°$$

$$\theta_N = \psi_N - \varphi_N = 58° - 36.87° = 21.13°$$

$$E_0^* = U^* \cos \theta_N + I_d^* X_d^*$$

$$= (1 \times \cos 21.13° + 1.22 \times 1 \times \sin 58°) V$$

$$= 1.967 \ V$$

$$E_0 = E_0^* U = 1.967 \times 6\ 062.2 \ V = 11\ 925.8 \ V$$

5.2.4 同步发电机的基本特性

同步发电机的空载特性、短路特性、零功率因数特性都是其基本特性,通过这些特性可以求出同步电抗及漏电抗,还可以进一步确定同步发电机的其他特性。

5.2.4.1 短路特性

短路特性是发电机三相稳态短路时,短路电流 I_k 与励磁电流 I_f 的关系,即 $U=0, n=n_N$, $I_k = f(I_f)$。因为 $U=0$,所以限定短路电流的仅是发电机的内部阻抗。由于同步发电机的电枢电阻远小于同步电抗,短路电流可认为是纯感性的,即 $\psi = 90°$,于是电枢磁动势基本上是一个纯去磁作用的直轴磁动势 F_{ad},各磁动势矢量都在一条直线上,可以计算出合成磁动势 F_δ',如图5-27(a)所示。然后利用空载特性即可求出气隙合成电动势 E_δ 为

$$\dot{E}_\delta = \dot{U} + \dot{I} R_a + j \dot{I} X_\sigma \approx j \dot{I} X_\sigma \tag{5-19}$$

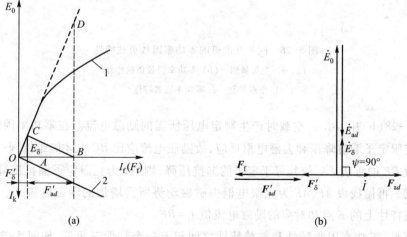

图5-27 同步发电机短路特性
(a) 短路特性 (b) 时-空矢量图
1. 空载特性 2. 短路特性

可见,短路时合成电动势只等于漏抗压降,其时-空矢量图见图 5-27(b)。由于对应的气隙合成磁通很小,故电机磁路处于不饱和状态,如图中的 C 点。由于合成磁动势 F'_δ 正比于 E_δ,E_δ 正比于 I;F'_{ad} 正比于 F_{ad},F_{ad} 正比于 I,所以励磁磁动势 F_f 必然与 I 成正比,故短路特性是一条直线。图 5-27(a)中三角形 ABC 的底边 AB 是电枢反应磁动势 F'_{ad},而其对边 AC 是漏抗压降 IX_σ。

5.2.4.2　零功率因数负载特性

零功率因数负载特性是当 $I=$ 常数,$\cos\varphi=0$ 时发电机 U 与 I_f 的关系曲线,简称为零功率因数特性。测试零功率因数负载特性时,把同步发电机拖动到同步转速,电枢接一个可变的三相纯电感负载使 $\cos\varphi=0$,然后同时调节发电机励磁电流和负载电抗,使负载电流保持为一个常数,这样,$U=IX$ 将随着电抗 X 正比变化,记录不同励磁下发电机的端电压,可得到零功率因数负载特性曲线,如图 5-28(a)所示。

由于 $\varphi=90°$,电机内部的电阻又远远小于同步电抗,故此时 $\dot{E}_0$ 与 $\dot{I}$ 的夹角 $\psi=90°$,电枢磁动势也是去磁的纯直轴磁动势。如图 5-28(a)所示,此时磁动势之间有 $F'_\delta\approx F_f+F'_a$,电动势之间有 $E_\delta\approx U+IX_\sigma$,其关系均简化为代数关系。

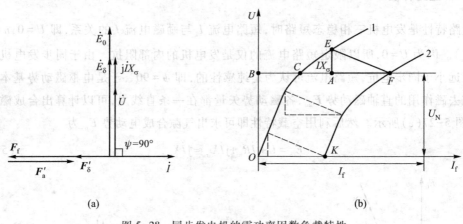

图 5-28　同步发电机的零功率因数负载特性
(a) 时-空矢量图　(b) 零功率因数负载特性
1. 空载特性　2. 零功率因数特性

在图 5-28(b)中,BC 是空载时产生额定电压所需的励磁电流。在零功率因数负载时,由于需要克服定子漏抗降压和去磁电枢反应,故励磁电流应比 BC 大才能维持同一电压。从空载特性做 BF 的垂线 EA,使其等于定子的漏抗压降,则 CA 为克服定子漏抗压降所需增加的励磁电流。再做线段 AF,AF 为克服电枢去磁磁动势所需增加的励磁电流 I_{fa}。最后得出零功率负载特性上的 F 点和对应的励磁电流值 $I_f=BF$。

由此可见,零功率因数特性和空载特性之间相差一个特性三角形,如图 5-28(b)中的直角三角形 EAF,其垂直边 EA 为漏抗压降 IX_σ,水平边 AF 为与电枢反应等效的励磁电流 I_{fa}。

由于测取零功率因数特性时,电流 I 保持不变,因此特性三角形的大小不变。这样,把特性三角形的底边保持水平位置而使其顶点 E 沿空载曲线移动,则其右边顶点 F 的轨迹即为零功率因数特性。当特性三角形移到其底边与横坐标重合时,可得 K 点,该点端电压 $U=0$,故为短路点。

5.2.4.3　由零功率因数特性和空载特性确定子漏抗和电枢反应磁动势

在图 5-29 中,底部三角形 ABO 包含三角形 ABC,因此在零功率因数负载特性任一点 A' 上,通过 A' 点向左取水平线段 $A'O'=AO$;再从 O' 点做平行于空载特性起始的直线,交空载特性于 B' 点;连接 B' 和 A' 两点完成三角形 $A'B'O'$,再过 B' 点作垂直线交 C' 点,即得出特性三角形 $A'B'C'$。三角形 ABO 与三角形 $A'B'O'$ 有相同的大小和形状,其各自包含的三角形 ABC 与 $A'B'C'$ 也相同。由于 $A'C'=I_{fa}$,$B'C'=I_N X_\sigma$,所以

$$X_\sigma = \frac{B'C'}{I_N} \tag{5-20}$$

5.2.4.4　利用空载和短路特性确定 X_d 的不饱和值

短路时,如图 5-27、图 5-29 所示,如果略去电枢电阻的影响,则电枢电流为纯直轴电流,合成磁动势很小,它作用于空载特性的直线部分仅产生很小的气隙电动势 E_δ,此电动势与漏抗压降 IX_σ 平衡,主磁路处于不饱和状态。I_{f0} 为空载励磁电流,是空载电动势等于额定电压时的励磁电流;I_{fk} 是短路电流为额定值时的励磁电流。按线性磁路可认为 I_{fk} 和 I_{fa} 分别沿着空载特性的直线段延长至气隙线产生相应的 E_0' 和 E_{ad},然后合成 E_δ 来和漏抗压降平衡,此时 X_{ad} 为不饱和值,于是

$$\dot{E}_0' - j\dot{I}_k X_{ad} = \dot{E}_\delta = j\dot{I}_k X_\sigma$$

或
$$\dot{E}_0' = j\dot{I}_k(X_{ad}+X_\sigma) = j\dot{I}_k X_d \tag{5-21}$$

式中,X_d 为不饱和值。

如图 5-30 所示,对于任一励磁电流,如 I_{fk},在气隙线和短路特性曲线上查出励磁电动势 E_0' 和短路电流 I_k,求得直轴同步电抗的不饱和值 $X_d = \dfrac{E_0'}{I_k}$,其标幺值为

$$X_d^* = \frac{I_N X_d}{U_N} = \frac{I_N(E_0'/I_k)}{U_N} = \frac{E_0'/U_N}{I_k/I_N} = \frac{E_0'^*}{I_k^*} \tag{5-22}$$

式中,I_N 和 U_N 均为每相值。

式(5-22)说明,空载特性和短路特性用标幺值表示时,所得的直轴同步电抗也是标幺值。凸极同步发电机的交轴同步电抗可以利用经验公式得 $X_q \approx 0.65 X_d$。

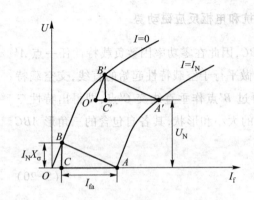

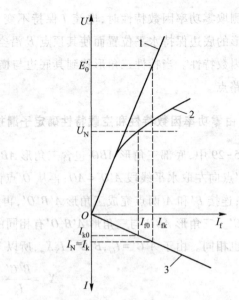

图 5-29   由零功率因数特性和
空载特性求出特性三角形

图 5-30   利用空载和短路特性确定 X_d 的不饱和值
1. 气隙线   2. 空载特性   3. 短路特性

5.2.4.5   利用空载和零功率因数特性确定 X_d 的饱和值

当电机在额定电压下运行时,磁路已处于饱和状态,此时可以近似地取零功率因数特性上额定电流 I_N 和额定电压 U_N 运行中 A 点的气隙电动势值 E_δ,作为考虑发电机额定运行时的饱和程度。在图 5-31 中,只要过 O、B 两点画一直线作为此时的线性化空载特性,然后将 KA 延长交于点 T,则 KT 为励磁电动势,$AT = I_N X_d$,于是 X_d 的饱和值为

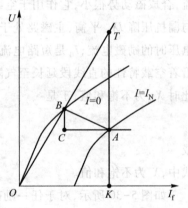

$$X_{d饱和}^* = \frac{AT}{KA} \tag{5-23}$$

图 5-31   利用空载和零功率
因数特性确定 X_d 的饱和值

5.2.4.6   短路比

短路比是指产生空载额定电压 $(U_0 = U_N)$ 和产生额定短路电流 $(I_k = I_N)$ 所需要的励磁电流之比,即

$$k_c = \frac{I_{k0}}{I_N} = \frac{I_{f0}}{I_{fk}} \tag{5-24}$$

由

$$X_d^* = \frac{X_d}{Z_N} = \frac{E_0'/I_{k0}}{U_N/I_N} = \frac{E_0'/U_N}{I_{k0}/I_N} = k_\mu \cdot \frac{1}{k_c}$$

式中,k_μ 为空载电压等于额定值时电机的饱和系数。有

$$k_c = k_\mu \cdot \frac{1}{X_d^*} \tag{5-25}$$

此式表示,短路比就是用标幺值表示的直轴同步电抗不饱和值的倒数再乘上空载额定电压时主磁路的饱和系数。

短路比的数值对电机影响很大。短路比小,负载变化时发电机的电压变化较大,且并联运行时的发电机的稳定度较差,但电机的造价较便宜;增大气隙可减小 X_d,使短路比增大,电机性能变好,但造价也增高,因为励磁磁动势和转子用铜量增加。随着电机容量的增加,为提高材料利用率,短路比的要求就有所下降。由于水电站输电距离长,稳定性问题较严重,所以水力发电机要求有较大的短路比,一般取 0.8~1.8,对于汽轮发电机短路比,一般为 0.4~1。

5.2.4.7 同步发电机的外特性和调整特性

(1) 外特性。外特性表示发电机在 $n=n_N$,I_f=常数,$\cos\varphi$=常数的条件下,端电压 U 和负载电流 I 的关系曲线。同步发电机的外特性如图 5-32 所示。当带感应负载和纯电阻负载时,外特性都是下降的,因为此时电枢效应均是去磁效应,并且定子电阻压降和漏抗压降也引起一定的电压。带容性负载时,外特性都是上升的。可见,为了在不同功率因素下 $I=I_N$ 时都能得到 $U=U_N$,在感性负载下要提供较大的励磁电流,此时称电机过励状态下运行;而在容性负载下可提供较小的励磁电流,此时称电机欠励状态下运行。当发电机投入空载长输电线时,相当于接容性负载,这种情况称为对输电线充电。

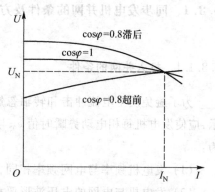

图 5-32 同步发电机的外特性

按电力系统的需要,规定发电机的额定功率因数一般为 0.8(滞后);大型电机功率因数为 0.85 或 0.9。由于用户中感应电动机占很大比例,需要从电网吸收一定的滞后无功励磁电流,所以电力系统的功率因数不可能高到 1.0,而且按额定电流运行时,实际发电机的功率因数不宜低于额定值,否则转子电流将会增加,使发电机过热。

保持额定励磁电流和同步转速不变,卸去负载,读取空载电动势,得到同步发电机的电压变化率为

$$\Delta U = \frac{E_0 - U_N}{U_N} \times 100\% \tag{5-26}$$

电压变化率是表征同步发电机运行时性能的重要数据之一。同步发电机装有快速的自动调压装置,自动调整励磁电流维持电压基本不变。

(2) 调整特性。当发电机负载电流 I 发生变化时,为保持端电压不变,必须同时调节发电机励磁电流 I_f。当 $n=n_N$,U=常数,$\cos\varphi$=常数时,关系曲线 $I_f=f(I)$ 称为同步发电机的调整特性。

与外特性相反,带感性和纯电阻负载时,调整特性是上升的,而带容性负载时,调整特性可能下降。

5.3　同步发电机的并网运行

现代发电站总是装有多台同步发电机,这些发电机并列运行。距离很远的许多电站通过升压变压器和高压输电线彼此并列起来,形成电力系统。这样可以更合理地利用动力资源和发电设备。连接成大电网后,可以统一调度,定期轮流检修、维护发电设备,既增加了供电可靠性,又节约了备用机组数量,并且负载变化时电压和频率的变动较少,提高了供电质量。

一般来说,电网容量都远大于发电机容量。这时发电机单机功率调节对电网几乎无影响,故电网的电压和频率大多可以认为是常数。

5.3.1　同步发电机并网的条件及方法

5.3.1.1　投入并网的条件

为了避免发生电流冲击和转轴忽然受到扭矩,同步发电机投入电网时,如图 5-33(a)所示,应使发电机每相电动势瞬时值 e_{02} 与电网电压瞬时值 u_1 一直保持相等。投入并网的条件为:

(1) 发电机频率与电网频率相同,即 $f_2 = f_1$。

(2) 发电机与电网的电压波形要相同。

(3) 发电机与电网电压大小、相位要相同,即 $\dot{E}_{02} = \dot{U}_1$。

(4) 发电机与电网的相序要相同。

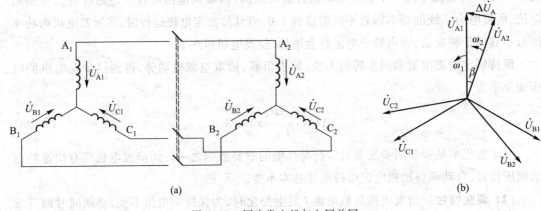

图 5-33　同步发电机与电网并网

(a) 线路示意图　(b) 电压相量图

如果不满足上述各条件将引起以下后果。

(1) 如果 $f_2 \neq f_1$,$\dot{E}_{02}$ 和 $\dot{U}_1$ 之间有相对运动,将产生一直在变化的环流,引起电机内的功率振荡。

（2）如果波形不同，则将在电机和电网内产生一高次谐波环流，增加运行损耗，温度升高。

（3）如果两种电压在大小和相位上不一致，即使频率和波形都一致，在发电机和电网间仍产生一个环流。由于对称运行，电网和发电机的中点是等电位的，所以流过相灯的电流可忽略不计，可以认为发电机的电压 $U_2 = E_{02}$，作用在每一组灯上的电压就等于该相电网电压和发电机电压值差 $\Delta \dot{U} = \dot{U}_2 - \dot{U}_1$，如图 5-33（b）所示。合闸瞬间发电机与电网构成回路，虽然暂态过程阻抗很小，但由于 $\Delta \dot{U}$ 很小，所以回路会产生较大的冲击电流。$\Delta \dot{U}$ 的大小与相位差角 β 有密切关系，β 越大，$\Delta \dot{U}$ 越大。在极性相反的情况下误投入合闸时，即 $\beta = 180°$，$\Delta \dot{U}$ 最大，环流数值高达 $20 \sim 30 I_N$，此时电磁力的冲击可能使定子绕组端部受到极大的损伤。

（4）即使前面三个条件都符合，如相序不同，仍绝不允许投入，因为当某相满足了三个条件，另外两相在电网和投入的发电机之间存在巨大的电位差时，仍会产生无法消除的环流，危害电机的安全运行。

一般条件（2）和（4）可以经设计、制造和安装自动满足，在投入并网时只要注意条件（1）和（3）就行了。

5.3.1.2 投入并网的方法和步骤

（1）准确同步法。准确同步法是将发电机调整到符合并列条件后才进行合闸并网的操作方法。常采用同步指示器来判别这些条件，最简单的同步指示方法就是利用三组相灯来检验合闸的条件。相灯法有灯光熄灭法和灯光旋转法。

灯光熄灭法接线图如图 5-34 所示，此方法是先把要投入并列运行的发电机带动到接近同步转速，加上励磁并调节到发电机的空载电压与电网电压相等。这时如果相序正确，则在发电机频率与电网频率有差别时加在各相相灯上的电压 ΔU 忽大忽小，使三组灯同时忽亮忽暗，其亮、暗变化的频率就是发电机与电网相差的频率。调节发电机的转速使灯光亮、暗的频率很低，当三组灯全暗时，发电机与电网回路电压瞬时值为 $\Delta u \approx 0$，这时迅速合上闸刀，完成并网合闸操作。事实上合闸后 Δu 的变化会起着自动整步的作用，保持同步运行。

灯光旋转法接线图见图 5-35。这时相灯第 I 组接于开关某相的两端，例如 A 相。另两组灯则交叉连接。由于加于三组相灯的电压 ΔU_I、ΔU_{II} 和 ΔU_{III} 各不相等。假设 $\omega_2 > \omega_1$，并以电网电压为基准，则发电机电压以 $(\omega_2 - \omega_1)$ 的相对角速度逆时针旋转。从图 5-35 可见，先是第 I 组灯最亮，接着第 II 组灯最亮，然后是第 III 组灯最亮，好像灯光按逆时针方向旋转。反之如果发电机的频率低于电网频率，则灯光按顺时针方向旋转。根据灯光旋转的方向，适当调节发电机转速，当灯光旋转速度很低时，在第 I 组灯熄灭而另两组灯亮度相同的时刻迅速合上开关，完成并网合闸操作。

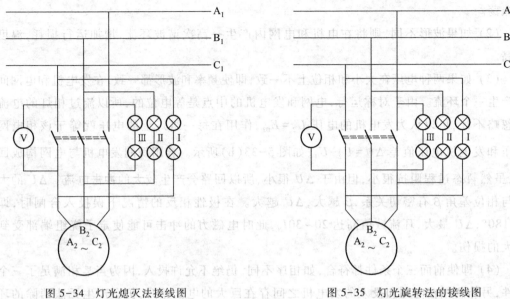

图 5-34   灯光熄灭法接线图   图 5-35   灯光旋转法的接线图

一般白炽灯在 1/3 额定电压时就不亮了,所以为了使合闸的瞬间更精确,在刀闸的两头接电压表,当其指示为零时合闸。

用准确同步法进行并网的优点是合闸时没有冲击电流;缺点是操作复杂且较费时间。

(2)自同步法。当电网出现故障而要求把发电机迅速投入并列运行时往往采用自同步法,其操作步骤为:将发电机励磁绕组经过限流电阻短路,当发电机转速升到接近同步转速时,即电机与电网的频率差在 ±5% 以下,先合上并车开关,再立即加励磁,通过定、转子间的电磁力自动牵入同步。此法优点是操作简单迅速,不需要增添复杂设备;缺点是合闸及投入励磁时有电流冲击。

5.3.2   功率平衡方程和功角特性

5.3.2.1   功率平衡方程

发电机对称稳定运行时,原动机输入到发电机的机械功率为 P_1,扣除发电机的机械损耗 p_{mec} 铁心损耗 p_{Fe} 和附加损耗 p_{ad} 后,即为电磁功率 P_e。

$$P_e = P_1 - (p_{mec} + p_{Fe} + p_{ad})$$

空载损耗 $p_0 = p_{mec} + p_{Fe} + p_{ad}$,则

$$P_e = P_1 - p_0 \tag{5-27}$$

电磁功率 P_e 是从转子通过气隙磁场传递到定子的功率。发电机带负载时,定子电流通过电枢绕组还要损失定子铜损耗 $p_{Cu1} = 3I^2 R_a$,剩下的为输出功率 P_2,即

$$P_2 = P_e - p_{Cu1} \tag{5-28}$$

或

$$P_e = mE_\delta I \cos \varphi_i = mUI \cos \varphi + mI^2 R_a \tag{5-29}$$

式中，m 为定子相数；φ 为端电压 $\dot U$ 与 $\dot I$ 之间的夹角；φ_i 为气隙电动势 $\dot E_\delta$ 与电枢电流 $\dot I$ 之间的相位角。式（5-29）中所有电压、电流均为一相的量。

对于不饱和的隐极电机，由于 $E_\delta \cos\varphi_i = E_0 \cos\psi$，见图 5-19，所以有

$$P_e = m E_0 I \cos\psi \qquad (5-30)$$

对于不饱和的凸极电机，由于 $E_\delta \cos\varphi_i = E_Q \cos\psi$，所以有

$$P_e = m E_Q I \cos\psi \qquad (5-31)$$

各功率或损耗与电机转子的机械角速度 $\Omega = 2\pi \dfrac{n}{60}$ 相除，得出电机轴上的驱动转矩 T_1、空载转矩 T_0 和电磁转矩 T_e，相应的转矩平衡方程为

$$T_1 - T_0 = T_e \qquad (5-32)$$

5.3.2.2 功角特性

同步电机的功角 θ 为 $\dot E_0$ 和 $\dot U$ 的夹角；内功角 θ_i 为 $\dot E_0$ 和 $\dot E_\delta$ 的夹角，同时它也是空间矢量 $\boldsymbol{F}_f$ 与 $\boldsymbol{B}_\delta$ 的夹角。由于电机的漏电阻远小于同步电抗的，所以 $\theta \approx \theta_i$。

对于隐极同步发电机，如时-空矢量图 5-36（a）所示，不饱和时的电磁功率为

$$P_e = P_2 + p_{Cu} = m U I \cos\varphi + m I^2 R_a = m E_0 I \cos\psi \qquad (5-33)$$

由于电枢电阻远小于同步电抗，可忽略不计，从图中几何关系可以看出

$$U \sin\theta = X_t I \cos\psi$$

将上式代入式（5-33）得出

$$P_e = m \frac{E_0 U}{X_t} \sin\theta \qquad (5-34)$$

在保持转速、励磁电流和电枢电压为常数时，隐极同步发电机的电磁功率 P_e 与功角 θ 之间的关系 $P_e = f(\theta)$，称为同步发电机的功角特性，由式（5-34）可知隐极同步发电机的功角特性是一个正弦函数，如图 5-36（b）所示。

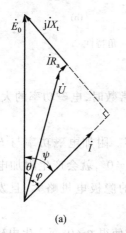

(a)

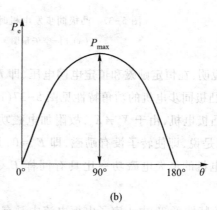

(b)

图 5-36　隐极同步发电机的时-空矢量图和功角特性

（a）时-空矢量图　（b）功角特性

当功角在 $0°\sim90°$ 范围内,功角 θ 越大,电磁功率 P_e 就越大,交轴电枢反应越强,相应的电枢电流交轴分量就越大;当功角 $\theta=90°$ 时,发电机将发出最大电磁功率

$$P_{max}=m\frac{E_0 U}{X_t} \tag{5-35}$$

对于凸极同步发电机,如时-空矢量图 5-37(a) 所示,已知 $E_Q=E_0-(X_d-X_q)I_d$,所以不饱和时的电磁功率为

$$P_e=P_2+p_{Cu}=mUI\cos\varphi+mI^2 R_a=mE_Q I\cos\psi=mE_Q I_q \tag{5-36}$$

由图 5-37(a) 的几何关系可知 $I_d=\dfrac{E_0-U\cos\theta}{X_d}$,将此式代入式(5-36),得

$$P_e=m\frac{E_0 U}{X_d}\sin\theta+m\frac{U^2}{2}\left(\frac{1}{X_q}-\frac{1}{X_d}\right)\sin 2\theta \tag{5-37}$$

式中,第一项 $m\dfrac{E_0 U}{X_d}\sin\theta$ 为基本电磁功率;第二项 $m\dfrac{U^2}{2}\left(\dfrac{1}{X_q}-\dfrac{1}{X_d}\right)\sin 2\theta$ 为附加电磁功率。

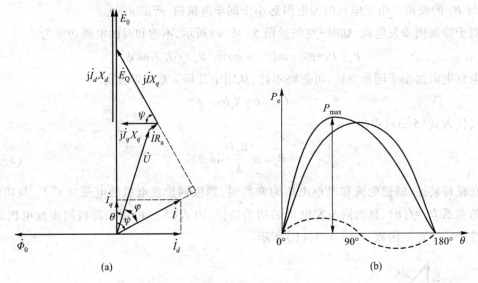

图 5-37   凸极同步发电机时-空矢量图和功角特性

(a) 时-空矢量图   (b) 功角特性

由此说明,在恒定励磁和恒定电网电压,即 E_0 和 U 均为常数时,电磁功率的大小只取决于功角 θ,凸极同步电机的功角特性见图 5-37(b)。

对于凸极电机,由于 $X_d\neq X_q$,故附加电磁功率将不为零。附加电磁功率与 E_0 的大小无关,也就是说,即使转子没有励磁,即 $E_0=0$,只要 $U\neq0$,$\theta\neq0°$,就会产生附加电磁功率,所以凸极电机的最大电磁功率比具有同样 E_0、U 和 X_d 值的隐极电机略大,且发生在 $\theta<90°$ 处。

由功角特性可知,由于定子电枢电流中具有交轴分量,才使得 $\theta\neq0°$ 而产生电磁功率,所以交轴电枢反应在机电能量转换中具有重要意义。

5.3.3 并网后有功功率及无功功率的调节、V形曲线

5.3.3.1 有功功率的调节与稳定运行

（1）有功功率的调节。当发电机不输出有功功率时，原动机输入的功率恰好补偿各种损耗，没有多余的部分转化为电磁功率（忽略定子铜损耗时），因此 $\theta=0°$，$P_e=0$，如图5-38（a）所示，此时可能存在 $E_0>U$，且有无功电流输出。当增加原动机的输入功率 P_1 时，输入转矩 T_1 增大，转子加速，发电机的转子磁动势 F_f 和 d 轴超前于气隙磁通密度 B_δ，相应地电动势相量 $\dot{E}_0$ 超前于电压相量 $\dot{U}$ 一个相角，使 $\theta>0°$ 且 $P_e>0$，如图5-38（b）所示，发电机向外输出有功电流，并同时出现与电磁功率 P_e 相对应的制动电磁转矩 T_e；当 θ 增到某一数值使电磁转矩和克服损耗后的驱动转矩相等时，发电机转子平衡在 θ 值处，不再加速。也就是说，想增加发电机的输出功率，就必须增加原动机的输入功率。随着输出功率的增大，当励磁不做调解时，电机的功角 θ 就必须增大。但功角 θ 达到90°，即电磁功率达到极限值 P_{max} 时，电机转速将连续上升而失去同步。

（2）静态稳定。当电网或原动机偶然发生微小扰动，在扰动消失后，发电机能复原并继续同步运行，则称发电机是静态稳定的；反之，就是不稳定的。如图5-38（c）所示，如果原动机的功率 P_1 工作在 a 点，由于某种微小扰动使原动机的功率增加了 ΔP_a，那么功角 θ_a 将逐步增大到 $\theta_a+\Delta\theta_a$ 而平衡于 a' 点，相应地电磁功率也增加了 ΔP_e。当扰动消失，发电机电磁功率 $P_e+\Delta P_e$ 大于输入功率 P_1，将使转子减速回到 a 点并稳定运行。

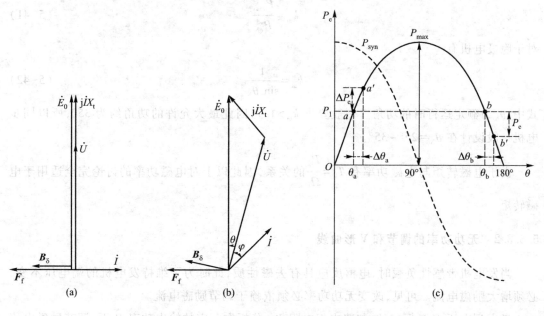

图5-38 并网后同步发电机的有功功率调节

（a）$\theta=0°$ （b）$\theta>0°$ （c）静态稳定

如果原动机的功率 P_1 运行在 b 点,其功角为 θ_b,当发生扰动使原动机的功率增加 ΔP_e 时,功角也将增加到某一数值 $\theta_b+\Delta\theta_b$,输入功率将更加大于电磁功率而无法达到新的平衡。假定此时扰动忽然消失,尽管输入功率已恢复原值,但因 b' 点处的电磁功率为 $P_e-\Delta P_e$,使功角继续增大,电机始终达不到平衡,转速将一直增高下去,直到电机失去同步。

由此,发电机稳定运行条件是:当外界的扰动使得电机的功角增大时,电磁功率的增量也大于零,即

$$\frac{\mathrm{d}P_e}{\mathrm{d}\theta}>0 \tag{5-38}$$

导数 $\dfrac{\mathrm{d}P_e}{\mathrm{d}\theta}$ 称为同步电机的整步功率系数或比整步功率 P_{syn}。对于隐极电机有

$$P_{syn}=\frac{\mathrm{d}P_e}{\mathrm{d}\theta}=m\frac{E_0U}{X_t}\cos\theta \tag{5-39}$$

对于凸极电机有

$$P_{syn}=\frac{\mathrm{d}P_e}{\mathrm{d}\theta}=m\frac{E_0}{X_d}\cos\theta+mU^2\left(\frac{1}{X_q}-\frac{1}{X_d}\right)\cos 2\theta \tag{5-40}$$

隐极电机的整步功率系数曲线示于图 5-38,由此可见隐极电机的稳定运行区是 $0°\leqslant\theta\leqslant 90°$,$\theta$ 值越小,P_{syn} 的数值越大,电机的稳定性越好;$\theta=90°$ 是静态稳定极限,这时的电磁功率正好是极限功率。为了供电的可靠性,发电机的额定运行点应当离稳定极限有一定的距离,使发电机的极限电磁功率保持着比额定电磁功率大一定的倍数,这个倍数称为静态过载倍数,用 k_m 表示。

$$k_m=\frac{P_{max}}{P_{eN}} \tag{5-41}$$

对于隐极电机有

$$k_m=\frac{1}{\sin\theta_N} \tag{5-42}$$

式中,θ_N 为额定运行时的功角。一般要求 $k_m>1.7$,因此最大允许的功角约为 $35°$,所以同步电机一般设计在 $\theta_N=25°\sim 35°$。

由于电磁转矩与电磁功率有 $T_e=\dfrac{P_e}{\Omega_1}$ 的关系,因此以上对电磁功率的讨论完全适用于电磁转矩。

5.3.3.2　无功功率的调节和 V 形曲线

当发电机带感性负载时,电枢反应具有去磁性质,此时为了维持发电机的端电压不变,必须增大励磁电流。可见,改变无功功率必须依赖于调节励磁电流。

考虑到电压 U 是恒定的,忽略电枢电阻 R_a,分析在一定的输出功率 P_2 下,调节励磁电流 I_f 时定子电流 I 的变化情况。有

$$P_e = \frac{mE_0U}{X_t}\sin\theta = 常数，即 E_0\sin\theta = 常数 \tag{5-43}$$

$$P_2 = mUI\cos\varphi = 常数，即 I\cos\varphi = 常数 \tag{5-44}$$

由于此时 $P_e = P_2$，故得

$$\frac{E_0\sin\theta}{X_t} = I\cos\varphi = 常数 \tag{5-45}$$

当调节励磁电流，使 E_0 发生变化时，发电机的定子电流和功率因数也随之变化。从图 5-39 可见，由于有功电流 $I\cos\varphi =$ 常数，定子电流 I 相量末端的变化轨迹是一条与电压相量 U 垂直的水平线 AB，又从式（5-45）可知 $E_0\sin\theta = IX_t\cos\varphi =$ 常数，故相量 E_0 末端的变化轨迹为一条与电压相量相平行的直线 CD。

在图 5-39 中画了四种不同情况下的相量图。

（1）E_{02} 较高，定子电流 $I = I_2$ 滞后于端电压，输出滞后无功功率，这时励磁电流也较大，称为"过励"状态。

（2）当励磁电动势减至 E_{01} 时，$\cos\varphi = 1$，定子电流 $I = I_1$ 最小，这种情况通常叫"正常励磁"。

（3）$E_0 = E_{03}$，$I = I_3$，这时发电机处于所谓"欠励"状态，依靠助磁的电枢反应来保持气隙磁场恒定，以满足 $U =$ 常数的要求。

（4）当 $E_0 = E_{04}$ 时，$\theta = 90°$，发电机已达到稳定运行的极限状态，进一步减少励磁电流已不能稳定运行。

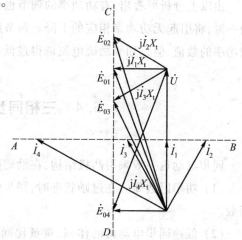

图 5-39 同步发电机无功功率的调节

由以上分析看出，在原动机功率不变时，改变励磁电流将引起电机无功电流的改变，随之定子电流 I 也将改变。当励磁电流等于"正常励磁"时，电流 I 数值最小，这时无论增大或减小励磁电流 I_f 都将使定子电流 I 增大。

在保持电网电压 U 和发电机输出有功功率 P_2 不变的条件下，改变励磁电流 I_f，测定对应的定子电流 I，得出两者之间的关系曲线 $I = f(I_f)$，见图 5-40，这条曲线称为同步发电机的 V 形曲线。对于每一个有功功率值都可作一条 V 形曲线，功率值越大，曲线越上移。每条曲线的最低点为对应 $\cos\varphi = 1$ 时的电枢电流 I，这点的电流最小，全为有功分量，此时励磁为"正常励磁"。将各曲线最低点连接起来得到一条 $\cos\varphi = 1$ 的曲线，在这条曲线的右方，发电机处于过励运行状态，功率因数是滞后的，发电机向电网输出滞后无功功率，而在这条曲线的左方，发电机处于欠励运行状态，功率因数是超前的，发电机从电网吸取滞后无功功率。V 形曲线左侧有一个不稳定区，对应于 $\theta > 90°$。由于欠励区域更靠近不稳定区，因此发电机一般不宜在欠励状态下运行。

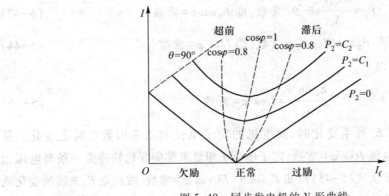

图 5-40　同步发电机的 V 形曲线

由以上分析可看出,有功功率的调节也会影响到无功功率的数值,在增大发电机的有功功率时,将引起无功功率相应的下降。调节励磁电流以改变无功功率时,虽然不影响电机有功功率的数值,但是如果励磁电流调得过低,则有可能使电机失去稳定而被迫停止运行。

5.4　三相同步电动机与调相机

同步电动机一般采用凸极结构,在励磁磁极面上装有起动绕组,其优点是:

(1)功率因数高。在过励状态时,同步电动机向电网送出感性无功功率,提高电网功率因数。

(2)低速同步电动机的体积、重量比同容量同转速的异步电机小。由于电动机的主要尺寸取决于额定视载功率 S_N,即 $S_N = \dfrac{P_N}{\eta_N \cos \varphi_N}$,所以大功率低转速的同步电动机的体积、重量比同功率同转速的异步电动机小。

(3)制造、安装、维护方便;气隙较大,同步电抗较小,过载能力强,静态稳定性较好。因此广泛用于不需要调速而功率又较大的场合,如空气压缩机、球磨机、鼓风机和水泵等,其容量达 $100 \sim 10 \times 10^6 \, \text{kW}$。

5.4.1　三相同步电动机的工作原理

逐步减少发电机的输入功率,转子将减速,θ 角和电磁功率也将减少;当 θ 减少到零时,发电机变为空载,其输入功率只能抵偿空载损耗。继续减少电机的输入功率,则 θ 和 P_e 变为负值,电机从电网吸取功率,和原动机一起提供驱动转矩来克服空载制动转矩,供给空载损耗。如果再拆去原动机,就变成了空转的同步电动机,则空载损耗全部由输入的电功率来供给。如果在电机轴上再加上机械负载,则负值的 θ 角和负值电磁功率 P_e 都将变大,主极磁场落后于气隙合成磁场,电磁转矩变为驱动转矩,电机作为电动机带负载运行,如图 5-41 所示。

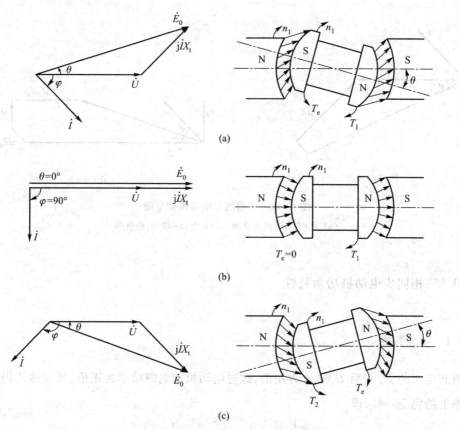

图 5-41　同步电机的过渡过程

（a）发电机　（b）过渡状态　（c）电动机

由此可见，当同步发电机变为电动机时，功角和相应的电磁转矩、电磁功率均由正值变为负值，电磁转矩由制动变为驱动。

5.4.2　三相同步电动机电动势平衡和相量图

图 5-41 中功率因数角 $\varphi > 90°$，表示电动机向电网输出负的有功功率，这样表示很不方便，改为从电网输入有功功率，把电流 $\dot{I}$ 的正方向规定的与之前相反，如图 5-42(a) 所示，这时 $\dot{U}$ 为外施电压，$\dot{I}$ 为由外施电压产生的输入电流，而 $\dot{E}_0$ 为反电动势。这样 φ 角由滞后于 $\dot{U}$ 变为超前于 $\dot{U}$，且 $\varphi < 90°$，于是功率因数 $\cos\varphi$、输入电功率 $mUI\cos\varphi$ 以及电磁功率均为正值。

隐极电动机的电动势方程为

$$\dot{U} = \dot{E}_0 + \dot{I}R_a + \dot{I}X_t \tag{5-46}$$

凸极电动机的电动势方程为

$$\dot{U} = \dot{E}_0 + \dot{I}R_a + \dot{I}_d X_d + \dot{I}_q X_q \tag{5-47}$$

相应的相量图如图 5-42(b) 所示。

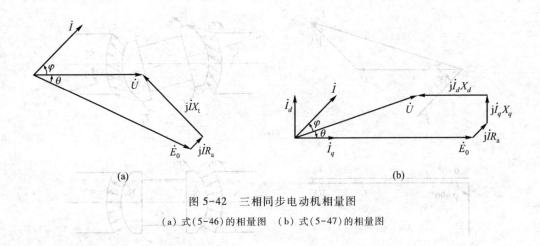

图 5-42   三相同步电动机相量图

(a) 式(5-46)的相量图   (b) 式(5-47)的相量图

5.4.3   三相同步电动机功角特性

5.4.3.1   功角特性

重新定义的 $\dot{E}_0$ 滞后 $\dot{U}$ 时, θ 为正值, 这时电动机的电磁功率为正值, 其表达式仍和发电机状态下的完全一样, 即

$$P_e = \frac{mE_0U}{X_d}\sin\theta + \frac{mU^2}{2}\left(\frac{1}{X_q} - \frac{1}{X_d}\right)\sin 2\theta \qquad (5-48)$$

上式除以转子角速度 Ω, 便得电动机的电磁转矩为

$$T_e = \frac{mE_0U}{\Omega X_d}\sin\theta + \frac{mU^2}{2\Omega}\left(\frac{1}{X_q} - \frac{1}{X_d}\right)\sin 2\theta \qquad (5-49)$$

凸极同步电动机的功角特性如图 5-43 所示。由电网输入的电功率 P_1, 除了很小部分消耗于定子铜损耗 p_{Cu1} 外, 大部分通过定、转子磁场的相互作用而转换为机械功率, 即电磁功率 P_e, 故

$$P_1 = p_{Cu1} + P_e \qquad (5-50)$$

电动机输出的机械功率 P_2 应比 P_e 略小, 因为补偿定子铁心内的铁心损耗 p_{Fe}、机械损耗 p_{mec} 和附加损耗 p_{ad} 所需的功率都要依靠转子上获得的机械功率来提供, 故

$$P_e = p_{Fe} + p_{mec} + p_{ad} + P_2 \qquad (5-51)$$

5.4.3.2   无功功率的调节

当同步电动机运行时, 从电网吸取的有功功率 P_1 的大小基本上由负载的制动转矩 T_2 来决定。当励磁电流不变时, 与发电机相似, 有功功率的改变将引起功角的改变。由向量图可知, 此时也必将引起电机无功功率的变化。图 5-44 表示接到无穷大电网的隐极同步电动机在输出功率恒定、改变励磁电流时的电动势相量图。

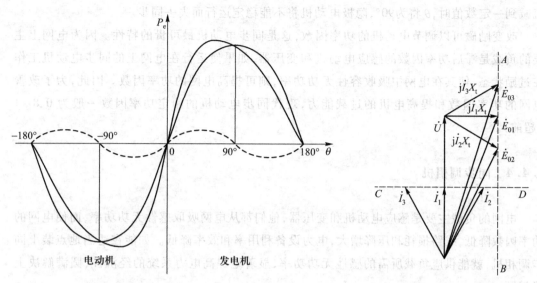

图 5-43 凸极同步电动机的功角特性　　　　图 5-44 同步电动机相量图

由于忽略了电机定子电阻,可认为 $P_1 = P_e$,故当电动机的负载转矩不变,即输出功率 P_2 不变时,如果不计改变励磁时定子铁心损耗和附加损耗的微弱变化,则电磁功率也保持不变,即

$$P_e = \frac{mE_0U}{X_1}\sin\theta = mUI\cos\varphi = 常数$$

也就是

$$E_0\sin\theta = 常数, I\cos\varphi = 常数$$

在励磁变化时,$\dot{E}_0$ 的端点将落在与 $\dot{U}$ 平行的垂直线 AB 上,$\dot{I}$ 的端点将落在水平线 CD 上,如图 5-44 所示。从图中可看出,正常励磁时,电动机的功率因数等于 1,电枢电流全部为有功电流,且数值最小。当励磁电流小于正常励磁,即欠励时,$\dot{E}_{02} < \dot{E}_{01}$,为保持气隙合成磁通近似不变,除有功电流外,电枢电流还将出现增磁的且滞后的无功电流分量。反之,当励磁电流大于正常励磁电流,即过励时,$\dot{E}_{03} > \dot{E}_{01}$,电枢电流中将出现一个超前的无功电流分量。

由分析可知,同步电动机在功率恒定而励磁电流变化时,曲线 $I = f(I_f)$ 仍旧状似 V 形,也称为同步电机的 V 形曲线。图 5-45 表示对应于三个不同电磁功率时的 V 形曲线,其中 $P_e = 0$ 的曲线对应于同步调相机的运行状态。

由于同步电动机的最大电磁功率与 E_0 成正比,当减小励磁电流时,它的过载能力也要降低,而对应的功角 θ 则增大。当励磁电

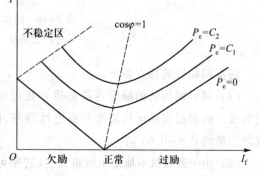

图 5-45 同步电动机 V 形曲线

流减到一定数值时, θ 将为90°, 隐极电动机将不能稳定运行而失去同步。

改变励磁可以调节电动机的功率因数, 这是同步电动机最可贵的特性。因为电网上主要的负载是滞后功率因数的感应电动机和变压器, 如果使运行在电网上的同步电动机工作在过励状态, 使其在电网中吸收容性无功功率, 则可提高电网的功率因数。因此, 为了改善电网的功率因数和提高电机的过载能力, 现代同步电动机的额定功率因数一般为 0.8 ~ 1 (超前)。

5.4.4 同步调相机

电网的负载主要是感应电动机和变压器, 他们都从电网吸取感性无功功率, 而使电网的功率因数降低, 线路损耗和压降增大, 电力设备利用率和效率降低。如能在适当地点装上同步调相机, 就能供应负载所需的感性无功功率, 显著地提高电力系统的经济性, 圆满解决上述问题。

同步调相机实际为不带机械负载的同步电动机。除供应本身损耗外, 它并不从电网吸收更多的有功功率, 因此同步调相机总是在接近于零电磁功率和零功率因数的情况下运行。

假如忽略调相机的全部损耗, 则电枢电流全是无功分量, 其电动势方程为 $\dot{U} = \dot{E}_0 + \dot{I}X_t$。图 5-46 为同步调相机过励和欠励时的相量图。从图可见, 过励时, 电流 $\dot{I}$ 超前 $\dot{U}$ 90°, 而欠励时, 电流 $\dot{I}$ 滞后 $\dot{U}$ 90°, 所以调相机在过励时相当于一台电容器, 而欠励时则为一个电抗器。只要调节励磁电流, 就能灵活地调节同步调相机无功功率的性质和大小。由于电力系统大多数情况下带感性无功功率, 调相机通常都是在过励状态下运行, 它的额定容量也指过励运行时的容量。只在电网基本空载时, 才让调相机在欠励下运行, 以保持电网电压的稳定。

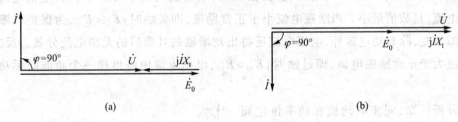

图 5-46   同步调相机相量图

(a) 过励时   (b) 欠励时

同步调相机的特点如下。

(1) 同步调相机的额定容量是指它在过励时的视在功率, 这时的励磁电流称为额定励磁电流。而根据实际运行需要和稳定性要求, 同步调相机在欠励运行时的容量只有过励运行时容量的 0.5 ~ 0.65 倍。

(2) 由于调相机不拖动机械负载, 其转轴可以细些, 静态过载倍数可以小些, 相应地可以减少气隙和励磁绕组的用铜量, 因此其直轴同步电抗 X_d 较大, 对应标幺值往往可达 2 以上。

（3）为了提高材料利用率,调相机多采用氢冷或双水内冷方式进行冷却。

*5.5 同步发电机的不正常运行

5.5.1 同步发电机的不对称运行

同步发电机不对称运行时,电枢电流和端电压都将出现不对称现象,使接到电网上的变压器和电动机运行情况变坏,效率降低,同时也给发电机本身以及电网带来一些不良后果,因此应对同步发电机不对称负载的程度有一定限制。国家标准规定:对不包括导体内部冷却的一般同步发电机,如果每相电流均不超过额定值,且凸极同步发电机的负序分量不超过额定电流的 8%,隐极同步发电机、凸极同步电动机或调相机不超过 10%,应能长期工作。

分析不对称运行的基本方法是对称分量法,就是将发电机不对称的三相电压、电流及其所建立的磁动势分解为正序、负序和零序分量,然后分别研究各相序电流、磁动势所产生的效果,再将它们叠加起来。实践证明,就基波而言,不计饱和时,所得结果基本正确。

5.5.1.1 同步发电机不对称运行时的各相序阻抗和等效电路

由于结构的对称性,三相同步发电机的励磁电动势显然是对称正序电动势,但如果其三相负载阻抗不等,则为不对称运行。这时可应用对称分量法,把负载端的不对称电压和电流看成是三组正序、负序和零序的对称电压和电流的叠加,如图 5-47 所示,即 $\dot{I}_A$、$\dot{I}_B$、$\dot{I}_C$ 都可看成是各对称分量之和。

$$\dot{I}_A = \dot{I}_{A+} + \dot{I}_{A-} + \dot{I}_{A0} = \dot{I}_+ + \dot{I}_- + \dot{I}_0$$
$$\dot{I}_B = \dot{I}_{B+} + \dot{I}_{B-} + \dot{I}_{B0} = \alpha^2 \dot{I}_+ + \alpha \dot{I}_- + \dot{I}_0 \qquad (5-52)$$
$$\dot{I}_C = \dot{I}_{C+} + \dot{I}_{C-} + \dot{I}_{C0} = \alpha \dot{I}_+ + \alpha^2 \dot{I}_- + \dot{I}_0$$

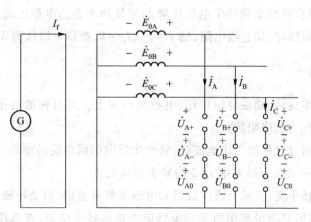

图 5-47 三相同步发电机不对称运行的电路图

式中, $\alpha = e^{j120°} = -\dfrac{1}{2} + j\dfrac{\sqrt{3}}{2}$。

每个相序的三个电流都将分别建立自己的气隙磁场和漏磁场。由于定子不同,相序电流所建立的磁场及其转子回路相交链的情况也不同,所以发电机对应于不同相序电流的阻抗是不一样的。设正序阻抗为 Z_+,负序阻抗为 Z_- 和零序阻抗为 Z_0。对 A 相来说,各相序的等效电路如图 5-48 所示,其电动势平衡方程为

$$
\begin{cases}
\dot{E}_{0A} = \dot{U}_{A+} + \dot{I}_{A+} Z_+ \\
0 = \dot{U}_{A-} + \dot{I}_{A-} Z_- \\
0 = \dot{U}_{A0} + \dot{I}_{A0} Z_0
\end{cases}
\tag{5-53}
$$

上面三式包含六个未知量,需要根据负载端情况再列出三个方程式才能求解。

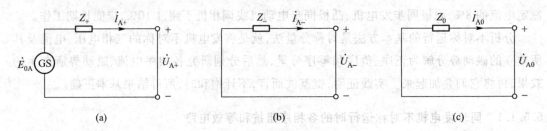

图 5-48　各相序的等效电路(A 相)

(a) 正序　(b) 负序　(c) 零序

5.5.1.2　正序阻抗

正序阻抗实质上就是讨论过的对称运行情况,所以在稳定状态下同步发电机的正序阻抗就是同步阻抗,对于隐极电机有

$$
Z_+ = R_+ + jX_+ = R_a + jX_t
\tag{5-54}
$$

对于凸极电机,要求根据具体给定条件先确定正转电枢磁动势与转子的相对位置,然后根据双反应理论,用直轴和交轴两个电抗压降的相量和来表达电枢电流总的电抗压降。在电机三相对称稳定短路时,如忽略电阻,则 $I_+ = I_{d+}$,$I_{q+} = 0$,所以可以认为 $X_+ \approx X_d$。

5.5.1.3　负序阻抗

当转子正向同步旋转、励磁绕组短路、电枢端点加上一组对称的负序电压时,负序电枢电流所遇到的阻抗称为负序阻抗。

当定子绕组中通过对称的负序电流时,将产生反向的同步旋转磁场,它对转子的相对速度等于 $2n_1$,相当于一台运行转差率 $s = 2$ 的异步感应电机。

由于同步电机转子交、直轴上绕组数目和电磁参数有差别,当负序磁场轴线和转子直轴重合时,励磁绕组和阻尼绕组都相当于异步感应电机的转子绕组,在忽略铁心损耗时,其等效电路如图 5-49(a) 所示。图中 X_σ、$X_{f\sigma}$、$X_{Dd\sigma}$ 分别表示定子绕组、励磁绕组和直轴阻尼绕组

的漏抗，R_a、R_f、R_{Dd} 为上述各绕组的电阻，所有的转子方面的参数都已折算到定子，但为简化起见，折算前、后的量采用同一符号表示。X_{ad} 是直轴电枢反应电抗，相当于感应电机的励磁电抗 X_m。

图 5-49 两图中 X_d 和 X_q 算出的电阻分量就是负序电阻，其数值甚小，常可忽略。

在忽略电阻后，由图 5-49（a）可得

$$X_{d-} = X_\sigma + \cfrac{1}{\cfrac{1}{X_{ad}} + \cfrac{1}{X_{f\sigma}} + \cfrac{1}{X_{Dd\sigma}}} = X_d'' \tag{5-55}$$

即 X_{d-} 恰等于直轴超瞬态电抗 X_d''。

如果直轴上没有阻尼绕组，则

$$X_{d-} = X_\sigma + \cfrac{1}{\cfrac{1}{X_{ad}} + \cfrac{1}{X_{f\sigma}}} = X_d' \tag{5-56}$$

即 X_{d-} 恰等于直轴瞬态电抗 X_d'。

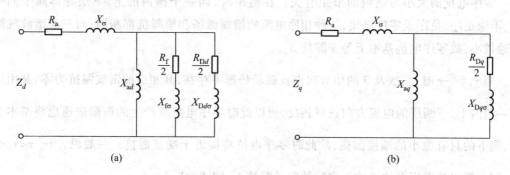

图 5-49 负序阻抗等效电路

（a）负序磁场轴线与转子直轴重合 （b）负序磁场轴线与转子交轴重合

当负序磁场轴线移到与转子交轴重合时，其等效电路如图 5-49（b）所示。图中 $X_{Dq\sigma}$、R_{Dq} 分别为交轴阻尼的漏抗和电阻，而 X_{aq} 为交轴电枢反应电抗。因交轴上通常没有励磁绕组，所以副边只有交轴阻尼绕组。当忽略电阻时，可得

$$X_{q-} = X_\sigma + \cfrac{1}{\cfrac{1}{X_{aq}} + \cfrac{1}{X_{Dq\sigma}}} = X_q'' \tag{5-57}$$

当交轴上没有阻尼绕组时

$$X_{q-} = X_\sigma + X_{aq} = X_q' = X_q \tag{5-58}$$

式中，X_q'' 和 X_q' 分别为交轴超瞬态电抗和交轴瞬态电抗。

负序电流产生漏抗磁通的情况与正序电流相似，所以负序漏抗仍取 X_σ。

由图 5-49 可见，不论直轴或交轴，其负序电抗都等于定子漏抗 X_σ 加上一个小于电枢反应电抗的等效电抗，所以负序电抗总小于同步电抗。从物理意义上来说，这是由于负序磁场在励磁绕组和阻尼绕组中感应的电流产生去磁作用造成的，使气隙中的合成负序磁场减小

很多。由此可见,负序电抗小于正序电抗。根据具体结构,在式(5-55)~式(5-58)中选用合适的公式,即可算出负序电抗为

$$X_- = \frac{1}{2}(X_{d-} + X_{q-}) \tag{5-59}$$

5.5.1.4 零序阻抗及其等效电路

当转子正向同步旋转、励磁绕组短接、电枢通过零序电流时,零序电枢电流所遇的阻抗称为零序阻抗。由于三相的零序电流的大小和相位完全相同,所以它们所建立的三个脉振磁动势在时间上同相位,在空间上彼此相差120°电角度,故其合成磁动势的基波为零。同理,零序电流所产生的合成磁动势的$(6k+1)$次谐波也皆为零。但零序电流在各相中产生的三次和3的倍数次谐波磁动势由于在时间上和空间上都同相位,其合成磁动势为单相磁动势的3倍。由于这些磁动势所产生磁场的磁极对数为$3p$或$3kp$,应归于谐波漏磁,故零序电抗实质上为一漏抗。

零序电抗的大小与绕组的节距有关。在整距时,同一个槽内的上、下层导体属于同一相,不论正序、负序或零序电流,三种相序电流的槽漏磁场和槽漏抗都相同,而三次谐波气隙磁通较小,故零序电抗基本上等于漏抗X_σ。

当$y_1 = \frac{2}{3}\tau$时,三次及3的倍数次谐波磁动势都不存在,其相应的谐波漏抗为零,又由于同一槽内上、下两层的电流方向正好相反,所以此时零序电抗所产生的槽漏磁通也将基本为零,剩下的只有微小的端接漏磁,故此时零序电抗将接近于端接漏抗。一般说,当$\frac{2}{3}\tau < y_1 < \tau$时,同一绕组的零序电抗总比正序时的定子漏抗小,即$X_0 < X_\sigma$。

由于零序电流基本上不产生气隙磁场,所以零序阻抗的大小与主磁路的饱和程度及转子结构无关。

5.5.2 稳态不对称短路分析

在同步发电机的短路故障中,常见的是一相对中性点短路和两相短路。为简化分析,均假定非短路相为空载,而短路都发生在电机出线端。

5.5.2.1 一相对中性点短路

一相对中性点短路一般是指单相对地短路,一相对地短路一般在发电机中性点接地时发生,如图5-50所示。假定A相发生短路而B、C相为空载。

根据假定,边界条件为

$$\begin{cases} \dot{U}_A = 0 \\ \dot{I}_B = \dot{I}_C = 0 \end{cases} \tag{5-60}$$

利用对称分量法,把电枢端点的不对称电压和电枢电流分解为正、负、零序三组对称的电压和电流,如图 5-51 所示,再由故障条件找出各相序电压和各相序电流间的约束关系,即可求出单相短路电流。

因 A 相短路,可知

$$\dot{U}_{A} = \dot{U}_{+} + \dot{U}_{-} + \dot{U}_{0} = 0 \tag{5-61}$$

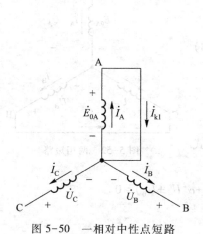

图 5-50 一相对中性点短路

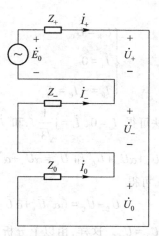

图 5-51 用相序等效电路来求解一相短路电路

由不对称分析可得

$$\dot{I}_{+} = \dot{I}_{-} = \dot{I}_{0} = \frac{1}{3}\dot{I}_{A} \tag{5-62}$$

由式(5-53)可得

$$\dot{E}_{0A} = \dot{E}_{0} = (\dot{U}_{+} + \dot{U}_{-} + \dot{U}_{0}) + \dot{I}_{+}Z_{+} + \dot{I}_{-}Z_{-} + \dot{I}_{0}Z_{0} \tag{5-63}$$

对照图 5-48 和式(5-61)~式(5-63),可将各相序的等效电路连接成图 5-51 所示的串联形式,并加以短接。于是,不难求出各相序电流和短路电流的基波为

$$\dot{I}_{+} = \dot{I}_{-} = \dot{I}_{0} = \frac{\dot{E}_{0}}{Z_{+} + Z_{-} + Z_{0}} \tag{5-64}$$

$$\dot{I}_{k1} = \dot{I}_{A} = \dot{I}_{+} + \dot{I}_{-} + \dot{I}_{0} = \frac{3\dot{E}_{0}}{Z_{+} + Z_{-} + Z_{0}} \tag{5-65}$$

忽略各相序电阻并对式(5-65)取绝对值,有

$$\dot{I}_{k1} = \dot{I}_{A} = \frac{3\dot{E}_{0}}{X_{+} + X_{-} + X_{0}} \tag{5-66}$$

还可以从各关系式求出三相的电压值,把式(5-64)和式(5-65)代入式(5-53)中,可得出 $\dot{U}_{A+}$、$\dot{U}_{A-}$、$\dot{U}_{A0}$ 的公式并由此导出 $\dot{U}_{B}$ 和 $\dot{U}_{C}$ 的公式,最后算出开路两相之间的线电压为

$$\dot{U}_{BC} = \dot{U}_{B} - \dot{U}_{C} = -j\dot{I}_{k1}\frac{Z_{0} + 2Z_{-}}{\sqrt{3}} \tag{5-67}$$

5.5.2.2 两相短路

两相短路有两相之间短路和两相对中性点短路两种情况,但前者较常见,下面只讨论这种情况。图 5-52 为 B、C 两相短路时的电路。此时边界条件为

$$\dot{U}_{BC} = \dot{U}_B - \dot{U}_C = 0$$

即

$$\begin{cases} \dot{U}_B = \dot{U}_C \\ \dot{I}_A = 0 \\ \dot{I}_B = -\dot{I}_C = \dot{I}_{k2} \end{cases} \quad (5\text{-}68)$$

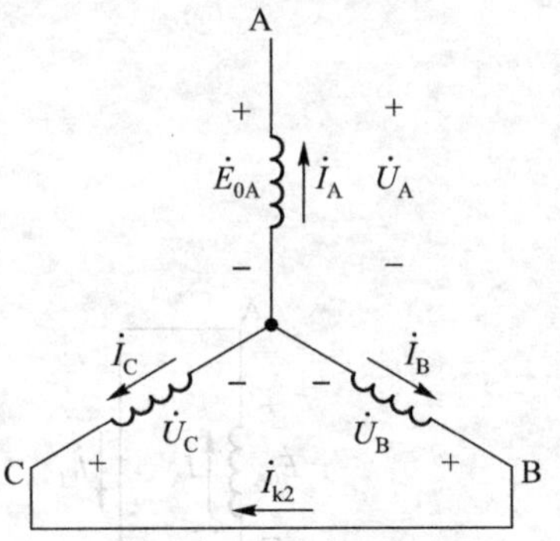

利用对称分量法可得 $\dot{I}_0 = 0$,$\dot{I}_+ = \mathrm{j}\dfrac{1}{\sqrt{3}}\dot{I}_B$ 和 $\dot{I}_- = -\mathrm{j}\dfrac{1}{\sqrt{3}}\dot{I}_C$。

将 $\dot{U}_B = \alpha^2\dot{U}_+ + \alpha\dot{U}_- + \dot{U}_0$ 和 $\dot{U}_C = \alpha\dot{U}_+ + \alpha^2\dot{U}_- + \dot{U}_0$ 代入式(5-68)第一式,可得

$$\dot{U}_B - \dot{U}_C = (\alpha^2\dot{U}_+ + \alpha\dot{U}_- + \dot{U}_0) - (\alpha\dot{U}_+ + \alpha^2\dot{U}_- + \dot{U}_0) = 0$$

由上式可求得 $\dot{U}_+ = \dot{U}_-$。这样,由以上分析可得

$$\dot{I}_0 = 0,\ \dot{I}_+ = -\dot{I}_-,\ \dot{U}_+ = \dot{U}_- \quad (5\text{-}69)$$

图 5-52 两相短路

对照图 5-48 和式(5-69)可见,正序和负序等效电路应该对接起来,如图 5-53 所示,可得

$$\dot{I}_+ = -\dot{I}_- = \frac{\dot{E}_0}{Z_+ + Z_-} \quad (5\text{-}70)$$

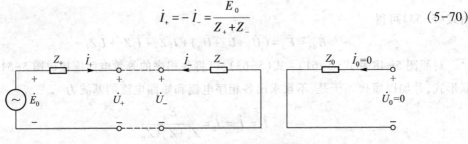

图 5-53 两相短路的正序和负序等效电路的对接

短路电流为

$$\dot{I}_B = -\dot{I}_C = -\mathrm{j}\sqrt{3}\,\dot{I}_+ = -\mathrm{j}\frac{\sqrt{3}\,\dot{E}_0}{Z_+ + Z_-} \quad (5\text{-}71)$$

如忽略各相序电阻并将式(5-71)取绝对值,可得

$$\dot{I}_{k2} = \dot{I}_B \approx \mathrm{j}\frac{\sqrt{3}\,\dot{E}_0}{X_+ + X_-} \quad (5\text{-}72)$$

稳态短路时,式(5-72)中的 X_+ 用 X_d 代入。

由于两相短路时定子磁场也是脉振的,故短路电流中亦将包含一系列奇次谐波。两相短路时,由于 $\dot{I}_0 = 0$,随之 $\dot{U}_0 = 0$,如图 5-53 所示,开路 A 相基波端电压为

$$\dot{U}_\mathrm{A} = \dot{U}_+ + \dot{U}_- = 2\dot{U}_- = -2\dot{I}_- Z_- = \dot{E}_0 \frac{2Z_-}{Z_+ + Z_-} \tag{5-73}$$

短路 B、C 相的基波相电压为

$$\dot{U}_\mathrm{B} = \dot{U}_\mathrm{C} = \alpha^2 \dot{U}_+ + \alpha \dot{U}_+ + \dot{U}_0 = -\dot{U}_- = -\dot{E}_0 \frac{Z_-}{Z_+ + Z_-} \tag{5-74}$$

比较式(5-73)、式(5-74)可见

$$\dot{U}_\mathrm{A} = -2\dot{U}_\mathrm{B} = -2\dot{U}_\mathrm{C} \tag{5-75}$$

从式(5-74)、式(5-75)和式(5-71)还可求出由开路 A 相到任一短路相的线电压为

$$\dot{U}_\mathrm{AC} = \dot{U}_\mathrm{AB} = \dot{U}_\mathrm{A} - \dot{U}_\mathrm{B} = \sqrt{3}\,\dot{E}_0 \frac{Z_-}{Z_+ + Z_-} = \mathrm{j}\sqrt{3}\,\dot{I}_{k2} Z_- \tag{5-76}$$

由式(5-74)~式(5-76)可见,三个电压 $\dot{U}_\mathrm{B}$、$\dot{U}_\mathrm{A}$、$\dot{U}_\mathrm{AB}$ 之间存在着简单的比例关系:

$$U_\mathrm{B} : U_\mathrm{A} : U_\mathrm{AB} = 1 : 2 : 3$$

5.5.2.3　不同稳定短路情况下短路电流的比较

当忽略电阻时,三相稳定短路电流的有效值为

$$\dot{I}_{k3} = \frac{\dot{E}_0}{X_d} = \frac{\dot{E}_0}{X_+} \tag{5-77}$$

由于同步电机中一般 X_+ 比 X_- 和 X_0 大得多,在忽略 X_- 和 X_0 后,由式(5-66)、式(5-72)和式(5-77)可知,当励磁电流相同时,不同稳定短路情况下短路电流值的近似关系为

$$I_{k1} : I_{k2} : I_{k3} = 3 : \sqrt{3} : 1$$

这表明在同一励磁电动势 E_0 下,单相稳定短路电流最大,两相短路次之,而三相短路最小。

5.5.3　同步发电机的三相忽然短路的物理过程

当发电机出线端发生故障短路时,电机便处于忽然短路的过渡过程中,这个过程虽然很短暂,但短路电流的峰值却可达到额定电流的 10 倍以上,因而在电机内产生很大的电磁力和电磁转矩,可能损坏定子绕组端部的绝缘并使转轴、机座发生有害的变形。

忽然短路后的过渡过程和最后的稳定短路有很大的差别。在三相对称稳定短路时,电枢磁场不会在转子绕组中感应出电动势和电流。但是忽然短路时,电枢电流和相应的电枢磁场幅值发生忽然变化,使定、转子绕组之间出现变压器作用,转子绕组中就感应出电动势和电流,此电流反过来又影响定子绕组中的电流,这就使忽然短路后的过渡过程变得十分复杂。

超导体闭合回路磁链守恒原理

图 5-54(a)为一没有能源的超导体闭合回路,设外磁极和它交链的磁链为 $\varPsi_0$。当外磁

极移开超导体闭合回路时,如图 5-54(b) 所示,由于 Ψ_0 变化,在该回路中感应出一电动势 e_0,即

$$e_0 = -\frac{\mathrm{d}\Psi_0}{\mathrm{d}t} \tag{5-78}$$

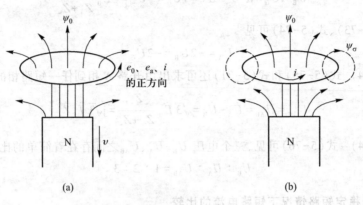

图 5-54   超导体闭合回路磁链守恒原理

(a) 磁极原来位置   (b) 磁极移动后

由于回路是闭合的,e_0 便在该回路中产生一短路电流 i,而 i 又产生一自感磁链 Ψ_a 和自感电动势 e_a,其值分别为

$$\Psi_a = L_a i_a \tag{5-79}$$

$$e_a = -\frac{\mathrm{d}\Psi_a}{\mathrm{d}t} \tag{5-80}$$

式中,L_a 为回路的自感。

由于回路的电阻为零,故得此时回路的电动势方程为

$$\sum e = e_0 + e_a = -\frac{\mathrm{d}\Psi_0}{\mathrm{d}t} - \frac{\mathrm{d}\Psi_a}{\mathrm{d}t} = iR = 0 \tag{5-81}$$

即

$$\frac{\mathrm{d}}{\mathrm{d}t}(\Psi_0 + \Psi_a) = 0$$

因此

$$\Psi_0 + \Psi_a = 常数 \tag{5-82}$$

由此看出,无论外磁场交链回路的磁链如何变化,由感应电流所产生磁链恰好抵消这种变化,此闭合回路的总磁链总是不变的,这就是超导体闭合回路的磁链守恒原理。

在非超导体回路中,由于 $R \neq 0$,回路中有一定的能量消耗,所以电流 i 及其所产生的磁链 ψ_a 将发生衰减。但在发生忽然短路的初始瞬间,由于磁链不能突变,仍可认为磁链守恒。

(1) 定子各相绕组的磁链。 假设在过渡过程中,电机转速保持为同步转速;电机磁路不饱和,可以利用叠加原理;忽然短路前发电机为空载运行,忽然短路发生在发电机的出线端;发生短路后,励磁系统的励磁电流 I_{f0} 保持不变。

图 5-55 为无阻尼绕组的同步发电机。设短路瞬间正好发生在 A 相轴线与转子轴线垂

直,其磁链初始值为 $\Psi_A(0)=0$ 时,此瞬间设定为 $t=0$,励磁电流 I_{f0} 产生的主磁通 Φ_0 在三相绕组上引起随时间按正弦规律变化的磁链 Ψ_{A0}、Ψ_{B0} 和 Ψ_{C0},其矢量图如图 5-56 所示。

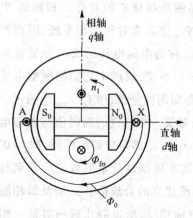

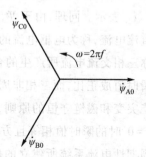

图 5-55　$\Psi_A(0)=0$ 三相忽然短路　　　　图 5-56　三相主磁链矢量图

三相主磁链的表达式为

$$\begin{cases} \Psi_{A0}=\Psi_0\sin\omega t \\ \Psi_{B0}=\Psi_0\sin(\omega t-120°) \\ \Psi_{C0}=\Psi_0\sin(\omega t-240°) \end{cases} \tag{5-83}$$

在刚短路瞬间,即 $t=0$ 时,三相磁链初始值分别为

$$\begin{cases} \Psi_A(0)=\Psi_0\sin 0°=0 \\ \Psi_B(0)=\Psi_0\sin(-120°)=-0.866\Psi_0 \\ \Psi_C(0)=\Psi_0\sin(-240°)=+0.866\Psi_0 \end{cases} \tag{5-84}$$

而励磁绕组的磁链初始值为

$$\Psi_f(0)=\Psi_0+\Psi_{f\sigma} \tag{5-85}$$

式中,$\Psi_{f\sigma}$ 为励磁绕组的漏磁链。

发生短路以后,如果电枢绕组是零电阻回路,各相绕组的磁链都应一直保持不变,即

$$\begin{cases} \Psi_{A0}+\Psi_{Ai}=0 \\ \Psi_{B0}+\Psi_{Bi}=-0.866\Psi_0 \\ \Psi_{C0}+\Psi_{Ci}=+0.866\Psi_0 \end{cases} \tag{5-86}$$

或

$$\begin{cases} \Psi_{Ai}=-\Psi_{A0}=-\Psi_0\sin\omega t \\ \Psi_{Bi}=-\Psi_{B0}-0.866\Psi_0=-\Psi_0\sin(\omega t-120°)-0.866\Psi_0 \\ \Psi_{Ci}=-\Psi_{C0}+0.866\Psi_0=-\Psi_0\sin(\omega t-240°)+0.866\Psi_0 \end{cases} \tag{5-87}$$

式中,Ψ_{Ai}、Ψ_{Bi} 和 Ψ_{Ci} 分别为电枢电流所产生的对 A 相、B 相和 C 相的磁链。

（2）定子各相绕组的电流。因为在短路前各相电流均为零,而电流是不能突变的,所以短路后的初始瞬间,即 $t=0^+$ 时,各相电流瞬时值仍应为零。

忽然短路时,电枢电流必须包含两个分量,这两个分量分别产生两个磁场:一个是旋转磁场,在三相绕组中建立交变磁链 $\Psi_{A\sim}$、$\Psi_{B\sim}$、$\Psi_{C\sim}$;另一个是静止磁场,在三相绕组中建立恒定磁链 Ψ_{Az}、Ψ_{Bz}、Ψ_{Cz}。由于 $\Psi_{A\sim}$、$\Psi_{B\sim}$、$\Psi_{C\sim}$ 分别与励磁磁场建立的对称三相磁链 Ψ_{A0}、Ψ_{B0}、Ψ_{C0} 互相平衡,即大小相等、方向相反,故 $\Psi_{A\sim}$、$\Psi_{B\sim}$、$\Psi_{C\sim}$ 也必为对称三相系统,因而产生它们的电枢电流是一个三相对称的频率为 f_1 的交流电流,称为电枢电流的交流分量或周期性分量,用 $i_{A\sim}$、$i_{B\sim}$、$i_{C\sim}$ 表示。同理,由于 Ψ_{Az}、Ψ_{Bz} 和 Ψ_{Cz} 恒定不变,故产生它们的电枢电流是一组方向不变的直流电流,称为电枢电流的直流分量或非周期性分量,用 i_{Az}、i_{Bz}、i_{Cz} 表示。

由于对称三相交流电流所产生的合成旋转磁场对某一相磁链的瞬时值与该相电流的周期性分量的瞬时值成正比,而三相非周期性电流 i_{Az}、i_{Bz} 和 i_{Cz} 满足短路后瞬间,即 $t=0^+$ 时各相绕组电流不能突变和磁链守恒的原则,而且每相电流非周期性分量的数值应分别与该相周期性分量在 $t=0^+$ 时的瞬时值相等且方向相反,它们所建立的合成静止磁场及每相漏磁场也应与该时刻周期性电流系统所建立的磁场相同而方向相反,所以静止磁场对某一相的恒定磁链也与该相电流的非周期性分量成正比。最后,虽然 $\Psi_{A\sim}$、$\Psi_{B\sim}$、$\Psi_{C\sim}$ 这一对称三相系统与 Ψ_{A0}、Ψ_{B0}、Ψ_{C0} 系统互相抵消,但由于三相非周期性电流建立了静止的气隙磁场和每相漏磁场作为补偿,使每相绕组的总磁链保持忽然短路瞬间的数值,从而实现了磁链守恒。

综上所述,磁链 $\Psi_{A\sim}$、$\Psi_{B\sim}$、$\Psi_{C\sim}$ 和 Ψ_{Az}、Ψ_{Bz}、Ψ_{Cz} 换以不同的比例尺后,分别代表忽然短路时定子各相电流的周期性分量 $i_{A\sim}$、$i_{B\sim}$、$i_{C\sim}$ 和非周期性分量 i_{Az}、i_{Bz}、i_{Cz}。

设各相电流周期性分量的幅值为 I'_m,则从式(5-87)可得

$$\begin{cases} i_{A\sim} = -I'_m \sin \omega t \\ i_{B\sim} = -I'_m \sin (\omega t - 120°) \\ i_{C\sim} = -I'_m \sin (\omega t - 240°) \end{cases} \tag{5-88}$$

和

$$\begin{cases} i_{Az} = -i_{A\sim}(0) = -I'_m \sin 0° = 0 \\ i_{Bz} = -i_{B\sim}(0) = -I'_m \sin (-120°) = -0.866 I'_m \\ i_{Cz} = -i_{C\sim}(0) = -I'_m \sin (-240°) = 0.866 I'_m \end{cases} \tag{5-89}$$

每相的合成电流为

$$\begin{cases} i_A = i_{A\sim} + i_{Az} \\ i_B = i_{B\sim} + i_{Bz} \\ i_C = i_{C\sim} + i_{Cz} \end{cases} \tag{5-90}$$

(3) 转子绕组的电流和磁链。 忽然短路时定子对称的周期性电流分量可将定子每相来自转子的励磁磁链完全抵消掉,故这一组电流必然产生一直轴去磁的同步旋转磁场,对转子绕组产生去磁作用的磁链 Ψ_{fad} 与稳定短路时一样。在短路初始瞬间,励磁绕组也是超导体回路,对于这一忽然出现的 Ψ_{fad},励磁绕组必须增加一个正的非周期性电流 Δi_{fz},产生磁链 $\Psi_{fz} = -\Psi_{fad}$,才能保持其磁链不变。同理,定子电流的非周期性分量所产生的静止磁场对转子是旋转的,将引起励磁绕组的交变磁链 $\Psi_{fa\sim}$,故励磁绕组还要再产生一个 50 Hz 的周期性

分量 $i_{f\sim}$ 来产生磁链 $\Psi_{f\sim} = -\Psi_{fa\sim}$ ，以保持磁链守恒。

转子总电流为

$$i_f = I_{f0} + \Delta i_{fz} + i_{f\sim} \tag{5-91}$$

励磁电流产生的总磁链为

$$\Psi_f = \Psi_f(0) + [\Psi_{fz} + \Psi_{f\sim}] = \Psi_f(0) + [\Psi_{fad} + \Psi_{fa\sim}] = \Psi_f(0) + \Psi_{fi} \tag{5-92}$$

式中，I_{f0} 和 $\Psi_f(0)$ 分别为原来的励磁电流及其磁链；$\Psi_{fz} = -\Psi_{fad}$，$\Psi_{f\sim} = -\Psi_{fa\sim}$，$\Psi_{fi} = \Psi_{fz} + \Psi_{f\sim}$ 为 Δi_{fz} 和 $i_{f\sim}$ 联合产生的磁链。

（4）电机总的磁场分布形象。图 5-55 为刚要短路时的电机磁场，由于磁场对称，只画出半边磁极，画很少磁通束。此时转子电流为 i_{f0}，定子三相电流均为零。

图 5-57（a）表示短路后已转过 90°电角度时的磁场。图中未绘出 $i_{f\sim}$ 与三相电枢电流非周期性分量所产生的静止气隙磁场和相对应的漏磁场。由图可见，电枢电流 $i_{A\sim}$ 产生电枢漏磁通 $\Phi'_{A\sigma}$，三相合成旋转磁动势与 Δi_{fz} 的磁动势联合产生去磁磁通 Φ'_{ad}，此外 Δi_{fz} 还产生漏磁通 $\Phi_{fz\sigma}$，使转子总漏磁通增为 $\Phi'_{f\sigma} = \Phi_{f\sigma} + \Phi_{fz\sigma}$。为保持定子绕组磁链不变，应满足 $\Phi_A = \Phi_0 + \Phi'_{ad} + \Phi'_{A\sigma} = 0$ 的关系，为保持转子磁链不变，应满足 $\Phi_{fz\sigma} = -\Phi'_{ad}$ 的关系。由此可将磁通 Φ'_{ad} 和 $\Phi_{fz\sigma}$ 合并，得到图 5-57（b）所示的不进入转子绕组而绕道而行的等效磁通 Φ'_{ad}。这样，由于 Δi_{fz} 抵制 Φ'_{ad} 的进入，保持了转子磁链守恒，而为了维持这一路径曲折且磁阻很大的磁通 Φ'_{ad}，进而保持定子磁链守恒，定子必须供给很大的周期性电流 I'_m。这就是三相忽然短路时电枢电流增大的根本原因。

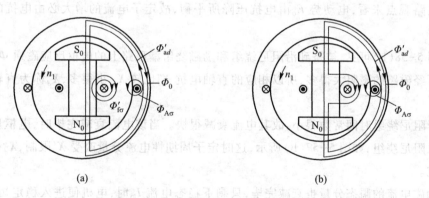

图 5-57　短路后已转过 90°电角度时的磁场
(a) 主极磁场、电枢反应磁场和漏磁场　(b) 等效磁场

（5）阻尼绕组对忽然短路过程的影响。如果转子上装有阻尼绕组，则在短路初瞬间阻尼绕组也要产生非周期性电流 i_{Dz}，它与 Δi_{fz} 产生各自的反向磁通来抵制直轴去磁磁通 Φ''_{ad} 的进入，如图 5-58（a）所示，最后得出沿这两个绕组边缘曲折前进的等效磁通 Φ''_{ad}，如图 5-58（b）所示。由于这条磁路的磁阻比对应于 Φ'_{ad} 磁路的磁阻还要大，所以此时定子周期性电流分量的幅值 I''_m 将比没有阻尼绕组时的 I'_m 值更大。由于 i_{Dz} 与 Δi_{fz} 共同抵制电枢反应磁通，所以现在 Δi_{fz} 的数值比无阻尼绕组时的小。同理，对于电枢电流非周期性分量，励磁绕组和阻尼绕组中还将感应出 50 Hz 的周期性电流 $i_{f\sim}$ 和 $i_{D\sim}$。上述分析只能决定各电流的初始值，由于每一绕组都

有电阻,磁链守恒无法维持下去,各电流都将以不同的时间常数衰减,最后达到各自的稳态值。

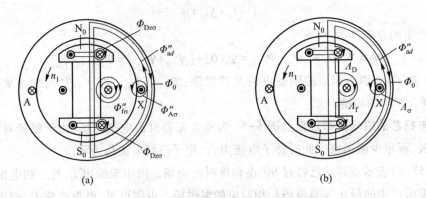

图 5-58   装有阻尼绕组短路时的磁场

(a) 主极磁场、电枢反应磁场和漏磁场   (b) 等效磁场

5.5.4   同步发电机的瞬态电抗和超瞬态电抗

5.5.4.1   瞬态和超瞬态电抗的物理意义

从电路观点来看,电动势 E_0 由电抗压降所平衡,故定子电流的增大必由电抗的变小而引起。

由图 5-58(b) 可见,被挤到沿阻尼绕组和励磁绕组漏磁路上的电枢反应磁通 Φ''_{ad} 比主磁极磁通所经磁路的磁阻大得多,所以相应的直轴电抗 X''_d 也较 X_d 小很多,X''_d 称为直轴超瞬态电抗。

由于阻尼绕组时间常数很小,故其电流衰减很快。当该电流衰减完毕时,电枢反应磁通便可穿入阻尼绕组,如图 5-57(b) 所示,这时定子周期性电流分量改受 X'_d 限制,X'_d 称为直轴瞬态电抗。

当励磁电流的瞬态分量也衰减完毕,只剩下稳态电流 I_{f0} 时,电机便进入稳定短路状态,此时定子电流受 X_d 限制。对应以上三种状态,定子周期性电流分量的初始值分别为

$$I''_m = \frac{\sqrt{2}\,E_0}{X''_d}, \quad I'_m = \frac{\sqrt{2}\,E_0}{X'_d}, \quad I_d = \frac{\sqrt{2}\,E_0}{X_d} \tag{5-93}$$

在图 5-58(a) 中,Φ_0 认为由 I_{f0} 产生,Φ''_{ad} 认为由定子三相电流交流分量所产生的直轴磁动势 F_{ad}、阻尼绕组非周期性电流 i_{Dz} 所产生的反磁动势 F_{Dz} 和励磁绕组非周期电流 Δi_{fz} 所产生的反磁动势 F_{fz} 共同产生,故有

$$F_{ad} - F_{Dz} - F_{fz} = \Phi''_{ad} R_{ad} \tag{5-94}$$

式中,R_{ad} 为对应稳定状态直轴磁路的磁阻。

为了维持磁链不变,F_{Dz} 和 F_{fz} 将各自产生与 Φ''_{ad} 同样大小的漏磁通,即 $\Phi_{Dz\sigma} = \Phi''_{ad}$ 和

$\varPhi_{f\sigma} = \varPhi''_{ad}$。设这两个漏磁路的磁阻之和为 R_D 和 R_f，则

$$F_{Dz} = \varPhi_{Dz\sigma} R_D = \varPhi''_{ad} R_D$$
$$F_{fz} = \varPhi_{fz\sigma} R_f = \varPhi''_{ad} R_f \tag{5-95}$$

把上式代入式(5-94)得

$$F_{ad} = \varPhi''_{ad}(R_{ad} + R_D + R_f) = \varPhi''_{ad} R''_{ad} \tag{5-96}$$

式中，R''_{ad} 为图 5-58(b)所示曲折磁路的磁阻。

$$R''_{ad} = R_{ad} + R_D + R_f \tag{5-97}$$

如果写成磁导的形式，可得

$$\varLambda''_{ad} = \frac{1}{R_{ad} + R_D + R_f} = \frac{1}{\dfrac{1}{\varLambda_{ad}} + \dfrac{1}{\varLambda_D} + \dfrac{1}{\varLambda_f}} \tag{5-98}$$

式中，$\varLambda_{ad}$、$\varLambda_D$ 和 $\varLambda_f$ 分别为与 R_{ad}、R_D 和 R_f 对应的磁导。考虑到定子漏磁通 $\varPhi_\sigma$ 与 $\varPhi''_{ad}$ 是并联的，故超瞬态状态下直轴电枢总磁导为

$$\varLambda''_d = \varLambda_\sigma + \varLambda''_{ad} = \varLambda_\sigma + \frac{1}{\dfrac{1}{\varLambda_{ad}} + \dfrac{1}{\varLambda_D} + \dfrac{1}{\varLambda_f}} \tag{5-99}$$

式中，$\varLambda_\sigma$ 为定子漏磁路的磁导。

由于电抗和磁导成正比，故得直轴超瞬态电抗 X''_d 为

$$X''_d = X_\sigma + \frac{1}{\dfrac{1}{X_{ad}} + \dfrac{1}{X_{Dd\sigma}} + \dfrac{1}{X_{f\sigma}}} \tag{5-100}$$

式中，$X_{Dd\sigma}$ 和 $X_{f\sigma}$ 分别为已折算到定子边的直轴阻尼绕组漏电抗和励磁绕组漏电抗。X''_d 可用一个类似于三绕组变压器的等效电路来表示，如图 5-59(a)所示。

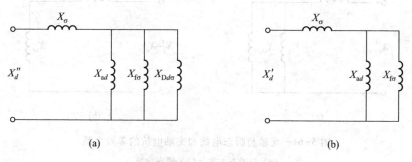

图 5-59 直轴超瞬态电抗和直轴电抗的等效电路

(a) 超瞬态电抗 (b) 瞬态电抗

如果转子上没有阻尼绕组，或者阻尼绕组中的电流已衰减完毕，那么图 5-59(a)中将减少 $X_{Dd\sigma}$ 这一条并联支路，此时的直轴电抗就是瞬态电抗 X'_d，如图 5-59(b)所示，与其对应的电枢反应磁通 $\varPhi'_{ad}$ 的路径如图 5-57(b)所示，故得

$$X'_d = X_\sigma + \cfrac{1}{\cfrac{1}{X_{ad}} + \cfrac{1}{X_{f\sigma}}} \qquad\qquad (5-101)$$

当励磁绕组中的非周期性电流 Δi_{fz} 衰减完毕时,相当于图 5-59(b) 中的 $X_{f\sigma}$ 支路也断开,这时定、转子间不再有变压器联系,等效电抗就是稳态运行时的直轴同步电抗 X_d,如图 5-60 所示。

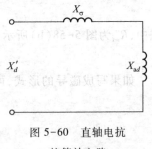

图 5-60　直轴电抗
的等效电路

由此可知设置阻尼绕组有好处,它提高了电机运行的稳定性,削弱了不对称运行时反向旋转磁场的不良影响。但是当阻尼绕组存在时,限制忽然短路电流的电抗 X''_d(有阻尼绕组)小于 X'_d(没有阻尼绕组)。当忽然短路发生在电枢端端点时,电流受电抗 X''_d(有阻尼绕组)或 X'_d(没有阻尼绕组)限制。如果对称忽然短路未发生在电枢端点,而是在电网上某处,则线路阻抗使电枢电流和电枢磁动势中不仅有直轴分量,还会有交轴分量。由于凸极同步电机的直轴和交轴磁阻不等,相应的瞬态和超瞬态电抗也不相等。交轴的瞬态电抗和超瞬态电抗以 X'_q 和 X''_q 表示。由于交轴没有励磁绕组,X''_q 的等效电路如图 5-61(a) 所示,可得

$$X''_q = X_\sigma + \cfrac{1}{\cfrac{1}{X_{aq}} + \cfrac{1}{X_{Dq\sigma}}} \qquad\qquad (5-102)$$

式中,$X_{Dq\sigma}$ 为已折算到定子边的交轴阻尼绕组的漏电抗。

如果交轴上没有阻尼绕组,或者交轴阻尼绕组中的电流已经衰减完毕,则图 5-61(a) 中应除去 $X_{Dq\sigma}$ 所在并联支路,变为图 5-61(b) 的电路,此时交轴瞬态电抗为

$$X'_q = X_\sigma + X_{aq} = X_q \qquad\qquad (5-103)$$

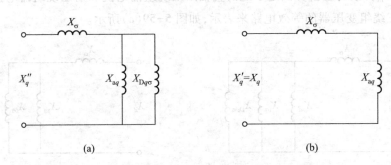

(a)　　　　　　　　　　　　(b)

图 5-61　交轴超瞬态电抗和交轴电抗的等效电路

(a) 超瞬态电抗　(b) 瞬态电抗

5.5.4.2　忽然短路电流及其衰减时间常数的计算

(1) 忽然短路电流各个分量的最大值。有阻尼绕组的同步电机,如果在 $\Psi_A(0) = 0$ 时发生三相忽然短路,定子周期性电流受 X''_d 限制,若不计定子电阻,有

$$i''_{A\sim} = -I''_m \sin \omega t = -\frac{E_{0m}}{X''_d} \sin \omega t$$

$$i''_{B\sim} = -\frac{E_{0m}}{X''_d} \sin (\omega t - 120°)$$

$$i''_{C\sim} = -\frac{E_{0m}}{X''_d} \sin (\omega t - 240°)$$

(5-104)

此组电流称为定子绕组的超瞬态短路电流。

相应地,各相非周期性电流的初始值应等于负的周期性电流的初始值,故得

$$i_{Az} = \frac{E_{0m}}{X''_d} \sin 0° = 0$$

$$i_{Bz} = \frac{E_{0m}}{X''_d} \sin (-120°) = -0.866 \frac{E_{0m}}{X''_d}$$

$$i_{Cz} = \frac{E_{0m}}{X''_d} \sin (-240°) = 0.866 \frac{E_{0m}}{X''_d}$$

(5-105)

同理,为了抵制定子周期性电流分量所产生的去磁电枢反应磁动势,在阻尼绕组和励磁绕组中必将感应出助磁方向的非周期性电流分量,它们分别为 i_{Dz} 和 Δi_{fz}。对于定子周期性电流分量 $i_{D\sim}$ 和 $i_{f\sim}$,其初始值应等于负的非周期性电流分量的初始值,以保持其电流不跃变,故得

$$i_{D\sim} = -i_{Dz} \cos \omega t$$

$$i_{f\sim} = -\Delta i_{fz} \cos \omega t$$

(5-106)

实际上各绕组都有电阻,而且阻尼绕组的电阻 R_D 最大,所以上述电流分量都要衰减,其中阻尼绕组中的非周期性电流分量很快衰减完毕,电枢反应磁通即将穿过阻尼绕组,这时定子周期性电流分量的幅值尚未衰减,应变为 $\frac{E_{0m}}{X'_d}$,因此若将此电流回溯到 $t=0$,可得

$$i'_{A\sim} = -I'_m \sin \omega t = -\frac{E_{0m}}{X'_d} \sin \omega t$$

$$i'_{B\sim} = -\frac{E_{0m}}{X'_d} \sin (\omega t - 120°)$$

$$i'_{C\sim} = -\frac{E_{0m}}{X'_d} \sin (\omega t - 240°)$$

(5-107)

此组电流称为定子绕组的瞬态短路电流。

如果转子上无阻尼绕组,上式即为忽然短路后定子周期性电流不考虑衰减时的表达式。

(2)忽然短路后各电流分量的衰减和时间常数。考虑到电流的衰减,定子三相忽然短路电流的周期性分量最后达到的稳态值为

$$i_{A\sim} = -I_m \sin \omega t = -\frac{E_{0m}}{X_d} \sin \omega t$$

$$i_{B\sim} = -\frac{E_{0m}}{X_d} \sin (\omega t - 120°) \qquad (5-108)$$

$$i_{C\sim} = -\frac{E_{0m}}{X_d} \sin (\omega t - 240°)$$

对照式(5-104)、式(5-107)和式(5-108),可见当不考虑衰减时,式(5-104)所示的电流可分解为三个分量:超瞬态分量 $I_m'' - I_m'$,它主要与阻尼绕组非周期性电流 i_{Dz} 相对应;瞬态分量 $I_m' - I_m$,它与励磁绕组非周期性电流 Δi_{fz} 相对应;稳态分量 I_m,它与励磁电流 i_{f0} 相对应。同理,式(5-105)表示的定子绕组非周期性电流则与阻尼绕组及励磁绕组的周期性电流 $i_{D\sim}$ 和 $i_{f\sim}$ 相对应。

实际电机中各绕组都有电阻,各个电流的非周期性分量和相应产生的另一侧绕组的周期性分量都要衰减。首先阻尼绕组的非周期性分量 i_{Dz} 很快衰减,引起对应的定子超瞬态分量衰减,其时间常数 T_d'' 称为阻尼绕组的时间常数。同理励磁绕组的非周期性分量 Δi_{fz} 中的瞬态分量 $\Delta i_{fz}'$ 与它对应的定子周期性电流的瞬态分量都以励磁绕组的时间常数 T_d' 来衰减。至于定子上的非周期性电流和与它对应的转子上的周期性电流 $i_{D\sim}$ 和 $i_{f\sim}$,则以同一个定子绕组的时间常数 T_a 来衰减。

忽然短路时定子三相电流的瞬时值表达式为

$$i_A = -\left[(I_m'' - I_m') e^{-\frac{t}{T_d''}} + (I_m' - I_m) e^{-\frac{t}{T_d'}} - I_m \right] \sin \omega t$$

$$i_B = -\left[(I_m'' - I_m') e^{-\frac{t}{T_d''}} + (I_m' - I_m) e^{-\frac{t}{T_d'}} - I_m \right] \sin (\omega t - 120°) + I_m'' e^{-\frac{t}{T_a}} \sin (\omega t - 120°) \qquad (5-109)$$

$$i_C = -\left[(I_m'' - I_m') e^{-\frac{t}{T_d''}} + (I_m' - I_m) e^{-\frac{t}{T_d'}} - I_m \right] \sin (\omega t - 240°) + I_m'' e^{-\frac{t}{T_a}} \sin (\omega t - 240°)$$

上式中 A 相电流的变化波形如图 5-62 所示,其中外层的高度为超瞬态分量,表示装设阻尼绕组后的影响,如果没有阻尼绕组,则此电流包络线的起始值为 I_m',小于 I_m''。外层以内、稳态分量(水平虚线)以外的部分为瞬态分量,表示励磁绕组的影响。

由式(5-109)可见,发生短路的时刻不同,非周期性电流的初始值就不同。如果在某相绕组交链的主磁极为正最大值时发生忽然短路,则此电流的数值可达 I_m'',而此时周期性电流的初始值为 $-I_m''$,在半个周期后,当周期性电流到达正的幅值时,该相总电流即达最大值。当不考虑定子电流衰减时,此最大冲击电流为 $2I_m''$。如考虑衰减,则减为 kI_m'',式中 k 称为冲击系数,一般为 1.8~1.9。通常,最大冲击电流 $i_{m\max}''$ 不应大于 $15\sqrt{2} I_N$。

定子非周期性电流的衰减时间常数由定子绕组的电阻和与定子非周期性电流所建立的静止气隙磁通相对应的等效电感来确定。由于此磁场是静止的,而转子在旋转,因此其磁通交替地经过直轴和交轴而闭合,于是定子绕组对应于该磁通的电抗时而是 X_d'',时而是 X_q'',一般取其算术平均值 $\frac{1}{2}(X_d'' + X_q'') = X_-$,$X_-$ 为负序电抗。故定子非周期性电流衰减的时间常数为

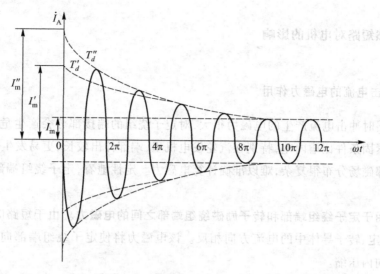

图 5-62　装设阻尼绕组的同步发电机在 $\Psi_A(0)=0$ 时定子三相忽然短路电流波形

$$T_a = \frac{L_a}{R_a} = \frac{X_-}{\omega R_a} \tag{5-110}$$

阻尼绕组中的周期性电流 i_{D-} 是由定子绕组的非周期性电流感应出来的,因此它和定子非周期性电流一起按同一时间常数 T_a 衰减。

阻尼绕组中的非周期性电流 i_{Dz} 应按阻尼绕组的时间常数 T_d'' 衰减,其值为

$$T_d'' = \frac{L_{Dd}}{R_{Dd}} = \frac{X_{Dd}''}{\omega R_{Dd}} \tag{5-111}$$

式中,R_{Dd} 是直轴阻尼绕组的电阻;X_{Dd}'' 是考虑阻尼绕组与定子绕组、励磁绕组之间的磁耦合作用后的等效电抗。

励磁绕组电流包含三个分量:外电源供给的恒定电流 i_{f0}、瞬态电流的非周期性分量 Δi_{fz} 和周期性分量 i_{f-}。当存在阻尼绕组时,Δi_{fz} 的数值将比无阻尼绕组时的 $\Delta i_{fz}'$ 小,这是因为在短路开始阶段,阻尼绕组的非周期电流 i_{Dz} 和它联合抵制定子周期性电流分量所生的去磁作用,用以维持磁链守恒。

由于阻尼绕组的时间常数 T_d'' 很小,电机由超瞬态状态很快进入瞬态状态,这时励磁绕组中非周期性电流分量基本上还未衰减。为使分析简单,计算励磁绕组的时间常数时,可不考虑阻尼绕组的影响,只考虑定子绕组的影响,此时励磁绕组中非周期性电流建立的磁通 Φ_{fd}' 被挤到沿定子漏磁通的路径闭合。

于是励磁绕组的时间常数为

$$T_d' = \frac{L_f'}{R_f} = T_f \frac{X_d'}{X_d} \tag{5-112}$$

式中,R_f 是励磁绕组的电阻;T_f 是励磁绕组自感所对应的时间常数。

5.5.5　忽然短路对电机的影响

5.5.5.1　冲击电流的电磁力作用

忽然短路时冲击电流产生的电磁力很大,对定子绕组的端接部分会产生危险的应力,由于端接部分紧固条件比槽内差,特别在汽轮发电机里,端部伸出较长,更易发生损伤。

由于端部磁场分布很复杂,难以准确计算电磁力。定性地看,定子绕组端部受到以下几种力的作用。

(1) 作用于定子绕组端部和转子励磁绕组端部之间的电磁力。由于短路时电枢磁动势是去磁的,故定、转子导体中的电流方向相反。该电磁力将使定子绕组端部向外胀开,使励磁绕组端部向内压缩。

(2) 定子绕组端部与定子铁心之间的吸力。此吸力是由定子绕组端部电流建立的漏磁路沿铁心(或压板)端面闭合而引起的,它可用镜像法求得。

(3) 作用于定子绕组各相邻端部导体之间的力。若相邻导体中电流方向相反,则产生斥力,若电流方向相同,则产生吸力。

以上这些力的作用都是使定子绕组端部弯曲,如果端部紧固不良,则在发生忽然短路时就可能受到损伤。

5.5.5.2　忽然短路时的电磁转矩

在忽然短路时,气隙磁场变化不大,而定子电流却增长很多,因此将产生巨大的电磁转矩。该电磁转矩可以分为两大类,即单向制动转矩和交变转矩。

单向制动转矩的产生是因为定、转子绕组都有电阻。转子非周期性电流所生磁场与定子周期性电流所生电枢反应磁场在空间上同步旋转,当定子绕组中有电阻时,这两个磁场的轴线不重合,它们之间将产生一个方向不变的制动转矩,以产生电功率供给定子铜损耗。同理,由于转子也有电阻,定子非周期性电流所生静止磁场和转子周期性电流所生磁场的轴线也不重合,因此也产生单向制动转矩。

交变转矩是由定子非周期性电流所生静止磁场与转子非周期性电流所生旋转磁场之间相互作用引起的,其方向每经过半个周期就改变一次,轮换为制动的和驱动的转矩。

最严重的情况发生在不对称忽然短路的初期,电磁转矩可能达到额定转矩的 10 倍以上,然后很快衰减下来,因此在设计电机转轴、机座和底脚螺钉等构件时,必须加以考虑。

────────────────────　**本 章 小 结**　────────────────────

同步电机的基本特点是电枢电流的频率与转速之间的严格关系,另一个结构特点就是基本采用旋转磁极式。

本章着重介绍同步电机的基本类型和结构,汽轮发电机由于转速高、容量大等特点,因此必须采用隐极结构,且转子直径不能太大,各零部件机械强度要求高。水轮发电机由于水轮机多为立式低转速的,因此一般采用立式凸极结构,且磁极数很多,体积较大。一般的同步电动机多数为卧式凸极结构,同步调相机采用高速隐极结构。同步电机往往为大型电机,其发热问题比较突出,励磁方式也比较复杂,因此本章还简要介绍了同步电机的冷却和励磁方式。

在分析同步发电机内部的物理过程时,电枢反应的性质主要取决于 $\dot{E}_0$ 与 $\dot{I}$ 的夹角 ψ 的数值。当 $\psi = 0°$ 时,电枢磁动势在交轴方向,使气隙磁场轴线逆发电机转向位移一个角度,而当 $\psi = \pm 90°$ 时,电枢磁动势在直轴方向,使气隙磁场削弱或增强。一般在滞后负载运行情况下,电枢磁动势具有两个分量 F_{ad} 和 F_{aq},其中 F_{aq} 在交轴方向产生交轴电枢反应,F_{ad} 在直轴方向产生去磁的直轴电枢反应。

在分析同步发电机的电磁时,矢量图具有特别重要的意义。在绘制矢量图时,首先要研究电枢磁动势的作用。在不考虑饱和时,可认为各个磁动势分别产生磁通及感应电动势,并由此作出电动势矢量图;在考虑饱和时,则必须先将磁动势叠加,求出气隙合成磁动势,再来确定相应的磁动势和电动势,并作出电动势-磁动势矢量图。绘制时-空矢量图时,必须把各相的时轴取在各相的相轴上,使时轴和相轴重合,这样电枢电流 $\dot{I}$ 相量即和电枢磁动势 F_a 空间矢量重合,相量 $\dot{I}$、$\dot{\Phi}$ 和空间矢量 F、B_a 之间相互演化。

隐极同步电机气隙均匀,可用同步电抗来表征电枢反应和漏磁所产生的效果。凸极同步发电机气隙不均匀,同样大小的电枢作用在交轴或直轴上时,采用双反应理论把 F_a 分解为 F_{ad} 和 F_{aq} 两个分量,分别研究它们产生的磁场和感应电动势。对于凸极电机可推导出 X_d 和 X_q 两个同步电抗,它们分别表征直轴和交轴电流所产生的电枢总磁场的效果。

在讲述同步发电机的运行特性和参数测定时,主要介绍了正常运行时的外特性和调整特性。外特性说明负载变化而不调节励磁时电压的变化情况,调整特性则说明负载变化时,为保持电压恒定,励磁电流的调整规律。其他特性,如空载特性、短路特性、零功率因数负载特性等则主要用于测量电机参数。

表征同步发电机稳定运行性能的主要数据和参数有短路比、直轴和交轴同步电抗、漏电抗。短路比是表征发电机静态稳定度的一个重要数据,而各个电抗参数则作为定量分析电机稳定运行状态的有用工具。

在讲述同步发电机并网运行的原理及基本操作时,主要分析了投入并联的条件和方法。重点介绍了准确同步法和自同步法。

在无穷大电网上,由于 U =常数,f =常数,并联后可通过调节原动机阀门,对有功功率进行调节;通过改变励磁电流,对无功功率进行调节。调节时的内部过程通过电动势相量图或功角特性来说明,前者为 θ 角变化,而后者为 E_0 和 θ 角的同时变化。

本章还研究了同步电动机的原理,它是从同步发电机的原理引申出来的,其区别仅在于同步发电机是向电网输送有功功率,而同步电动机则是从电网吸取有功功率。忽略定子绕组电阻时,同步电机的电磁功率决定于功角 θ。若采用发电机惯例,$\theta > 0°$ 时是发电机的运行状态;$\theta<0°$时是电动机的运行状态;而 $\theta=0°$时为调相机运行状态。

同步电动机最突出的优点是功率因数可以根据需要在一定范围内调节。当不计凸极效应时,它的最大转矩和电网电压成正比。当电网电压下降时,同步电动机过载能力的减低不太显著。但同步电动机价格较贵,起动也比较复杂。

同步调相机作为无功功率电源,对改善电网功率因数、保持电压稳定起很大作用。

本章还讲述了如何应用对称分量法分析三相同步发电机的不对称运行。根据各相序的基本方程和不对称运行在负载端的边界条件解出电压、电流的各相序分量,然后应用叠加原理求出各相序电压和电流。

正序阻抗是对称运行时的同步阻抗,负载阻抗比较复杂。在一定的定子负序磁动势下,由于转子感应电流起着削弱负序磁场的作用,定子绕组中的负序感应电动势减小,使得 X_- 比 X_+ 小。零序电流不建立基波气隙磁通,故零序电抗 X_0 的性质是漏电抗,而且零序电流所引起的漏抗电动势一般比正序的小,结果是 $X_0<X_\sigma$。由于 X_- 和 X_0 都比 X_+ 小,所以一相对中性点或两相稳定短路时的短路电流都比三相短路电流大。

忽然短路时,利用超导体闭合回路磁链守恒原理,励磁绕组和阻尼绕组保持磁链不变,感应出对电枢反应磁通起抵制作用的电流,使电枢反应磁通被挤到励磁绕组和阻尼绕组的漏磁路上去,其磁路的磁阻比稳态运行时主磁路的磁阻大了很多,即磁导要小很多,故 X_d''、X_d' 比 X_d 小得多,进而使忽然短路电流比稳定短路电流大很多倍。

忽然短路时,虽然三相合成磁动势的基波仍以同步转速旋转,但因它的忽然出现,使转子各绕组中感应出电流。定、转子忽然短路电流都可以分解为周期性电流和非周期性电流两部分,其中定子周期性电流和转子非周期性电流相对应,定子非周期性电流和转子周期性电流相对应。

定子周期性电流又可分成三个分量,其中超瞬态分量的起始幅值$\left(\dfrac{E_{0m}}{X_d''}-\dfrac{E_{0m}}{X_d'}\right)$以阻尼绕组时间常数 T_d'' 衰减,瞬态分量的起始幅值$\left(\dfrac{E_{0m}}{X_d'}-\dfrac{E_{0m}}{X_d}\right)$以励磁绕组时间常数 T_d' 衰减,稳定分量的幅值$\dfrac{E_{0m}}{X_d}$不变。

定子的非周期性电流可根据电流不能跃变的原则来确定;如果发电机在空载情况下发生忽然短路,在 $t=0$ 时,定子非周期性电流与周期性电流的初始值大小相等、方向相反,以时间常数 T_a 衰减。由于忽然短路电流很大,一般可达额定电流的 $10\sim15$ 倍,常产生很大的电磁力和电磁转矩。

习　题

5-1　什么是同步电机? 磁极数如何决定同步电机的转速? 75 r/min、50 Hz 的电机有

几极?

5-2   汽轮发电机和水轮发电机的主要特点是什么?为什么具有这样的特点?

5-3   汽轮发电机的护环和中心环起何作用?水轮发电机的推力轴承起何作用?为什么它们都是很重要的部件?

5-4   悬式和伞式发电机各有何优缺点?

5-5   为什么水轮发电机要采用阻尼绕组,而汽轮机可以不用?

5-6   试比较同步发电机各种励磁方式的优缺点及其适用范围。

5-7   三相同步电机与异步电机在结构上有哪些不同?隐极和凸极同步电机各有哪些特点?

5-8   同步发电机的电枢反应主要取决于什么?在下列情况下,电枢反应是助磁还是去磁?(1)三相对称电阻负载;(2)纯容性负载;(3)纯感性负载。

5-9   三相同步电机有几种运行状态?如何区别其运行状态?

5-10   什么是双反应理论?分析凸极和隐极同步发电机的内部电磁过程有何不同。

5-11   说明交轴和直轴同步电抗的意义。为什么同步电抗的数值一般较大,不可能做得很小?请分析下面几种情况对同步电抗有何影响。(1)电枢绕组匝数增加;(2)铁心饱和程度提高;(3)气隙加大;(4)励磁绕组匝数增加。

5-12   为什么在正常运行时应采用饱和值 X_d,而在短路时却采用不饱和值?

5-13   什么是短路比?它和同步电抗有何关系?它与电机性能有何关系?它与电机制造成本有何关系?

5-14   说明三相同步发电机投入并联的条件。为什么要满足这些条件?怎样检验条件是否满足?

5-15   功角的含义是什么?改变功角时,有功功率如何变化?无功功率如何变化?为什么?

5-16   当发电机与无穷大电网并联运行时,如何做无功功率调节?功率因数 $\cos \varphi$ 由什么决定?功率因数 $\cos \varphi$ 与负载性质有关吗?为什么?

5-17   同步电动机与异步电动机有哪些不同?各有何优缺点?同步电动机是如何起动的?

5-18   同步补偿机的工作原理是什么?起何作用?

5-19   同步发电机不对称运行时,为什么负序电抗比正序电抗小,而零序电抗比负序电抗小?

5-20   同步发电机发生忽然短路时,短路电流中为什么会出现非周期性分量?什么情况下非周期分量最大?

5-21   一台三相同步发电机,$S_N = 10 \text{ kV} \cdot \text{A}$,$U_N = 400 \text{ V}$,Y 联结,$\cos \varphi_N = 0.8$(滞后)。试计算额定电流 I_N、额定有功功率 P_N 和无功功率 Q_N。

5-22   一台汽轮发电机,$P_N = 2\,500 \text{ kW}$,$U_N = 10.5 \text{ kV}$,$\cos \varphi_N = 0.8$(滞后),Y 联结,同步电抗 $X_t = 7.52 \text{ }\Omega$,电枢电阻可略去不计,每相励磁电动势 $\dot{E}_0 = 7\,520 \text{ V}$,试计算下列几种负载

下的电枢电流,并说明电枢反应的性质。

(1) 相值为 7.52 Ω 的三相平衡纯电阻负载;

(2) 相值为 7.52 Ω 的三相平衡纯电感负载;

(3) 相值为 15.04 Ω 的三相平衡纯电容负载;

(4) 相值为 (7.52-j7.52) Ω 的三相平衡电阻电容负载。

5-23   有一水轮发电机,电枢绕组 Y 联结,每相额定电压 $U_{\varphi N} = 230$ V,每相额定电压 $I_{\varphi N} = 9.06$ A,额定功率因数 $\cos\varphi_N = 0.8$(滞后)。已知该电机运行在额定状态下,每相额定励磁电动势 $\dot{E}_0 = 410$ V,内功率因数角 $\psi = 60°$,电枢电阻可略去不计,试计算 I_d, I_q, X_d 和 X_q。

5-24   一台汽轮发电机,$P_N = 72\ 500$ kW,$U_N = 10.5$ kV,$\cos\varphi_N = 0.8$(滞后),$X_t^* = 2.13$,电枢电阻可略去不计,试计算额定负载下发电机的励磁电动势 $\dot{E}_0$ 和 $\dot{E}_0$ 与 $\dot{I}$ 的夹角 ψ。

5-25   有一台水轮发电机,$P_N = 72\ 500$ kW,$U_N = 10.5$ kV,$\cos\varphi_N = 0.8$(滞后),$R_a^* = 0$,$X_d^* = 1$,$X_q^* = 0.554$,试计算额定负载下发电机的励磁电动势 $\dot{E}_0$ 和 $\dot{E}_0$ 与 $\dot{U}$ 的夹角。

5-26   有一台 1 500 kW 三相水轮发电机,额定电压为 6.3 kV,额定功率因数 $\cos\varphi_N = 0.8$(滞后),$X_d = 21.2$ Ω,$X_q = 13.7$ Ω,电枢电阻可略去不计,试绘出矢量图并计算发电机额定运行状态时的励磁电动势。

5-27   一台汽轮三相发电机,$P_N = 12\ 000$ kW,$U_N = 6.3$ kV,电枢绕组 Y 联结,$\cos\varphi = 0.8$(滞后),$X_t = 4.5$ Ω。该发电机并网运行,输出频率 $f = 50$ Hz 时,试求:(1) 每相励磁电动势 E_0;(2) 额定运行时的功角 δ_N;(3) 最大电磁功率 P_{max};(4) 过载能力 k_m。

5-28   一台凸极三相发电机,$U_N = 400$ kV,每相励磁电动势 $E_0 = 370$ V,电枢绕组 Y 联结,每相直轴同步电抗 $X_d = 3.5$ Ω,交轴同步电抗 $X_q = 2.4$ Ω。该发电机并网运行,试求:(1) 额定运行功角 $\delta_N = 24°$ 时,向电网输出的有功功率;(2) 向电网输出的最大电磁功率 P_{max};(3) 过载能力 k_m。

5-29   某工厂电源电压为 6 kV,内部使用了多台异步电动机,其总功率为 1 500 kW,平均效率为 70%,功率因数 $\cos\varphi = 0.8$(滞后)。工厂欲新添一台 400 kW 的设备,计划采用运行于过励状态的同步电动机拖动,补偿工厂的功率因数到 1。试求同步电动机的容量和功率因数?

5-30   同步发电机各相序电抗为 $X_+^* = 1.871$,$X_-^* = 0.219$,$X_0^* = 0.069$,其单相稳定短路电流为三相稳态短路电流的多少倍?

*第6章

控制电机

【本章要点】

本章介绍几种常用控制电机的工作原理、结构和类型。

本章为选学内容,旨在让学生了解常用控制电机的工作原理、结构和类型。

电力拖动控制系统是电气和机械相结合的自动控制系统,除了用于基本交、直流电机的能量转换外,还用于具有检测、放大和执行功能的各种小功率控制电机。控制电机的主要任务是转换和传递控制信号,在自动控制系统中作为检测、比较、放大和执行元件。控制电机所遵循的电磁规律以及电磁反应过程,与一般旋转电机没有什么本质上的区别。一般旋转电机的作用是完成能量转换,只要求具有较高的能量性能指标;控制电机的主要任务是完成控制信号的传递和转换,它的工作性质和任务要求其具有精度高、灵敏度高、稳定性高、体积小、重量轻、耗电量少等特点。从原理上看,由于控制电机的应用场合不同,决定了其功率比较小,应用非常广泛。目前,已生产、使用和研制的控制电机数量不断增加,品种规格繁多,例如用于工业上的机床仿形加工、程序控制、加工设备的自动控制以及各种自动仪表;计算机外围设备、工业机器人;应用于军事上的雷达装置自动跟踪、火炮自动瞄准、飞机自动导航等。

6.1 自控式同步电动机

自控式同步电动机是频率闭环控制的同步电动机,是由电源、同步电动机、变频器、磁极位置检测器和控制装置组成的电机调速系统,如图6-1所示。这种结构简单,且维护方便。由于自控式同步电动机可以调节转速,其调速性能和直流电动机相似,较为理想,而且不需要直流电机的机械式换向器,所以又称为无换向器电动机或无整流子电动机。如果用永磁体励磁,制成无刷结构,自控式同步电动机的优点将更为突出。自控式同步电动机集交、直流电动机的优点于一体,它的问世是电力电子技术飞速发展的产物,是电力电子学与电动机互相交叉、互相渗透的结果,标志着自控电机学科发展的方向,也为电动机向高速化、大容量发展开辟了道路。

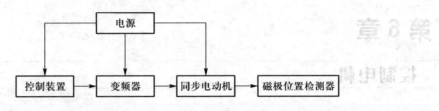

图6-1 自控式同步电动机的调速系统组成

6.1.1 交直交系统的自控式同步电动机

交直交系统的自控式同步电动机示意图如图6-2所示,该系统又称自控式同步电动机交直交系统。这个系统主要由同步电动机、变频器、位置检测器以及控制线路等组成。变频器主电路由晶闸管整流桥、逆变桥和平波电感组成。整流桥的作用是把50 Hz交流电经可控整流变成直流电,再经晶闸管组成的逆变桥变成频率可调的交流电,供给同步电动机电枢绕组,实现变频调速。整流桥实质上是一个频率自控同步电动机的调速系统。逆变桥用反电动势换流,结构简单,晶闸管较少,控制方便;可实现无级调速,调速范围为10∶1;能适应恶劣环境,用于大电容、高电压和高转速调速系统中优点较为突出。在低速运行时,逆变桥采用断续换流,性能不好,过载能力也小。

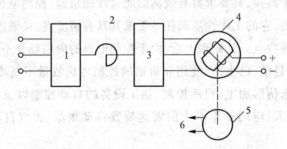

图6-2 交直交系统的自控式同步电动机示意图

1. 整流桥 2. 平波电感 3. 逆变桥 4. 同步电动机 5. 位置检测器 6. 控制信号

交直交系统的自控式同步电动机又分为电流自控式和电压自控式两种。图6-2为电流自控式同步电动机,电压自控式同步电动机与电流自控式有所不同。电压自控式同步电动机采用永磁同步电动机;由三相不控整流桥、滤波电感、电容和大功率晶闸管逆变器组成主电路;采用脉宽调制方法,使逆变器产生幅值可调的电压,再加到永磁同步电动机的电枢绕组上,进行速度调节。由于电压自控式同步电动机采用自关断器件的逆变桥,结构更为简单,控制灵活;调速范围更宽,调速范围可做到3 000∶1;永磁同步电动机转子不发热,无损耗,效率高,适用于高性能数控机床的进给拖动系统。

6.1.2 交交系统的自控式同步电动机

交交系统的自控式同步电动机示意图如图 6-3 所示,该系统又称自控式同步电动机交-交流系统。它利用晶闸管组成的变频器直接把
50 Hz 的交流电转换成可变频率的交流电。该系统由同步电动机、变频器、位置检测器以及控制线路等组成,其中每三个晶闸管一组代替交直交自控式同步电动机系统中逆变桥部分的一个晶闸管。因为具有整流作用,该系统节省了交直交自控式系统的整流桥线路,交交系统自控式同步电动机能实现电能的一次性转换。交交自控式系统由于晶闸管数量较多,维护不便,虽然工作原理、运行特性与交直交自控式系统相

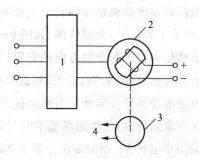

图 6-3 交交系统的自控式同步电动机示意图
1. 变频器 2. 同步电动机
3. 位置检测器 4. 控制信号

似,但实际应用还是比较少。交交系统的自控式同步电动机也可以分为电流自控式和电压自控式两种。电压自控式同步电动机主电路由两组反并联的变流器组成,提供三相正弦电压,由于变流器结构复杂,故控制很复杂。

交直交系统和交交系统两种运行方式各有优缺点,就同步电动机用变频电源供电以实现调速的机理来说,两者是一致的。交直交系统中存在换流问题;交交系统结构比较复杂,设计和测速等都不方便。总体来说,自控式同步电动机调速系统与直流电机调速系统相比,结构简单、坚固、耐用,维护量小;与异步电动机调速系统相比,因自身有励磁绕组,结构复杂;与大容量电动机相比,自控式同步电动机制造容易。

交直交系统和交交系统自控式同步电动机的工作原理是一样的。电动机主体是一台同步电动机,电动机的定子绕组由逆变器或频率变换器供电,输出频率也是电动机的定子电流频率,受安装在同步电动机转子轴上的位置检测器控制,以保证定子脉冲步进磁动势与转子磁动势同步转动,也就是说保持电枢磁动势和励磁磁动势同步转动。转子磁极可以是直流励磁的,也可以是永磁体励磁的,其轴上装有位置检测器,用来测定转子磁极与定子脉冲步进磁场的相对位置,为晶闸管提供触发信号。这样,由逆变器或频率变换器供电的自控式同步电动机实质上是一台电枢绕组中电流的交变频率随转子转速作相应变化的直流电动机。

在自控式同步电动机中,晶闸管可以理解为无触点的电子开关。利用半导体元件,就可以实现交流直流、直流交流、交流交流、直流直流以及变频等各种电能的变换和大小的控制。如果将直流电动机的换向器和电刷舍去,通过由晶闸管组成的自控式逆变器对其电枢绕组供电,由转子位置检测器按要求去导通或阻断逆变器中的晶闸管,使电枢绕组中通过的交流电流的频率与磁极转速同步,这就是自控式同步电动机。容量不大的自控式同步电动机的电机本体采用永磁励磁,逆变器中半导体元件采用晶体管。

6.2   磁阻同步电动机

磁阻同步电动机是一种转子上没有直流励磁绕组的三相凸极同步电动机,具有凸极效应,从外形上看,是一个圆柱体,如图 6-4 所示,按转子形式可分为二极式和四极式。磁阻同步电动机依靠直轴和交轴方向的磁阻产生磁阻转矩,使电动机在同步速度工作。整个转子用钢片和非磁材料(如铝、铜等)镶嵌而成,其中铝或铜部分可起到笼型绕组的作用,依赖感应涡流使电动机异步起动。当转速接近同步转速时,靠磁阻转矩的作用,转子被自动拉入同步。在正常运行时,气隙磁场基本上只能沿钢片引导方向进入转子转轴磁路,其对应的电抗为转轴同步电抗 X_d,而交轴由于要多次跨入非磁性材料铝或铜的区域,所以对应的交轴同步电抗 X_q 很小。

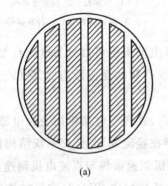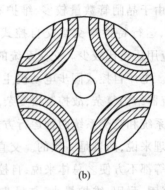

(a)   (b)

图 6-4   磁阻同步电动机转子

(a)二极式 (b)四极式

当不计电枢电阻和空载电动势,而且 $X_d \neq X_q$ 时,同步电动机会出现磁阻转矩,由凸极同步发电机的电磁转矩得

$$T_e = \frac{mU_1^2}{2\Omega_1}\left(\frac{1}{X_q} - \frac{1}{X_d}\right)\sin 2\theta \tag{6-1}$$

这就是磁阻电动机的矩角特性。当 $X_d > X_q$ 时,同步电动机的磁阻转矩为拖动转矩,所以这种电机称为磁阻同步电动机,又因磁场只有电枢反应磁场,故又称反应式同步电动机。

磁阻同步电动机无励磁,励磁电动势为零,但转子直轴仍然存在,各相量应用的相位也仍然存在。为了便于拉入同步,设计的转子电阻和转动惯量都很小。磁阻同步电动机由于结构简单、成本低廉、运行可靠,故可以做成单相,但会造成功率因数降低。由于没有励磁绕组和集电环,磁阻同步电动机在自动和遥控装置、录音传真及钟表工业中获得广泛应用,其功率为几百分之一瓦到数百瓦。

6.3　永磁同步电动机

永磁同步电动机主要由定子和转子两大部分组成。永磁同步电动机的定子与异步电动机的定子结构相似,由定子铁心、三相对称绕组、机壳和端盖等部分组成。其定子铁心由硅钢片叠成,定子绕组采用短距分布式绕组,可最大限度地消除谐波磁动势。永磁同步电动机由转子励磁,是采用永久磁铁励磁的同步电动机,所以不需要集电环、电刷以及励磁装置,结构大为简化。由于无励磁电流,也就无励磁损耗,故电动机效率比较高。稀土永磁同步电动机的转子结构形式很多,设计转子结构的思路是:输出功率一定而减少永磁体的体积,或者永磁体积一定而改善电动机的性能。永磁同步电动机不宜采用像电励磁那样的凸极结构,一般采用嵌入、内藏或埋葬等方式把永磁体嵌在圆柱体的转子中,故永磁体的放置也是多种多样的。常见的永磁同步电动机的转子结构有 3 种,如图 6-5 所示。图 6-5(a) 为嵌入式磁极,此结构是在转子铁心中嵌入矩形稀土永磁体,由相邻两个磁极并联建立一个极距的磁通,这种结构可获得较大的磁通,但需要做隔磁处理或采用不锈钢轴。图 6-5(b) 为瓦形磁极,此结构是在铁心外表面粘贴径向充磁的瓦片形稀土永磁体,也可采用矩形小条拼装成瓦片形磁极,以降低电动机的制造成本。为了防止离心力将永磁体甩出,同时在盐雾等恶劣环境中对永磁体起保护作用,对于高速运行的电动机,嵌入式磁极和瓦形磁极转子外表面需套一个不锈钢的非磁性紧圈,也可用环氧无纬玻璃丝带缚扎。图 6-5(c) 为环形磁极,此结构是在铁心外套上一个整体稀土永磁环,环形磁体径向充磁为多极,该种结构的转子制造工艺性较好,适用于体积和功率较小的电动机。

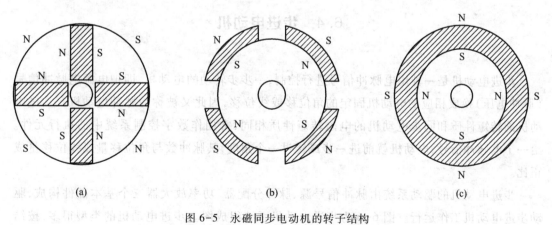

図 6-5　永磁同步电动机的转子结构

(a) 嵌入式磁极　(b) 瓦形磁极　(c) 环形磁极

永磁电机的磁极要求永磁材料具有高的矫顽力 H、大的剩磁 B 等优异的磁性能。永磁电机通常采用钐钴、钕铁硼、钕硼等高矫顽力、高剩磁密度的稀土永磁材料。由于稀土永磁材料的磁导率很低,故永磁体的磁阻很大,可以大大减小电枢反应,特别是稀土永磁材料在微电机中的应用,引起了电机结构、工艺、设计、控制等诸多方面的变革。但稀土永磁材料价格偏高、温度系数偏大、居里点偏低。

稀土永磁同步电动机中,由于转子结构不同,磁路组成部分也不同,嵌入式转子磁极的磁通路径为:永磁体 N 极—套环的磁性材料—气隙—定子铁心—套环的磁性材料—永磁体 S 极。因为在直轴磁路中有永磁体,稀土永磁体的导磁性能与空气相似,磁导率很低,所以直轴电枢反应的作用大大减少,直轴电抗较小;而在交轴磁路中的磁性材料主要是套环,其导磁性能好,故交轴电枢反应的作用较大,有较大的交轴电抗。因此在稀土永磁同步电动机中,会出现交轴电抗大于直轴电抗的情况。

不管永磁同步电动机在何种运行状态,总有一定励磁提供,因此在起动过程中,定子电流产生的旋转磁场与永磁体磁场是非同步运行的,两者之间存在相对运动,不能构成同步转矩。但定子绕组与永磁体磁场又构成一台同步发电机,定子绕组中除基波频率电流之外,还会感应到转差频率的感应电流,加之两轴磁阻不等,又会出现二倍转差频率的感应电流。永磁同步电动机在起动过程中,除去笼型绕组提供的异步起动转矩之外,还有转差频率感应电流所建立的定子旋转磁场与永磁磁场形成的发电机制动转矩(即同步转矩),以及二倍转差频率感应电流所建立的定子旋转磁场所形成的磁阻转矩。所以永磁同步电动机的起动特性远比笼型转子异步电动机复杂。

总之,永磁同步电动机具有结构简单、体积小、重量轻、损耗小、效率高、功率因数高等优点,主要用于要求响应速度快、调速范围宽、定位准确的高性能伺服传动系统中,尤其是在数控机床、机器人以及航空航天等领域。永磁同步电动机的结构、参数与性能之间关系较为复杂,还需要进一步探索和研究。

6.4　步进电动机

步进电动机是一种用电脉冲信号进行控制,一步步转动的电动机,即把电源电脉冲信号(脉冲电压)换成相应的电动机固定的角位移或线位移,因此又被称为脉冲电动机。步进电动机的转矩性质和同步电动机的电磁转矩性质相同,常用作数字控制系统中的执行元件。给一个电脉冲信号,电动机就前进一步或转过一个角度,其脉冲数与角位移量或线位移量成正比。

步进电动机的驱动系统由脉冲信号源、脉冲分配器、功率放大器三个基本部件构成,驱动步进电动机工作运行。图 6-6 为步进电动机系统组成图。步进电动机的类型很多,按结构分有反应式、永磁式、永磁感应子和混合式以及特种形式等。

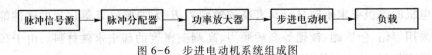

图 6-6　步进电动机系统组成图

在自动控制系统中,步进电动机可用来将电脉冲信号转变为转角位移量。这一转变关系在电动机负载能力范围内不因电源电压波动、负载变化、环境条件(比如温度、压力、冲击和振动)而变化。步进电动机只与脉冲频率成正比,可通过改变脉冲频率来实现调速、快速起停、正反转及制动,在数控机床、工业控制、数模转换、打印机、绘图仪、机器人控制、遥控指示、航空系统等场合都有应用。

6.4.1　基本工作原理

以反应式步进电动机为例说明其工作原理。图 6-7 为最简单的三相反应步进电动机工作原理图。定、转子铁心均由硅钢片叠成,定、转子磁极宽度相同。定子有六个磁极,相对的两磁极上绕有一相绕组,定子三相绕组联结成星形,为控制绕组。转子上有四个磁极,转子上没有绕组。

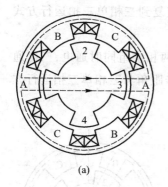 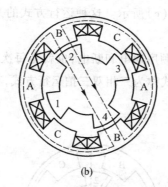 

(a)　　　　　　　　　　(b)　　　　　　　　　　(c)

图 6-7　三相反应步进电动机工作原理图

(a) 1 位置　(b) 2 位置　(c) 3 位置

当 A 相绕组通电,B 和 C 两相绕组不通电时,由于磁通具有力图通过磁阻最小路径的特点,转子受到磁阻转矩的作用,必然转到 A 相磁极轴线或 A 相绕组轴线上,使转子 1 和 3 齿的轴线与定子磁极对齐,两轴线之间没有夹角,此位置磁路通过的磁阻最小,也没有磁阻转矩,转子停止转动,如图 6-7(a)所示。由此可知,步进电动机的磁阻是变化的。当 A 相绕组断电,B 相绕组通电时,在 B 相绕组所建立的磁场作用下,转子逆时针方向转过空间角度 30°,使定子 B 相磁极轴线与转子 2 和 4 齿轴线对齐,如图 6-7(b)所示。同样,当 B 相绕组断电,C 相绕组通电时,转子又逆时针方向转过 30°,使定子 C 相磁极的轴线与转子 1 和 3 的轴线对齐,如图 6-7(c)所示。可见,按 A—B—C—A 顺序不断地使各相绕组通电和断电,转子就会按逆时针方向一步一步地转动下去。每一步转过的一个空间角度称为步距角。如果按 A—B—C—A 顺序通电、断电,转子则按顺时针方向转动;如果按 A—C—B—A 顺序通电、断电,转子则按逆时针方向转动。步进电动机工作时,由一种通电状态转换到另一种通电状态称为一拍。每一拍转子转过一个步距角。电脉冲频率越高,转子转得越快。对于图 6-7 中按A—B—C—A 顺序通电的步进电动机,其运行方式为三相单三拍。"三相"是指步进电动机具有三相定子绕组;"单"是指每一个通电状态只有一相绕组通电;"三拍"是指经过三次切换绕组的通电状态为一个循环,第四次通电时又重复第一次的通电状态。在这种运行方式下,步距角=30°。

三相反应式步进电动机通电方式还有"三相六拍"和"双三拍"等。若按 A—AB—B—BC—C—CA—A 顺序轮流通电,即一相与两相间隔地轮流通电,六次通电状态完成一个循环,这种运行方式称为三相六拍运行方式,步距角是三拍方式的一半。当 A 相单独通电时,这种状态与单三拍 A 相通电的情况完全相同,反应转矩最后将使转子齿 1 和 3 的轴线与定子 A 相磁极轴线对齐,如图 6-8(a)所示。当 A、B 两相绕组同时通电时,转子的齿既不与 A 相磁极轴线对齐,也不与 B 相磁极对齐,A、B 两相磁极轴线分别与转子齿轴线错开 15°。转子两个齿与磁极作用的磁拉力大小相等、方向相反,转子处于平衡位置,如图 6-8(b)所示。这种运行方式的步距角为三相单三拍运行方式时的一半,即步距角为 15°。继续给 B 相单独通电时,这种状态与单三拍 A 相通电时的情况相似,反应转矩将使转子齿 2 和 4 的轴线与定子 B 相磁极轴线对齐,如图 6-8(c)所示。这种运行方式的又恢复到三相单三拍运行方式了,步距角为 30°。

如果按 AB—BC—CA—AB 顺序通电和断电,也就是每次有两相绕组同时通电,三次通电状态为一个循环,这种运行方式称为三相双三拍运行方式,其步距角与三相单三拍运行方式相同。

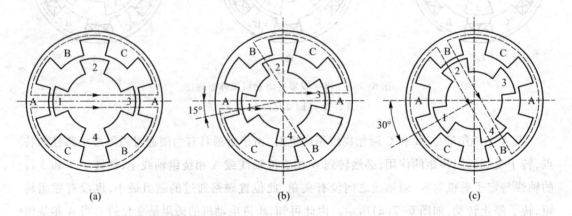

图 6-8　步进电动机三相六拍运行方式
(a) A 相通电方式位置　(b) A、B 相通电方式位置　(c) B 相通电方式位置

6.4.2　反应式步进电动机

简单的反应式步进电动机,每一步转过的角度为 30°或 15°,步距角比较大,很难满足生产中所提出的小位移量的要求,如在数控机床中应用,根本不能满足加工精度的要求。因此,实际应用的步进电动机是小步距角步进电动机。

一台三相反应式步进电动机的典型结构如图 6-9 所示。它的定、转子铁心用硅钢片叠装或其他软磁材料制成。定子有六个磁极,三对磁极,每个定子磁极极靴上均匀开有许多小齿。相对的两个磁极上的绕组正向串联成为一相,即每相占一对磁极,三相绕组为星形联结。转子上没有绕组,圆周上也均匀地分布着许多小齿。考虑对步距角的要求,根据工作原理,要求定、转子上的小齿齿距必须相等,且它们的齿数要符合一定的要求。在相同的几个磁极下,定、转子齿距、齿宽要相同;通电相定子齿与转子齿要对齐,不通电相定、转子齿要相互错开 1/m 齿距,m 为步进电动机的相数。这样才能使几个磁极的作用相加,产生足够的磁阻转矩。图 6-9 所示的反应步进电动机定、转子齿展开图如图 6-10 所示。由于每相磁极沿圆周均匀分布,所以转子齿数是每相磁极数的倍数。该图表示 A 相通电时,若定、转子齿对齐,则 B、C 两相定子磁极轴线与通电时对应对齐的齿错开的角度分别为 $\frac{1}{3}$ 的转子齿距角和 $\frac{2}{3}$ 的转子齿距角。假设定子齿数为 40,三相六极,每一极距占有 $6\frac{2}{3}$ 个齿。在三相单三拍运行时,每一步转过 $\frac{1}{3}$ 个齿距,每一个循环转过一个齿距;三相六拍运行时,每一步转过 $\frac{1}{3}$ 齿距,每一个循环转过一个齿距。为了能在连续改变磁通的状态下不断地步进旋转,在不同相的相邻磁极之间距离与转子齿数不成比例时,定、转子齿应该依次错开 1/m 齿距(m 为相数),否则各相轮流通电时,转子将一直处于静止状态,电动机不能运行。

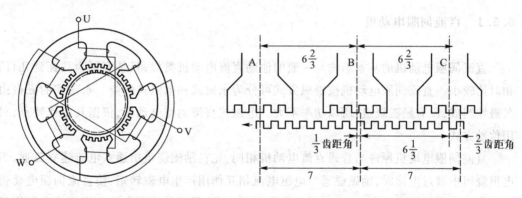

图 6-9　一台三相反应式步进电动机典型结构　　图 6-10　反应步进电动机定、转子齿展开图

　　步进电动机的转速与脉冲电源频率成正比,在电脉冲信号作用下,每来一个脉冲就转过一个角度。因此在恒频脉冲电源作用下,步进电动机可当作同步电动机使用;在脉冲电源控制下,也可很方便地实现速度调节。这个特点在许多实际工程中是很有用的,如利用步进电动机自动控制系统带动齿轮加工,便可实现对角度的精确控制。步进电动机不仅可以像同步电动机一样,在一定负载范围内同步运行,而且可以像直流伺服电动机一样进行速度控制,又可以进行角度控制,实现全方位精确定位。

6.5　伺服电动机

伺服驱动系统是一种以机械位置或角度作为控制对象的自动控制系统,例如数控机床等。应用在伺服系统中的驱动电动机能服从控制信号要求而动作,故称为伺服电动机。在信号到来时,转子立即转动;当信号消失时,转子及时自行停机。对它们的基本要求就是控制性好、响应速度快、定位准确、调速范围宽。伺服电动机必须具备可控性好、稳定性高、适应性强、转动惯量小等性能,以得到极高极准的响应速度。

按使用的电源性质不同,伺服电动机分为两类:通以直流电源来工作的称为直流伺服电动机;通以交流电源来工作的称为交流伺服电动机。

在 20 世纪 60 年代,伺服电动机系统的控制方式主要为开环。后来,很多高性能伺服系统都采用了直流伺服电动机,改善了调速性能,伺服系统的控制方式也逐渐由开环过渡到闭环。但直流伺服电动机仍然存在机械结构复杂、维护工作量大等缺点。80 年代后,随着材料技术、电力电子技术、控制理论技术、微电子技术等的迅速发展,相继出现了以数字化、智能化、机电一体化、小型化为特点的多种新型直、交流伺服电动机。

6.5.1　直流伺服电动机

直流伺服电动机的基本结构与一般的他励直流电动机类似,只是容量为几瓦到几百瓦,相对比较小。直流伺服电动机按励磁方式可分为永磁式和电磁式两类。永磁式的磁极由永久磁铁制成,没有励磁绕组,所以功率不大。电磁式直流伺服电动机,依据其工作特点,只采用他励方式。

直流伺服电动机原理与普通直流电动机相同,先在励磁绕组中通入电流建立磁通,当在电枢绕组中通过电流时,励磁磁通与电枢电流相互作用产生电磁转矩,使直流伺服电动机开始工作。电磁转矩公式为 $T_e = C_T \Phi I_a$。由此可见,直流伺服电动机在励磁绕组或电枢绕组中任何一个断电时,电动机立即停转,没有自转现象产生,所以直流伺服电动机是自动控制系统中一个很好的执行元件。由于直流伺服电动机的励磁绕组和电枢绕组分别装在转子和定子上,故改变励磁电流或电枢端电压的大小,都可改变转速的大小,特性也不同。直流伺服电动机由励磁绕组励磁,用电枢绕组进行控制的方式称为电枢控制方式;由电枢绕组励磁,用励磁绕组进行控制的方式称为磁场控制。这两种控制方式的运行特性是有区别的。改变直流伺服电动机的转向,只需要改变励磁电流方向或电枢电流方向即可。由于电枢控制的性能一般较磁场控制的优良,实际中大多采用电枢控制方法,而且永磁式直流伺服电动机只有电枢控制方式。

电枢控制直流伺服电动机的接线如图 6-11 所示。励磁绕组始终接在直流电源恒定电压 U_f 上,通过励磁电流 I_f 产生磁通 Φ;电枢绕组接到控制电压 U 上,作为控制绕组,用于控制电枢、电磁转矩、输出转速和转向。当控制电压接到控制绕组上时,电动机就转动;控制电压消失时,电动机立即停转。当改变控制电压 U 的数值时,直流伺服电动机处于调速状态,它的机械特性与他励直流电动机改变电枢电压时的人为机械特性一样。

由于直流伺服电动机的电磁转矩和转速都与电枢电压成正比。随着电枢电压逐步增高,其机械特性是一簇平行直线,如图 6-12 所示。由图可见,转矩一定时,直流伺服电动机的转速与控制电压呈线性关系,与电枢电阻无关。改变控制电压的极性,则转向改变。

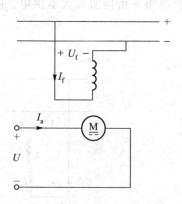
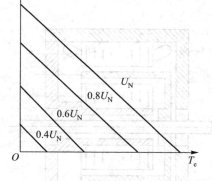

图 6-11　电枢控制直流伺服电动机的接线　　图 6-12　电枢控制直流伺服电动机的机械特性

磁场控制时,电枢绕组始终接在直流电源上,励磁绕组作为控制绕组。当控制信号加在励磁绕组上时,励磁绕组建立的磁通与电枢电流相互作用产生电磁转矩,使转子转动。

6.5.2　交流伺服电动机

交流伺服电动机指的是两相交流伺服电动机,是一种小型两相异步电动机,其基本结构与单相交流电动机类似,主要分为定子和转子两大部分。两相交流伺服电动机的定子铁心与三相异步电动机的定子铁心相似,定子铁心也由冲有齿和槽的硅钢片叠压而成,所不同的是,在交流伺服电动机的定子铁心中安放着空间互成 90°电角度的两相定子绕组,且两绕组匝数相同或不同,其中一相称为励磁绕组,另外一相称为控制绕组。运行时,励磁绕组始终接在定值电压的交流电源上,控制绕组加上大小、相位均可能变化的同频率的交流控制电压。

两相交流伺服电动机的转子结构通常有两种形式,一种和普通的三相笼型转子异步电动机转子相同,但转子做得细长,转子导体采用高电阻率的材料,尽量使临界转差率大于 1;另一种是非磁性杯形转子,非磁性杯形转子交流伺服电动机的结构如图 6-13 所示。非磁性杯形转子电机除了有和一般的异步电动机一样由电工钢片制成的外定子,还有一个内定子,内定子是一个用硅钢片叠成的圆柱体。外定子中安放两相绕组,内定子上不放绕组,只是充当杯形转子的铁心,作为磁路的一部分。在内、外定子之间装有一个细长的杯形转子,杯形转子是由非磁性电材料铝或钢制成的一个薄壁圆筒,又称为空心杯,杯底固定在转轴上,能在内、外定子之间的气隙当中自由旋转。两相交流伺服电动机主要依靠杯形转子内部感应涡流与主磁场作用产生电磁转矩。杯壁厚度一般只有 0.2～0.8 mm,轻而薄,因而非磁性杯形转子电机具有较大的转子电阻和很小的转动惯量,快速性好,摩擦转矩小,运行平滑,无抖动现象。但是由于存在内定子,气隙比较大,励磁电流大,所以非磁性杯形转子电机体积比较大。

两相交流伺服电动机的工作原理如图 6-14 所示。定子上的励磁绕组 f 和控制绕组 c 在空间上相差 90°。励磁绕组 f 由定值交流电压励磁;控制绕组 c 由伺服放大器供电,并进行控制。

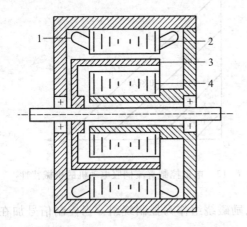
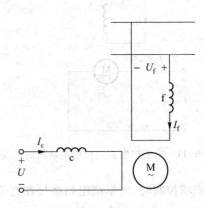

图 6-13　杯形转子交流伺服电动机的结构图　　图 6-14　两相交流伺服电动机的工作原理

1. 定子绕组　2. 外定子　3. 杯形转子　4. 内定子

在系统中运行时,当励磁绕组固定地接到交流电源上,控制绕组没有控制信号时,励磁绕组所产生的气隙磁场是脉振磁场,电动机没有起动转矩,转子静止不动;当控制绕组加上控制电压时,通过励磁绕组内流过的电流和控制绕组内的电流在时间上存在相位差,气隙建立一定大小的合成旋转磁场,转子绕组导体切割旋转磁场产生感应电动势和电流,转子电流与气隙磁场相互作用,产生电磁转矩,电磁转矩为驱动转矩,使转子转动起来。两相交流伺服电动机电磁转矩的大小由控制电压的大小和相位控制。当控制电压的大小发生变化时,转子转速随之变化。由于交流伺服电动机的转向与定子绕组产生的旋转磁场方向一致,由电流超前相的绕组轴线转向滞后相的绕组轴线,所以当控制电压反相时,旋转磁场和转子转向都反向。

在运行时,如果控制电压消失,两相伺服电动机将变成一台单相异步电动机。一般的单相电动机会继续旋转,因为这时仍有与转子同转向的电磁转矩存在,电机将失去控制,这显然不符合自动控制的基本要求。伺服电动机在自动控制信号系统中起执行命令的作用,要求控制信号消失时,电动机能自动立即停转,即自制动。为了使两相伺服电动机在控制电压消失后,使单相运行时的电磁转矩成为制动转矩,能够自制动或自动停转,需要增大伺服电动机的转子电阻,使发生最大电磁转矩时对应的临界转差率 s_m 大于 1,如图 6-15 所示。此时,伺服电动机在整个单相运行范围内,反向电磁转矩将超过正向电磁转矩,使产生的合成电磁转矩的方向与转子的转向相反,起制动作用,使电机实现自制动。交流两相伺服电动机的临界转差率 s_m 一般在 1.5~2 范围内。为了利于转速调节,同时提高起动转矩,可以加大转子电阻,扩展稳定运行范围。

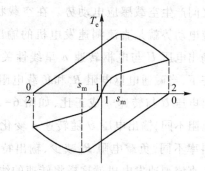

图 6-15　两相交流伺服电动机的机械特性

交流伺服电动机在运行中的转速通常不是恒定不变的,而是随着控制电压的改变不断变化的。两相交流伺服电动机的运行由控制电压的大小和相位控制。控制方式有幅值控制、相位控制和幅相控制三种。幅值控制是保持控制电压的相位不变,通过调节其幅值实现控制;相位控制是保持控制电压的幅值不变,通过调节其相位实现控制;幅相控制是同时调节控制电压幅值和相位实现控制。这三种控制方式都是通过改变正、反转磁动势大小比例,改变正、反转电磁转矩大小,达到调节转速的目的的。这使伺服电动机不仅具有起动、停止的伺服性,还具有转速大小和方向的可控性。

两相交流伺服电动机功率较小,一般在 100 W 以下,多用于各种自动化记录仪表的伺服机构中,带动自动记录表笔或指针,将输入的电信号转为机械转角或线位移输出。

6.6　测速发电机

在自动控制系统中,测速发电机是一种把转速信号转成电压信号的测速元件。它能产生加速、减速信号,对旋转机械作恒速控制,在计算装置中作为计算元件,具有测速、阻尼和计算的作用。对测速发电机的要求是:输出电压与转速呈严格的线性关系,且输出电动势斜率要大,以满足高的精确度、灵敏度和小的线性误差。测速发电机分为交流测速发电机和直流测速发电机两大类。交流测速发电机又分为异步交流测速发电机和同步交流测速发电机,其中异步交流测速发电机应用比较广泛。

6.6.1　直流测速发电机

直流测速发电机按励磁方式分为电磁式和永磁式两种。电磁式直流测速发电机的励磁绕组接成他励式,永磁式直流测速发电机的主磁极采用永磁体。永磁式直流测速发电机不需要励磁电源,也不存在励磁绕组随温度变化影响输出电压的现象,所以应用比较广泛。

从原理上看,直流测速发电机与一般的他励直流发电机相同。根据他励直流发电机的工作原理可知,在恒定磁场中,电枢以恒定转速旋转时,电枢导体切割磁力线或磁通 Φ,在电刷之间产生空载感应电动势。在空载状态下,空载感应电动势就是直流测速发电机的输出电压 U,所以输出电压 U 与电枢转速 n 呈线性关系。在有载状态下,当磁通电枢电阻 R_a 和负载电阻 R_L 不变时,输出电压 U 与转速 n 成正比,如图 6-16 所示。负载电阻不同,输出电压 U 随转速 n 变化的输出特性的斜率不同,负载电阻 R_L 减少,输出特性的斜率降低。直流测速发电机就这样将转速的线性变化转换为电压信号,它与直流伺服电动机互为可逆电机,因为直流伺服电动机是将电压信号转换为转速信号的。为获得较高斜率的输出特性,要求负载电阻比较大。

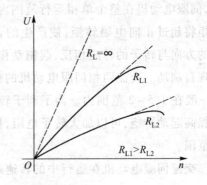

图 6-16　直流测速发电机的输出特性

实际上,直流测速发电机在运行时,许多因素会引起磁通 Φ、电枢电阻 R_a、负载电阻 R_L 的变比,对其输出特性产生影响,使线性关系不是严格意义上的线性关系,产生所谓的线性误差。由图 6-16 中的实线与虚线可以看出,直流测速发电机只有在保持磁通、电枢电阻和负载电阻不变时,其输出特性才呈线性关系。下面分析这些主要因素所造成的影响。

(1) 周围环境温度的变化使发电机内部励磁绕组的电阻发生变化,从而引起励磁电流及其所产生磁通的变化,进而产生线性误差。

(2) 带负载运行时,电枢电流产生的电枢反应磁场对主磁场有去磁作用,使气隙磁通下降,电压下降,如曲线的弯曲处,出现线性误差,此处特性不再按直线规律变化,随着转速的升高,电压不再增加。

(3) 由于电刷与换向器的接触电阻也计入电枢电阻,而这种接触电阻是随着负载电流的变化而变化的,当转速变化时,输出电压信号和负载电流都变化,接触电阻较大,所以输出特性的线性关系也受到影响。

为了防止温度变化引起励磁绕组电阻的变化,可在励磁回路中串联一个温度系数较低的、由康铜或锰铜材料绕制成的电阻,限制励磁电流的变化。还可以在设计直流测速发电机时,使磁路足够饱和,即使励磁电流波动较大,气隙磁通变化也不大。为了减少电枢磁场的去磁作用对输出电压的影响,应采用大的负载电阻和较小的转速范围。

6.6.2　交流异步测速发电机

交流异步测速发电机在结构上与两相交流伺服电动机完全一样,实际上是两相交流伺服电动机的逆运行。为了提高自动控制系统的快速性和灵敏度,减少转子的转动惯量,目前交流测速发电机多采用杯形转子结构,并与伺服电动机转轴连在一起运行。交流测速发电机外定子铁心有两套绕组,一套绕组为励磁绕组,嵌放在外定子上,接单相交流电源;另一套作为输出绕组,嵌放在内定子上,以便调节内、外定子之间的相对位置。交流异步测速发机的接线原理如图 6-17 所示。

交流异步测速发电机运行时,将交变频率为 f_1、电压为 U_1 的电源接在励磁绕组上,励磁绕组便通过电流,此时,励磁绕组相当于变压器的一次绕组,杯形转子可以看成由无数导体并联而成,相当于变压器短路的二次绕组。励磁绕组和杯形转子之间的电磁关系,使气隙中产生一个脉振频率为 f_1、与励磁绕组轴线(轴)重合,而与输出绕组轴线垂直的脉振磁场。当交流异步测速发电机转子不动时,脉振磁场与杯形转子交链,产生变压器电动

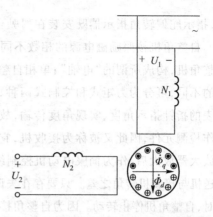

图 6-17　交流异步测速发电机接线原理图

势,杯形转子中有电流通过,并产生沿 d 轴方向的脉振磁通 $\dot{\Phi}_d$,该磁通将阻碍脉振磁场的变化,二者在 d 轴方向产生合成磁通。$\dot{\Phi}_d$ 是沿轴方向脉振的,它与输出绕组轴线相互垂直,不会输出绕组感应电动势,测速发电机转速为 0,故没有输出电压信号。转子以一定的转速转动时,转子导体切割气隙磁通产生旋转电动势,设转子沿逆时针方向旋转,用右手螺旋法则可确定电动势的方向,该电动势是个交变的电动势。忽略杯形转子的漏电抗,在旋转电动势的作用下,在杯形转子中产生与其同相位的交流电流,此电流产生交变的磁通 $\dot{\Phi}_q$,其大小与交变电动势、交流电流大小成正比。磁通 $\dot{\Phi}_q$ 的轴线与输出绕线重合,由此在输出绕组中感应产生变压器电动势,其频率为电源频率,其电动势有效值与电源频率、输出绕组匝数以及磁通 $\dot{\Phi}_q$ 成正比。由于旋转电动势正比于输出绕组感应电动势,也正比于磁通 Φ_d 和转速,在杯形转子磁路不饱和以及不考虑输出绕组内阻抗时,认为磁通 Φ_d 为常数,故输出绕组感应电动势以及由其产生的输出电压均正比于转速。这样,交流异步测速发电机就将转速信号转变为电压信号了,实现了测速的目的。如果转子转向相反,则转子中产生的旋转电动势、电流及磁通相位都相反,使输出电压相位也相反。

6.7 自整角机

自整角机是一种能对角位移或角速度的偏差自动整步的控制电机。它广泛应用于角度、位置等同步传动指示系统或随动系统中,实现角度的传输、变换、指示和接收。在自动控制系统中,自整角机是成对使用的。装在主令轴上用于发送角度指令的自整角机称为发送机,一个或多个装在从动轴上的自整角机称为接收机。自整角机一般是两个或两个以上成对组合使用的,通过电的方法将转轴上的转角信号变换为电信号,或把电信号变换为转轴上的转角信号,使无机械联系的两根或多根轴同步偏转或旋转,例如闸门或阀门开度控制、电梯提升位置显示、雷达天线的角度指示等。自整角机的发送机仅有一个,而接收机可以有多个,以实现多点显示。例如在舰船自动操舵系统中,发出偏舵指令的发送机安装在驾驶台

上,指示舵偏转角指示器既安装在驾驶台上,也安装于舵机舱等地方。

　　自整角机按照励磁电源的相数不同,可分为三相和单相两种,大功率拖动系统多用三相自整角机,构成所谓的"电轴";单相自整角机主要用于自动控制系统中。自整角机按照输出量的不同,可分为力矩式和控制式两种,力矩式自整角机通常只用于角度指示系统中,带动仪表的指针指示角度,实现角度传输,故输出力矩不大;控制式自整角机一般在传输系统中用作检测元件,因此又被称为接收机,它输出一个与失调角呈一定关系的电压,该电压经相敏放大器放大后,作为伺服电动机控制绕组的控制信号电压,使伺服电动机转动。失调角是发送机与接收机转角之差。只要存在失调角,发送机自动转动时,接收机就转动。当失调角为零时,自整角机停止转动。因为自整角接收机与伺服电动机同轴旋转,当接收机转到与发送机转角相等位置时,失调角为零,伺服电动机停止转动,生产机械也转到了所要求的位置或角度。

　　自整角机的基本结构如图 6-18 所示。定子铁心内嵌放与三相绕组相似的空间互差120°电角度的绕组,称为同步绕组;转子铁心为凸极或隐极结构,转子励磁绕组通过电刷、集电环与电源相接,可以是分布绕组也可以是集中绕组。力矩式自整角机的转子铁心多为凸极结构,以增大输出转矩;控制式自整角机的转子多为隐极结构,以提高精度。

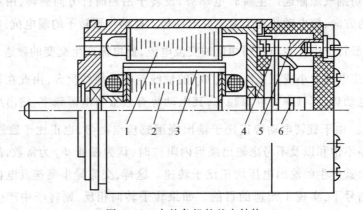

图 6-18　自整角机的基本结构
1. 定子　2. 转子　3. 阻尼绕组　4. 电刷　5. 接线柱　6. 集电环

6.7.1　力矩式自整角机

　　力矩式自整角机的接线图如图 6-19 所示。左边是发送机,右边是接收机,发送机和接收机的转子励磁绕组接于同一单相交流电源上。定子三相同步绕组的对应出线端按相序依次连接。

　　在初始状态时,单相交流电源接于发送机 F 和接收机 J 的转子绕组上,并在各自的气隙中产生脉振磁场。该磁场在各自的三相定子绕组中感应电动势 E_{F1}、E_{F2}、E_{F3} 和 E_{J1}、E_{J2}、E_{J3}。当发送机和接收机对应的轴线(如 D_1 相)与脉振磁场的轴线重合时,发送机和接收机对应相绕组的感应电动势分别相等,各对应端等电位,没有电流流过定子绕组,发送机和接收机的转子不转,此时失调角为 0。

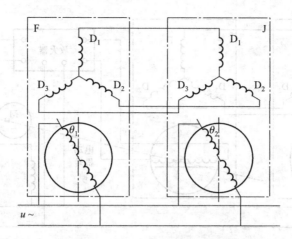

图 6-19　力矩式自整角机的接线图

当发送机与接收机同时被励磁,而且发送机转子由主令轴带动逆时针转过一个瞬间角 θ_1 时,接收机转子不会立即跟着转动,励磁绕组相对同步绕组无偏转。发送机与接收机两机转子绕组产生的脉振磁场在各自的定子绕组中产生的感应电动势不再相等。由于它们的定子绕组对应连接,这两个不相等的电动势在各对应相绕组中便产生环流,该环流流过接收机各相绕组,与两个不相等的电动势相互作用产生电磁转矩,使接收机转子跟随发送机转子同方向旋转。在发送机中,作用在同步绕组的电磁转矩促使同步绕组向缩小失调角的方向转动;而在接收机中,同步绕组的电磁转矩促使同步绕组向增加失调角的方向转动。此时发送机和接收机所产生的转矩都力图使两个转子转到同一个位置,使失调角逐渐减小至零,系统进入新的协调位置,从而实现了转角的传输。

6.7.2　控制式自整角机

如果力矩式自整角机的接收机转子绕组不接电源,并将其预先转过 90° 电角度,如图 6-20 所示,也就是将发送机与接收机转子绕组相互垂直,作为自整角机协调位置,这样的接线系统称为控制式自整角机。当发送机转子跟随主令轴转过 θ_1 角时,接收机转子绕组即输出一个与失调角具有一定函数关系的电压信号,以实现转角信号的变换。在控制式自整角机系统中,电压信号经放大后作为伺服电动机的控制信号,使伺服电动机转动,伺服电动机又带动接收机转子旋转,当接收机转子转过的角度与发送机转角相等时,转子输出电压为零,伺服电动机停转。在这种情况下,接收机是在变压器状态下运行,故在控制式自整角机系统中的接收机也称为自整角变压器。

与力矩式自整角机相似,发送机励磁后,转子励磁绕组也在气隙中产生脉振磁动势,其磁动势可以分解为一个正转旋转磁场和一个反转旋转磁场。如果发送机转子绕组轴线在垂直位置,接收机转子绕组轴线在水平位置,则发送机转子相对同步绕组逆时针转过一个 θ 角,如图 6-20 所示。同步绕组与起始协调位置相比,对于正转旋转磁场来说,在空间上超前

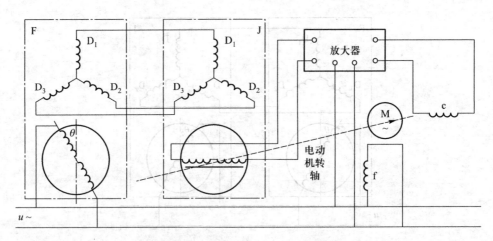

图 6-20   控制式自整角机的接线图

了 θ 角；而对于反转旋转磁场来说，在空间上滞后了 θ 角。由此，正、反两个旋转磁场在同步绕组中所感应的电动势和电流，与起始协调位置所感应的电动势和电流相比，在相位上分别超前和滞后 θ 角。在理论上可以推导出接收机转子单相绕组的输出电压 U_2 的大小与失调角之间的关系，U_2 与发送机和接收机转子本身位置无关。此电压经放大器放大后，加到交流伺服电动机的控制绕组上，使伺服电动机转动，直到失调角为零，接收机转子绕组电压消失，电动机停止转动，负载转轴处于发送机所要求的位置，此时接收机与发送机的转角相同，系统进入新的协调位置。

6.8   旋转变压器

旋转变压器是一种可以旋转的变压器，它属于精密的控制电机。其一、二次绕组分别放置在定、转子上，一、二次绕组之间相对位置会因旋转改变，所以旋转变压器的电磁耦合程度与转子转角有关。在一次绕组或励磁绕组加入一定频率的交流电压时，二次绕组或输出绕组的输出电压与转子的转角成正弦和余弦函数关系，或在一定转角范围内与转角呈正比关系。

在控制系统中，根据旋转变压器的用途，旋转变压器可以分为计算用旋转变压器和数据传输用旋转变压器两种。按照电机的磁极对数的数量，旋转变压器可以分为单极和多极两种，多极旋转变压器比单极旋转变压器系统控制精度高。按照有无电刷和集电环之间的滑动接触装置，旋转变压器又可分为接触式和无接触式两种。无接触式旋转变压器还可以再细分为有限转角和无限转角两种。

旋转变压器的结构形式与绕线转子异步电动机相似，只是它的定、转子绕组都是两相绕组。图 6-21 是旋转变压器的结构示意图，定子装有两个轴线互相垂直的绕组 D_1D_2 和 D_3D_4，作为励磁绕组。转子铁心中也装有两个轴线互相垂直的绕组 Z_1Z_2 和 Z_3Z_4，作为输出绕组。

定子或转子上两个绕组的匝数、线径和接线方式都一样,一般制作成两极。转子绕组通过集电环和电刷与外电路相连。

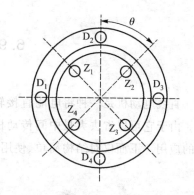

旋转变压器的工作原理与普通变压器相似,旋转变压器的接线图如图 6-22 所示。由于旋转变压器的输出绕组是可以转动的,改变励磁绕组和输出绕组或者定子绕组和转子绕组的相对位置,引起两绕组之间的互感,输出电压就随转子位置的变化而变化。当 D_3D_4 开路时,转子绕组和输出绕组均开路,不带负载,在绕组 D_1D_2 上加交流励磁电压,通过励磁电流后,在气隙

图 6-21 旋转变压器的结构示意图

中便产生一个沿圆周按正弦规律分布的脉振磁场,此磁场与转子位置无关。由于转子绕组 Z_1Z_2 和定子绕组 D_1D_2 轴线重合,脉振磁场在转子绕组 Z_1Z_2 中产生感应电动势,而转子绕组 Z_3Z_4 和定子绕组 D_1D_2 轴线互差 90°,在转子绕组 Z_3Z_4 中不产生感应电动势。如果转子绕组或输出绕组 Z_1Z_2 的轴线与励磁绕组或定子绕组 D_1D_2 轴线之间的夹角为 θ,则转子输出绕组 Z_1Z_2 和 Z_3Z_4 的感应电动势的有效值分别与转角的余弦和正弦函数成正比,这样就可将转子位置的变化转变为输出电压大小的变化。

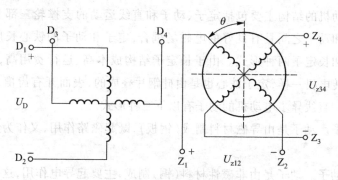

图 6-22 旋转变压器的接线图

如果输出绕组接有负载,那么就有电流通过转子输出绕组,也产生一个相应的磁场。该磁场使气隙磁场发生畸变,从而导致输出电压产生误差。为了减少这种误差,旋转变压器在工作时,要把绕组 D_3D_4 短路,或在两个输出绕组上接上对称负载,以消除磁场的畸变。这仅仅是一种补救方法,还可以在二次侧或同时在一、二次侧补偿来减少误差。

旋转变压器主要用于机电式解算装置和精密机械测角。在机电式解算装置中,旋转变压器主要进行三角函数运算、直角坐标转换、矢量合成等。随着计算机的发展和普及,旋转变压器的功能现已完全由计算机完成。由于计算机的转换精度和运算速度均优于旋转变压器,所以目前旋转变压器的主要用途是测角和角度数据传输,如在永磁同步伺服电机系统中用于检测转子位置。

6.9   直线异步电动机

直线电动机是一种将电能直接转换成直线运动机械能的电力传动装置,如图 6-23 所示。由于它可以省去大量中间传动机构,加快系统反应速度,提高系统精确度,所以得到广泛的应用。下面仅对结构简单、使用方便、运行可靠的直线异步电动机做简要介绍。

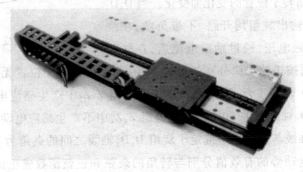

图 6-23   直线电动机

直线异步电动机的结构主要包括定子、动子和直线运动的支撑轮三部分。为了保证在行程范围内定子和动子之间具有良好的电磁场耦合,定子和动子的铁心长度一般不等。定子可制成短定子和长定子两种形式。由于长定子结构成本高、运行费用高,所以很少采用。直线电动机与旋转电机一样,定子铁心也是由硅钢片叠成的,表面开有齿槽,槽中嵌有三相、两相或单相绕组。直线异步电动机的动子有以下三种形式。

(1) 磁性动子。动子是由导磁材料制成(钢板),既起磁路作用,又作为笼型动子起导电作用。

(2) 非磁性动子。动子是由非磁性材料(铜)制成,主要起导电作用,这种形式的电动机的气隙较大,励磁电流及损耗大。

(3) 动子导磁材料表面覆盖一层导电材料,导磁材料只起磁路导磁作用;覆盖的导电材料作为笼型绕组。

因具有磁性动子的直线异步电动机结构简单,动子不仅作为导磁、导电体,甚至可以作为结构部件,其应用前景广阔。

直线异步电动机的工作原理和旋转式异步电动机一样,定子绕组与交流电源相连接,通以多相交流电流后,在气隙中产生一个平稳的行波磁场(当旋转磁场半径很大时,就成了直线运动的行波磁场)。该磁场沿气隙做直线运动,同时在动子导体中感应出电动势,并产生电流,这个电流与行波磁场相互作用产生异步推动力,使动子沿行波方向做直线运动。若改变直线异步电动机定子绕组中的电源相序,则行波磁场移动方向也会反过来,根据这一原理,可使直线异步电动机作往复直线运动。

直线电动机的种类按结构形式可分为单边扁平型、双边扁平型、圆盘型、圆筒型(或称为管型)等;按工作原理可分为直流、异步、同步和步进等。

　　直线电机与机械系统相比,有很多独特的优势,如非常高速和非常低速,高加速度,几乎零维护(无接触零件),高精度,无空回。完成直线运动只需电机,无须齿轮、联轴器或滑轮,这一点对很多应用来说很有意义。直线电机的优点:(1)结构简单。直线电机不需要经过中间转换机构就可直接产生直线运动,结构的简化使运动惯量减少,动态响应性能和定位精度大大提高,同时也提高了可靠性,节约了成本,使制造和维护更加简便。它的一、二次绕组可以直接成为机构的一部分,这种独特的结合使得这种优势进一步体现出来。(2)适合高速直线运动。因为不存在离心力的约束,普通材料亦可以达到较高的速度。如果一、二次绕组间用气垫或磁垫保存间隙,运动时无机械接触,那么运动部分也就无摩擦和噪声。这样,传动零部件没有磨损,可大大减小机械损耗,避免拖缆、钢索、齿轮与皮带轮等造成的噪声,提高整体效率。(3)一次绕组利用率高。如圆筒型直线异步电动机一次绕组是饼式的,没有端部绕组,因而绕组利用率高。(4)无横向边缘效应。横向边缘效应是指由于横向开断造成的边界处磁场的削弱,因圆筒型直线电机横向无开断,所以磁场沿圆周方向均匀分布。(5)容易克服单边磁拉力问题。径向拉力互相抵消,基本不存在单边磁拉力的问题。(6)易于调节和控制。通过调节电压或频率,或更换二次侧材料,可以得到不同的速度、电磁推力,适用于低速往复运行场合。(7)适应性强。直线电机的一次侧铁心可以用环氧树脂封成整体,具有较好的防腐、防潮性能,便于在潮湿、粉尘和有害气体的环境中使用;铁心还可以设计成多种结构形式,满足不同情况的需要。(8)高加速度。这是直线电机驱动相比丝杠、同步带和齿轮齿条驱动的一个显著优势。

　　可控制运动精度的直线伺服电机出现在 20 世纪 80 年代末。随着材料(如永磁材料)、功率器件、控制技术及传感技术的发展,直线伺服电机的性能不断提高,成本日益下降,为其广泛的应用创造了条件。直线异步电动机主要用于功率较大场合的直线运动机构,如门自动开闭装置,起吊、传递和升降的机械设备,驱动车辆,以及高速和超速运输等。由于直线电机的牵引力或推动力可直接产生,不需要中间连动部分,没有摩擦,无噪声,无转子发热,不受离心力影响,因此,其应用越来越广。直线同步电动机由于性能优越,应用场合与直线异步电动机相同,有取代趋势。直线步进电动机应用于数控绘图仪、记录仪、数控制图机、数控裁剪机、磁盘存储器、精密定位机构等设备中。

　　近年来,直线电机及其驱动控制技术的发展表现在以下方面:① 性能不断提高(如推力、速度、加速度、分辨率等);② 体积减小,温升降低;③ 品种覆盖面广,可满足不同类型机床的要求;④ 成本大幅度下降;⑤ 安装和防护简便;⑥ 可靠性好;⑦ 包括数控系统在内的配套技术日趋完善;⑧ 商品化程度高。

本 章 小 结

　　本章简要介绍了几种常用控制电机的工作原理、结构和类型,以便在电力拖动系统中,合理使用这些控制电机。

习　题

6-1　自控式同步电动机的工作原理是什么? 分为哪些类型? 各有何特点?

6-2　磁阻同步电动机是如何工作的? 其电磁转矩是如何产生的? 与隐极结构转子产生的转矩有什么区别?

6-3　永磁同步电动机的工作原理是什么? 按结构分为哪几类? 各有何特点? 适用于哪种场合?

6-4　步进电动机系统由哪几个部分组成? 各部分的作用是什么? 什么是步进电动机的拍? 步进电动机的步距角由哪些因素决定?

6-5　从电磁关系上说明电枢式和控制式直流伺服电动机性能的不同。

6-6　为什么改变两相交流伺服电动机控制电压的大小和相位就能改变电动机的转速和旋转方向? 什么是伺服电动机的自传现象? 如何消除? 两相交流伺服电动机是怎样保证在控制信号消失时具有自制动能力的?

6-7　什么是直流测速发电机的输出特性? 理想输出特性和实际输出特性有何区别? 简述引起输出电压线性误差的主要原因。

6-8　在进行交流异步测速发电机的理论分析时,如何得到发电机的输出电压近似正比于转速的关系?

6-9　自整角机的失调角是指什么角度? 失调角 $\theta=0°$ 时,力矩式自整角机的发送机与接收机处于什么样的位置关系? 控制式自整角机的发送机与接收机又处于什么样的位置关系?

6-10　力矩式自整角机和控制式自整角机在工作原理上有何区别? 在控制系统中各有何优缺点?

6-11　旋转变压器的工作原理是什么? 旋转变压器带负载和不带负载运行后各出现什么结果? 如果出现误差,应采用什么措施消除?

6-12　直线电机的工作原理是什么? 由哪些部分组成? 各有何作用?

第7章

电动机的选择 ■

在设计电力系统时,首先面临的问题就是如何选择合适的电动机。正确选择电动机是保证电动机可靠运行的重要环节。选择电动机的主要内容包括电动机的种类、型式、额定电压、额定转速和额定功率等。

在选择电动机时,额定功率的选择最为重要。正确选择电动机的功率,应当是在电动机能够胜任生产机械负载要求的前提下,经济合理地决定电动机的功率。另外,电动机的发热与冷却直接关系到电动机的温升,这也决定了电动机是否能按设计的额定功率运行。因此,本章在简要介绍电动机选择的基本原则后,将专门讨论电动机的发热与冷却问题,最后比较详细地分析电动机功率的确定原则。

7.1 电动机选择的基本原则

电动机选择的基本原则是既要满足机械负载对稳态和动态特性的要求,又要优先选择结构简单、运行可靠、维护方便、价格便宜的电动机,以保证系统可靠、经济地运行。电动机选择的内容包括以下几个方面。

7.1.1　电动机类型的选择

为正确选择电动机的类型,一是需要掌握生产机械的工作特点,以便于对电动机在机械特性、起动性能、制动方法以及过载能力等方面提出要求;二是需要掌握各类电动机的性能特点、价格高低以及维护成本等,进行经济技术比较。电动机种类选择应考虑的主要内容有:

(1) 电动机的机械特性应与其拖动生产机械的机械特性相匹配。

(2) 电动机的调速范围、平滑性、调速经济性等几个方面,都应该满足生产机械的要求。调速性能的要求取决于电动机的种类、调速方法和其控制方法。

(3) 不同的生产机械对电动机的起动性能有不同的要求。电动机的起动性能影响起动转矩的大小,电动机的起动电流受电网容量的限制。

(4) 采用交流电源比较方便,而直流电源还必须通过整流设备将交流电转换成直流电,所以交流电动机比直流电动机使用广泛。

(5) 电力拖动系统的经济性是指在满足生产机械对电动机各方面运行性能要求的前提下,优先选用价格便宜、维护方便、节约电能、效率高的电力拖动系统。

在选择电动机时,应进行综合分析以确定最佳方案。表 7-1 给出了电动机的主要种类、性能特点和典型生产机械应用实例。

表 7-1　电动机主要种类、特点和典型应用举例

种类		主要特点	典型生产机械举例
直流电动机	他励、并励	机械特性硬、起动转矩大、调速性能好、可靠性较低、价格和维护成本高	调速性能要求高的生产机械,例如大型机床、高精度车床、可逆轧钢机、造纸机、印刷机等
	串励	机械特性软、起动转矩大、调速方便、可靠性较低、价格和维护成本高	例如电车、电汽车、起重机、吊车、卷扬机、电梯等
	复励	机械特性硬度介于并励和串励之间、起动转矩大、调速方便、可靠性较低、价格和维护成本高	
异步电动机	鼠笼型	机械特性硬、起动转矩小、不同调速方法下性能相差较大、价格低和维护简便	调速性能要求不高的各种机床、水泵、通风机等
	绕线型	机械特性硬、起动转矩大、不同调速方法下性能相差较大、价格低和维护简便	要求有一定调速范围、调速性能较好的生产机械,如桥式起重机;起动、制动转矩要求高的生产机械,例如起重机、矿井提升机、压缩机、不可逆轧钢机

续表

种类		主要特点	典型生产机械举例
异步电动机	多速	提供2~4种转速	要求有级调速的机床、电梯、冷却塔等
	高起动转矩	起动电流小、起动转矩大	带冲击性负载的机械,例如剪床、冲床、锻压机;静止负载或惯性负载较大的机械,例如压缩机、粉碎机、小型起重机
	单相异步电动机	机械特性硬、功率小、功率因数和效率较低	
同步电动机	三相同步电动机	转速恒定、功率因数可调,只能采用变频调速	例如大、中型鼓风机及排风机,泵,压缩机,连续式轧钢机,球磨机
	单相同步电动机	转速恒定、功率小	

由于直流电动机优越的调速性能,在过去相当长的时期内,调速系统的驱动电动机均选用直流电动机。目前随着交流变频调速技术的发展,交流电动机的调速性能已能与直流电动机相媲美,因此,除特殊负载需要外,一般不宜选用直流电动机。

需要强调的是,电动机类型除了满足负载对电动机各种性能指标的要求外,还应按节能的原则来选择,使电动机的综合运行效率符合国家标准的要求,例如,选用交流异步电动机时,应注意其从电网吸收无功功率使电网功率因数下降这一问题。对于大功率(50 kW 以上)交流异步电动机,在安全、经济合理的条件下,建议就地补偿无功功率,提高功率因数,降低线损,达到经济运行。对于功率达到或超过 250 kW 的大功率连续运行恒定负载,宜选用同步电动机驱动。

7.1.2 电动机功率的选择

额定功率的选择是电动机选择最重要、最复杂的问题。因此,主要介绍电动机额定功率选择的理论依据、一般原则和方法。

电动机额定功率选择的基本原则是所选择的电动机额定功率必须满足生产机械在起动、转动、过载时对电动机的功率、转矩的要求,在不超过国家标准规定温升情况下,电动机能得到充分利用。

如果功率选得过大,远大于负载功率,将会增加设备投资,降低设备利用率,而且电动机长期在轻载或欠载下运行,运行效率和功率因数偏低,造成资源浪费,增加了运行费用,不符合经济运行的要求;反之,电动机功率选择偏小,小于负载功率,电动机经常处在过载状态下运行,可使电动机过热而过早损坏,大大降低其使用寿命,而且承受不了冲击负载,或者起动困难,这对电动机安全运行很不利。因此,应使所选电动机的功率等于或稍大于负载所需的功率。电动机额定功率的选择方法主要有计算法、统计法和类比法三种。

（1）计算法。根据生产机械的工作过程绘制生产机械负载图,通过计算负载功率,初步预选一台电动机的额定功率,用预选电动机的技术数据和生产机械负载图,求取电动机负载图,最后对电动机的发热、过载能力和起动等进行校验,确定电动机的额定功率。计算法是一种对各种机械负载普遍适用的方法,但此法比较烦琐,而且在实用中往往因为负载图难以精确绘制,使该方法无法实施。（具体方法详见 7.4 节）

（2）统计法。对各种生产机械的拖动电动机进行统计分析,找出电动机的额定功率与生产机械主要参数之间的关系,用经验公式计算出电动机的额定功率。例如水泵电动机的选择,水泵属连续运行、恒定负载,所选电动机的额定功率应等于或稍大于生产机械的功率。水泵所需要的功率 $P=\dfrac{QDH}{102\eta_1\eta_2}$,根据计算的 P,在产品目录中找一台合适的电动机,其额定功率应满足 $P_N \geq P$。

（3）类比法。对经过长期运行考验的同类机械所采用电动机的额定功率进行调查,并对生产机械的主要参数和工作条件进行类比,确定新的生产机械拖动电动机的额定功率。

7.1.3　电动机电压的选择

电动机的电压等级、相数、频率都要与供电电压一致。电动机的额定电压应根据其运行场所的供电电网电压等级来确定。我国生产的电动机额定电压与额定功率的等级如表 7-2 所示。该表可供选择额定电压时使用。

表 7-2　电动机额定电压与额定功率的等级

直流电动机		交流电动机			
额定功率/kW	电压/V	额定功率/kW			电压/V
0.25~110	110	笼型异步电动机	绕线式异步电动机	同步电动机	
0.25~320	220	0.6~320	0.37~320	3~320	380
1.0~500	440	200~500	200~5 000	250~10 000	600
500~4 600	600~870			10 000~10 900	1 000

实际应用时要根据电动机的额定功率和供电电压情况选择电动机的额定电压。一般当电动机的功率在 200 kW 以内时,选择 380 V 的低压电动机;当电动机的功率在 200 kW 及以上时,宜选用 6 kV 或 10 kV 的高压电动机。直流电动机的额定电压一般由单独的电源供电,选择额定电压时,通常只考虑与供电电源的配合。笼型异步电动机在用 Y-△ 起动时,应选用额定电压为 380 V、三角形联结的电动机。

7.1.4 电动机转速的选择

电动机的额定转速要根据生产机械的转速和传动方式合理选择。

电动机的额定功率正比于它的体积与额定转速的乘积。对于额定功率相同的电动机，额定转速越高，体积就越小，造价也越低，效率和交流电动机的功率因数都较高。因此，电动机的额定转速通常较高（不低于 500 r/min），而生产机械的转速一般都较低，故用电动机拖动时，需要用传动机构减速。电动机的额定转速越高，传动机构传动比越大，传动机构就越复杂，不但增加了成本和维护费用，还降低了工作效率。所以，要合理确定电动机的额定转速，应综合考虑生产机械和电动机两方面的各种因素。

（1）对于泵、鼓风机、压缩机一类不需要调速的中高机械，可直接按负载的转速确定电动机的额定转速，节省减速传动机构；

（2）对于球磨机、破碎机、某些化工机械等不需要调速的低速机械，可直接选用额定转速较低的电动机，或者选择额定转速稍高的电动机，再配合传动比较小的减速机构；

（3）对调速指标要求不高的各种生产机床，可选择额定转速较高的电动机配以减速机构，或直接选用多速电动机；在可能的情况下，也可优先采用电气调速的电动机拖动系统。

（4）对调速指标要求较高的生产机械，应按生产机械的最高转速确定电动机的额定转速，并采取合适的调速方式，例如直接采用电气调速。

（5）对经常起动、制动和反转的生产机械，选择额定转速时应主要考虑缩短起、制动时间，以提高生产率。起、制动时间的长短主要取决于电动机飞轮矩和额定转速。

7.1.5 电动机形式的选择

电动机安装型式有卧式和立式。卧式安装时电动机的转轴在水平位置，立式安装时电动机的转轴垂直于地面。两种安装型式的电动机使用的轴承不同，立式价格稍高，一般情况下采用卧式安装。我国生产的卧式电动机的安装型式有 IMB3～IMB35，立式电动机的安装型式有 IMV1～IMV36。图 7-1 给出了电动机部分安装型式的示意图，其结构特点如下。

（1）IMB3 属卧式，机座有底脚，端盖上无凸缘，底脚在下，借底脚安装，如图 7-1(a)所示。

（2）IMB5 属卧式，机座无底脚，端盖上有凸缘，借传动端端盖凸缘安装，如图 7-1(b)所示。

（3）IMB35 属卧式，机座有底脚，端盖上有凸缘，底脚在下，借底脚安装，用传动端凸缘面作附加安装，如图 7-1(c)所示。

（4）IMV1 属立式，机座无底脚，传动端有凸缘，借传动端凸缘面安装，传动端向下，如图 7-1(d)所示。

（5）IMV2 属立式，机座无底脚，端盖上有凸缘，借非传动端端盖凸缘面安装，传动端向上，如图 7-1(e)所示。

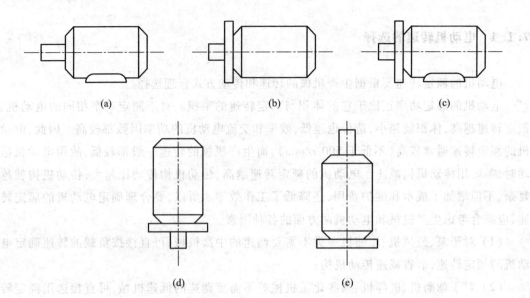

图 7-1　电动机安装型式

(a) IMB3　(b) IMB5　(c) IMB35　(d) IMV1　(e) IMV2

电动机的转轴伸出到端盖外面与负载连接的转轴部分称轴伸。每种安装型式的电动机又分为单轴伸与双轴伸两种。图 7-1 给出的电动机均为单轴伸型式的。

实际应用时要根据电动机在生产机械中的安装方式选择电动机的安装型式。大多数情况选用卧式单轴伸的电动机。

由于生产机械工作的位置和场合不同,电动机的工作环境也不一样。有的场合空气中包含不同程度的灰尘和水分,有的含有腐蚀性气体甚至易燃易爆气体,有的电动机则要求在水中或其他液体中工作。灰尘使电动机绕组黏结污垢难以散热;水、腐蚀性气体使电动机绝缘材料丧失绝缘能力;易燃易爆气体与电动机电火花接触将发生爆炸危险。因此,电动机必须根据实际环境合理选择电动机的防护形式,才能保证其安全、长期地运行下去。电动机的外形防护形式有开启式、防护式、封闭式、密封式和防爆式 5 种。应根据电动机的使用环境选择电动机的外形防护形式。

(1) 开启式电动机的定子两侧和端盖上有很大的通风口,如图 7-2(a) 所示。此类电动机散热好、价格便宜,但灰尘、水滴和铁屑等异物容易进入电动机内,只能在清洁、干燥的环境中使用。

(2) 防护式电动机的机座和端盖下放有通风口,如图 7-2(b) 所示。此类电动机散热好,能防止水滴、沙粒和铁屑等异物从斜上方落入电动机内,但不能防止潮气和粉尘浸入。因此适用于比较干燥、没有腐蚀性和爆炸性气体的环境。

(3) 封闭式电动机的机座和端盖上均无通风孔,完全是封闭的,如图 7-2(c) 所示。此类电动机能够防潮和防尘,但仅靠机座表面散热,散热条件不好。适用于多粉尘、潮湿(易受风雨)、有腐蚀性气体、易引起火灾等恶劣的环境中。

(4) 密封式电动机的封闭程度高于封闭式电动机,外部的潮气及粉尘不能进入电动机内。此类电动机适用于浸在液体中工作的生产机械。图 7-2(d)所示是一种密封式的潜水泵电动机。

（5）防爆式电动机不仅有严密的闭式结构,而且机壳有足够的机械强度和隔爆能力,如图 7-2(e)所示。当有少量爆炸性气体浸入电动机内部而发生爆炸时,电动机的机壳能够承受爆炸时的压力,火花不会窜到外部引起再爆炸。防爆式电动机适用于矿井、油库、煤气站等有易燃易爆气体的场所。

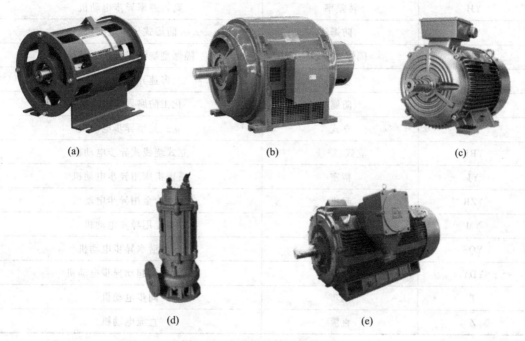

(a)   (b)   (c)

(d)   (e)

图 7-2 电动机的外形防护形式

（a）开启式 （b）防护式 （c）封闭式 （d）密封式 （e）防爆式

7.1.6 电动机工作制的选择

国产电动机按照发热与冷却情况的不同,主要分为连续工作制、短时工作制和断续工作制。

7.1.7 电动机型号的选择

电动机生产厂商为了满足各种生产机械、各种工况和不同工作使用环境的需求,生产了许多结构型式、性能水平和应用范围各异、功率按一定比例递增的系列产品,并冠以规定的产品型号。电动机型号的第一部分是用字母表示的类型代号。部分常用国产电动机的类型代号和特殊环境代号见表 7-3 和表 7-4。实际应用时,要根据前述 7.1.1~7.1.7 各项以及电动机的应用场合来选择电动机的型号。

表 7-3　部分常用国产电动机的类型代号

产品代号	特殊代号意义	产品名称
Y	—	笼型异步电动机
YR	绕	绕线式异步电动机
YQ	起动	高起动转矩异步电动机
YH	转差率	高转差率异步电动机
YB	防爆	防爆式异步电动机
YBR	隔爆、绕线	隔爆型绕线式异步电动机
YD	多速	多速异步电动机
YF	防腐	化工防腐异步电动机
YL	立式	立式笼型异步电动机
YRL	立式、绕线	立式绕线式异步电动机
YJ	精密	精密机床用异步电动机
YZR	起重	起重冶金用异步电动机
YM	木工	木工用异步电动机
YQS	潜水	井用潜水异步电动机
YDY	单相电容	单相电容起动异步电动机
T	同步	同步电动机
Z	直流	直流电动机

表 7-4　部分常用国产电动机的特殊环境代号

特殊环境	代号	特殊环境	代号
高原用	G	热带用	T
海船用	H	湿热带用	TH
户外用	W	干热带用	TA
化工防腐用	F		

7.2　电动机的发热和冷却

电动机在能量转换中,内部各处均要产生功率损耗,这些损耗包括铜损耗(电动机绕组电阻损耗)、铁损耗(电动机铁心中的磁滞和涡流损耗)及机械损耗。功率损耗的存在不仅降低了电动机的效率,影响了电动机的经济运行,而且各种能耗最终转换为热能,使电动机内部的温度升高。当电动机温度高于环境温度时,热能要通过散热部件(例如机壳、端盖和机座)、冷却介质(例如水、空气)向周围环境散热。由于电动机各部件的结构、材料不同,其热容量、传热方式和路径也不一样,这都会影响到电动机绝缘材料的使用寿命(耐热能力最差的是绕组的绝缘材料),严重时甚至会烧毁电动机。因此,有必要了解电动机的发热过程、冷却方式及其各种影响因素。

7.2.1 电动机的发热过程与温升

电动机中热源主要是绕组和铁心中的损耗,即铜损耗使绕组发热,铁损耗使铁心发热。发热引起电动机的温度升高。电动机的温度比环境温度高出的值称为温升,以 θ 表示。国家标准规定,电机运行地点的环境温度不应超过 40℃,设计电机时也规定 40℃ 为我国标准环境温度。这样,电机的最高允许温升就等于绝缘材料的最高允许温度与 40℃ 的差值。电动机绝缘材料的最高允许温度和温升见表 7-5。绝缘材料在允许限度内运行,绝缘材料的物理、化学、机械、电气等各方面的性能比较稳定,工作运行寿命一般为 20 年。

表 7-5　电动机绝缘材料的最高允许温度和温升

绝缘等级	A	E	B	F	H
最高允许温度/℃	105	120	130	155	180
最高允许温升/℃	65	80	90	115	140

一旦有了温升,电动机就要外向周围散热。温升越高,散热就越快。因此,绝缘材料的允许温度,就是电动机的允许温度,绝缘材料的寿命就是电动机的使用寿命。当电动机在单位时间内产生热量等于散发的热量时,电动机的温度不在升高,保持为稳定的温升,即电动机处于发热与散热的动态平衡状态(或称热平衡状态)。这就是温度升高的发热过渡过程。

电动机的温升不仅取决于损耗的大小,而且与电动机的运行情况和持续工作时间等因素有关。为了研究电动机发热的过渡过程,先做以下假设:

(1)电动机驱动恒定负载长期运行,负载不变,总损耗不变;

(2)电动机本体各部分的温度均匀,是一个均匀发热体,其比热、散热系数为常数;

(3)周围环境温度不变。

电动机产生的热量,一部分通过电动机表面散发出去,一部分被电动机本身吸收,使自身温度升高。设电动机单位时间产生的热量为 Q,则 dt 时间内产生的热量为 Qdt;若散热系数为 A(表示温升为 1℃ 时,每秒钟的散热量),温升为 θ,则电动机单位时间内散热的热量为 $A\theta$;若电动机的热容量为 C(温度升高 1℃ 所需的热量),dt 时间内的温升为 $d\theta$,则 dt 时间内电动机自身吸收的热容量为 $Cd\theta$。

因此,电动机产生的热量、电动机本身吸收的热量和散发的热量满足能量守恒原理,热量平衡式为

$$Qdt = Cd\theta + Adt \tag{7-1}$$

将式(7-1)进一步改写为

$$\frac{C}{A}\frac{\mathrm{d}\theta}{\mathrm{d}t}+\theta=\frac{Q}{A}$$

或

$$\tau\frac{\mathrm{d}\theta}{\mathrm{d}t}+\theta=\theta_\infty \tag{7-2}$$

式中,τ 为发热时间常数,是描述电动机温升增长速度的一个物理量,表征电动机的热惯性大小,$\tau=\dfrac{C}{A}$,θ_∞ 为发热过程温升的稳态值(稳态温升)。

τ 的大小与电动机构造尺寸以及散热条件有关,由于热容量 C 与电动机体积成正比,散热系数 A 与电动机的外表面积成正比,所以电动机体积越大,发热时间常数 τ 也越大。

式(7-2)是一个一阶线性常系数非齐次微分方程。设初始条件为 $t=0$,$\theta=\theta_0$(温升的初始值),则其解为

$$\theta=\theta_\infty+(\theta_0-\theta_\infty)\,\mathrm{e}^{-\frac{t}{\tau}} \tag{7-3}$$

式(7-3)表明了电动机发热过程的温升随时间的变化规律,相应的变化曲线如 7-3 所示。在开始发热($t=0$)时,由于温升较小,散发到周围空气中的热量较小,大部分热量被电动机吸收,温升的上升速度比较快;其后,散发出去的热量也随着温度的升高不断加大。但由于负载不变,电动机发出的热量维持不变,其吸收的热量不断减少,温升曲线趋于平缓。图 7-3 中曲线 1 表示初始温升 $\theta_0=0$ 的发热过程,曲线 2 表示初始温升 $\theta_0\neq 0$ 的发热过程。经过 $(3\sim5)\tau$,温升的自由分量 $(\theta_0-\theta_\infty)\,\mathrm{e}^{-\frac{t}{\tau}}$ 基本衰减为零,温升曲线均按指数规律变化,最终都达到稳态值 θ_∞。温升自由分量的衰减时间取决于发

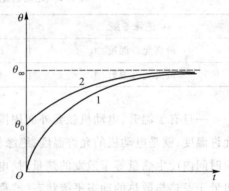

图 7-3　电动机发热过程的温升曲线

热时间常数 τ。热容量越大,发热时间常数越大,而热惯性越大;散热越快,达到平衡所需的时间越短,即发热时间常数越小。与反应机械惯性和电磁惯性的时间常数相比,发热时间常数 τ 是很大的,电动机的 τ 值约为十几分钟到几小时不等。电动机在运行中,只要电流不超过额定值,或者损耗不超过额定损耗,温升一般不会超过允许值。

7.2.2　电动机的冷却过程与冷却的方式

7.2.2.1　电动机的冷却过程

在电动机的温升达到稳态值后,如果切断电源停止运行,或者负载减少时,电动机损耗降低,内部产生的热量将减少,这是电动机冷却过程的开始。假设电动机不再工作,停止产生热量,即式(7-1)中的发热量 $Q=0$,电动机冷却过程的方程为

$$\tau \frac{\mathrm{d}\theta}{\mathrm{d}t} + \theta = 0 \qquad (7-4)$$

式中,τ 为冷却时间常数(冷却条件不变时等于发热时间常数),$\tau = \dfrac{C}{A}$。

设初始条件为 $t = 0, \theta = \theta_0$(温升的初始值),求解上述一阶线性常系数齐次微分方程,可得

$$\theta = \theta_0 \mathrm{e}^{-\frac{t}{\tau}} \qquad (7-5)$$

式(7-5)表明在电动机冷却过程中,发热减少,存储在电动机内部的热量逐渐散发出去,温升变化曲线按指数规律衰减,如图7-4中曲线1所示。停机冷却的过渡过程结束时,电动机的稳定温升为零,即 $\theta_\infty = 0$。

另一种情况,当电动机在稳态运行过程中负载减轻时,其发热量也会减少,由此将导致电动机温升的降低。此种情况下仍遵循热平衡方程(7-1),由式(7-3)求解,温升的变化规律如图7-4中曲线2所示,稳态温升 $\theta_\infty \neq 0$。显然电动机温升的升高和降低规律相同,差别是这两种过渡过程的初始值和稳态值的相对大小不同,升温时稳态温升高于初始温升,降温时稳态温升低于初始温升。电动机温升曲线也依赖于初始温升、稳态温升和时间常数三个要素。

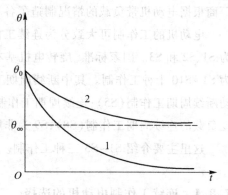

图 7-4 电动机冷却过程的温升曲线

7.2.2.2 电动机的冷却方式

电动机的冷却就是采取措施使电流产生的热量尽可能地散发出去,以达到充分利用材料、增加相同体积电动机的额定功率的目的。因此,电动机既要采取措施降低损耗提高额定效率,还需要采用等级高的绝缘材料提高允许温升,更要加大空气流通速度与散热表面积提高散热系数。例如开启式电动机散热条件比封闭式的好,散热系数大,同样尺寸的开启式电动机的额定功率比封闭式的大。

在电动机设计中,选择何种冷却方式是非常重要的。电动机常用的冷却方式有自冷式、自扇冷式和他扇冷式三种。自冷式的电动机仅依靠电动机表面的辐射和冷却介质的自然对流把内部产生的热量带走,不装设任何专门的冷却装置,散热能力较弱。一般几百瓦的小型电动机采用此种冷却方式。自扇冷式的电动机在转子装有风扇,转子转动时,利用风扇强迫空气流动,有效地带走电动机内部产生的热量,使电动机的散热能力大大提高。但在电动机低速运行时,此种散热方式散热条件会恶化。他扇冷式的电动机也用风扇进行冷却,冷却风扇是由另外的动力装置独立驱动,而不是由电动机自身驱动的。

7.3　电动机工作制的分类

　　在电动机运行时,温升高低不仅与负载的大小有关,而且还与负载的持续时间相关。同一台电动机,如果工作时间长短不同,其温升就不同,那么它能承担的负载功率也不同。电动机运行时间短,温升低;相反,温升高。而电动机工作时间的长短,取决于机械负载的工作方式。机械负载有长时连续工作方式、短时工作方式和各种周期工作方式,为此,电动生产厂商根据电动机带负载的情况制造了各种工作制的电动机,以满足机械负载的不同需求。

　　电动机的工作制可大致分为连续工作制、短时工作制和断续周期工作制三种,分别标记为 S1、S2 和 S3。国家标准《旋转电机基本技术要求》(GB/T755-1987)把电动机的工作制分为 S1~S10 十种工作制。其中断续周期工作制(S3),包括起动断续周期工作制(S4)和电制动断续周期工作制(S5);连续周期工作制(S6),包括电制动的连续周期工作制(S7)和变速变负载的连续周期工作制(S8);S9 为非周期变化工作制;S10 为离散恒定负载工作制。

　　这里主要介绍 S1~S3 三种工作制。

7.3.1　连续工作制电动机的选择

　　连续工作制也称为长期工作,是指电动机按铭牌定额长期连续运行,而电动机温升不会超过绝缘材料的允许值。即电动机带额定负载长期运行时,电动机的温升不会超过铭牌上表明的温升最大允许值。这类电动机的运行时间很长,其工作时间 $t_r > (3~5)\tau$,可达几小时甚至几昼夜。电动机发热的过渡过程在工作时间内能够结束,即温升在运行期间已经达到稳态值。铭牌上没有标注工作制的电动机都属于连续工作制的电动机。例如通风机、水泵、造纸机、纺织机、机床主轴驱动等生产机械均属于连续工作方式,应该选用连续工作制的电动机驱动。适用于连续工作制的电动机有 Y、Y_2 系列三相笼型异步电动机。

　　在连续工作方式下,当电动机输出一定的功率时,其温升将到达一个与负载大小相对应的稳态值,如图 7-5 所示。

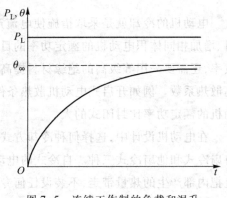

图 7-5　连续工作制的负载和温升

7.3.2　短时工作制电动机的选择

　　短时工作制是指电动机拖动恒定负载运行时间 t_r 较短,即运行时间小于其发热的过渡过程时间,使运行期内温升所到达的最大值 θ_{max} 小于稳态值 θ_∞;而停机时间 t_0 又相对较长,在停机时间内,电动机的温升会下降到零,即温度降到周围环境的温度。短时工作制电动机的负载和温升曲线如图 7-6 所示。例如机床辅助运动机构、YZ 和 YZR 系列冶金辅助机械、YDF 系列电动阀门、水闸闸门启闭机等生产机械均属于短时工作方式,应该用短时工作制的电动机驱动。

电动机工作时,负载持续时间的长短对其发热和温升影响很大。由图 7-6 可见,如果把结束时的温升 θ_{max} 设计为绝缘材料允许的最高温升,则该电动机带同样负载 P_L 连续运行时,其稳态温升将超过绝缘材料的允许温升 θ_{∞},烧坏绝缘材料,缩短使用寿命。国家规定电动机的标准短时工作制时间有 10 min、30 min、60 min、90 min 四种。例如 $S_2 - 30$ min 表示短时工作时限为 30 min。

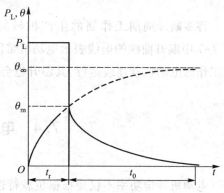

图 7-6 短时工作制电动机的负载和温升

7.3.3 断续周期工作制电动机的选择

断续周期工作制又称为周期性断续工作制,是指电动机按一系列相同的工作周期运行,带恒定负载运行时间 t_r 和断电停机时间 t_0 轮流交替,由于两段时间都比较短,在运行期间电动机的温升升高达不到稳态值;而在停机期间电动机的温升下降,也降不到环境温度。每经过一次运行与停机过程,即为一个周期($t_r + t_0$),一般小于 10 min。在最初运行的几个周期内,电动机的温升都经历一次升降,但电动机温升总体有所提高;经历若干个周期后,当每个周期内电动机的发热量等于散热量时,温升将在某一小范围内上下波动。断续周期工作制电动机的负载和温升曲线如图 7-7 所示。断续周期工作制的电动机具有起动能力强、过载倍数大、传动惯量较小、机械强度高等特点。例如,起重机、电梯、扎钢辅助机械(如辊道、压下装置)和某些自动机床的工作机构等生产机械均属于断续周期工作方式,应该选用断续周期工作制的电动机驱动。国家标准规定的标准负载持续率有 15%、25%、40%、60% 四种。

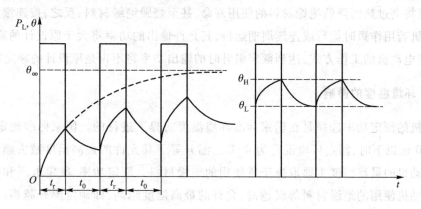

图 7-7 断续周期工作制电动机的负载和温升

在断续周期工作制中,每个工作周期内负载工作时间与整个周期之比称为负载持续率,用 FS 表示,即

$$FS = \frac{t_r}{t_r + t_0} \times 100\% \tag{7-6}$$

许多断续周期工作制的生产机械的工作周期并不严格,负载持续率是一个统计值。图 7-7 中温升曲线的虚线表示电动机带同样大小负载 P_L 连续工作时的温升。可见,断续周期工作的电动机若连续运行,其温升也会超过正常设计值 θ_{max},造成电动机过热。

7.4　电动机功率的选择

电动机额定功率不仅要根据负载特性和运行要求合理选配,而且还要进行温升、过载能力甚至起动能力的校验,它是一个比较重要且复杂的问题。本节在介绍电动机允许输出功率的概念的基础上,确定电动机额定功率的计算方法。

7.4.1　电动机的允许输出功率

电动机的额定功率是指在规定的工作制、规定的环境温度以及规定的海拔高度情况下,温升达到额定温升的额定工作状态时所需的功率。当电动机的使用条件变化时,电动机所允许输出的功率将不再是额定功率。电动机所允许输出的功率将受到工作制、环境温度和海拔等多个因素的影响。

7.4.1.1　工作制的影响

各种工作制电动机的额定功率都是指额定状态下运行时,其稳态温升等于额定温升时的允许输出功率。按短时工作制或断续周期工作制设计的电动机若作连续运行,在保持输出功率为原设计的额定功率时,电动机的最高温升将超过其额定温升。若不减少其输出功率,电动机将会过热而降低绝缘材料的使用寿命,甚至烧毁绝缘材料;反之,按连续工作制设计的电动机若用作短时运行或连续周期运行,其允许输出的功率将大于原设计的额定功率。因此,改变电动机的工作方式,达到额定温升时的输出功率将不再是原设计的额定功率。

7.4.1.2　环境温度的影响

电动机的额定功率选择是在国家标准环境温度前提下进行的。国家标准规定,海拔高度在 1 000 m 以下时,额定环境温升为 40℃。温升等于其允许的最高温度减去额定环境温度。而电动机的最高温度主要取决于所使用的绝缘材料。额定功率、额定电压和额定转速相同的电动机使用的绝缘材料等级越高,允许的最高温度越高,即额定温升越高。因此,为了充分利用电动机的容量,应对长年环境温度偏高或偏低的电动机进行额定功率修正。当

电动机的环境温度高于 40℃ 时,电动机允许输出的功率将小于其额定功率;否则将大于其额定功率。

电动机允许输出的功率 P_2 可按下式进行修正:

$$P_2 = P_N \sqrt{1+(1+\alpha)\frac{40-\theta}{\theta_N}} \qquad (7-7)$$

式中,θ_N 为环境温度为 40℃ 时的额定温升,即 $\theta_N = \theta_{max} - 40℃$;$\theta$ 为电动机的实际环境温度;α 为电动机满载时的铁损耗与铜损耗之比,$\alpha = \dfrac{p_{Fe}}{p_{Cu}}$。

例 7-1　一台 130 kW 连续工作制的三相异步电动机,如果长期在 70℃ 环境温度下运行,已知电动机的绝缘材料等级为 B 级,额定负载时铁损耗与铜损耗之比为 0.9。试求该电动机在高温环境下的实际允许输出功率。

解　B 级绝缘材料的最高温度为 130℃,则额定温升为 90℃,故电动机的实际允许输出功率为

$$P_2 = P_N \sqrt{1+(1+\alpha)\frac{40-\theta}{\theta_N}}$$

$$= \left[130 \times \sqrt{1+(1+0.9)\frac{40-70}{90}} \right] \text{kW}$$

$$= 78.72 \text{ kW}$$

在实践中,可还粗略地按表 7-6 对电动机允许输出的功率 P_2 进行修正。

表 7-6　不同环境温度下电动机允许输出的功率的修正系数

环境温度/℃	30	35	40	45	50	55
修正系数	+8%	+5%	0	−5%	−12.5%	−25%

7.4.1.3　海拔的影响

工作环境对电动机的允许输出的功率也有影响。海拔越高,气温降低越多,但由于空气越稀薄,散热条件越困难,因此规定,电动机使用地点海拔不超过 1 000 m 时,额定功率不必修正;电动机使用地点海拔超过 1 000 m 时,其允许输出的功率应该小于原设计的额定功率。

7.4.2　连续工作制电动机额定功率的选择

拖动连续工作方式的机械负载时,电动机应该选择连续工作制的电动机。电动机额定功率的确定与所拖动的负载情况有关。机械负载按负载大小是否变化可分为恒定负载与变化负载。恒定负载是指电动机在运行中,所拖动的负载大小基本保持不变;变化负载是指电动机所拖动的负载大小在改变,多数是按周期变化的,或者统计起来有周期性。因此这两种

情况下电动机额定功率的选择方法是不同的。

7.4.2.1 恒定负载电动机额定功率的选择

确定负载的功率是选择电动机额定功率的依据。恒定负载电动机额定功率的选择首先需要计算负载功率 P_L。由于生产机械的工作机构形式多样,负载功率的计算方法各有不同,所以需要具体问题具体分析。然后根据负载功率预选电动机的额定功率 P_N。满足负载要求的前提下,电动机的功率越小越经济。一般取 $P_N \geqslant P_L$,且保证电动机的稳定温升不超过电动机允许温升。最后校验所选的电动机,电动机的校验包括发热、过载能力校验和起动能力校验。

(1) 发热校验。通常连续工作制的电动机都是按恒定负载设计的,因此,只要电动机的负载功率 P_L 不超过其额定功率 P_N,其温升就不会超过额定值,故不需要进行发热校验。虽然电动机的起动电流较大,但由于起动时间短,对温升影响不大,也可以不予考虑。

(2) 过载能力校验。过载能力指电动机负载运行时,可以在短时内出现的电流或转矩过载的允许倍数,不同类型电动机的过载倍数是不同的。电动机的过载能力一般用过载能力倍数 k_m 来表示。对于直流电动机而言,限制其过载能力的是换向问题,因此其过载倍数就是允许最大电枢电流 I_{max} 与额定电枢电流 I_N 之比,一般 $k_{mi} = 1.5 \sim 2$;起重及冶金机械用的直流电动机 k_m 在 2.7 以上。对于异步电动机而言,过载倍数就是最大电磁转矩 T_{max} 与额定电磁转矩 T_N 之比,$k_m = 1.6 \sim 2.5$;起重、冶金机械用的异步电动机 $k_m = 2.7 \sim 3.7$;同步电动机 $k_m = 2$。对交流电动机进行过载能力校验时,还需考虑交流电网电压可能向下波动 10% ~ 15%,将引起最大电磁转矩的下降问题。因此,通常按 $T_{max} = 0.81 k_m T_N > T_L$ 来校验。

(3) 起动能力校验。如果选用笼型三相异步电动机,还需校验其起动能力。也就是要求所选电动机的起动转矩 $T_{st} = k_{st} T_N$ 必须大于起动时的负载转矩,同时还要考虑起动电流 $I_{st} = k_{sti} I_N$ 是否超过规定值。如果不满足,则重新选择电动机。笼型三相异步电动机的 $k_{st} = 1.2 \sim 2.3$,起重及冶金机械用的三相异步电动机 $k_{st} = 1.2 \sim 3$。

如果发热校验、过载能力校验和起动能力校验有一项不合格,必须重新选择电动机并重新校验;如果都通过了,电动机功率就确定了。当然对于恒定负载而言,过载能力不用校验。

例 7-2 一台电动机直接拖动的离心水泵,流量 $Q = 0.144 \text{ m}^2/\text{s}$,扬程 $H = 37.7 \text{ m}$,转速 1 460 r/min。泵的效率为 $\eta_b = 79.8\%$,试选择电动机的额定功率。

解 (1) 泵类机械作用在电动机轴上的等效负载为

$$P_L = \frac{QH\rho g}{\eta_b \eta_c} \times 10^{-3}$$

式中,ρ 为水的密度,$\rho = 1\ 000 \text{ kg/m}^3$;$\eta_c$ 为传动机构的效率,直接拖动的传动效率可取 $\eta_c = 1$。

代入已知数据求得电动机轴上的负载功率为

$$P_L = \frac{QH\rho g}{\eta_b \eta_c} \times 10^{-3} = \frac{0.144 \times 37.7 \times 1\ 000 \times 9.81}{0.798 \times 1} \times 10^{-3} \text{ kW} = 66.74 \text{ kW}$$

(2) 选择 $P_N \geqslant 66.74 \text{ kW}$ 的电动机即可。例如选取 $P_N = 75 \text{ W}, n_N = 1\ 480 \text{ r/min}$ 的

Y280 S-4 型三相异步电动机。

（3）水泵属于通风机负载特性类的生产机械,故电动机的起动能力和过载能力都不会有问题,不必校验。

7.4.2.2　变化负载电动机额定功率的选择

电动机运行过程中负载不断发生变化,机械负载的变化大都具有一定的周期性,或者通过统计分析的方法将其大体看成是周期性变化的。这样经过一段时间后,在一个周期内电动机的稳定发热不会随负载变化有太多的波动。这种情况下预选的电动机额定功率及校验和恒定负载时的有所不同。变化负载下的电动机选择额定功率的步骤是:先根据各时间段的负载功率,绘制生产机械的负载曲线,如图 7-8 所示,然后计算出各时间段的负载功率和计算平均负载功率。

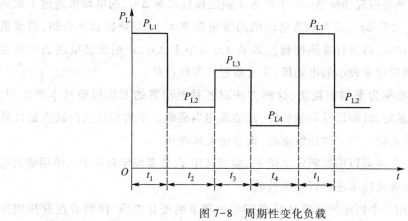

图 7-8　周期性变化负载

图 7-8 中,在负载变化一个重复周期内,有若干个时间段 $t_1, t_2, t_3, \cdots, t_n$,时间段总和为 t_z,每段时间所对应的负载功率为 $P_{L1}, P_{L2}, P_{L3}, \cdots, P_{Ln}$,则平均负载功率为

$$P_L = \frac{P_{L1}t_1 + P_{L2}t_2 + P_{L3}t_3 + \cdots + P_{Ln}t_n}{t_1 + t_2 + t_3 + \cdots + t_n} = \frac{\sum P_{Li}t_i}{t_z} \tag{7-8}$$

预选电动机的额定功率。由于负载变化将引起电动机的过渡过程,按式(7-8)计算出的平均负载功率只能间接反映电动机稳态运行的发热情况,不能反映过渡过程中能量损耗所引起的发热,因此电动机的额定功率应该大于平均负载功率,一般按下式预选电动机的额定功率:

$$P_N = (1.1 \sim 1.6)P_L \tag{7-9}$$

如果一个工作周期中,负载变化次数较多,所引起的过渡过程次数也较多,则过渡过程对电动机的发热影响较大,此时式(7-9)中的系数应取较大数值。电动机额定功率预选后,与恒定负载电动机额定功率的选择一样,再进行发热、过载能力和起动能力校验。

（1）发热校验。电动机的额定功率预选后,首先要进行发热校验,校验电动机的温升是否超过额定温升。由于发热是损耗引起的,如果能求出实际运行时每个周期的平均损耗功率,再与电动机的额定损耗功率比较,就可得知电动机的温升是否超过额定温升。

假设已知所选电动机的效率 $\eta = f(P_2)$ 曲线,则可根据预选电动机的功率负载图(例如图 7-8)求得电动机的额定损耗功率 Δp_N 以及一个周期中各时间段的损耗 Δp_{Li},即

$$\Delta p_N = \frac{P_N}{\eta_N} - P_N \tag{7-10}$$

$$\Delta p_{Li} = \frac{P_{Li}}{\eta_{Li}} - P_{Li} \tag{7-11}$$

式中,P_{Li} 为第 i 段电动机的输出功率;η_i 为输出功率为 P_{Li} 时电动机的效率。

电动机的平均损耗功率为

$$\Delta p_L = \frac{\Delta p_{L1} t_1 + \Delta p_{L2} t_2 + \Delta p_{L3} t_3 + \cdots + \Delta p_{Ln} t_n}{t_1 + t_2 + t_3 + \cdots + t_n} = \frac{\sum \Delta p_{Li} t_i}{t_z} \tag{7-12}$$

如果计算结果为平均损耗功率 Δp_L 小于或等于额定损耗功率 Δp_N,则电动机通过了发热校验。相反,如果 Δp_L 大于 Δp_N,说明预选电动机的额定功率太小,发热校验不合格,需要重选额定功率较大的电动机,再进行发热校验。如果 Δp_L 远小于 Δp_N,说明预选电动机的额定功率太大,需要改选额定功率较小的电动机,并重新进行发热校验。

这种发热校验方法称为平均损耗法,这种方法对各种电动机的发热校验基本都适用。特别是在每个时间段越短,时间段总和越长时,其结果相当准确。平均损耗法的缺点是计算步骤较为烦琐,在缺少电动机效率曲线数据时,该方法无法应用。

在一些特殊情况下,还可以根据额定电流 I_N、额定转矩 T_N 或者额定功率 P_N,使用等效电流法、等效转矩或者等效功率法进行发热校验。

等效电流法是指用一个恒定的电流代替在变化负载下的变化电流,使两者在发热程度上等效。当预选的电动机在变化负载下的等效电流小于或等于其额定电流时,就认为预选电动机的额定功率是合适的,否则需要重新选择。比较等效电流与额定电流的大小就相当于比较平均损耗和额定损耗的大小。由于变化负载下的电动机在任何一段的总损耗都可以分解为铁损耗和铜损耗,一般近似认为铁损耗与负载大小无关,为一个常数;铜损耗则与该时间段内的电流成正比。因此可以说,等效电流法是由平均损耗法推导出来的。需要注意的是,在实际应用等效电流法时,要事先画出电动机的电流负载图。电流负载图从功率负载图换算得到,但还需要电动机的效率曲线,否则此方法仍然不适用。

等效转矩法是用一个恒定转矩代替在变化负载下的变化转矩,让两者在发热程度上是等效的。由于电动机电流与转矩成正比,可直接由等效电流得出等效转矩。也就是说,根据生产机械转矩负载图画出预选电动机的转矩负载图,就能计算出等效转矩。当预选的电动机在变化负载下的等效转矩小于或等于其额定转矩时,就认为预选电动机的额定功率是合适的,否则需要重新选择。等效转矩法适用于恒励磁的他励直流电动机,或负载接近额定值、功率因数变化不大的异步电动机。所以,等效转矩法的条件是电动机转矩必须与电流成正比。

等效功率法是用一个恒定功率代替在变化负载下的变化功率,让两者在发热程度上是

等效的。当电动机的转速等于常数时,其功率正比于转矩。只要根据生产机械的功率负载图画出预选电动机的功率负载图,就能计算出等效功率。当预选的电动机在变化负载下的等效功率小于或等于其额定功率时,就认为预选电动机的额定功率是合适的,否则需要重新选择。应用等效功率法时,应注意电动机的转速是恒定的。否则,将会产生很大的误差。

(2) 过载能力和起动能力校验。由于负载是变化的,所以必须进行过载能力校验。选用直流电动机时需要保证最大负载时的电枢电流小于电动机最大允许的电枢电流。选用交流电动机时需保证最大电磁转矩大于最大负载转矩,即 $T_{max} > T_{Lmax}$。如果校验不通过,应重新预选电动机,重新进行校验,直到通过为止。如果选用的是三相笼型异步电动机,还需要进行起动能力校验。

例 7-3　某生产机械的负载曲线如图 7-8 所示,已知 $P_{L1} = 7.2$ kW, $t_1 = 1.5$ min, $P_{L2} = 5.5$ kW, $t_2 = 2$ min, $P_{L3} = 14.5$ kW, $t_3 = 1.1$ min, $P_{L4} = 4.8$ kW, $t_4 = 1.8$ min。转速为 1 440 r/min,起动转矩为 100 N·m。试用 Y123 M-4 异步电动机拖动,已知电动机额定值为 $P_N = 7.5$ kW, $n_N = 1 440$ r/min, $\cos \varphi = 0.85$, $k_{st} = 2.2$, $k_m = 2.2$, $k_{sti} = 7$,电动机效率见表 7-7。试校验是否能使用该电动机。

表 7-7　Y123 M-4 异步电动机效率

输出功率 P_2/kW	3.7	4.0	4.3	4.9	5.5	6.2	6.7	7.2	7.5	8.2	10	15
效率 η	0.852	0.855	0.857	0.861	0.863	0.862	0.859	0.856	0.855	0.850	0.843	0.837

解　(1) 平均负载功率为

$$P_L = \frac{P_{L1}t_1 + P_{L2}t_2 + P_{L3}t_3 + P_{L4}t_4}{t_1 + t_2 + t_3 + t_4}$$

$$= \frac{7.2 \times 1.5 + 5.5 \times 2 + 14.5 \times 1.1 + 4.8 \times 1.8}{1.5 + 2 + 1.1 + 1.8} \text{ kW}$$

$$= 7.248 \text{ kW}$$

可见, $P_N > P_L$,即现有电动机的功率合格。

(2) 发热校验。电动机的额定损耗为

$$\Delta p_N = \frac{P_N}{\eta_N} - P_N = \left(\frac{7.5}{0.855} - 7.5\right) \text{ kW} = 1.272 \text{ kW}$$

由表 7-7 可见,效率在较大范围内变化不大,故当实际负载功率与表中功率不等时,取相近的功率所对应的效率来计算,故电动机在各时间段的功率损耗为

$$\Delta p_{L1} = \frac{P_{L1}}{\eta_{L1}} - P_{L1} = \left(\frac{7.2}{0.856} - 7.2\right) \text{ kW} = 1.211 \text{ kW}$$

$$\Delta p_{L2} = \frac{P_{L2}}{\eta_{L2}} - P_{L2} = \left(\frac{5.5}{0.863} - 5.5\right) \text{ kW} = 0.873 \text{ kW}$$

$$\Delta p_{L3} = \frac{P_{L3}}{\eta_{L3}} - P_{L3} = \left(\frac{14.5}{0.837} - 14.5\right) \text{ kW} = 2.824 \text{ kW}$$

$$\Delta p_{L4} = \frac{P_{L4}}{\eta_{L4}} - P_{L4} = \left(\frac{4.8}{0.861} - 4.8\right) \text{ kW} = 0.775 \text{ kW}$$

电动机的平均损耗功率为

$$\Delta p_L = \frac{\Delta p_{L1} t_1 + \Delta p_{L2} t_2 + \Delta p_{L3} t_3 + \Delta p_{L4} t_4}{t_1 + t_2 + t_3 + t_4}$$

$$= \frac{1.211 \times 1.5 + 0.873 \times 2 + 2.824 \times 1.1 + 0.775 \times 1.8}{1.5 + 2 + 1.1 + 1.8} \text{ kW}$$

$$= 1.26 \text{ kW}$$

由于 $\Delta p_L < \Delta p_N$,故发热校验通过。

(3) 过载能力和起动能力校验。因为电动机为硬特性,各种功率时的转速变化较小,因此,可直接用功率校验过载能力,即电动机的最大输出功率为

$$P_{2\max} = k_m P_N = 2.2 \times 7.5 \text{ kW} = 16.5 \text{ kW}$$

由于 $P_{2\max} > P_{L\max}$,故过载能力校验通过。

电动机的额定输出转矩为

$$T_N = 9\,550\,\frac{P_N}{n_N} = 9\,550 \times \frac{7.5}{1\,440} \text{ N} \cdot \text{m} = 49.74 \text{ N} \cdot \text{m}$$

起动转矩为

$$T_{st} = k_{st} T_N = 2.2 \times 49.74 \text{ N} \cdot \text{m} = 109.43 \text{ N} \cdot \text{m}$$

由于 $T_{st} > T_{Lst} = 100 \text{ N} \cdot \text{m}$,故起动能力校验通过。

综上所述,现有的电动机能够用于拖动该生产机械。

7.4.2.3　起动、制动及停机过程的平均损耗功率的修正

如果一个工作周期内的负载变化包括起动、制动和停机过程,只要停机时间较短,负载持续率超过 70%,则电动机仍属于连续运行工作方式。在采用自扇式冷却电动机时,应该考虑到低速运行或停机条件下的散热条件的变差问题,最终造成实际温升提高的影响。工程上,采用对平均损耗功率公式(7-12)进行修正的方法来反映这种散热条件变差所造成的影响。

假设一个工作周期包括 n 个时间段,其中 t_1 是起动时间,t_{n-1} 是制动时间,t_n 是停机时间。给 t_1、t_{n-1} 和 t_n 分别乘以小于 1 的系数 β 和 γ,平均损耗功率修正公式为

$$\Delta p_L = \frac{\Delta p_{L1} t_1 + \Delta p_{L2} t_2 + \cdots + \Delta p_{L(n-1)} t_{n-1}}{\beta t_1 + t_2 + \cdots + \beta t_{n-1} + \gamma t_n} \tag{7-13}$$

此式使平均损耗功率有所增大。不同电动机,系数 β 和 γ 的取值不同。对于异步电动机有 $\beta = 0.5$,$\gamma = 0.25$;对于直流电动机有 $\beta = 0.75$,$\gamma = 0.5$。

7.4.3 短时工作制电动机额定功率的选择

短时工作制电动机额定功率的选择与连续工作制电动机功率的选择不一样,原因是短时工作制电动机的发热情况与连续工作制发热情况有区别。拖动短时工作方式的机械时,应首选短时工作制的电动机。在没有专用电动机时,也可选用连续工作制或断续周期工作制的电动机。

7.4.3.1 选用短时工作制电动机

对短时工作制电动机额定功率进行选择时,如果负载的工作时间与短时工作制电动机的标准工作时间相等,先计算电动机的负载功率 P_L。如果短时工作的负载功率 P_L 恒定,只要使电动机额定功率 P_N 大于或等于负载功率 P_L 即可;如果负载功率 P_L 是变化的,可以用平均损耗法计算出等效功率,然后按照等效功率小于电动机额定功率进行选择。如果负载的工作时间与短时工作制电动机的标准工作时间不相等,则需按发热和温升等效的原则把负载功率折算成标准时间下的等效负载功率 P_{LN}。折算公式为

$$P_{LN} = \frac{P_L}{\sqrt{\dfrac{t_{rN}}{t_r} + \alpha\left(\dfrac{t_{rN}}{t_r} - 1\right)}} \tag{7-14}$$

式中,t_{rN} 为短时工作制电动机的标准工作时间;t_r 为电动机的实际工作时间;α 为电动机满载时的铁损耗与铜损耗之比。

如果 t_r 与 t_{rN} 相差不大,t_r 可以约等于 t_{rN},式(7-14)便简化为

$$P_{LN} = P_L \sqrt{\frac{t_r}{t_{rN}}} \tag{7-15}$$

显然,$\sqrt{\dfrac{t_r}{t_{rN}}}$ 是折算因数。当短时工作制电动机的实际工作时间 t_r 大于该电动机标准短时工作时间 t_{rN} 时,折算因数大于 1;当短时工作制电动机的实际工作时间 t_r 小于该电动机标准短时工作时间 t_{rN} 时,折算因数小于 1。

预选电动机的额定功率 P_N,使得选择电动机的额定功率 P_N 大于标准时间下的等效负载功率 P_{LN}。最后校验所选电动机。由于折算系数本身就是从发热和温升等效中推导出来的,所以经过向标准工作时间折算后,预选电动机必定能通过温升,另外,短时工作制的电动机一般有较大的过载倍数与起动转矩,对于使用短时工作制电动机拖动短时运行的恒定负载的情况,不需要进行发热和过载能力校验。所以对笼型异步电动机而言,只需进行起动能力的校验。

例 7-4　某生产机械为短时运行方式,输出功率 $P_o = 22\ \text{kW}$,$\eta_L = 78\%$,每次工作时间 17 min 后停机,而停机时间足够长。试选择拖动电动机的额定功率。

解 电动机轴上的负载为

$$P_L = \frac{P_o}{\eta_L} = \frac{22}{0.78} \text{ kW} = 28.21 \text{ kW}$$

选择标准运行时间为 15 min 的短时工作制电动机,折算成标准运行时间下电动机轴上的等效负载功率为

$$P_{LN} = P_L \sqrt{\frac{t_r}{t_{rN}}} = 28.21 \times \sqrt{\frac{17}{15}} \text{ kW} = 30.03 \text{ kW}$$

故选择额定功率大于 30.03 kW 的短时工作制电动机。

7.4.3.2 选用连续工作制的电动机

连续工作制电动机的额定功率是按长期运行设计的,若将连续工作制电动机用于短时工作制情况下运行,从发热与温升等效以及充分利用电动机等方面考虑,所选择的电动机允许输出的功率将大于原设计的额定功率,故应使短时工作时间内电动机的温升恰好达到电动机带额定负载连续工作时的稳定温升。

连续工作制电动机额定功率的选择首先也是计算电动机的负载功率 P_L。将短时工作的负载功率折算成连续工作的等效负载功率 P_{LN}。折算公式为

$$P_{LN} = P_L \sqrt{\frac{1 - e^{-\frac{t_r}{\tau}}}{1 + \alpha e^{-\frac{t_r}{\tau}}}} \tag{7-16}$$

预选电动机的额定功率 P_N,使选择电动机的额定功率 P_N 大于或等于连续工作时的等效负载功率 P_{LN}。由于达到温升要求,故不需要进行发热检验。但是,因为连续工作制电动机用于短时运行时,电动机的额定功率 P_N 将小于短时工作时所带的负载功率 P_L。此时,电动机的最大转矩 T_{max} 可能会小于负载转矩 T_L,必须进行过载能力校验。对笼型异步电动机来说,还应进行起动能力的校验。

额定功率一定的连续工作制电动机用于短时工作制工作时,工作时间越短,它能输出的功率越大。如果电动机的实际工作时间极短,$t_r < (0.3 \sim 0.4)\tau$,按式(7-16)求得的连续工作时的等效负载功率 P_{LN} 将远小于短时工作时所带的负载功率 P_L。此时发热问题已经成为次要问题,而过载能力和起动能力(对笼型异步电动机而言)成了决定电动机额定功率的主要因素,电动机最大转矩可能小于负载转矩。因此,不必进行发热校验,可以直接按照满足过载倍数和起动转矩的要求来选择电动机的额定功率。例如,机床横梁的夹紧电动机或刀架移动电动机等,t_r 一般小于 2 min,而 τ 一般大于 15 min。

7.4.3.3 选用断续周期工作制的电动机

在没有短时工作制电动机的情况下,可以选用断续周期工作制的电动机用于短时工作制电动机运行。从发热与温升等效的角度考虑,应将断续周期工作制的电动机的标准持续率和短时工作制电动机的标准工作时间相对应,也就是把断续周期工作制的电动机的标准

持续率 FS 折算成短时工作制电动机的标准工作时间 t_{rN}。FS 与 t_{rN} 的对应关系为:FS 为 15% 相当于 t_r 为 30 min;FS 为 25% 相当于 t_r 为 60 min;FS 为 40% 相当于 t_r 为 90 min。然后按照短时工作制电动机额定功率的方法进行选用。

7.4.4 断续周期工作制电动机额定功率的选择

断续周期工作制电动机与短时工作制电动机相似,其额定功率 P_N 与铭牌上标注的标准负载持续率 FS 值相对应,对同一台电动机而言,FS 值越低,允许输出的功率越大。

拖动断续周期工作方式的机械负载时,首选断续周期工作制电动机,也可选用连续工作制或短时工作制的电动机。断续周期工作制电动机额定功率的选择首先需要计算电动机的负载功率 P_L 和实际负载持续率 FS。如果实际负载持续率 FS 与断续周期工作制电动机的标准负载持续率 FS_N 相等,负载恒定时,可直接根据负载功率 P_L 的大小选取电动机的额定功率 P_N;负载变化时,可以用平均损耗法校验电动机的发热与温升,由于其值已经考虑了断电停机时间,故不再计入断电停机时间。如果实际负载持续率 FS 与断续周期工作制电动机的标准负载持续率 FS_N 不相等,则需按发热和温升等效的原则把负载折算成标准持续率下的等效负载功率 P_{LN}。折算公式为

$$P_{LN} = \frac{P_L}{\sqrt{\dfrac{FS_N}{FS} + \alpha\left(\dfrac{FS_N}{FS} - 1\right)}} \tag{7-17}$$

如果 FS 与 FS_N 相差不大,FS 可以约等于 FS_N,式(7-17)也可以简化为

$$P_{LN} = P_L \sqrt{\frac{FS}{FS_N}} \tag{7-18}$$

预选电动机的额定功率 P_N,使选用电动机的额定功率 P_N 大于或等于标准持续率下的等效负载功率 P_{LN}。不需要进行发热校验。对笼型异步电动机而言,应该进行过载能力与起动能力的校验。

断续周期工作制电动机是专门为断续周期工作制的生产机械设计的,因此对此类生产机械一般不选其他工作制电动机。但是如果没有现成断续周期工作制电动机,也可以用连续工作制和短时工作制电动机来代替。一般实际负载持续率 FS 小于 10% 时,可按短时工作制选择电动机,其相对应关系见 FS 与 t_{rN} 的对应关系;如果实际负载持续率 $FS > 70\%$,则可按连续工作制选择电动机。若工作周期很短,$t_r + t_0 < 2$ min,而且电动机的起动、制动或正、反转相当频繁,此时必须考虑起、制动电流对温升的影响,所以电动机的额定功率应该选大点。

例 7-5 某生产机械断续周期性地工作,工作时间为 120 s,停机时间为 300 s,作用在电动机轴上的负载转矩 $T_L = 45$ N·m,$n_L = 1\ 425$ r/min,试选择电动机的额定功率。

解 电动机的负载功率为

$$P_L = T_L \Omega_L = T_L \frac{2\pi n_L}{60} = 45 \times \frac{2\pi \times 1\ 425}{60}\ \text{kW} = 6.7\ \text{kW}$$

电动机的实际负载持续率为

$$FS = \frac{t_r}{t_r+t_0} = \frac{120}{120+300} \times 100\% = 28.6\%$$

选择标准负载持续率为 25% 的断续周期工作制电动机,折算成标准持续率下电动机轴上的等效负载功率 P_{LN} 为

$$P_{LN} = P_N\sqrt{\frac{FS}{FS_N}} = 6.7 \times \sqrt{\frac{28.6\%}{25\%}} \text{ kW} = 7.17 \text{ kW}$$

故应选择额定功率大于 7.17 kW 的断续周期工作制电动机。

*7.5 现代农业生产中电机控制系统

相对于传统农业而言,现代农业是广泛应用现代科学技术、现代工业提供的生产资料和科学管理方法进行的社会化农业,属于农业的最新阶段。

现代机器体系的形成和农业机器的广泛应用,使农业由手工畜力农具生产转变为机器生产,如技术经济性能优良的拖拉机、耕耘机、联合收割机、农用汽车、农用飞机以及林、牧、渔业中的各种机器,成为农业的主要生产工具,使投入农业的能源显著增加,电子、原子能、激光、遥感技术以及人造卫星等也开始运用于农业。

现将部分现代农业领域的电机控制技术介绍如下。

7.5.1 节水灌溉控制技术

在灌溉区,由于作物的种植结构和种植时间不同,灌水时间、灌水定额及整个灌溉区域的需水量均可视为随机的,但在灌溉时所需的压力是一定的,属于恒压变流供水。故在供水系统的设计与运行中,通常以需水流量和压力为控制对象。图 7-9 为某节水灌溉区。

图 7-9 节水灌溉区

在供水系统中,通常是以流量为控制对象的。常见的控制方法有阀门控制法和转速控制法两种,采用变频调速的供水系统属于转速控制法。转速控制法是通过改变水泵的转速来调节流量,而阀门的开度保持不变。该方法实质是通过改变水流的势能来改变流量,所以当水泵的转速改变时,扬程特性将随之改变,而管阻特性则不变。

控制系统组成。井的变频由一台计算机控制,组成一套系统。系统主要由上位机、下位机、变频器等组成。上位机主要是对整个系统进行监视,对各种实时状态进行记录、存储,并根据操作者的要求,在画面上显示出所需要的运行参数。PCL实现对系统的运行数据进行采集、运算及处理,同时根据需要将相关的操作命令发给执行机构,对系统运行状态进行控制。变频器主要是根据现场的需要,由PCL发出指令,实现对电机的变频调节,达到调速的目的。电动执行机构实现对供水流量和压力的控制及系统的自动保护,以保证系统的安全、正常运行。

控制系统实现。水泵压力与流量的关系(即扬程特性)曲线是以水泵转速为参数的一簇抛物线,对于不同的电机转速,其特性曲线不同,转速降低特性曲线向下平移,同一流量下的压力值降低。在给定的压力范围内,通过调节水泵的转速,总能找到一簇扬程特性曲线,其流量满足需水要求。因此可以通过测试水泵出口的压力,调节电机的转速,使压力(扬程)与流量满足用户要求。

节水灌溉控制技术的特点:由于实现了自动控制,避免了人工操作,同时也避免了电机的频繁启动,节省了启动电量,延长了系统的使用寿命,提高了系统运行的稳定性。

7.5.2 小麦精播智能控制系统

20世纪80年代,国外最早用雷达的测速仪来测量行走速度、播种密度和谷物漏播;后来,出现了排种器的电子控制系统,可根据工作幅宽、地轮半径及不同机型进行编程,改进操作条件;还有采用光电传感器监视单行播种的播种机;日本也正在研究根据地轮转速信号控制排肥排种的自动控制系统。我国在90年代后期,采用压电、声电传感器,将单粒排种的落粒物理量转变为电量,通过信号转换检测其排种性能参数;研制出可对作业时排种轴不转、输种管堵塞、种箱无种等情况进行实时监测,且情况异常时会及时发出声光报警的电子监测装置。小麦精播如图7-10所示。

图 7-10 小麦精播

小麦精播智能控制系统通过速度传感器实时检测机组前进速度,并通过单片机控制核心使步进电机转速和机组前进速度始终保持同步;用步进电机驱动排种,随时调节种距和播量,确保播种精度。

精播智能播种机单体组合包括种箱、双线排种器、步进电机、排种漏斗、输种管、双线开沟器、仿形机构、地轮、旋转编码器、机架、模拟轮(或拖拉机前轮)及手柄等部分。进行播种时,试验员拉动机架上方手柄使其向前移动,与此同时,控制系统通过模拟轮的转速变化实时调节排种器转速。

为防止地轮驱动有较大滑移,选择旋转编码器与拖拉机前轮轴相连。在室内使用拖拉机作牵引用模拟轮临时代替拖拉机前轮,来测量精播机的前进速度。步进电机由蓄电池提供电能。实际田间作业时换为四轮拖拉机头,此时旋转编码器安装于拖拉机前轮轴,由拖拉机电瓶为步进电机供电。

采用两个单片机控制单元,通过蓝牙实现相关数据的无线传输。主机系统主要完成机组前进速度信号采集、人机对话、故障报警等功能。从机系统主要实现步进电机驱动排种、监视播种状况及故障等功能。

智控精播机利用独立按键对播种参数进行设置;采用旋转编码器测量播种机的前进速度。测速信号经调理电路送入主机并被接收处理后,主机随即将当前车速和设置的播量等参数信息通过蓝牙无线收发模块发送到从机,由从机进行综合计算,得出此时步进电机应有的转速,从而实时控制排种轴转速。

另外,从机还利用光电传感器监视播种故障。一旦种箱内种子不足或输种管堵塞,从机便通过蓝牙将故障信号发送到主机,由主机发出声光报警,提醒操作人员及时采取相应措施;同样,当步进电机接近其极限转速时,系统将自启动警灯,令其闪烁并蜂鸣报警。

近年来,精密播种已成为现代播种技术的主要发展方向,伴随电子信息技术的不断发展,自动控制技术已广泛应用于精密播种行业。精播智能控制系统的特点:① 使控制步进电机按机具前进速度及时准确地调节排种轴转速,以保障排种均匀;② 方便控制装置的组装与拆卸;③ 省时省力,利于田间管理;④ 利用多种方式提醒驾驶员完成相应纠错操作。

7.5.3 玉米精准作业系统

精准播种、精准施肥是精准农业主要的技术。精准播种即可以大量节省种子,还可以节省间苗工时,使作物苗齐、苗壮,营养合理,植株个体发育健壮,群体长势均衡,增产效果显著。精准施肥通过测量土壤养分含量,按需施肥,在节约肥料的同时,起到环境保护的作用。

国外变量播种施肥的实施过程是通过液压马达驱动排肥机构来实现的,通过控制液压电液比例阀的开度,控制液压油的流量,实现播种量和施肥量的变量控制。应用最广的有CASE 公司的 Flexi Coil 变量施肥播种机、John Deere 公司的 JD-1820 型气力式变量施肥播种机等。国内关于播种变量控制研究,只有水稻播种机的播种量调节机构,该机构在播种机上采用了联动机构,可实现排种量的同步调整。关于施肥量的变量控制,通常用电机或液压马达驱动排种机构的控制方法实现开环控制。

玉米免耕播种施肥机监控系统设计了变量播种反馈控制系统,以及按处方图精准施肥的控制系统。该系统在播种机上安装了GPS接收机、排种管和排肥管检测传感器、种箱和肥箱质量传感器、传感器采集模块、排种轴和排肥轴转速控制电机、电机控制模块、霍尔测速传感器等装置。安装在播种机上的车载计算机、变量播种反馈装置和精准施肥控制装置、车载GPS定位导航系统、变量播种反馈装置及精准施肥控制装置分别通过车载信号处理电路与车载计算机连接。在排种管和排肥管上安装压力传感器和电容传感器,检测实时播种量和施肥量,上位机采集信息并与期望的播种量和施肥量对照,计算偏差,根据车辆行走速度,输出排种轴、排肥轴期望的转速,控制电机实现变量播种和变量施肥。

土壤类型、养分、墒情和地形在田间分布存在差异,为了使整块田出苗整齐、苗壮生长,需要在播种时对播种机进行定位,根据播种处方图,通过嵌入式控制器随时调整下种量,实现变量播种。土壤养分存在明显的差异是变量施肥研究的出发点和依据。根据GPS接收到的位置信息实时读取施肥处方图信息,通过变量控制系统调节施肥量。机载计算机可以显示农田电子地图,以及机器前进速度和单位面积实际施肥量等参数。在播种机的车载计算机上装载所述播种机作业区域的数字地图和作业处方图;通过安装在播种机上的质量信号采集装置获得种箱、肥箱的质量信息;通过霍尔传感器获得播种机的行走速度,并送入车载计算机;车载计算机通过GPS系统获得播种机所在位置的实时坐标,将质量、速度及坐标与作业处方图比较,得到播种机所在位置处播种量和施肥量的数据调整信息,并传输到排种轴控制电机及排肥轴控制电机,实现变量播种和变量施肥。

玉米精准作业系统的特点:① 系统通过伺服电机控制种、肥轴转速来实现排种量、排肥量自动调整,性能稳定,实用性强;② 根据处方图的施肥量变量调节实现对施肥量的控制,解决了目前变量施肥机施肥量开环控制精度不高的问题。③ 实现玉米点播,首次提出实时调整播种粒距的变量播种模式,可以实现播种粒距在线无级调整,最大限度控制误差。

7.5.4 花卉幼苗自动移栽机设计

20世纪末,国外研制了具有幼苗分选移栽功能的自动化设备并进行了产业应用,作业效率达到每小时数千作业循环,最高可扩展几十组移栽手爪。目前国内也出现了花卉幼苗自动化移栽机和蔬菜钵苗自动移栽机的相关研究。图7-11为某一幼苗分选区。

花卉幼苗自动化移栽机主要由支撑架、移栽定位机构、幼苗夹持手爪、幼苗视觉识别相机、穴盘和花盆传送皮带以及花盆上料推杆构成。作业过程中,选数个花盆为一组,通过上料推杆推送至花盆传送带。幼苗穴盘放置于穴盘传送带,穴盘和花盆分别随各自传动带运动。控制器通过幼苗识别对适宜移栽的优质幼苗穴孔进行定位。采用分组末端夹持手爪进行移栽,手爪受移栽定位机构驱动,将幼苗从穴盘夹起后,提升至花盆高度,彼此间距调整至与花盆等间距后,传送至花盆上方,将幼苗插入花盆,最后返回至穴盘上方,完成一次移栽作业循环。试验系统用坐标步进电机驱动移栽机控制器,从而可以对控制系统快速响应能力进行测定。

图 7-11 幼苗分选区

花卉幼苗自动移栽机的特点：① 提高花卉幼苗移栽效率；② 采用多轴电机的多级控制系统，保证移栽机系统每小时数千作业循环的逻辑控制；③ 主动柔性夹持方式可以提高对幼苗的持有力度，防止对幼苗根部造成刚性损伤。

7.5.5　农药喷雾器控制系统

与传统的大面积均匀喷施技术相比，变量喷施技术能够最大限度地减小由于过量使用农药而引起的负面影响，减少环境污染，提高农药的有效利用率。国内变量喷雾主要采用预混药式，药液浓度不变，通过改变施药量得以实现，其主要手段有改变压力式、脉宽调制式等。对于农业变量喷施装置，人们大多是用电信号控制各种电动阀门开关，实现压力变量喷雾。比如调节喷施系统液压泵的速度，或对伺服阀门闭环控制。变量喷施装置的核心是控制器，常以单片机作为核心控制器。

喷雾控制装置是利用单片机产生 PWM 方波信号，经驱动单元控制器，采用脉宽调制技术，根据喷施对象病虫草害的类型和分布特征调节电动隔膜泵的工作速度，从而实现变量喷雾控制。

农药的流量控制实质上是电动隔膜泵中直流电机的转速控制。对直流电机采取脉宽调制调速，即在直流电源电压基本不变的情况下，通过电子开关的通断改变施加到电机电枢端的直流电压脉冲宽度，以调节输入电机的电枢电压平均值。这种调速方式结构简单、驱动能力强、调速精度高、响应速度快、调速范围广、调速特性平滑、耗损低。隔膜泵由电机和泵头组成，其工作原理是直流电机通过轴端的偏心轮带动泵头内贴有隔膜的中间块一前一后往复运动。由于左右泵腔内装有上下单向阀，中间块的运动会造成工作腔内容积的改变，迫使单向阀交替地开启和关闭，从而将液体不断地吸入和排出。随着电机转速的改变，泵头吸液和排液的速度也相应发生改变，使喷雾流量得到控制。

单片机是控制电路的核心部件，它产生一个低幅值的方波信号，并将信号传输到由驱动芯片和功率场效应管组成的驱动单元，当栅极输入高电平时，开关管导通，直流电机电枢绕组两端有电压。当栅极输入低电平时，开关管关闭，电机电枢绕组两端没电压。通过这样周期地控制开、关来周期地给隔膜泵中的直流电机加上或是撤销电压，从而改变电机平均电压，使隔膜泵的工作速度得到调节。

占空比调节单元与单片机相连,单片机靠识别输入的电源模块的信号来控制 PWM 输出信号的值,从而控制隔膜泵的工作速度,对喷雾量进行调节。

变量喷雾控制装置的特点:① 喷雾量调节精确、稳定;② 有快速动态响应;③ 由单片机和驱动单元组成脉宽可调的控制器;④ 系统尽可能轻小,与典型农用背负式喷雾器相兼容;⑤ 具有良好的喷雾特性。

7.5.6 采摘机的设计

水果采摘作业是水果生产链中最耗时、最费力的一个环节。采摘是一个季节性较强且劳动密集型较强的工作,由于人口老龄化和农村劳动力越来越少,所以发展机械化采摘技术十分必要。下面介绍一种模拟手枸杞采摘机。

模拟手枸杞采摘机由采摘头、电机驱动箱(包括直流电机、左右旋转子体、传动齿轮)、果实箱、密封式铅酸蓄电池等组成。采摘头通过果实采集管道与果箱连通,采摘头内设置涡轮、蜗杆传动,带动两个反向内旋的涡轮转子。两涡轮转子上均固定设置柔性采摘片,由两转子柔性采摘片上的相对边缘齿实施果实脱茎采摘。电机驱动箱经柔性传动轴驱动采摘头蜗杆,利用柔性胶管环捋摘。

当采摘成熟枸杞果时,将手持采摘头上的三角形采摘口对准枸杞树枝上的枸杞果,启动采摘头上的电源开关,此时采摘头内的直流电机在密封式铅酸蓄电池的驱动下,通过传动齿轮带动左右旋转子体相对转动,其上面的柔性胶管也随之相对转动,由于柔性胶管有一定的柔性和强度,随着左右旋转子体的不断转动,枸杞果被采摘下来,掉到手持采摘头内,通过果实输送管,输送到果实箱内。完成一次采摘。通过上述过程的不断重复,达到采摘果实的目的。模拟手枸杞采摘机由于在野外工作,没有动力电,所以采用直流供电方式,电机采用直流无刷齿轮减速电机。它具有结构紧凑、体积小、寿命长、效率高,噪声低、出轴转速低、通用性和交互性强、维修方便等特点。

模拟手枸杞采摘机的特点:① 融合了果实特性、采摘要求和人手特点;② 利用左右旋转体、表面上的柔性胶管环和直流无刷齿轮减速电机,实现了模拟人手的动作;③ 手持头质量轻,便于操作,提高了采摘效率。

7.5.7 水果分级机构控制系统

国外大部分水果经过加工处理,按大小、形状、色泽、损伤和缺陷等进行自动分级和包装后,其商品价值大大提高。还有根据水果的颜色、表面缺陷、大小和形状进行分类的设备,它包含一个能充分一致地照射到被检测对象的光照箱和一套用来获取来自被检测对象不同部位的大量信号的信号检测器。目前国内也正在研究水果分级机构及其控制装置,如图 7-12 所示。

图 7-12   水果分级机构

水果分级机构由输送链轮、链条、料斗轴、分级料斗、分级驱动机构、导轨、分级机构和水果下落滑道等组成。分级机构安装在分段安装的导轨之间。导轨分级料斗通过料斗轴安装在链条上,由链传动带动分级料斗和分级料斗中的水果向前输送,分级料斗后轴支撑在导轨或动刀片上。当分级料斗输送带上有位置信息的水果到达对应的分级口位置时,由分级控制模块发送指令,控制步进电机驱动偏心盘偏转,使动刀片落下,分级料斗失稳,料斗后轴沿带有斜度的定刀片行走,到定刀片末端时,水果沿着下落滑道落下,并通过分级输出机构输送到水果收集箱中,实现水果的分级。

水果分级控制系统采用由计算机、水果位置传感器(接近开关)、通用数字逻辑芯片、分立电子元器件和步进电机等组成的直接数字控制系统,自动检测水果的各项被控参数,对水果分级实行自动控制。

步进电机的控制系统中的脉冲分配器产生步进电机工作所需的各相脉冲信号,通过功率放大器进行功率放大后,输出步进电机工作所需的激励电流。步进电机的转速取决于脉冲信号的频率。步进电机以三相六拍方式运转,系统所需的控制信号由双向移位寄存器和门电路产生。

当水果经过图像采集和数据处理完成所属等级的判别后,再通过移位寄存器对其位置进行实时跟踪,当水果到达相应的分级出口时,由步进电机控制的阀门打开,让水果从出口分离,随后电机反转,阀门关闭,让不属于这一级别的水果通过。

水果分级控制系统的特点:① 研究了水果位置信息的确定方法,实现了线上水果的同步跟踪;② 采用计算机直接数字控制方式,通过摄像头和图像采集卡以及电感式位置传感器实时采集被检测对象的图像和位置信息,图像处理结果和水果的位置信息被用作分级机构的驱动信号,控制分级出口的适时启闭;③ 采用经验整定法对被控对象的参数进行整定,确定分级控制系统的控制策略;④ 步进电机的控制状态能够对分级机构实现及时、准确的启闭控制。

综上所述,现代农业是农业发展史上的一个重要阶段。从传统农业向现代农业转变的过程看,实现农业现代化的过程是农业生产的物质条件和技术的现代化,利用先进的科学技术和生产要素装备农业,实现农业生产机械化、电气化、信息化、生物化和化学化。现代农业是用现代工业装备的,用现代科学技术武装的,用现代组织管理方法来经营的社会化、商品化农业,是国民经济中具有较强竞争力的现代产业。

--- 本 章 小 结 ---

在满足生产机械对稳态和动态特性要求的前提下,优先选用结构简单、运行可靠、维护方便、价格便宜的电动机。

电动机的选择包括电动机类型、功率、电压、转速、形式、工作制、型号的选择。

电动机的外形结构的选择。由于工作环境不同,其外壳防护方式分为开启式、防护式、封闭式、密封式、防爆式。电动机的安装方式有卧式和立式两种;每种安装方式按轴伸又分为单轴伸和双轴伸两类。

电动机的电压等级的选择。对中等功率(<200 kW)的交流电动机,一般选380 V电压;额定功率为1 000 kW以上的电动机,选10 kV电压。笼型异步电动机在采用Y-△降压起动时,应该选用电压为380 V、三角形联结的电动机。直流电动机选择额定电压时通常考虑与供电电源配合。

电动机的额定转速的选择。对不需要调速的高、中速生产机械,可选择相应额定转速的电动机;对不需要调速的低速生产机械,可选用相应的低速电动机或者传动比较小的减速机构;对经常起动、制动和反转的生产机械,则应考虑缩短起、制动时间;对调速性能要求不高的生产机械,可选用多速电动机,或者选择额定转速稍高于生产机械的电动机配以减速机构,或优先选用电气调速;对调速性能要求较高的生产机械,直接采用电气调速,使电动机的最高转速与生产机械的最高转速相适应。

电动机的工作制可大致分为连续工作制S1、短时工作制S2和断续周期工作制S3三种。还可以把电动机的工作制细分为S1~S10十种。

电动机的额定功率必须满足生产机械在起动、调速、制动、过载时对电动机的功率和转矩的要求,且不超过国家标准所规定的温升。电动机功率选择方法有计算法、统计法、类比法。在选择电动机额定功率时,应校验电动机在工作过程中温升是否超过最高允许值。本章主要讨论了连续工作制下电动机额定功率的选择,短时工作制下电动机额定功率的选择;断续周期工作制下电动机额定功率的选择。

--- 习　　题 ---

7-1　电动机的选择主要包括哪些内容?

7-2　电动机的种类选择主要考虑哪些内容?请以某一典型生产机械为例,说明选择哪类电动机拖动比较合适。

7-3　电动机的额定温升和实际稳定温升分别由什么因素决定?电动机的温度、温升以及环境温度三者之间有什么关系?

7-4 电动机的安装方式有哪几种？电动机的外壳防护方式有哪几种,各有何特点？一般适用哪些场合？

7-5 电动机一般电源电压等级有哪些？有哪些选择依据？

7-6 若使用 B 级绝缘材料时电动机的额定功率为 P_N,则改用 F 级绝缘材料时该电动机的额定功率将怎样变化？

7-7 电动机是依据哪些原则选择额定转速的？

7-8 电动机的三种工作制是如何划分的？简述各种工作制电动机的发热特点及其温升的变化规律。

7-9 电动机发热时间常数的物理意义是什么？电动机工作环境与电动机初始温升、稳定温升有什么关系？

7-10 电动机周期性地工作 15 min、停机 85 min,或工作 5 min、停机 5 min,这两种情况是否属于断续周期工作方式？

7-11 电动机允许输出功率等于额定功率有什么条件？环境温度和海拔高度是怎样影响电动机允许输出功率的？

7-12 试简述电动机额定功率选择的基本方法和步骤。为什么选择电动机的额定功率时,要着重考虑电动机的发热？

7-13 当实际负载持续率与标准负载持续率不同时,应该把实际负载持续率换算成标准负载持续率下的功率,其换算原则是什么？

7-14 将一台额定功率 P_N 的短时工作制电动机改为连续运行,其允许输出功率是否变化？为什么？

7-15 一台额定功率为 10 kW 的电动机,使用 E 级绝缘材料,额定负载时的铁损耗与铜损耗之比为 0.67。试求环境温度分别为 20℃ 和 60℃ 时电动机的允许输出功率。

7-16 一台 33 kW、连续工作制的电动机若分别按 25% 和 60% 的负载持续率运行,其允许输出的功率怎样变化？哪种负载持续率对应的允许输出功率大？

7-17 一台离心式双吸泵,其流量 $Q=160$ m³/h,排水高度 $H=53$ m,转速 $n=2\,950$ r/min,水泵效率 $\eta_b=79\%$,水的密度取 $\rho=1\,000$ kg/m³,传动机构的效率 $\eta_c=0.95$。现拟用一台三相笼型异步电动机拖动,已知电动机的额定功率 $P_N=30$ kW,额定转速 $n_N=2\,940$ r/min,额定效率 $=90\%$。试校验该电动机的额定功率是否合适。

7-18 一台三相异步电动机,已知额定功率为 37 kW,最大功率为额定功率的 2.1 倍,额定负载时的铁损耗与铜损耗之比为 0.6,发热时间常数为 50 min。请从发热和过载能力方面校核下列情况下能否用该电动机。(1) 短时工作负载 $P_L=60$ kW,短时工作时间 $t_r=25$ min;(2) 短时工作负载 $P_L=90$ kW,短时工作时间 $t_r=10$ min。

部分习题参考答案

绪论

0-12　$i = 0.461\ \text{A}, L = 2.6\ \text{H}_\circ$

0-13　$\Phi = 2.2 \times 10^{-3}\ \text{Wb}, L = 3.6\ \text{H}_\circ$

第1章

1-12　$T_\text{N} = 795.8\ \text{N·m}, P_1 = 139.7\ \text{kW}, I_\text{N} = 634.8\ \text{A}_\circ$

1-13　$T_2 = 2\ 122.2\ \text{N·m}; T_\text{e} = 2\ 341.7\ \text{N·m}_\circ$

1-14　$T_\text{e} = 734\ \text{N·m}; T_\text{N} = 700\ \text{N·m}; P_1 = 121.4\ \text{kW}, \eta = 90\%_\circ$

1-15　$E_\text{a} = 215\ \text{V}_\circ$

1-16　$E_\text{a} = 201.2\ \text{V} < U$，是电动机状态；$T_\text{e} = 114.4\ \text{N·m}; P_2 = 17.4\ \text{kW}_\circ$

1-17　$P_2 = 23\ \text{kW}, T_\text{e} = 162.6\ \text{N·m}, P_1 = 28.2\ \text{kW}, \eta = 82\%_\circ$

1-18　$I_\text{f} = 0.35\ \text{A}, I_\text{a} = 12.2\ \text{A}, E_\text{a} = 215\ \text{V}, T_\text{e} = 8.32\ \text{N·m}_\circ$

1-19　$C_\text{e}\Phi_\text{N} = 0.13, C_\text{T}\Phi_\text{N} = 1.26; T_\text{e} = 143.9\ \text{N·m}, T_0 = 3.8\ \text{N·m}; n_0 = 1\ 679.4\ \text{r/min},$
$n_0' = 1\ 674.8\ \text{r/min}_\circ$

第2章

2-14　$I_{1\text{N}} = 25\ \text{A}, I_{2\text{N}} = 625\ \text{A}_\circ$

2-15　$I_{1\text{N}} = 28.9\ \text{A}, I_{2\text{N}} = 721.7\ \text{A}; P_2 = 427.5\ \text{kW}_\circ$

2-16　$I_{1\text{N}} = 1.16\ \text{A}, I_{2\text{N}} = 28.87\ \text{A}; N_2 = 132_\circ$

2-17　$N_1 = 970, N_2 = 166, k = 5.8_\circ$

2-18　$I_0 = 0.79\ \text{A}, I_1 = 4.8\ \text{A}_\circ$

2-19　$I_2 = 1\ 814.7\ \text{A}, U_2 = 10.43\ \text{kV}, \cos\varphi_2 = 0.8_\circ$

2-20　$Z_\text{m} = 36\ 351\ \Omega, X_\text{m} = 36\ 118\ \Omega, R_\text{m} = 4\ 104\ \Omega, Z_\text{k} = 132\ \Omega, X_\text{k} = 128\ \Omega, R_\text{k} = 32.1\ \Omega_\circ$

2-21　$Z_\text{m} = 1\ 238\ \Omega, X_\text{m} = 1\ 234\ \Omega, R_\text{m} = 104\ \Omega, Z_\text{k} = 0.98\ \Omega, X_\text{k} = 0.978\ \Omega, R_\text{k} =$

$0.057\ \Omega; \Delta U = 3.5\%, U_2 = 6.08\ \text{kV}_{\circ}$

2-22 $\Delta U = 0.049, \eta = 96\%, \eta_{\max} = 97.1\%, I_2 = 72\ \text{A}_{\circ}$

2-23 $S_{\text{I}} = 3\ 065.1\ \text{kV} \cdot \text{A}, S_{\text{II}} = 4\ 934.9\ \text{kV} \cdot \text{A}; S_{\max} = 8\ 352\ \text{kV} \cdot \text{A}$, 容量利用率为 94.9%。

2-24 $Y, d11, Y, d5_{\circ}$

第 3 章

3-13 $f_5 = 250\ \text{Hz}, f_7 = 350\ \text{Hz}_{\circ}$

3-16 $\Phi = 0.005\ 3\ \text{Wb}_{\circ}$

3-17 $E_{\varphi 1} = 6\ 298.7\ \text{V}_{\circ}$

3-18 $2p = 2; Z_1 = 36; k_{w1} = 0.945, k_{w5} = 0.139, k_{w7} = 0.06; E_{\varphi 1} = 230\ \text{V}, E_{\varphi 5} = 40\ \text{V}, E_{\varphi 7} = 9.06\ \text{V}_{\circ}$

3-19 $F_{\varphi 1} = 41\ \text{kA}; F_1 = 61.7\ \text{kA}_{\circ}$

3-20 $F_1 = 2.05\ \text{kA}_{\circ}$

第 4 章

4-18 $p = 3, s_{\text{N}} = 0.025, \eta_{\text{N}} = 89.7\%_{\circ}$

4-19 $n_1 = 750\ \text{r/min}, n_{\text{N}} = 718\ \text{r/min}, s = 0.006\ 7, s = -0.006\ 7, s = 1_{\circ}$

4-20 $p = 2, I_{\text{N}} = 19.6\ \text{A}, T_{\text{N}} = 65.9\ \text{N} \cdot \text{m}_{\circ}$

4-21 $I_1 = 20.3\ \text{A}, \cos \varphi_1 = 0.86, P_1 = 11.5\ \text{kW}, \eta = 86.9\%_{\circ}$

4-22 $k_i k_e = 26.6, \dfrac{R_2'}{s} = 13.3\ \Omega, X_{2\sigma}' = 2.4\ \Omega, P_2 = 7.01\ \text{kW}, P_1 = 8.69\ \text{kW}, \eta = 80.6\%_{\circ}$

4-23 $s = 0.05; p_{\text{Cu2}} = 1.53\ \text{kW}; \eta = 85.3\%; I_1 = 56.9\ \text{A}; f_2 = 2.5\ \text{Hz}_{\circ}$

4-24 $s = 0.04; f_2 = 2\ \text{Hz}; p_{\text{Cu2}} = 316\ \text{W}; \eta = 87\%; I_1 = 15.8\ \text{A}_{\circ}$

4-25 $P_e = 86\ \text{kW}, P_1 = 91\ \text{kW}, \cos \varphi_{\text{N}} = 0.86_{\circ}$

4-26 $T_e = 70.6\ \text{N} \cdot \text{m}; n = 1\ 274.6\ \text{r/min}_{\circ}$

4-27 $T_{\text{N}} = 33.3\ \text{N} \cdot \text{m}, T_{\max} = 70.8\ \text{N} \cdot \text{m}, s_{\text{m}} = 0.2, k_{\text{m}} = 2.1_{\circ}$

4-28 $n_{\text{N}} = 1\ 479\ \text{r/min}, T_e = 1\ 317.9\ \text{N} \cdot \text{m}, \eta = 92.6\%; k_{\text{m}} = 2.7, k_{\text{st}} = 2.1$

4-29 $P_1 = 17.5\ \text{kW}, P_e = 16.6\ \text{kW}, P_{\text{m}} = 16\ \text{kW}; T_{\max} = 238.2\ \text{N} \cdot \text{m}, k_{\text{m}} = 2.4, s_{\text{m}} = 0.125; T_{\text{st}} = T_{\text{m}}, s = 1, R_{\text{st}} = 8R_2'_{\circ}$

第 5 章

5-21 $I_{\text{N}} = 14.4\ \text{A}, P_{\text{N}} = 8\ \text{kW}, Q_{\text{N}} = 6\ \text{kvar}_{\circ}$

5-22　(1) $\dot{I}_a = 707.07\angle -45°$ A,直轴去磁兼交磁反应;(2) $\dot{I}_a = 500\angle -90°$ A,直轴去磁反应;(3) $\dot{I}_a = 1\,000\angle 90°$ A,直轴增磁反应;(4) $\dot{I}_a = 1\,000\angle 0°$ A,交磁反应。

5-23　$I_d = 7.85$ A, $I_q = 4.5$ A, $X_d = 25.3$ Ω, $X_q = 19.9$ Ω。

5-24　$E_0 = 17.9$ kV, $\psi = 73.6°$。

5-25　$E_0 = 10.73$ kV, $\theta = 18.5°$。

5-26　$E_0 = 7.2$ kV 或 6.5 kV, $\psi = 56.7°$, $\theta = 20°$。

5-27　$E_0 = 8.86$ kV; $\delta_N = 34°$; $P_{max} = 21\,483.6$ kW; $k_m = 1.8$。

5-28　$P_{e1\delta_s = 24°} = 37.6$ kW; $P_{max} = 76$ kW; $k_m = 2$。

5-29　同步电动机容量 = 1 656.2 kV·A,功率因数 = 0.24。

5-30　2.6倍。

第7章

7-15　20℃时 $P_2 = 11.9$ kW,60℃时 $P_2 = 7.6$ kW。

7-16　25%的负载持续率对应的允许输出功率大。

7-17　$P_L = 30.8$ kW,不合适。

7-18　(1) $P_{LN} = 17.31$ kW,实际过载能力 1.62,电动机可用;(2) $P_{LN} = 10.94$ kW,实际过载能力 2.43,电动机不可用。

参考文献

［1］ 白连平，马文忠. 异步电动机节能原理与技术［M］. 北京:机械工业出版社，2012.

［2］ 查普曼，满永奎. 电机学基础［M］. 北京:清华大学出版社,2008.

［3］ Cogdell J R. 电气工程学概论［M］. 北京:清华大学出版社,2003.

［4］ 陈道舜. 电机学［M］. 北京: 中国水利水电出版社,1987.

［5］ 陈世坤. 电机设计［M］. 北京: 机械工业出版社,1990.

［6］ 电力工业部西北电力设计院. 电力工程电气设备手册(上、下册)［M］. 北京: 中国电力出版社,2001.

［7］ 电力系统卷编辑委员会. 中国电力百科全书(电力系统卷)［M］. 北京: 中国电力出版社,2001.

［8］ 顾绳谷. 电机与拖动基础（上）［M］. 北京: 机械工业出版社,1998.

［9］ 李发海，朱东起. 电机学［M］. 6 版. 北京: 科学出版社,2019.

［10］ 麦崇裔. 电机学与拖动基础［M］. 广州: 华南理工大学出版社,2004.

［11］ 邱阿瑞. 电机与拖动基础［M］. 北京: 高等教育出版社,2006.

［12］ 汤蕴璆. 电机学［M］. 5 版. 北京: 机械工业出版社,2015.

［13］ 唐介. 电机与拖动［M］. 北京: 高等教育出版社,2007.

［14］ 孙旭东，王善铭. 电机学. ［M］. 北京: 清华大学出版社,2006.

［15］ 孙建忠. 电机与拖动［M］. 北京: 机械工业出版社,2007.

［16］ 苏少平，崔新艺，阎治安. 电机学［M］，西安: 西安交通大学出版社,2006.

［17］ 魏炳贵. 电力拖动基础［M］. 北京: 机械工业出版社,2003.

［18］ 许实章. 电机学［M］. 北京: 机械工业出版社,1988.

［19］ 许建国. 电机与拖动基础［M］. 北京: 高等教育出版社,2004.

［20］ 徐德淦. 电机学［M］. 北京: 机械工业出版社,2006.

［21］ 徐国凯，赵秀春，苏航. 电动汽车的驱动与控制［M］. 北京: 电子工业出版社,2010.

［22］ 肖登明. 电气工程概论［M］. 北京: 中国电力出版社,2005.

［23］ 阎治安. 电机学习题解析［M］. 西安: 西安交通大学出版社,2008.

［24］ 张有东. 电机学与拖动基础［M］. 北京: 国防工业出版社,2012.

［25］ Hughes A，Drury B. Electric Motors and Drives.［M］. 4th ed. Waltgam:Elsevier Ltd, 2013.

［26］ Guru B S，Hiziroglu H R. Electric Machinery and Transformers［M］. New York: Oxford

University Press, 2000.

[27] Hindmarsh J, Renfrew A. Electrical Machines and Drive Systems [M]. Woburn: Imprint of Elsevier Science,1996.

[28] Crowder R. Electric Drives and Electromechanical Systems. [M]. 2nd ed. Cambridge: Elsevier Ltd,2019.

[29] Jianfeng Yu,Ting Zhang,Jianming Qian. Electrical Motor Products[M]. Sawston:Woodhead Publishing Limited,2011.